万水 CAE 技术丛书

FloTHERM 软件基础与应用实例
（第二版）

李波　编著

中国水利水电出版社
www.waterpub.com.cn

内 容 提 要

本书分为软件基础入门与应用实例两大部分，共 17 章：第 1~11 章为软件基础入门，内容以热仿真工作流程：建立模型、网格划分、求解计算、结果处理、优化设计和仿真模型校核为主；第 12~17 章为软件应用实例部分，内容主要由 BGA 封装芯片、户外通信机柜、数据中心、智能手机、服务器和机房气流组织优化 6 个应用实例组成。

本书内容丰富、讲解详尽，在介绍 FloTHERM 软件的同时也注重相关背景原理和软件实际应用注意事项的阐述。其中软件基础内容多来自作者多年的积累和整理，仿真模型的校核作为热仿真分析的重中之重本书中进行了细致阐述；应用实例内容涵盖软件不同的应用领域，对软件使用者有很强的实际指导意义。

本书可作为电子设备热仿真工作者、热设计工程师和 FloTHERM 软件使用者的自学参考书，也可作为高等院校学生学习电子设备热设计等课程的教材。

本书提供部分仿真模型和仿真材料，读者可从热领（上海）科技有限公司网站下载，网址为：http://www.thermanager.com。

图书在版编目（CIP）数据

FloTHERM软件基础与应用实例 / 李波编著. -- 2版. -- 北京：中国水利水电出版社，2016.7（2025.2重印）
 （万水CAE技术丛书）
 ISBN 978-7-5170-4495-6

Ⅰ. ①F… Ⅱ. ①李… Ⅲ. ①电子设备－散热器－应用软件 Ⅳ. ①TK172-39

中国版本图书馆CIP数据核字(2016)第147632号

策划编辑：杨元泓　　责任编辑：张玉玲　　封面设计：李　佳

书　　名	万水 CAE 技术丛书 **FloTHERM 软件基础与应用实例（第二版）**
作　　者	李波　编著
出版发行	中国水利水电出版社 （北京市海淀区玉渊潭南路 1 号 D 座　100038） 网址：www.waterpub.com.cn E-mail：mchannel@263.net（答疑） 　　　　sales@mwr.gov.cn 电话：（010）68545888（营销中心）、82562819（组稿）
经　　售	北京科水图书销售有限公司 电话：（010）68545874、63202643 全国各地新华书店和相关出版物销售网点
排　　版	北京万水电子信息有限公司
印　　刷	三河市鑫金马印装有限公司
规　　格	184mm×260mm　16 开本　34 印张　842 千字
版　　次	2014 年 5 月第 1 版　2014 年 5 月第 1 次印刷 2016 年 7 月第 2 版　2025 年 2 月第 5 次印刷
印　　数	8501—9500 册
定　　价	85.00 元

凡购买我社图书，如有缺页、倒页、脱页的，本社营销中心负责调换
版权所有·侵权必究

第二版前言

十月中旬的上海天气格外舒爽，中午我在公司园区内享受着这份惬意。010-8256XXXX 手机屏幕上显现出这一电话号码。首都来电，片刻的犹豫之后按下了通话键。"李波，你好，我是中国水利水电出版社的杨老师，之前 4000 册的 FloTHERM 书籍已经剩下不足 1000 册，有没有可能进行一个书籍的再版……"

每一本书都是作者的凝心聚力之作，书籍的再版无疑是广大读者对此的肯定和褒奖。FloTHERM 书既然要再版发行，更为全面的软件操作讲解和实际应用案例则是写作的主线。FloTHERM 11 版新推出的焦耳热分析、仿真模型校核功能和新增加的 FloMCAD 接口功能为再版提供了足够的写作素材。时下智能手机与我们的生活息息相关，其散热特点和挑战具有很强的特殊性，所以书籍再版的应用实例算它一个。高热流密度的服务器一直以来都是强迫对流冷却的经典案例，如何在狭小的空间内进行散热的闪转腾挪充分体现了设计工程师的智慧和经验。因此，再版书籍中也会涉及服务器仿真的相关实例。近年来，随着数据中心机房能耗的急剧增加和电价的逐渐上涨，通过优化数据中心机房的气流组织进行节能减排成为研究热点。再版书籍中增添了 FloTHERM 和移动测量平台联合应用优化数据中心机房气流组织的案例。

与 FloTHERM 书籍的初版相类似，再版的写作有幸得到行业内多位资深专家的帮助。热领（上海）科技有限公司高级技术咨询顾问陈文鑫审阅了再版书籍的所有内容；展讯通信（上海）有限公司的王虎对第 15 章的撰写提供了诸多有益的帮助和建议；英业达科技有限公司的赖灵俊负责撰写第 16 章的主要内容，在此对他们的辛勤付出深表感谢。

最后，作者想感谢 FloTHERM 初版的所有读者，正是你们的支持和肯定才使再版成为可能。由于再版的写作时间较为紧促，书中疏漏甚至错误之处在所难免，希望读者批评指正，一同"赏奇析疑"。

李波

2016 年 5 月

第一版前言

封装元件的高热流密度趋势,电子产品的小型化发展方向和使用环境的多样化,使电子产品散热面临着史无前例的巨大挑战。同时电子产品又具有市场周期短、产品竞争激烈的特点。企业如何高效地确定产品散热方案成为了重中之重。以往的电子产品方案设计流程已经逐步被淘汰。在产品设计初期通过仿真分析软件进行方案的遴选,设计后期通过测试确定方案效果的研发模式已经为很多企业所采用。美国市场研究公司 Aberdeen Group 在 2011 年的研究报告 The ROI of Concurrent Design with CFD 中指出,在产品研发中使用 CFD 进行仿真分析可以在产品质量目标、销售收入目标、保证产品上市日期和成本目标等方面的达标率提升 6~13 个百分点。

FloTHERM 作为第一款针对电子散热的商业化 CFD 软件,在行业内应用已经较为普遍。但据作者了解,行业内对于这款软件的理解和使用仍存在一定欠缺。其主要有以下两个原因:首先,CFD 是一门涉及数值计算方法、传热学和流体力学等多学科的技术。在对软件使用和掌握的过程中需要一定的指导和积累。其次,电子行业存在产品宽泛,产品更迭快速地特点。小到几个毫米的封装芯片,大到几万平米的数据中心。每一个产品都具有各自的热特性和散热机理。如何正确建立电子产品的仿真模型和边界条件是软件在实际应用中的重点。所以,除了掌握软件基本的操作和命令之外,了解和熟悉软件的背景原理和具体应用也尤为重要。作者正是基于这样的想法,此书以软件为名,但又不仅限于软件。在介绍软件使用操作的同时,也尽可能兼顾其所涉及的背景原理和实际应用。以期能使读者更为正确地理解和使用软件。

本书分为软件基础入门与应用实例两大部分。其中软件基础入门以热仿真工作流程:建立模型、网格划分、求解计算、结果处理和优化设计为主线,逐一介绍了软件的相关模块、背景原理和使用技巧。其中第 2 章 FloTHERM 中传热学与流体力学基础将传热学、流体力学等传统学科与软件相结合,以一种易于理解的形式阐述了软件处理流体流动和传热传质的方法和技巧。有助于读者正确理解软件的使用流程和方法。第 4 章智能元件从原理背景、软件处理方式和实际应用注意事项等方面详细介绍了电子行业常用元件,例如:芯片、PCB 和风扇等的热特性和仿真建模技巧。为读者正确建立仿真模型提供可能。一直以来网格划分都是 CFD 仿真工作的难点和重点。第 6 章网格划分在介绍软件网格划分命令的同时,也分享了一些作者在网格划分方面的经验和方法,以期能帮助读者建立更高品质网格。CFD 仿真工作的另一个重点是求解计算的收敛性。第 7 章求解计算从计算收敛标准、残差曲线形式和残差曲线收敛性调整等方面进行了具体地阐述和解释。本章最后所罗列的残差曲线收敛改善实例对读者在软件使用过程中调整计算收敛性有一定借鉴意义。如果仅将 FloTHERM 软件作为一款产品方案的验证工具,那么软件的价值和意义也将大打折扣。第 9 章 Command Center 优化模块在介绍软件实验设计、顺序优化和响应面优化功能的同时,也通过实例来进一步展示如何将这些功能应用于产品方案的优化设计中。软件应用实例部分由封装级、系统级和环境级三个实例组成。第 10 章的 BGA 封装芯片热仿真实例详细介绍了如何建立 BGA 封装芯片的详细模型以及结合 FloTHERM@PACK 在线工具获得 JEDEC 标准认定的 R_{JA} 和 R_{JB} 等热阻值。其中有关于 BGA

芯片内部 Die、Wire Bond、Substrate 和 Solder Ball 等的建模方法和处理方式均受到实验验证和广泛肯定。第 11 章户外通信机柜热仿真实例首先介绍了如何通过数值风洞简化通信机柜模块。其次根据户外通信机柜需要考虑太阳辐射等特点，给出了类似项目仿真的注意事项和建议。其中通过组合使用 Align、Move 和 Pattern 等命令，可以大幅加快仿真项目的几何建模。第 12 章数据中心热仿真实例首先介绍了如何通过 FloMCAD 接口模块将数据中心布局数据导入至软件中，其次展示如何通过鼠标直接拖拉的方式进行几何建模。此外，基于与软件对于 XML 文本支持，直接采用 EXCEL 软件进行机柜的建模。本实例展示了软件多种创建几何模型的功能，尽可能的提升了仿真建模的效率。对于本章最后的网格质量调整过程，读者也可以举一反三应用至其它仿真项目中。

由于本书在写作过程中遵循热仿真工作的基本流程。所以读者在阅读本书过程中，建议循序渐进，先学习软件入门基础部分，再练习实例应用的内容。对于本书有关软件使用的内容，建议在软件中进行具体的操作，加深对于软件使用的理解和认知。

FloTHERM 软件作为 Mentor Graphics 公司机械分析部门的旗舰产品。作者首先要感谢 Mentor Graphics 公司机械分析部门中国区的所有同事。作者在学生时代就与其中很多人结识。其中有同事由于寻求更好的发展而离开，也有同事转至兄弟部门。但不断有新成员加入，使这个团队始终保持着锐意进取的精神和活力。作者非常有幸能与你们一起工作和学习。一直以来你们的支持和鼓励是作者前进的动力和基石。此外此书在写作过程中，亦受到诸多行业内资深热设计朋友的帮助。施耐德电气（中国）有限公司郑臻轶对于本书第 2 章内容进行审核和提出写作建议。展讯通信（上海）有限公司王虎对于本书第 4 章撰写提供诸多有益的帮助和建议。上海贝尔股份有限公司魏芃撰写了第 11 章的大部分内容，并且仔细审核了应用实例部分内容。国际商业机器（中国）投资有限公司陈文鑫对于第 10 章和 12 章撰写提供大力帮助，给出了诸多撰写的建议和指导，使作者深受启发。最后作者要感谢自己家人的支持与鼓励，使作者能在较短的时间内完成此书的写作工作。

由于作者水平有限，加之写作过程中恰逢 FloTHERM V10 版本的推出，本书从写作到出版的整个过程都非常紧促。书中的错误和不足之处在所难免，也恳请广大读者指正。正如古人云"奇文共欣赏，疑义相与析。"

李波

2014 年 2 月

目 录

第二版前言
第一版前言

第1章 FloTHERM 概述 ··················· 1
1.1 FloTHERM 软件介绍 ··············· 1
1.2 FloTHERM 软件背景原理 ········· 1
1.3 FloTHERM 功能特点 ··············· 2
1.4 FloTHERM 工程应用背景 ········· 3
1.5 FloTHERM 软件模块 ··············· 4
1.6 FloTHERM 软件安装 ··············· 7
1.6.1 FloTHERM 软件 Windows 版本安装 ···· 7
1.6.2 许可证安装 ················ 11
1.6.3 浮动版软件客户端许可证设置 ···· 14
1.7 FloTHERM 软件主界面 ··········· 15
1.8 FloTHERM 简单实例分析 ········· 16

第2章 FloTHERM 中传热学与流体力学基础 ···· 22
2.1 热传导 ······························· 22
2.1.1 热传导微分方程式 ········· 22
2.1.2 傅里叶定律 ··············· 22
2.1.3 热导率 ···················· 23
2.1.4 热阻 ······················ 25
2.1.5 二维矩形区域稳态热传导问题数值求解 ···· 26
2.1.6 小结 ······················ 28
2.2 对流换热 ··························· 28
2.2.1 对流换热的起因与状态 ···· 28
2.2.2 牛顿冷却定律 ············· 29
2.2.3 对流换热无量纲准则数 ···· 29
2.2.4 外掠平板强迫对流换热实例 ···· 30
2.2.5 小结 ······················ 32
2.3 热辐射 ······························· 32
2.3.1 热辐射的相关概念 ········· 32
2.3.2 热辐射基本定律 ··········· 33
2.3.3 红外辐射换热计算 ········· 35
2.3.4 太阳辐射 ·················· 36
2.3.5 FloTHERM 中的红外辐射计算 ···· 37

2.3.6 FloTHERM 中的太阳辐射计算 ···· 41
2.3.7 红外辐射计算实例 ········· 43
2.3.8 太阳辐射计算实例 ········· 44
2.3.9 小结 ······················ 46
2.4 流体流态 ··························· 47
2.4.1 湍流问题数值模拟求解 ···· 47
2.4.2 FloTHERM 中的层流流动 ···· 48
2.4.3 FloTHERM 中的湍流模型 ···· 49
2.4.4 小结 ······················ 51
2.5 瞬态分析 ··························· 51
2.5.1 背景 ······················ 51
2.5.2 FloTHERM 瞬态仿真分析介绍 ···· 53
2.5.3 FloTHERM 瞬态仿真分析实例 ···· 56
2.5.4 小结 ······················ 68
2.6 重力 ································· 68
2.6.1 FloTHERM 中的重力加速度设置 ···· 68
2.6.2 FloTHERM 中的浮升力计算 ···· 69
2.6.3 小结 ······················ 70
2.7 流体 ································· 70
2.7.1 空气的物性参数 ··········· 70
2.7.2 水的物性参数 ············· 71
2.7.3 FloTHERM 中的流体特性 ···· 72
2.7.4 Fluid 特性应用 ············ 72
2.7.5 小结 ······················ 73
2.8 边界条件 ··························· 73
2.8.1 温度对电子设备散热的影响 ···· 73
2.8.2 压力 ······················ 74
2.8.3 Boundaries Face ··········· 75
2.8.4 System 的 Ambient 特性 ···· 76
2.8.5 Model Setup 中的 Pressure 和 Temperature ···· 77
2.8.6 Ambient Temperature 和 Default Ambient Temperature 设置 ···· 78

  2.8.7 小结 ································ 79
 2.9 求解域 ···································· 80
  2.9.1 环境对系统设备的影响 ········ 80
  2.9.2 系统外部物体的影响 ············ 81
  2.9.3 系统外无重要影响因素 ········ 82
  2.9.4 Cutout ······························· 83
  2.9.5 小结 ································ 83
 2.10 焦耳热 ·································· 83
  2.10.1 背景 ······························ 83
  2.10.2 FloTHERM 焦耳热分析介绍 ···· 84
  2.10.3 FloTHERM 焦耳热分析实例 ···· 85
  2.10.4 小结 ······························ 88

第3章 软件常用命令 ······················ 89
 3.1 Project 菜单 ····························· 89
 3.2 Edit 菜单 ································· 92
 3.3 View 菜单 ································ 96
 3.4 Geometry 菜单 ························· 96
 3.5 Model Setup 菜单 ···················· 101
 3.6 Grid 菜单 ······························· 101
 3.7 Solve 菜单 ······························ 101
 3.8 Window 菜单 ·························· 102
 3.9 Viewer 菜单 ···························· 103
 3.10 Help 菜单 ······························ 104

第4章 智能元件 ···························· 106
 4.1 封装元件 ································ 106
  4.1.1 背景 ······························ 106
  4.1.2 封装元件在 FloTHERM 中的建模 ··· 106
  4.1.3 封装元件建模实例 ············ 110
  4.1.4 小结 ······························ 112
 4.2 PCB ······································· 112
  4.2.1 背景 ······························ 112
  4.2.2 PCB 智能元件 ················· 112
  4.2.3 过孔简化 ·························· 115
  4.2.4 PCB 在 FloEDA 中的处理 ····· 115
  4.2.5 PCB 通过 FloEDA 模块建模应用实例 ····························· 118
  4.2.6 小结 ······························ 121
 4.3 散热器 ··································· 122
  4.3.1 背景 ······························ 122
  4.3.2 散热器智能元件 ··············· 125
  4.3.3 散热器智能元件应用实例 ···· 132
  4.3.4 小结 ······························ 133
 4.4 导热界面材料 ························· 133
  4.4.1 背景 ······························ 133
  4.4.2 导热界面材料在 FloTHERM 中的建模方法 ························· 136
  4.4.3 导热界面材料应用实例 ······ 137
  4.4.4 小结 ······························ 139
 4.5 热电制冷器 ···························· 140
  4.5.1 背景 ······························ 140
  4.5.2 FloTHERM 中的热电制冷器建模 ··· 142
  4.5.3 热电制冷器的特性参数 ······ 145
  4.5.4 FloTHERM 中热电制冷器应用实例 ·· 145
  4.5.5 小结 ······························ 148
 4.6 热管 ······································ 148
  4.6.1 背景 ······························ 148
  4.6.2 热管智能元件 ·················· 150
  4.6.3 热管智能元件应用实例 ······ 150
  4.6.4 小结 ······························ 151
 4.7 风扇 ······································ 151
  4.7.1 背景 ······························ 151
  4.7.2 轴流风扇智能元件 ············ 154
  4.7.3 前向叶片离心风扇模型 ······ 159
  4.7.4 后向叶片离心风扇模型 ······ 161
  4.7.5 轴流风扇建模实例 ············ 162
  4.7.6 前向叶片离心风扇建模实例 ···· 163
  4.7.7 后向叶片离心风扇建模实例 ···· 164
  4.7.8 其他 ······························ 166
  4.7.9 小结 ······························ 167
 4.8 流动阻尼元件 ························· 168
  4.8.1 背景 ······························ 168
  4.8.2 流动阻尼智能元件 ············ 169
  4.8.3 流动阻尼在 FloTHERM 中的应用实例 ····························· 172
  4.8.4 小结 ······························ 180
 4.9 电子设备外壳 ························· 180
  4.9.1 背景 ······························ 180
  4.9.2 外壳智能元件 ·················· 180

4.9.3 外壳智能元件应用实例……182
4.9.4 小结……185
4.10 热交换器……185
　4.10.1 背景……185
　4.10.2 热交换器智能元件……186
　4.10.3 热交换器应用实例……188
　4.10.4 小结……191
4.11 机柜……191
　4.11.1 背景……191
　4.11.2 机柜智能元件……192
　4.11.3 机柜应用实例……193
　4.11.4 小结……194
4.12 机房空调……194
　4.12.1 背景……194
　4.12.2 空调智能元件……194
　4.12.3 机房空调应用实例……196
　4.12.4 小结……197
4.13 Region……197
　4.13.1 背景……197
　4.13.2 Volume Region……198
　4.13.3 Collapsed Volume Region……200
　4.13.4 Collapsed Volume Region 仿真数据获取实例……200
　4.13.5 小结……201

第 5 章 特性……202
5.1 Ambient 特性……202
5.2 Fluid 特性……203
5.3 Grid Constraint 特性……204
5.4 Material 特性……205
5.5 Radiation 特性……207
5.6 Resistance 特性……207
5.7 Source 特性……208
5.8 Surface 特性……210
5.9 Surface Exchange 特性……211
5.10 Thermal 特性……213
5.11 Transient 特性……213

第 6 章 网格划分……216
6.1 网格划分步骤……216
6.2 几何模型处理……216

6.3 系统网格设置……217
6.4 网格约束与局域化……219
6.5 重要区域网格划分经验……221
　6.5.1 轴流风扇……221
　6.5.2 散热器……222
　6.5.3 PCB……223
6.6 网格质量调整……223
6.7 网格独立性……225
6.8 网格划分实例……225
6.9 小结……229

第 7 章 求解计算……230
7.1 Profiles 窗口介绍……230
　7.1.1 Profiles 窗口作用……230
　7.1.2 Profiles 窗口界面……230
7.2 求解收敛判断标准……231
7.3 求解计算参数残差值……232
7.4 参数终止计算残差值……233
　7.4.1 压力终止计算残差值……233
　7.4.2 速度终止计算残差值……234
　7.4.3 温度终止计算残差值……234
7.5 参数残差曲线的形式……234
　7.5.1 参数残差曲线稳定……234
　7.5.2 参数残差曲线震荡……234
　7.5.3 参数残差曲线发散……235
7.6 出现收敛问题的原因……235
　7.6.1 与参数终止计算残差值相关……235
　7.6.2 仿真模型创建错误……236
　7.6.3 网格质量和数量……237
7.7 求解选项设置……238
7.8 参数残差曲线收敛改善方法……239
　7.8.1 仿真模型检查……239
　7.8.2 确定引起收敛问题的原因……240
　7.8.3 求解选项调整……240
　7.8.4 采用 Monitor Point Convergence For Temperature 功能……240
　7.8.5 残差曲线收敛改善实例……240
7.9 小结……243

第 8 章 Visual Editor 后处理模块……244
8.1 Visual Editor 介绍……244

- 8.1.1　Visual Editor 作用 ┈┈┈┈┈┈ 244
- 8.1.2　Visual Editor 界面 ┈┈┈┈┈┈ 244
- 8.2　Visual Editor 图形后处理 ┈┈┈┈┈┈ 245
  - 8.2.1　基本操作 ┈┈┈┈┈┈ 245
  - 8.2.2　全局设置 ┈┈┈┈┈┈ 247
  - 8.2.3　Viewer 设置 ┈┈┈┈┈┈ 248
  - 8.2.4　Geometry 设置 ┈┈┈┈┈┈ 249
  - 8.2.5　结果设置 ┈┈┈┈┈┈ 250
  - 8.2.6　标注 ┈┈┈┈┈┈ 255
  - 8.2.7　动画 ┈┈┈┈┈┈ 256
  - 8.2.8　结果输出 ┈┈┈┈┈┈ 256
- 8.3　Visual Editor 表格后处理 ┈┈┈┈┈┈ 256
  - 8.3.1　结果数据类型 ┈┈┈┈┈┈ 256
  - 8.3.2　数据结果输出 ┈┈┈┈┈┈ 261
  - 8.3.3　自动创建结果报告 ┈┈┈┈┈┈ 261
- 8.4　小结 ┈┈┈┈┈┈ 262

第9章　Command Center 优化模块 ┈┈┈┈┈┈ 263
- 9.1　Command Center 优化模块介绍 ┈┈┈┈┈┈ 263
  - 9.1.1　Command Center 作用 ┈┈┈┈┈┈ 263
  - 9.1.2　Command Center 界面 ┈┈┈┈┈┈ 263
  - 9.1.3　Command Center 使用流程 ┈┈┈┈┈┈ 263
- 9.2　输入变量 ┈┈┈┈┈┈ 264
  - 9.2.1　数据输入形式 ┈┈┈┈┈┈ 265
  - 9.2.2　图形输入形式 ┈┈┈┈┈┈ 266
- 9.3　输出变量 ┈┈┈┈┈┈ 266
- 9.4　创建方案 ┈┈┈┈┈┈ 266
  - 9.4.1　默认创建方案 ┈┈┈┈┈┈ 266
  - 9.4.2　Multiply Input Variables 创建方案 ┈┈┈┈┈┈ 267
  - 9.4.3　实验设计创建方案 ┈┈┈┈┈┈ 268
  - 9.4.4　方案列表 ┈┈┈┈┈┈ 270
- 9.5　方案求解监控 ┈┈┈┈┈┈ 271
- 9.6　方案优化设计 ┈┈┈┈┈┈ 272
  - 9.6.1　顺序优化 ┈┈┈┈┈┈ 273
  - 9.6.2　响应面优化 ┈┈┈┈┈┈ 273
- 9.7　优化方案结果处理 ┈┈┈┈┈┈ 274
- 9.8　Command Center 优化实例 ┈┈┈┈┈┈ 275
- 9.9　小结 ┈┈┈┈┈┈ 280

第10章　FloMCAD 接口模块 ┈┈┈┈┈┈ 281
- 10.1　FloMCAD 接口模块介绍 ┈┈┈┈┈┈ 281
  - 10.1.1　FloMCAD 接口模块作用 ┈┈┈┈┈┈ 281
  - 10.1.2　FloMCAD 接口模块界面介绍 ┈┈┈┈┈┈ 281
  - 10.1.3　FloMCAD 接口模块使用流程 ┈┈┈┈┈┈ 281
- 10.2　FloMCAD 接口模块主要功能命令 ┈┈┈┈┈┈ 282
  - 10.2.1　Local Simplify 命令 ┈┈┈┈┈┈ 282
  - 10.2.2　Global Simplify 命令 ┈┈┈┈┈┈ 284
  - 10.2.3　Dissect Body 命令 ┈┈┈┈┈┈ 286
  - 10.2.4　Voxelize 命令 ┈┈┈┈┈┈ 288
  - 10.2.5　Decompose 命令 ┈┈┈┈┈┈ 288
  - 10.2.6　Single Object 命令 ┈┈┈┈┈┈ 290
  - 10.2.7　Split Body 命令 ┈┈┈┈┈┈ 292
- 10.3　FloMCAD 模块应用实例 ┈┈┈┈┈┈ 294
- 10.4　小结 ┈┈┈┈┈┈ 303

第11章　FloTHERM 仿真模型校核 ┈┈┈┈┈┈ 304
- 11.1　FloTHERM 仿真模型校核背景 ┈┈┈┈┈┈ 304
- 11.2　FloTHERM 仿真模型校核 ┈┈┈┈┈┈ 306
- 11.3　FloTHERM 仿真模型校核实例 ┈┈┈┈┈┈ 307

第12章　BGA 封装芯片热仿真实例 ┈┈┈┈┈┈ 313
- 12.1　BGA 封装芯片背景 ┈┈┈┈┈┈ 313
- 12.2　BGA 封装芯片热设计目标 ┈┈┈┈┈┈ 313
- 12.3　BGA 封装芯片散热原理 ┈┈┈┈┈┈ 313
- 12.4　BGA 封装芯片热仿真概述 ┈┈┈┈┈┈ 314
  - 12.4.1　热仿真目标 ┈┈┈┈┈┈ 314
  - 12.4.2　热仿真流程 ┈┈┈┈┈┈ 314
  - 12.4.3　热仿真所需信息 ┈┈┈┈┈┈ 315
- 12.5　BGA 封装芯片热仿真 ┈┈┈┈┈┈ 317
  - 12.5.1　BGA 封装芯片建模 ┈┈┈┈┈┈ 317
  - 12.5.2　BGA 封装芯片 R_{JA} 热阻热仿真 ┈┈┈┈┈┈ 329
  - 12.5.3　BGA 封装芯片 R_{JB} 热阻热仿真 ┈┈┈┈┈┈ 335
- 12.6　小结 ┈┈┈┈┈┈ 341

第13章　户外通信机柜热仿真实例 ┈┈┈┈┈┈ 342
- 13.1　户外通信机柜热设计背景 ┈┈┈┈┈┈ 342
- 13.2　户外通信机柜冷却架构 ┈┈┈┈┈┈ 342
- 13.3　户外通信机柜热设计方法 ┈┈┈┈┈┈ 343
- 13.4　户外通信机柜热仿真概述 ┈┈┈┈┈┈ 343
  - 13.4.1　热仿真目标 ┈┈┈┈┈┈ 343
  - 13.4.2　热仿真流程 ┈┈┈┈┈┈ 343
  - 13.4.3　热仿真所需信息 ┈┈┈┈┈┈ 344
- 13.5　户外通信机柜热仿真 ┈┈┈┈┈┈ 344

  13.5.1 Shelf模块简化 …………… 344
  13.5.2 户外通信机柜稳态热仿真分析……… 364
 13.6 小结 ………………………… 383
第14章 数据中心热仿真实例 ………… 384
 14.1 数据中心热设计背景 …………… 384
 14.2 数据中心热设计挑战 …………… 384
 14.3 数据中心热设计目标 …………… 385
 14.4 数据中心冷却架构 ……………… 385
 14.5 数据中心热仿真概述 …………… 387
  14.5.1 数据中心介绍 …………… 387
  14.5.2 热仿真目标 ……………… 387
  14.5.3 热仿真流程 ……………… 388
  14.5.4 热仿真所需信息 ………… 388
 14.6 数据中心热仿真 ………………… 388
  14.6.1 建立仿真模型 …………… 389
  14.6.2 网格划分 ………………… 417
  14.6.3 求解计算 ………………… 420
  14.6.4 结果分析 ………………… 422
 14.7 小结 ………………………… 423
第15章 智能手机热仿真实例 ………… 424
 15.1 智能手机热设计背景 …………… 424
 15.2 智能手机热设计目标 …………… 424
 15.3 智能手机冷却架构 ……………… 425
 15.4 智能手机热仿真概述 …………… 426
  15.4.1 热仿真目标 ……………… 426
  15.4.2 热仿真流程 ……………… 426
  15.4.3 热仿真所需信息 ………… 427
 15.5 智能手机热仿真 ………………… 427
  15.5.1 建立仿真模型 …………… 427
  15.5.2 网格划分 ………………… 454
  15.5.3 求解计算 ………………… 455
  15.5.4 结果分析 ………………… 456
 15.6 小结 ………………………… 458
第16章 服务器热仿真实例 …………… 459
 16.1 服务器热设计背景 ……………… 459
 16.2 服务器热设计挑战 ……………… 460
 16.3 服务器热设计目标 ……………… 460
 16.4 服务器冷却架构 ………………… 461
 16.5 服务器热仿真概述 ……………… 461
  16.5.1 热仿真背景 ……………… 461
  16.5.2 热仿真目标 ……………… 461
  16.5.3 热仿真流程 ……………… 461
  16.5.4 热仿真所需信息 ………… 462
 16.6 服务器热仿真 …………………… 462
  16.6.1 建立仿真模型 …………… 462
  16.6.2 网格划分 ………………… 497
  16.6.3 求解计算 ………………… 497
  16.6.4 结果分析 ………………… 499
 16.7 小结 ………………………… 501
第17章 机房气流组织优化实例 ……… 502
 17.1 机房背景 ………………………… 502
 17.2 机房热环境测试 ………………… 502
  17.2.1 移动测量平台介绍 ……… 502
  17.2.2 机房热环境测试结果分析……… 503
 17.3 机房热仿真模型校核 …………… 506
  17.3.1 建立仿真模型 …………… 506
  17.3.2 网格划分 ………………… 525
  17.3.3 求解计算 ………………… 526
  17.3.4 仿真模型校核 …………… 528
 17.4 机房气流组织优化 ……………… 529
  17.4.1 冷热通道封闭（优化方案一）…… 529
  17.4.2 送风地板调整（优化方案二）…… 529
 17.5 小结 ………………………………530
参考文献 …………………………………… 531

1

FloTHERM 概述

1.1 FloTHERM 软件介绍

FloTHERM 是一款专业用于电子散热领域的三维热仿真和优化设计软件，其可应用于封装元件、PCB 板、系统设备和数据中心等不同层级。在任何实体样机建立之前，用户通过 FloTHERM 软件创建产品的虚拟模型，预测产品内部气流流动、温度分布和热量传递过程。根据 FloTHERM 提供的仿真结果，可以识别产品存在的热风险，并且进一步提高产品的可靠性。

1.2 FloTHERM 软件背景原理

电子设备内外部的流体流动和热量传递受物理守恒定律的控制，基本的守恒定律包括：质量、动量和能量守恒定律。

对于三维、瞬态、可压缩牛顿流体的流动与传热现象，其守恒控制方程如下：

质量守恒方程：

$$\frac{\partial \rho}{\partial t} + div(\rho u) = 0 \tag{1-1}$$

X 方向动量守恒方程：

$$\frac{\partial (\rho u)}{\partial t} + div(\rho uu) = div(\mu \mathrm{grad} u) - \frac{\partial P}{\partial x} + S_u \tag{1-2}$$

Y 方向动量守恒方程：

$$\frac{\partial (\rho v)}{\partial t} + div(\rho vu) = div(\mu \mathrm{grad} v) - \frac{\partial P}{\partial y} + S_v \tag{1-3}$$

Z 方向动量守恒方程：

$$\frac{\partial (\rho w)}{\partial t} + div(\rho wu) = div(\mu \mathrm{grad} w) - \frac{\partial P}{\partial z} + S_w \tag{1-4}$$

能量守恒方程：

$$\frac{\partial(\rho T)}{\partial t} + div(\rho uT) = div\left(\frac{k}{c}\text{grad}T\right) + S_T \qquad (1\text{-}5)$$

关于守恒控制方程的详细内容可以参考文献 1。上述守恒方程均为偏微分方程，在数学上无法获得上述方程的解析解，特别是由于动量守恒方程的高度非线性，使得通过数学的手段无法直接进行求解。

自 20 世纪 60 年代左右起计算流体动力学（CFD）技术逐渐形成了一门独立的学科。其主要思想是把原来在时间域及空间域上连续的物理量场，如温度场和速度场，用一系列有限个离散点上的变量值的集合来替代，通过一定的原则和方式建立起关于这些离散点上场变量之间关系的代数方程组，然后求解代数方程组获得场变量的近似值[2]。

FloTHERM 软件正是基于计算流体动力学技术解决电子设备散热的问题，软件工作流程如图 1-1 所示。

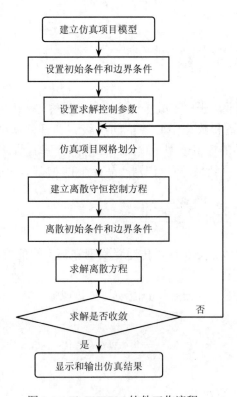

图 1-1　FloTHERM 软件工作流程

1.3　FloTHERM 功能特点

（1）MCAD 和 EDA 软件模块接口。

FloTHERM 软件具有 MCAD 和 EDA 软件模块接口，用于提高仿真项目的建模效率。其中 FloMCAD 软件模块接口支持 Pro/ENGINEER、CATIA 和 Solidworks 等主流 MCAD 软件模型数据，同时也支持三维模型数据的导出。FloEDA 软件模块接口支持 Allegro、APD、Boardstation、CR5000 和 Expedition 等主流 EDA 软件数据，同时也支持 EDA 软件常用的 IDF 格式数据。

（2）智能元件和模型库数据。

FloTHERM 软件提供了电子设备中常见器件的智能元件模型，例如封装元件、热管、风扇、散热器、PCB 板、热电制冷器、打孔板、机箱、机柜和空调。此外，软件模型库中包含了数千种电子器件的特性数据和几何模型，例如风扇、封装元件、散热器、导热界面材料、机柜和空调等。

（3）几何建模易用性。

FloTHERM 软件支持参数化建模的同时也支持通过鼠标拖放、改变模型几何位置和尺寸，其所见即所得的建模方式具有操作简单、直观和高效等特点。

（4）网格系统。

FloTHERM 软件采用笛卡尔网格系统。笛卡尔网格系统在求解计算时间、求解数据存储空间和求解的健壮性方面要优于其他网格系统。此外，FloTHERM 软件中网格与模型紧密相关，对于模型设置的网格加密作为模型的属性存在和保存。模型网格属性可以与模型一起保存至模型库中，之后调用模型时可不必再次进行网格划分。

（5）求解器。

FloTHERM 软件具有多重网格和分离耦合残差两个求解器。其中多重网格求解器在计算时可以将各种频率分量的误差比较均匀地衰减掉，因此加快了迭代收敛的速度，对于线性温度方程的求解尤为明显。

（6）后处理。

FloTHERM 可视化后处理模块 Visual Editor 专为提高电子设备热设计效率而研发。完全逼真的模型、三维流体流动动画和瞬态温度动态显示，协助工程师快速和高效地了解产品热特性以及可能存在的热风险，并且将产品优化设计结果以可视化形式快速呈现出来。

（7）优化设计。

FloTHERM 的 Command Center 优化设计模块可以根据目标函数进行仿真项目自动优化设计。其包括了 DOE（实验设计）、SO（顺序优化）和 RSO（响应面优化）等先进的优化方法，使软件不仅作为项目方案热风险验证和评估的工具，更能作为项目优化设计的工具。

1.4 FloTHERM 工程应用背景

应用 FloTHERM 软件可以快速地进行大量项目仿真分析，在此基础上再结合一定的实验测试，可以大幅缩短产品的研发时间和降低产品研发成本，提高企业的研发能力和竞争力。电子设备散热领域任何涉及流体流动和热量传递的物理现象都可以通过 FloTHERM 软件进行仿真分析。除此之外，FloTHERM 软件也被用于瞬态、红外辐射、太阳辐射和液体冷却等物理现象的仿真分析。历经了超过 25 年的发展和改进，FloTHERM 软件已经被广泛地应用在通信、电力能源、计算机、消费电子、半导体、汽车、航天和机车等行业领域。

1.5　FloTHERM 软件模块

FloTHERM 软件主要有以下模块：Pre-Processor、Solver、Visual Editor、Command Center、FloEDA、FloMCAD 和 FloTHERM@PACK。

（1）Pre-Processor。

Pre-Processor 是软件的前处理模块，主要用于创建仿真项目模型和网格划分。软件提供了封装元件、散热器、风扇、PCB 板、热电制冷器、机箱、封装元件、热管和打孔板等智能元件。通过这些智能元件用户能快速准确地建立仿真模型。软件中的 Grid Summary Dialog 窗口可以快速确定仿真项目网格质量，定位最差网格所在位置和引起差质量网格的模型。

（2）Solver。

Solver 是软件的求解模块，其基于笛卡尔网格系统，具有较高的求解计算效率。软件具有多重网格和分离耦合残差两个求解器。多重网格求解器可以加快线性温度方程的求解，并且对于耦合热交换的项目，它可以改善项目的收敛性和缩短求解时间。通常情况下，多重网格求解器的易用性更好。

（3）Visual Editor。

Visual Editor 后处理模块（如图 1-2 所示）主要用于仿真结果的处理和提供仿真结果数据。其提供的仿真结果可以分为图形结果和表格结果。通过平面云图、表面云图、等值面云图、粒子流等载体将温度、速度、压力、热流、速率等标量和矢量呈现出来，并且通过图片或者视频形式输出。同时 Visual Editor 后处理模块也支持将温度、压力、速度、热流密度、对流换热量、热传导热量和热辐射热量等仿真结果数据以*.CSV 或*.txt 格式输出。

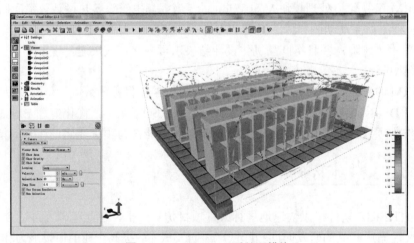

图 1-2　Visual Editor 后处理模块

（4）Command Center。

Command Center 模块（如图 1-3 所示）用于仿真项目的优化设计，其中包括了实验设计（DOE）、响应面优化（RSO）和顺序优化（SO）三种优化设计方法。实验设计功能可以有效地提升项目优化设计的效率。基于实验设计创建的方案，顺序优化和响应面优化功能可以进一步地进行方案项目优化设计。用户在确定元件温度、散热器温度或重量等目标函数之后，软件在用户设定的输入变量变化范围内自动逐步寻找各可变设计参数，例如散热器几何尺寸、元件位置、材料物性和热功耗等参数的最优组合。Command Center 模块也可用于 PCB 板的器件布局优化、系统通风口位置及形状优化、模块及系统的流道设计和风扇选型及安装位置优化等各种项目的优化设计。此外，FloTHERM 11.1 版增加了仿真模型校核功能，模型校核工作主要在 Command Center 模块中完成。

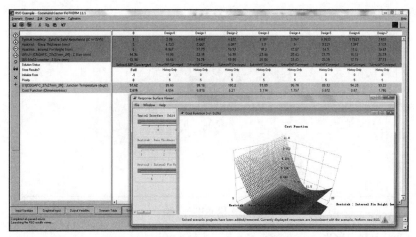

图 1-3　Command Center 模块

（5）FloEDA。

FloEDA 模块（如图 1-4 所示）的主要目的是帮助工程师提升 PCB 和封装元件建模速度以及获得精确 PCB 和封装元件仿真结果。其支持将 Allegro、APD、Boardstation、CR5000 和 Expedition 等 EDA 软件所创建的导电层、过孔和封装元件等数据直接导入至 FloTHERM 软件中。FloEDA 不仅支持数据的导入，而且支持模型数据的简化。

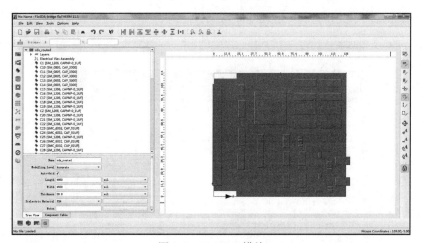

图 1-4　FloEDA 模块

（6）FloMCAD。

FloMCAD 模块（如图 1-5 所示）的主要目的是帮助工程师提升仿真项目几何建模速度，提高仿真效率。其支持将主流机械设计软件 Pro/ENGINEER、CATIA 和 Solidworks 所创建的零件或组件,以及 IGES、STL、SAT、STEP 和 DXF 等通用结构数据导入至 FloTHERM 软件中。FloMCAD 不仅支持数据的导入,而且支持模型数据的简化。由于结构模型中包含了许多结构工艺的信息,但这些模型信息会耗费太多的计算资源,而通过 FloMACD 模块可以去除这些不必要的信息。

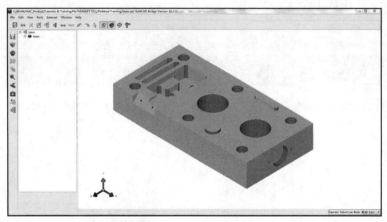

图 1-5　FloMCAD 模块

(7) FloTHERM PACK。

FloTHERM PACK 是一款基于网络的软件程序,可以提供可靠、准确的 IC 封装以及相应的热阻模型,如图 1-6 所示。FloTHERM PACK 为每一款 IC 封装元件设计了参数化设置的菜单,输入封装 Die、基板和封装尺寸等详细信息就可以构建封装模型。如果没有封装元件内部的详细信息,FloTHERM PACK 内部的 JEDEC 标准模型库可以协助创建封装模型,其中包括了业内广泛采用的球栅阵列封装(BGA)、引线封装(Leaded Packages)、针脚格栅阵列封装(Pin Grid Arrays)、晶体管外形封装(Transistor Outline Packages)、芯片级封装(Chip-Scale Packages)和堆栈封装(Multi-Die Packages)。

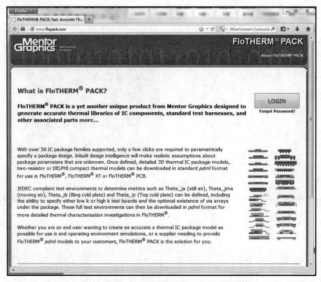

图 1-6　FloTHERM PACK 模块

1.6 FloTHERM 软件安装

FloTHERM 软件支持在 Windows 和 Linux 操作系统下运行。FloTHERM 11.1 支持的 Windows 操作系统有 Windows 10（Pro and Enterprise editions）、Windows 8 and 8.1（Core，Pro and Enterprise editions）、Windows 7（Business，Enterprise and Ultimate editions）、Windows Server 2012（Standard edition）。

1.6.1 FloTHERM 软件 Windows 版本安装

双击 flotherm_11_1_win_esdm 文件夹中的 install_windows.exe 可执行文件，弹出 FloTHERM 11.1 程序安装欢迎界面，如图 1-7 所示。

图 1-7　FloTHERM 11.1 安装欢迎界面

安装程序进入安装准备阶段，如图 1-8 所示为软件安装介绍，单击 Next 按钮。

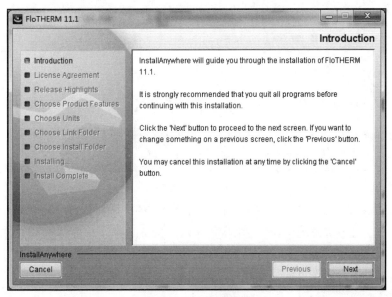

图 1-8　软件安装介绍

如图 1-9 所示为软件许可证协议，选择 I accept the terms of the License Agreement 并单击 Next 按钮。

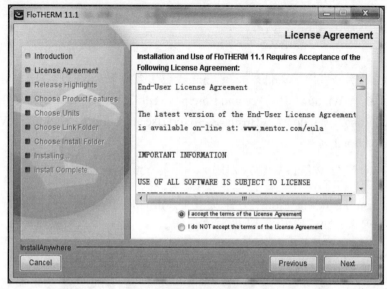

图 1-9　软件许可证协议

弹出如图 1-10 所示的软件介绍界面，阅读软件功能介绍并单击 Next 按钮。

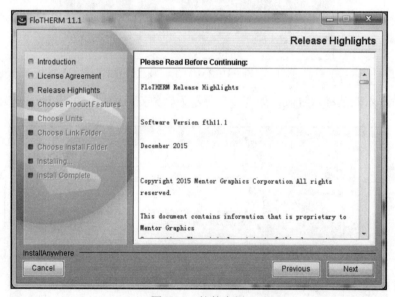

图 1-10　软件介绍

如图 1-11 所示为安装程序选择界面。Typical 选项用于安装 FloTHERM 软件程序和许可证管理器，适用于单机版或浮动版服务器端的安装；Client 选项用于安装 FloTHERM 软件程序，适用于浮动版客户端的安装；Volunteer Only 选项用于安装 Command Center 优化方案的求解器；FLEX Only 用于安装许可证管理器，适用于浮动版软件服务器端的安装。

此处选择 Typical 选项并单击 Next 按钮。

弹出如图 1-12 所示的软件单位系统选择界面。SI 选项表明软件默认采用国际单位制；US 选项表明软件默认采用英制单位制。此处选择 SI 选项并单击 Next 按钮。

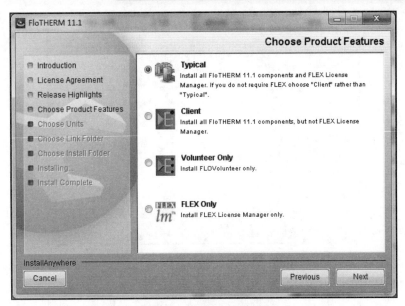

图 1-11　安装程序选择

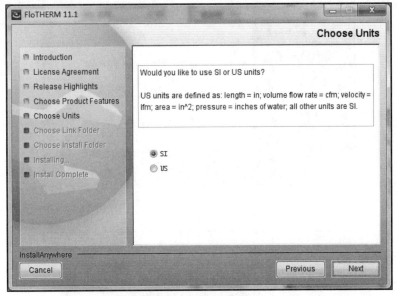

图 1-12　单位系统选择

弹出如图 1-13 所示的软件图标选择界面。In a new Program Group 表明软件图标创建在一个新的开始程序组中；In an existing Program Group 表明软件图标创建在现有的开始程序组中。如果已经存在 MentorMA 的程序组，则选择 In an existing Program Group，否则选择 In a new Program Group，单击 Next 按钮。

弹出如图 1-14 所示的软件安装路径选择界面，此处可以采用默认安装路径，单击 Install 按钮。

如图 1-15 所示软件进入安装过程，如图 1-16 所示软件安装完成，单击 Done 按钮确认软件安装完成。

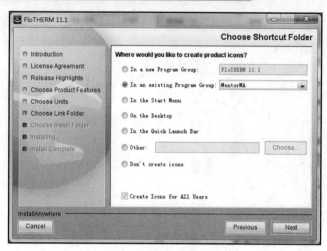

图 1-13　软件图标选择

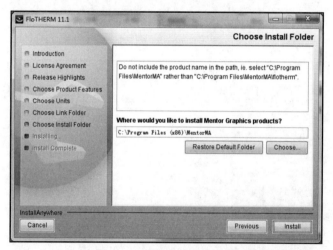

图 1-14　软件安装路径选择

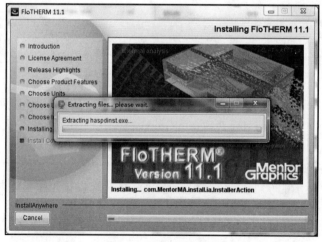

图 1-15　软件安装过程

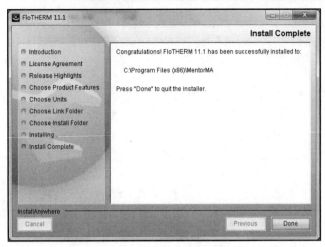

图 1-16　软件安装完成

1.6.2　许可证安装

采用记事本程序打开软件许可证文件，如图 1-17 所示，确定许可证所安装计算机的物理网卡地址包含在许可证文件中。

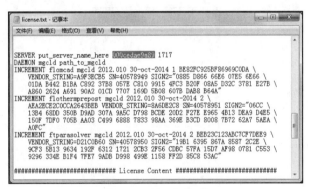

图 1-17　许可证文件

如图 1-18 所示，把许可证中加底色标识的 put_server_name_here 替换为许可证所安装计算机的名称。

图 1-18　许可证文件

如图1-19所示，把许可证中加底色标识的 path_to_mgcld 替换为文件 mgcld.exe 所在的目录。默认情况下此路径为 C:\Program Files (x86)\MentorMA\FLEXLM11.10。注意，路径名需要加双引号。

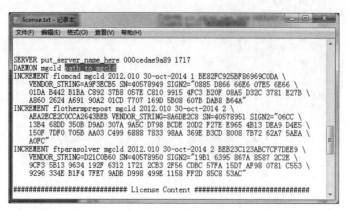

图1-19 许可证文件

保存修改的许可证文件并退出记事本程序。如图1-20所示，单击"开始"→"所有程序"→MentorMA→License Wizard 命令。

图1-20 打开 License Wizard

如图1-21所示，在弹出的 Mentor Graphics License Administration Wizard 对话框中选择 Import a Mentor Graphics License File 单选项，单击"下一步"按钮。

如图1-22所示，在 Mentor Graphics License Administration Wizard 对话框中阅读许可证相关内容，单击"下一步"按钮。

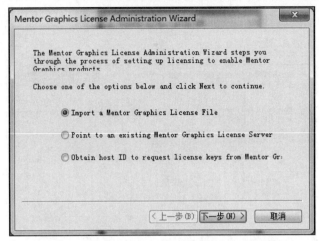

图 1-21　License Administration Wizard 对话框

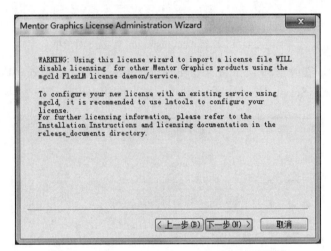

图 1-22　License Administration Wizard 对话框

如图 1-23 所示，在 Mentor Graphics License Administration Wizard 对话框中单击 Browse 按钮找到之前修改的许可证文件，单击"打开"按钮。

图 1-23　许可证导入

如图 1-24 所示，在弹出的 Mentor Graphics License Administration Wizard 对话框中单击"下一步"按钮。

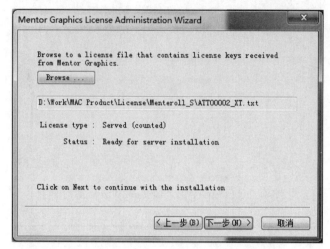

图 1-24　License Administration Wizard 对话框

如图 1-25 所示，在弹出的 Mentor Graphics License Administration Wizard 对话框中单击 Install and Start License Service 按钮，再单击"完成"按钮退出许可证安装。

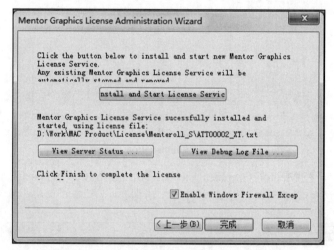

图 1-25　License Administration Wizard 对话框

1.6.3　浮动版软件客户端许可证设置

如图 1-26 所示，右击浮动版客户端计算机桌面上的"我的电脑"图标，选择"属性"命令。在"高级"选项卡中单击"环境变量"按钮。在"系统变量"列表框下方单击"新建"按钮新建一个系统变量，变量名为 MGLS_LICENSE_FILE，变量值为 1717@Host_Name，其中 Host_Name 为浮动版软件服务器的计算机名。

依次单击"新建系统变量""环境变量"和"系统属性"对话框中的"确定"按钮退出环境变量设置。

图 1-26　新建系统变量

1.7　FloTHERM 软件主界面

如图 1-27 所示，软件主界面由菜单栏、快捷菜单栏、Drawing Board、项目特性与数据库、特性参数、网格特性、智能元件栏、智能元件特性和模型树等组成。

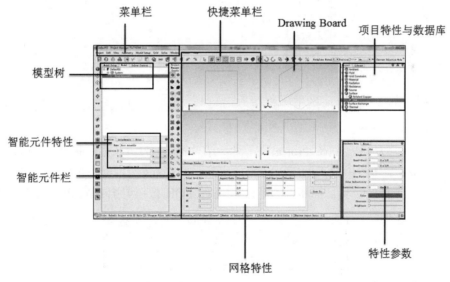

图 1-27　软件主界面

菜单栏中包括了仿真项目的保存、打开、模型建立、网格划分、求解、应用窗口启动等操作命令。快捷菜单栏中提供了保存、求解等常用的项目仿真操作命令，同时也提供了旋转、对齐和移动等针对模型操作的命令。Drawing Board 区域用于显示仿真项目几何模型和网格划分的状况。项目特性与数据库区域显示了仿真项目中所使用的特性或者软件自带的数据库。特性参数区域显示了某一特性的具体参数。网格特性区域显示了仿真项目网格总数、最大长宽比和最小网格等信息。智能元件栏显示了软件包括的简化模型，通过这些简化模型可以快速地建立仿真项目。模型树中包括了仿真项目的求解域、系统网格和所有的智能元件。智能元件特性区域显示了智能元件所具有的特性和相关信息。

1.8 FloTHERM 简单实例分析

本实例通过创建一个简单的仿真项目使读者对 FloTHERM 软件有一个基本的了解。这是一个发热铜板在空气中的自然对流散热实例，仿真分析具体步骤如下：

（1）创建和保存一个新的项目。
（2）创建铜板。
（3）划分网格、求解。
（4）结果分析。

打开 FloTHERM 软件，如图 1-28 所示，在弹出的软件主界面中单击 Project→Save as 命令。

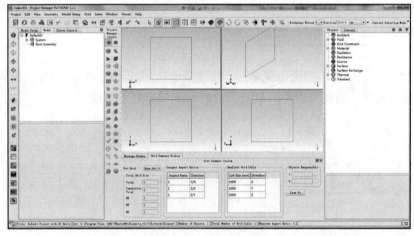

图 1-28　软件主界面

如图 1-29 所示，弹出 Save Project 对话框。在 Project Name 文本框中输入仿真项目名称 Example，在 Title 文本框中输入 Natural Convection，在 Notes 文本框中可以输入当前的时间和日期，以及仿真项目的仿真目标和目的等信息。单击 OK 按钮退出 Save Project 对话框。

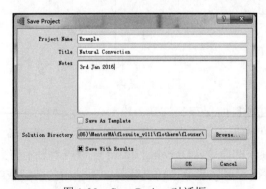

图 1-29　Save Project 对话框

单击模型树中的 System，在其下方智能元件特性区域的 Location 页中修改 System 的尺寸，如图 1-30 所示。

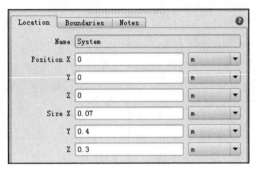

图 1-30　System 特性参数

选中模型树中的 Root Assembly，将智能元件栏设置为 Project Manager Create 状态，单击智能元件栏中的 Cuboid 图标创建 Cuboid。在 Root Assembly 中选择创建的 Cuboid，如图 1-31 所示设置 Cuboid 特性参数。

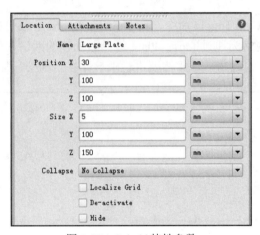

图 1-31　Cuboid 特性参数

如图 1-32 所示，单击 Large Plate 的 Attachments 页，在 Material 下拉列表框中选择 Copper (Pure)，设置 Large Plate 材料属性。

在 Thermal 下拉列表框中选择 Create New，如图 1-33 所示设置 Thermal 特性参数。

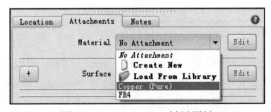

图 1-32　Larger Plate 材料属性

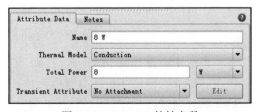

图 1-33　Thermal 特性参数

如图 1-34 所示，在 Drawing Board 区域中查看所建立的仿真模型，其中黄色线框为求解域，蓝色线框为 Large Plate 模型。单击 Viewer→Solid 命令，可以使 Large Plate 以实体显示。

单击 Project→Save 命令，保存建立的仿真模型。

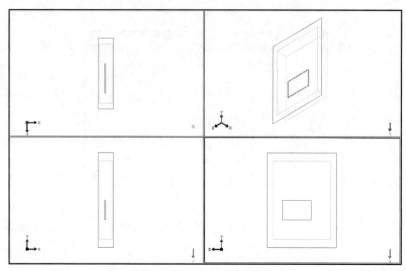

图 1-34 Drawing Board 中的仿真模型

单击 Viewer→Show Grid Toggle 命令，在 Drawing Board 区域中显示仿真项目网格，如图 1-35 所示。此时显示的网格为通过 Large Plate 边界面创建的网格，软件称此网格为 Keypoint 网格。由于此时的网格还很稀疏，如果需要进行求解计算，则必须加密网格。

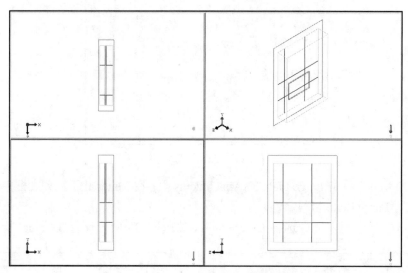

图 1-35 Drawing Board 中的仿真项目网格

在模型树中选择 System Grid，在其下方的智能元件特性区域中单击 Fine。软件自动设置求解域内的最大网格尺寸和最小网格尺寸，如图 1-36 所示。如图 1-37 所示为 Drawing Board 中的仿真项目网格。

单击 Solve→Re-initialize and Solve 命令进行项目仿真计算。在进行仿真计算前软件会自动进行一次模型检查。如图 1-38 所示，此时会在 Message Window 中出现一个关于外部边界条件没有设定的提示信息。在这里忽略这个提示信息，因为本实例可以默认为使用缺省设定。

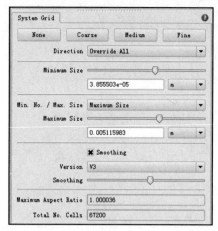

图 1-36　System Grid 特性参数

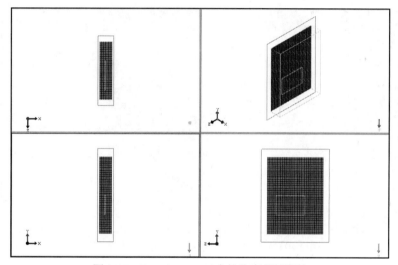

图 1-37　Drawing Board 中的仿真项目网格

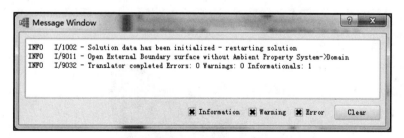

图 1-38　Message Window 对话框

  仿真项目检查完成之后，求解计算开始进行。如图 1-39 所示，Profiles 窗口自动开启，其中显示了温度、速度和压力的残差曲线。

  单击 Window→Launch Visual Editor 命令，打开 Visual Editor 后处理模块，如图 1-40 所示。单击 Visual Editor 后处理模块中的 Viewer→Isometric View 命令，在 Visual Editor 后处理模块中以等轴测视角观察仿真模型。

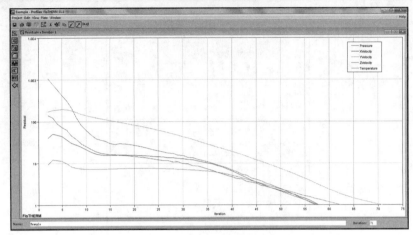

图 1-39　求解计算残差曲线

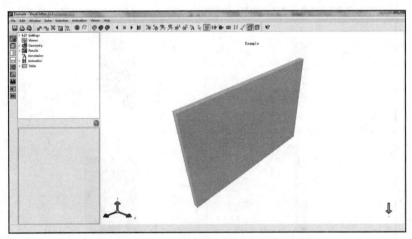

图 1-40　Visual Editor 后处理模块中的仿真模型

单击 Selection→Temperature Surface Plot 命令，显示 Large Plate 的表面温度，如图 1-41 所示。

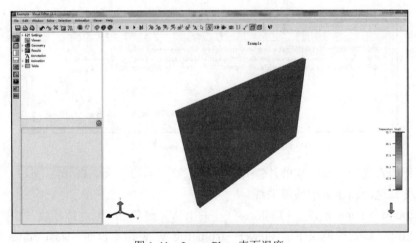

图 1-41　Large Plate 表面温度

单击 Edit→Create Plane 命令，设置 Plane1 特性参数，如图 1-42 所示。

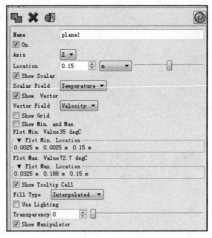

图 1-42　Plane1 特性参数

单击 Viewer→Refit View 命令，在 Visual Editor 后处理模块中显示温度和速度切面云图，如图 1-43 所示。

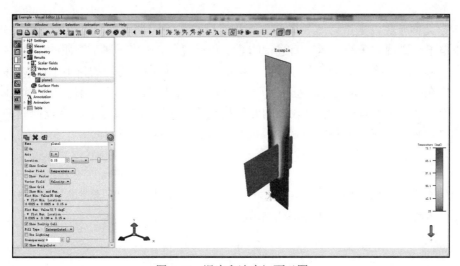

图 1-43　温度和速度切面云图

2

FloTHERM 中传热学与流体力学基础

2.1 热传导

热传导又称导热,是指物体各个部分无相对位移或不同物体直接接触时,依靠分子、原子及自由电子等微观粒子的热运动而进行的热量传递现象。热传导属于物质的属性,热传导过程可以在固体、液体及气体内部或它们的交界面处发生。但在引力场的作用下,单纯的热传导过程只发生在固体中。因为在有温差存在时,液体和气体中可能出现热对流现象而难以维持单纯的热传导。在电子设备中,温度较高的元件将热量传递给与之接触的温度较低的 PCB 板、PCB 板内部温度较高部分将热量传递给温度较低部分都是属于热传导。

2.1.1 热传导微分方程式

如其他数学物理问题一样,存在热传导过程的固体的内部温度场满足某个微分方程,即热传导微分方程式(假设 λ、ρ 和 c 均为常数)。

$$\frac{\partial t}{\partial \tau} = \frac{\lambda}{\rho c}\left(\frac{\partial^2 t}{\partial x^2} + \frac{\partial^2 t}{\partial y^2} + \frac{\partial^2 t}{\partial z^2}\right) + \frac{q_v}{\rho c} \qquad (2\text{-}1)$$

对于稳态热传导,公式可以简化为:

$$\left(\frac{\partial^2 t}{\partial x^2} + \frac{\partial^2 t}{\partial y^2} + \frac{\partial^2 t}{\partial z^2}\right) + \frac{q_v}{\lambda} = 0 \qquad (2\text{-}2)$$

可见进行稳态热传导计算时,可以不考虑材料的密度 ρ 和比热 c。关于热传导微分方程式的详细内容可以参考参考文献[3]。

2.1.2 傅里叶定律

1822 年傅里叶提出了热传导基本定律的数学表达式,也称为傅里叶定律。傅里叶在实验研究热传导过程的基础上,把热流矢量和温度梯度联系起来,得下式:

$$q = -\lambda \left(i\frac{\partial t}{\partial x} + j\frac{\partial t}{\partial y} + k\frac{\partial t}{\partial z} \right) \quad (2\text{-}3)$$

或

$$q = -\lambda \mathrm{grad}\, t \quad (2\text{-}4)$$

式中比例系数 λ 称为热导率，负号表示热流矢量的方向与温度梯度的方向相反，即热流矢量的方向沿着温度降低的方向。式（2-3）和式（2-4）具有一个隐含的条件，即固体材料的热导率在各个方向上是相同的。这种热导率与方向无关的材料称为各向同性材料。

2.1.3 热导率

热导率是物质的一个重要热物性参数，式（2-4）就是热导率的定义式，即：

$$\lambda = \frac{q}{-\mathrm{grad}\, t} \quad (2\text{-}5)$$

材料热导率的定义为：在物体内部垂直于热传导方向取两个相距 1 米、面积为 1 平方米的平行平面，若两个平面的温度相差 1K，在 1 秒内从一个平面传导至另一个平面的热量。一般而言，金属的热导率比非金属的高；物质的固相热导率比它们的液相要高；物质的液相热导率要比其气相的高；通常情况下与纯物质相比，材料中的化学杂质会使其热导率发生变化；材料的热导率也会随着温度的变化而变化。常用材料的热导率如表 2-1 所示。

表 2-1 材料的热导率

名称	热导率 W/(mK)	名称	热导率 W/(mK)
AlSiC（vol frac SiC-63%）	200.00	Inconel	15.00
AlSiC（vol frac SiC-68%）	220.00	Invar（Ni36）	10.15
Alumina（94%）	18.00	Iron（Pure）	80.00
Alumina（96%）	25.00	Magnesium（Pure）	150.00
Alumina（Typical）	16.00	Molybdenum（Pure）	138.00
Aluminum（Anodized）	201.00	Nickel（Pure）	59.00
Aluminum（Pure）	201.00	Nylon-6（Typical）	0.27
Aluminum Beryllium AlBeMet AM162	210.00	Nylon-66（Typical）	0.26
Aluminum Nitride	170.00	Platinum（Pure）	69.00
Aluminum-5052	137.00	Plexiglass（Typical）	0.20
Aluminum-6061	180.00	Polycarbonate（Typical）	0.20
Beryllium Oxide	240.00	Polyimide（Typical）	0.19
Brass（Naval）	110.00	Polyisoprene（Hard）	0.16
Bronze（Manganese）	53.00	Polyisoprene（Natural）	0.13
BT	0.20	Polystyrene（Typical）	0.13
Copper（Aluminized）	83.00	PTFE（Typical）	0.25
Copper（Pure）	385.00	Silicon（Pure）	117.50*

续表

名称	热导率 W/(mK)	名称	热导率 W/(mK)
Diamond（Synthetic）	2000.00	Silver（Pure）	419.00
Duraluminum（Strong alloy）	180.00	Steel（Mild）	63.00
Epoxy Overmold（Typical）	0.68	Steel Stainless-302（Cr18/Ni8）	16.30
Epoxy Resin（Typical）	0.20	Titanium（Pure）	21.00
FR4	0.30	Tungsten（Pure）	163.30
Gallium Arsenide	48.39*	Tungsten Copper（80/20）	180.00
Glass（Typical）	1.05	Tungsten Copper（85/15）	167.00
Glass Lid Seal（Typical）	0.25	Tungsten Copper（90/10）	157.00
Gold（Pure）	296.00	Zinc（Pure）	111.00

* 材料温度为 100℃。

1. **热导率随温度变化**

气体的热导率随温度升高而增大。对于绝大多数液体而言，当温度升高时热导率下降。绝大多数纯金属的热导率会随着温度的升高而减小。对于电子设备而言，其温度变化范围为 0～150℃。在此范围之内，各类材料的热导率受温度影响很小。例如，金属铜在此范围内的热导率值变化在 3% 之内。因此 FloTHERM 中忽略了绝大多数材料温度对热导率的影响。

电子半导体行业中最常用的材料是硅。在进行元件温度精确仿真时，需要正确设置材料硅的热导率。硅材料的热导率随温度变化很大。FloTHERM 软件材料库中，以 100℃时的硅热导率为基础，对硅的热导率进行线性拟合。

$$\lambda_{si}(t) = 117.5 - 0.42 \times (t - 100) \tag{2-6}$$

$\lambda_{si}(t)$：硅热导率 W/(mK)。

t：硅的温度℃。

这是一个斜率为负的线性函数，所以当温度在 380℃以上时，热导率 λ 将为负值。热导率负值对于求解热传导微分方程式可能存在问题。例如，硅芯片产生大量的热，当第一次进行迭代计算时，温度的计算值超过了 380℃。即便在实际情况中，硅芯片的温度会由于外部的散热而降低，但对于仿真计算而言已经显得太晚。如果出现这种情况，可以尝试在第一次迭代计算时将材料热导率设为不随温度变化。当第一次迭代计算完成之后，将材料热导率设为随温度变化。

砷化镓的热导率处理方式与材料硅相似。如果仿真项目以热传导为主，并且材料热导率随温度变化明显，则建议采用热导率随温度变化的形式。如果热导率在不同温度下的数据不完整，则可预估材料的实际温度，并且将此温度下的材料热导率输入至软件中。

2. **热导率随纯度变化**

与纯物质相比，材料中的化学杂质将影响其热导率。例如，电子行业中经常用到的氧化铝（Al_2O_3），与 FR4 基础材料相比，其价格低廉且热导率更高。如图 2-1 所示，氧化铝的热导率会随着纯度的下降而减小。

如果仿真项目以热传导为主，则需要关注氧化铝的热导率数据。确定氧化铝的纯度，从而正确设置其热导率值。

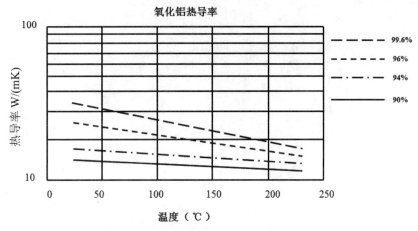

图 2-1　不同纯度氧化铝热导率随温度变化

2.1.4　热阻

在传热学中，参照电学欧姆定律的形式来分析热量传递过程中热量与温度差的关系，即把热流密度的计算式改写为欧姆定律的形式。热电模拟关系为解决传热学问题提供了很大方便，电学中的许多规律，如电阻串联、并联公式及基尔霍夫定律等关系式均可等效地应用于传热领域。

$$R = \frac{T_1 - T_2}{Q} \tag{2-7}$$

与欧姆定律对照可以看出，热流相当于电流，温度差相当于电位差，而热阻相当于电阻。由此，得到了一个在传热学领域非常重要而且实用的概念——热阻。对于不同的热量传递方式，热阻可以具有不同的表达式。对于上述热传导过程，假设进入右侧端面的热量 Q 全部从左侧端面出来，物体的两个端面温度分别为 T_1 和 T_2，并且端面上不存在温度差，如图 2-2 所示。

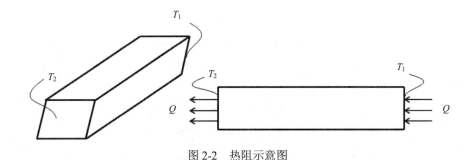

图 2-2　热阻示意图

在实际情况中，理想的一维热传导并不存在。电子设备中的温度场往往是三维的，在基于热阻概念进行设备散热分析时，必须正确理解热阻的概念。

如图 2-3 所示，元件的上表面存在温度差。假设元件产生的所有热量均通过上表面散去。但由于上表面非均温面，所以无法通过热阻公式计算元件结点至上表面外壳的热阻值。

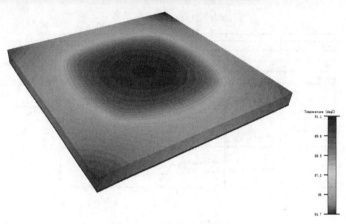

图 2-3　元件上表面温度

2.1.5　二维矩形区域稳态热传导问题数值求解

一个边长为 1m 的二维矩形区域，其内部无内热源，热导率 λ 为常数。其中三个边界面温度为 25℃，一个边界面温度为 40℃。求该矩形区域内的温度分布。

基于式（2-1）热传导微分方程式，对于上述问题的微分方程和边界条件为：

$$\frac{\partial^2 t}{\partial x^2} + \frac{\partial^2 t}{\partial y^2} = 0 \tag{2-8}$$

$x = 0$，$t = 25\ ℃$
$x = 1$，$t = 25\ ℃$
$y = 0$，$t = 25\ ℃$
$y = 1$，$t = 40\ ℃$

如图 2-4 所示进行矩形区域离散，x 方向总结点数为 N，y 方向总结点数为 M，区域内任一结点用 i,j 表示。

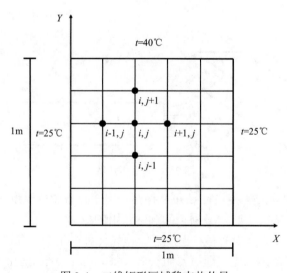

图 2-4　二维矩形区域稳态热传导

方程对于图 2-4 中的所有内部结点均适用，因此可以写为：

$$\left(\frac{\partial^2 t}{\partial x^2}\right) + \left(\frac{\partial^2 t}{\partial y^2}\right) = 0 \qquad (2\text{-}9)$$

用 i,j 结点的二阶中心差分代替上式中的二阶导数，得：

$$\frac{t_{i+1,j} - 2t_{i,j} + t_{i-1,j}}{\Delta x^2} + \frac{t_{i,j+1} - 2t_{i,j} + t_{i,j-1}}{\Delta y^2} = 0 \qquad (2\text{-}10)$$

上式整理成迭代计算形式，即 $t_{i,j}$ 通过周围四个结点描述：

$$t_{i,j} = \frac{\Delta y^2}{2(\Delta x^2 + \Delta y^2)}(t_{i+1,j} + t_{i-1,j}) + \frac{\Delta x^2}{2(\Delta x^2 + \Delta y^2)}(t_{i,j+1} + t_{i,j-1}) \qquad (2\text{-}11)$$

其中 $i = 2,3,\cdots,N-1$，$j = 2,3,\cdots,M-1$。

补充四个边界上的第一类边界条件得：

$$t_{1,j} = 25\ ℃ \qquad (j=1,2,\cdots,M)$$
$$t_{N,j} = 25\ ℃ \qquad (j=1,2,\cdots,M)$$
$$t_{i,1} = 25\ ℃ \qquad (i=1,2,\cdots,N)$$
$$t_{i,M} = 40\ ℃ \qquad (i=1,2,\cdots,N)$$

采用迭代法对式（2-11）进行求解计算。迭代法的原理是先任意假定一组内结点温度的初始值 $t_{i,j}^0$，将此初始值代入公式求得一组新的结点温度值 $t_{i,j}^1$，将 $t_{i,j}^1$ 代入公式求得一组新的结点温度值 $t_{i,j}^2$，这样的迭代过程反复进行，直至前后两次迭代各结点温度差值中的最大差值小于预先规定的允许误差 ε 为止，即：

$$\max |t_{i,j}^{k+1} - t_{i,j}^k| \leqslant \varepsilon \qquad (2\text{-}12)$$

式中 k 为迭代次数。

如图 2-5 所示为二维矩形区域内部温度分布。

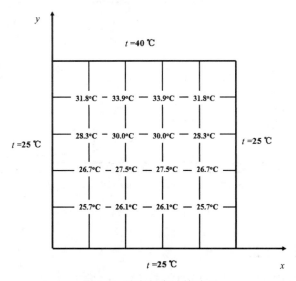

图 2-5　结点温度计算结果

2.1.6 小结

进行热传导稳态分析时,假设材料的比热和密度不发生变化,则材料的比热和密度可以忽略。

材料热导率随温度发生变化,对于半导体材料尤为明显,在进行此类分析时,需要考虑温度对热导率的影响。

材料热导率也受纯度的影响,以热传导为主要传热路径时,需要考虑材料纯度对热导率的影响。

借助于热阻的概念便于进行电子设备的散热性能分析,但实际情况中热量传递在三个方向同时进行,所以热阻公式分子项中的温度差比较难确定。如果采用某些点的温度来计算温差,由此得到的热阻往往存在误差。

稳态热传导数值求解分为建立热传导微分方程、离散微分方程和迭代求解。其理念与FloTHERM在进行仿真分析时的步骤:建模、划分网格、求解和后处理是一致的。

2.2 对流换热

依靠着流体的运动,把热量由一处传递至另一处的现象称为热对流。热对流、热传导和热辐射是三种基本传热方式。若热对流过程中单位时间通过单位面积有质量 M 的流体由温度 t_1 的地方流至 t_2 处,其比热容为 c_p,则此热对流传递的热流密度为:

$$q = mc_p(t_2 - t_1) \text{ W/m}^2 \tag{2-13}$$

但是传热工程上涉及的问题往往不是单纯的热对流,而是流体与固体表面直接接触时的换热过程,传热学把它称为"对流换热"。由于温度差的存在,热对流现象发生的同时也伴随着热传导。所以,对流换热过程的换热机理既有热对流的作用,亦有热传导的作用。对流换热与热对流不同,它已不再是基本传热方式。当具有粘性且能润湿物体表面的流体流过物体表面时,粘滞力将制动流体的运动,使靠近物体表面的流体速度降低。在距离物体表面非常近的一段距离之内,速度的变化非常剧烈。如图 2-6 所示,这样的流体薄层称为边界层。

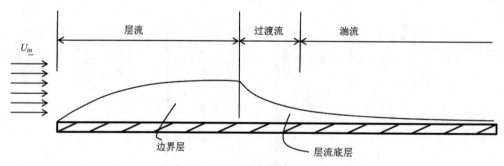

图 2-6 外掠平板对流换热边界层

2.2.1 对流换热的起因与状态

驱使流体以某一速度在物体表面周围流动的原因有两种:一种是流体因各部分温度不同而引起的密度差异所产生的流动,此流动称为自然对流;另一种是由于风扇等旋转机械工作所产生的流动，称为强迫对流。一般而言，流体强迫对流时的流速要高于自然对流，相应的对流换热能力也更强。所以，对流换热问题可以分为强迫对流和自然对流。

无论流体流动的起因如何，流体在物体表面周围的流动又有层流和湍流两种流态。湍流时，对流换热作用得到强化，所以换热效果更好。因此，在分析计算对流换热问题时必须考虑流体的流态。

2.2.2 牛顿冷却定律

1701年牛顿提出了计算对流换热的基本公式，称为牛顿冷却定律：

$$Q = h \times A \times (t_w - t_f) \quad (2\text{-}14)$$

h：对流换热系数（W/(m²K)）；A：物体表面积（m²）；t_w：物体表面温度（℃）；t_f：流体温度（℃）。

其中 h 的大小代表了该对流换热过程的强弱，由于 h 受物体表面粗糙度、几何尺寸、形状以及流体物性、流速等诸多因素的影响，在计算表面传热系数时，一般会根据流体流动的起因、状态以及物体的形状进行分类。表 2-2 所示为常用的对流换热系数。

表 2-2 常用流体对流换热系数

流体	流动起因	对流换热系数（W/m²K）	
		范围	典型值
空气	自然对流	3～12	5
空气	强迫对流	10～100	50
水	自然对流	200～1000	600
水	强迫对流	1000～15000	8000

2.2.3 对流换热无量纲准则数

由于对流换热微分方程组中动量方程的高度非线性，所以从数学上求解对流换热问题难度很大。在实物或者模型的基础上进行实验研究仍然是求解对流换热问题的主要方法。通过一些无量纲准则数将具有相似对流换热特性的问题归为一类，在简化对流换热问题的同时，也使通过经验公式求解对流换热问题成为可能。

Gr 格拉晓夫准则数表征了浮升力与粘滞力的相对大小。Gr 值越大，表明浮升力作用越大。

$$Gr = \frac{g\Delta t \alpha l^3}{v^2} \quad (2\text{-}15)$$

g：重力加速度（m/s²）；Δt：流体与物体壁面温度差（℃）；α：流体容积膨胀系数（1/K）；l：物体几何定型尺寸（m）；v：流体运动粘度（m²/s）。

Pr 普朗特准则数表征了流体的动量传递能力与热量传递能力的相对大小。Pr 值越大，该流体传递动量的能力越大。其高度概括了所有流体的属性和分类。

$$Pr = \frac{v}{a} \quad (2\text{-}16)$$

v：流体运动粘度（m²/s）；a：流体热扩散率（m²/s）。

Re 雷诺准则数表征了流体流动时惯性力与粘滞力的相对大小。Re 值越大，说明惯性力作用越大，由此，Re 的大小能反映流体的流态。对于流体外掠平板而言，当 Re 数超过 5×10^5 时，流体流态为湍流。

$$Re = \frac{ul}{v} \qquad (2\text{-}17)$$

u：流体流速（m/s）；l：物体几何定型尺寸（m）；v：流体运动粘度（m²/s）。

Nu 努谢尔准则数表征了物体表面法向无量纲过余温度梯度的大小。Nu 值越大，说明对流换热程度越强。

$$Nu = \frac{hl}{\lambda} \qquad (2\text{-}18)$$

h：对流换热系数（W/(m²K)）；l：物体几何定型尺寸（m）；λ：流体热导率（W/(mK)）。

在准则关系式中，Nu 是一个待定量，它包含了待求的表面对流换热系数，故通常把 Nu 称为待定准则数。其他准则中的量都是已知量，故 Gr、Pr 和 Re 又统称为已定准则数。已定准则数用以确定对流换热问题，在已定准则数确定之后，待定准则数也随之被确定。

对于稳态无相变强迫对流换热，其努谢尔准则数是 Gr、Pr 和 Re 准则数的函数：
$$Nu = f(Re, Pr, Gr)$$

若自然对流的影响可以忽略，则可以从上式中去除 Gr 项，努谢尔准则关系式如下：
$$Nu = f(Re, Pr)$$

对于空气而言，Pr 可视为常数，故空气强迫对流换热的努谢尔准则关系式如下：
$$Nu = f(Re)$$

对于自然对流换热，则可以从关系式中去除 Re 项，努谢尔准则关系式如下：
$$Nu = f(Pr, Gr)$$

努谢尔准则数关系中的常系数由实验确定，它表征了同一类换热现象的规律，从而可适用于该同类换热问题的分析与计算。

2.2.4 外掠平板强迫对流换热实例

20℃空气在常压下以 10m/s、12m/s、15m/s 和 20m/s 的速度外掠 1m 长、0.1m 宽的平板，平板温度为 40℃。

理论经验公式计算：空气定性温度采用空气和平板的算术平均温度 30℃。30℃空气的热导率为 0.0267W/(mK)，运动粘度为 1.6×10^{-5} m²/s，密度为 1.165kg/m³，普朗特数为 0.701。

根据式（2-17）计算空气流速为 10m/s 的雷诺数：
$$Re = \frac{ul}{v} = \frac{10\times1}{1.6\times10^{-5}} = 6.25\times10^5$$

由于雷诺数属于湍流流动范围，采用充分发展外掠平板湍流努谢尔数计算公式：
$$Nu = 0.037\times Re^{0.8}\times Pr^{0.33} = 0.037\times(6.25\times10^5)^{0.8}\times0.701^{0.33} = 1423.9$$

根据公式计算对流换热系数：
$$h = \frac{Nu\times\lambda}{l} = \frac{1423.9\times0.0267}{1} = 38.02 \text{ W/(m}^2\text{K)}$$

同理，空气在 12m/s、15m/s 和 20m/s 流速下的对流换热系数分别为 43.99W/(m²K)、

52.59W/(m²K)和 66.19W/(m²K)。

软件仿真结果：在 FloTHERM 中采用 Cuboid 建立平板模型，材料属性赋予铜，并且热属性赋予 40℃恒定温度。采用 Fixed Flow 智能元件作为空气流动源。如图 2-7 所示，设置 Model Setup 页，其中 Turbulence Model 采用 LVEL K-Epsilon 模型。

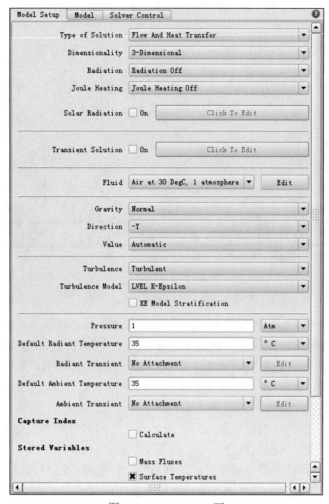

图 2-7　Model Setup 页

空气在 10m/s、12m/s、15m/s 和 20m/s 流速下的对流换热系数分别为 37.37W/(m²K)、43.43W/(m²K)、52.07W/(m²K)和 65.89W/(m²K)。

计算结果对比：表 2-3 所示为外掠平板强迫对流换热实例采用经验公式和软件仿真计算的结果，两者之间的对流换热系数差异在 2%之内。

表 2-3　外掠平板仿真与经验公式结果对比

	10m/s	12m/s	15m/s	20m/s
对流换热系数（经验公式）	38.02	43.99	52.59	66.19
对流换热系数（仿真软件）	37.37	43.43	52.07	65.89

2.2.5 小结

对流换热过程包含了热传导和热对流两种基本的传热方式。

各种对流换热过程可以通过无量纲的准则数进行计算。无论采用经验公式还是仿真软件，计算对流换热量时都需要先确定流体的流态。

2.3 热辐射

热辐射是物体由于自身温度或热运动而辐射电磁波的现象，是一种物体通过电磁辐射的形式把热能向外散发的传热方式。电磁波的波长范围可以从几万分之一微米到数千米，它们的名称和分类如图 2-8 所示。

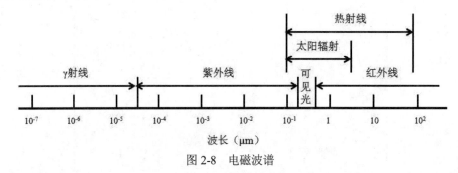

图 2-8 电磁波谱

通常把波长 0.1～100μm 范围的电磁波称为热射线，其中包括了可见光、部分紫外线和红外线。工程上所遇到的温度范围一般在 2000K 以下，热辐射的大部分能量位于红外线区段的 0.76～20μm。太阳辐射的主要能量集中在 0.2～2μm 的波长范围，其中可见光区段占有很大比重。

热辐射具有以下 3 个特点：

（1）热辐射不依赖物体的接触而进行热量传递。并且热辐射是以电磁波的方式传输，所以热量的传递也不需要任何空间媒介，可以在真空中进行。

（2）辐射换热过程伴随着能量形式的二次转化，即物体的部分内能转化为电磁波能发射出去，当此电磁波投射至另一物体表面而被吸收时，电磁波能又转化为内能。

（3）一切物体只要其温度 $T>0K$，都会不断地发射热射线。当物体间有温差时，高温物体辐射给低温物体的能量大于低温物体辐射给高温物体的能量，因此总的结果是高温物体把能量传递给低温物体。

2.3.1 热辐射的相关概念

当热射线投射到物体上时，其中部分被物体吸收，部分被反射，其余则透过物体。假设投射到物体上全波长范围的总能量为 G，被吸收 G_α、反射 G_ρ、透射 G_τ，根据能量守恒定律可得：

$$G = G_\alpha + G_\rho + G_\tau \tag{2-19}$$

若等式两端同除以 G，可得：

$$\alpha + \rho + \tau = 1 \tag{2-20}$$

式中：

$\alpha = \dfrac{G_\alpha}{G}$，称为物体的吸收率，它表示物体吸收的能量占投射至物体总能量的百分比；

$\rho = \dfrac{G_\rho}{G}$，称为物体的反射率，它表示物体反射的能量占投射至物体总能量的百分比；

$\tau = \dfrac{G_\tau}{G}$，称为物体的透射率，它表示物体透射的能量占投射至物体总能量的百分比。

对于固体或液体而言，热射线进入表面后，在一个极短的距离内就被完全吸收，所以认为热射线不能穿透固体和液体。对于固体和液体，可得：

$$\alpha + \rho = 1 \tag{2-21}$$

如图 2-9 所示，热射线投射到物体表面之后会有镜面反射和漫反射之分。对于镜面反射，反射角等于入射角。高度磨光的金属表面是镜面反射的实例。对于漫反射，反射能均匀分布在各个方向。

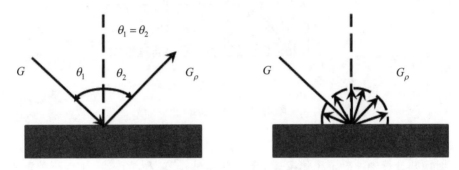

图 2-9　镜面反射（左）与漫反射（右）

对于气体而言，热射线可被吸收和穿透，即没有反射，故可得：

$$\alpha + \tau = 1 \tag{2-22}$$

如果物体能全部吸收外来热射线，即 $\alpha = 1$，则这种物体被定义为黑体。如果物体能全部反射外来热射线，即 $\rho = 1$，则无论是镜面反射还是漫反射，统称为白体。外来热射线能全部透过物体，即 $\tau = 1$，则称为透明体。

现实生活中并不存在黑体、白体与透明体。它们只是热辐射的理想模型。这里的黑体、白体、透明体都是对于全波长射线而言。在一般温度条件下，由于可见光在全波长射线中只占一小部分，所以物体对于外来热射线吸收能力的高低不能凭物体的颜色来判断，白颜色的物体不一定是白体。

物体表面在一定温度下，会朝表面上方半球空间的各个不同方向发射包括各种不同波长的辐射能。单位时间内，物体的每单位面积向半球空间所发射全波长的总能量称为辐射力，用符号 E 表示，单位为 W/m^2。

2.3.2　热辐射基本定律

（1）普朗克定律。

1900 年普朗克从量子理论出发，揭示了黑体辐射光谱的变化规律。或者说给出了黑体单

色辐射力 $E_{b\lambda}$ 和波长 λ，热力学温度 T 之间的函数关系。普朗克定律的黑体光谱分布如图 2-10 所示。

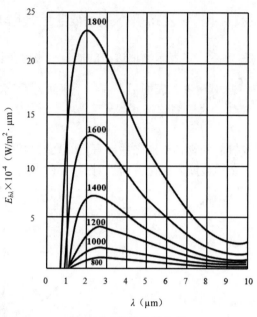

图 2-10　黑体光谱分布

（2）斯蒂芬—玻尔兹曼定律。

在辐射换热计算中，确定黑体在某个温度下全波长范围内的辐射力 E_b 至关重要。

$$E_b = \sigma_b T^4 \tag{2-23}$$

式中，$\sigma_b = 5.67 \times 10^{-8}\ \text{W}/(\text{m}^2\text{K}^4)$，称为黑体辐射系数。

（3）兰贝特余弦定律。

黑体表面具有漫辐射的性质，且在半球空间各个方向上的辐射强度相等。物体发射的辐射强度与方向无关的性质叫漫辐射。反射的辐射强度与方向无关的性质叫漫反射。既是漫辐射又是漫反射的表面统称漫表面。

（4）基尔霍夫定律。

实际物体的辐射力不同于黑体。它的单色辐射力 E_λ 随波长和温度的变化是不规则的，如图 2-11 所示。我们把实际物体的辐射力与同温度下黑体的辐射力之比称为该物体的发射率 ε，也称黑度。

如果已知某物体的表面发射率 ε，则该物体的辐射力可以用下式计算：

$$E = \varepsilon E_b = \varepsilon \sigma_b T^4 \tag{2-24}$$

灰体是指物体单色辐射力与同温度黑体单色辐射力随波长的变化曲线相似，或它的单色发射力不随波长变化，即 $\varepsilon = \varepsilon_\lambda = $ 常数，灰体也是理想化的物体。实际物体在红外波段范围内可近似地视为灰体。

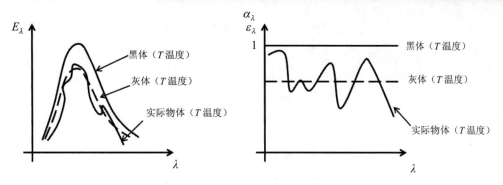

图 2-11 实际物体、黑体、灰体的辐射和吸收光谱

1859 年基尔霍夫用热力学方法揭示了物体发射辐射的能力与它吸收投射辐射的能力之间的关系。其表明在热平衡条件下，表面单色定向发射率等于它的单色定向吸收率。

$$\varepsilon_{\lambda,\theta,T} = \alpha_{\lambda,\theta,T} \tag{2-25}$$

如果表面是漫射灰表面，即辐射性质不仅与方向无关，而且与波长无关，即：

$$\varepsilon(T) = \alpha(T) \tag{2-26}$$

在工程辐射换热计算中，把物体表面当作漫射灰表面，即可以应用 $\varepsilon = \alpha$ 的关系。

2.3.3 红外辐射换热计算

两黑体表面间辐射换热，有任意放置的两非凹黑表面 A_1、A_2，它们的温度各为 T_1、T_2。角系数表示某个表面发射出去的辐射能中直接落到另一个表面上的百分数。例如角系数 $X_{1,2}$ 表示 A_1 表面辐射的能量中落到 A_2 上的百分数。角系数仅表示投射辐射能中到达另一个表面的百分数，而与另一表面的吸收能力无关。

两任意放置黑体表面间的辐射换热计算式如下：

$$\phi_{12} = (E_{b1} - E_{b2})X_{12}A_1 = (E_{b2} - E_{b1})X_{21}A_2 \tag{2-27}$$

ϕ_{12}：表面 A_1 和表面 A_2 之间的换热量；E_{b1}：表面 A_1 的辐射力；E_{b2}：表面 A_2 的辐射力；X_{12}：表面 A_1 对表面 A_2 的平均角系数；X_{21}：表面 A_2 对表面 A_1 的平均角系数；A_1：A_1 表面的表面积；A_2：A_2 表面的表面积。

根据斯蒂芬—玻尔兹曼定律，两黑体表面间的辐射换热量可通过下式计算：

$$\phi_{12} = (T_1^4 - T_2^4)\sigma_b X_{12} A_1 \tag{2-28}$$

两灰体表面间的辐射换热要比黑体复杂，这是因为灰体表面只吸收一部分透射辐射，其余则反射出去，这样就会在灰体表面间形成多次吸收、反射的现象。

对灰体表面间的辐射换热计算，通常引用有效辐射的概念来使计算简化。

$$J_1 = \varepsilon_1 E_{b1} + \rho_1 G_1 = \varepsilon_1 E_{b1} + (1-\alpha_1)G_1 \quad (\text{W/m}^2) \tag{2-29}$$

从表面的角度看，其辐射换热量应是该表面的有效辐射（如图 2-12 所示）与投射辐射之差。

$$\frac{\phi_1}{A_1} = J_1 - G_1 = \varepsilon_1 E_{b1} - \alpha_1 G_1 \quad (\text{W/m}^2) \tag{2-30}$$

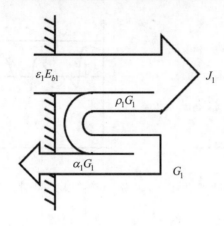

图 2-12 有效辐射

通过以上两式消去 G_1，对于漫灰表面，由于 $\varepsilon_1 = \alpha_1$，因此可得：

$$\phi_1 = \frac{\varepsilon_1}{1-\varepsilon_1} A_1 (E_{b1} - J_1) \tag{2-31}$$

如果参与辐射计算的灰体表面比较多，计算过程会比较复杂。

2.3.4 太阳辐射

太阳是一个超高温气团，其中心进行着剧烈的热核反应，温度高达数千万度。由于高温的缘故，它向宇宙空间辐射的能量中有 99% 集中在 $0.2\mu m \leqslant \lambda \leqslant 3\mu m$ 的短波区。从大气层外缘测得的太阳单色辐射力表明它和温度为 5762K 的黑体辐射相当。大气层外缘和地面上太阳辐射光谱如图 2-13 所示。

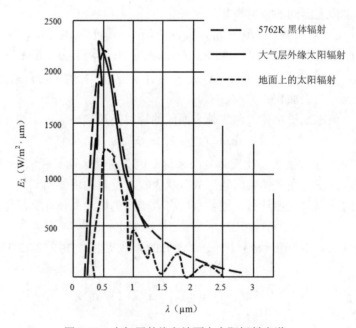

图 2-13 大气层外缘和地面上太阳辐射光谱

当地球位于和太阳的平均距离上,在大气层外缘并与太阳射线相垂直的单位表面所接收到的太阳辐射能为 1353W/m²,称为太阳常数 S_c,如图 2-14 所示。

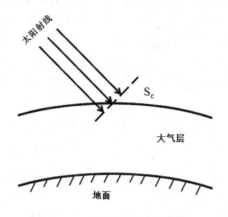

图 2-14　大气层外缘太阳常数

由于大气中存在 H_2O、CO_2、O_3、尘埃等,对太阳射线有吸收、散射和反射作用。实际到达地面在与太阳射线垂直的单位面积上的辐射能将小于太阳常数。

投射到地面的太阳辐射可分为直接辐射和天空散射,在天空晴朗时两者之和称为太阳总辐射密度,或称太阳总辐照度 W/m²。

由于太阳辐射能主要集中在 $0.2\mu m \leqslant \lambda \leqslant 3\mu m$ 的波长范围内,而实际物体对短波的单色吸收率和对长波的单色吸收率有时会有很大的差别。所以,一般会将太阳辐射与红外辐射换热区别对待。

通信行业中一些放置于户外的设备温度会受到太阳辐射的影响。在这些设备的设计过程中需要考虑太阳辐射的影响,通过一些隔热层、遮掩外壳的设计,尽可能降低太阳辐射对设备内部温度的影响。

2.3.5　FloTHERM 中的红外辐射计算

1. 红外辐射计算步骤

FloTHERM 中红外辐射的计算可以遵循以下 3 个步骤:

(1) 如图 2-15 所示,在软件主界面中选择 Model Setup 特性页,在 Radiation 选项中选择 Radiation On。

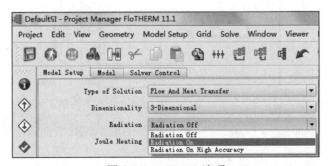

图 2-15　Radiation 选项

辐射物体之间的角系数计算取决于物体表面发射的射线数目。采用 Radiation On-High Accuracy 选项会比 Radiation On 选项得到更高的角系数精度。通常 Radiation On-High Accuracy 的角系数精度可以达到 1%以内，Radiation On 的角系数精度可以达到 5%以内。但是 Radiation On-High Accuracy 选项计算角系数所耗费的时间是 Radiation On 选项的 4 倍。

（2）为需要考虑辐射的物体设置辐射特性。如果 Collapsed Cuboid 需要进行红外辐射计算，则需要在软件主界面的 Solver Control 特性中勾选 Active Plate Conduction。如图 2-16 所示，在软件主界面的项目特性与数据库中右击 Radiation 图标创建红外辐射特性。

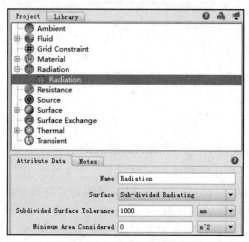

图 2-16　红外辐射特性

如果 Surface 选项中选择 Single Radiating，则软件会将物体表面作为一个整体进行辐射换热计算；如果选择 Sub-divided radiating，则软件会将物体表面分割为若干个小的表面，这些小的表面分别参与辐射换热计算。

Subdivided Surface Tolerance 设置只有在 Sub-divided Radiating 被选择的情况下才有效。此设置项用以控制分割后的表面边长。如果此参数值小于物体表面网格的边长，则分割表面和物体表面网格大小一样；如果此参数值大于物体表面网格的边长，如图 2-17 所示，软件会自动将分割表面的边界缩放至邻近的网格边界。

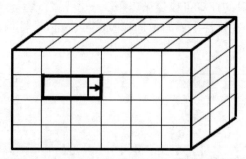

图 2-17　Subdivided Surface Tolerance 设置下的辐射表面

Minimum Area Considered 控制了参与辐射换热的最小辐射表面，小于此值的辐射表面被视为非辐射表面。

（3）如图 2-18 所示，在软件主界面的项目特性与数据库中右击 Surface 图标创建表面特性，为需要考虑辐射换热的物体表面设置表面发射率（Emissivity）。

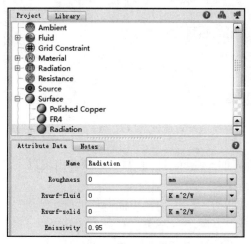

图 2-18　表面发射率设置

2. 红外辐射计算背景原理

假设 ε_x 为 X 表面的发射率，F_{xy} 为 X 表面对 Y 表面的角系数，即 X 表面辐射的能量中落到 Y 表面的百分数。如图 2-19 所示，表面 1 发出的辐射热量中直接被表面 3 吸收的热量百分比为 $\varepsilon_3 F_{13}$，表面 1 发出的辐射热量中被表面 2 反射的热量百分比为 $(1-\varepsilon_2)F_{12}$，这部分反射的热量中又有一部分被表面 3 所吸收，其占表面 1 发出总辐射热量的百分比为 $\varepsilon_3 F_{23} F_{12}(1-\varepsilon_2)$。

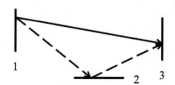

图 2-19　表面之间辐射换热

实际情况中表面 1 发出的辐射热量被表面 3 吸收的情况更为复杂，涉及多次的反射和吸收，并且存在多种热量辐射路径。为了将辐射计算过程简化，定义一个变量 G_{ik}，它代表了表面 i 发出的所有辐射热量中被表面 k 所吸收的百分比。对于表面 1 发出的所有辐射热量中被表面 3 所吸收的百分比 G_{13} 为：

$$G_{13} = \varepsilon_3 F_{13} + F_{11}(1-\varepsilon_1)G_{13} + F_{12}(1-\varepsilon_2)G_{23} + F_{13}(1-\varepsilon_3)G_{33} \tag{2-32}$$

F_{12}：表面 1 发出的所有辐射热量被表面 2 直接吸收的百分比；$F_{12}(1-\varepsilon_2)$：表面 1 发出的所有辐射热量被表面 2 反射的百分比；$F_{12}(1-\varepsilon_2)G_{23}$：表面 3 通过表面 2 间接吸收到表面 1 发出所有辐射热量的百分比。

假设一个系统有 N 个表面参与辐射换热，则变量 G_{ik} 的公式可以改写为：

$$G_{ik} = \varepsilon_k F_{ik} + \sum_{j=1}^{N} F_{ij} G_{jk}(1-\varepsilon_j) \tag{2-33}$$

在所有的角系数 F_{ik} 软件计算得到之后，变量 G_{ik} 可以通过求解 N 个线性方程组求得。
由此，表面 k 通过辐射换热吸收到的热量为：

$$Q_{k,in} = \varepsilon_k A_k \left(\sum_{j=1}^{N} G_{jk} \sigma T_j^4 \right) \tag{2-34}$$

表面 k 通过辐射换热发出的热量为：

$$Q_{k,out} = \varepsilon_k A_k \sigma T_k^4 \sum_{j=1}^{N} G_{jk} \tag{2-35}$$

所以，表面 k 净辐射换热量为：

$$Q_k = \varepsilon_k A_k \sum_{j=1}^{N} G_{jk} \sigma (T_j^4 - T_k^4) \tag{2-36}$$

其中 T_j 和 T_k 是物体近表面一层网格内的温度。除非出现以下 3 种情况，否则这种简化处理方式不会影响仿真计算结果：

- 物体材料的热导率非常小，近物体表面网格的计算温度无法描述物体表面温度。
- 在物体的辐射表面上贴附了一个表面与流体的热阻。
- 一个压缩块被放置在物体辐射表面。

关于软件中红外辐射的计算原理，可以参考参考文献[4]。

3. 角系数

在计算表面之间的角系数时，软件会考虑两表面之间物体的遮挡。如图 2-20 所示，表面 i 和表面 j 之间有物体 B 部分遮挡。软件基于 Monte Carlo 方法计算角系数，首先在 i 表面释放出一定数量的粒子，其中一部分粒子可以直接或间接到达表面 j，其余粒子由于物体 B 的遮挡和释放角度的原因没有到达表面 j。由此，可以计算得到角系数 F_{ij}。角系数的计算精度取决于表面释放的粒子数目。可以通过 Model Setup 页中的 Radiation On 和 Radiation On high accuracy 选项控制释放粒子的数目。

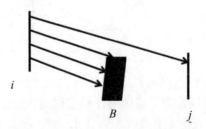

图 2-20　表面 i 和表面 j 之间的角系数

4. 物体辐射特性

辐射换热计算基于物体之间的温度差，所以软件在计算辐射换热时必须知道物体的温度。对于 Cuboid、Prism、Tet 和 Inverted Tet 等物体，如果设置了 Fixed Temperature 的 Thermal 特性，这些物体会通过热辐射影响周围参与辐射计算的物体温度，但它们的自身温度不会发生变化。如果这些物体设置了 Fixed Flux 的 Thermal 特性，由于软件不会计算这些物体的温度，所以这些物体无法参与到辐射换热计算中。关于软件中物体参与辐射换热计算的详细内容可以参考参考文献[4]。

5. 常用表面发射率

表 2-4 所示为软件数据库中常用的表面发射率（红外）。

表 2-4 常用表面发射率

名称	发射率	名称	发射率
Aluminum Paint	0.35	Non-Metallic Paint	0.9
Alum. Paint and Lacquer	0.525	Oxidized Nickel	0.41
Aluminium Hard Anodized	0.8	Oxidized Sheet Steel	0.8
Aluminium Soft Anodized	0.76	Polished Brass	0.028
Anodized Aluminium	0.8	Polished Copper	0.04
Asbestos	0.1	Polished Gold	0.01
Bright Shellac	0.82	Polished Nickel	0.045
Cast Machine Cut Iron	0.44	Polished Plate Aluminum	0.038
Cast Polished Iron	0.21	Polished Plate Platinum	0.054
Ceramic	0.9	Polished Sheet Steel	0.08
Commercial Aluminum	0.09	Polished Silver	0.022
Dull Shellac	0.9	Red Lead Primer	0.93
Emeried iron	0.242	Rough Plate Aluminum	0.06
Enamels and Lacquer	0.8	Rusted	0.65
Enamels and Lacquer	0.8	Soft Rubber	0.86
FR4	0.9	Typical Ceramic Package	0.9
Ground Bright Iron	0.242	Typical Fan Surface	0.9
Hard Rubber	0.95	Typical Plastic Package	0.9
Infrared Opaque Plastic	0.95	Typical Oil Paint	0.92
Lightly Tarnished Copper	0.037	Unpolished Gold	0.47
Mild Steel	0.2		

2.3.6 FloTHERM 中的太阳辐射计算

FloTHERM 中太阳辐射的计算可以遵循以下两个步骤：

（1）如图 2-21 所示，在软件主界面中选择 Model Setup 页，勾选 Solar Radiation 选项，单击 Click To Edit 按钮进入 Solar Radiation 设置对话框，如图 2-22 所示。

图 2-21 激活 Solar Radiation 选项

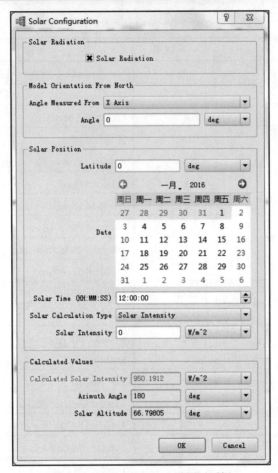

图 2-22 Solar Radiation 设置对话框

其中 Model Orientation From North 设置选项确定了参与太阳辐射计算的设备在地球上的摆放位置，Angle Measured From 用于选择物体的坐标轴，Angle 中设置 Angle Measured From 所选轴与正北方向的夹角。如图 2-23 所示，设备 X 轴与正北方向的夹角为 270°。

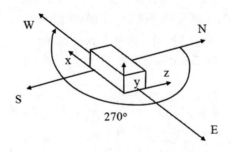

图 2-23 物体轴与正北方向夹角

Solar Position 设置选项确定了太阳对于地球的相对位置。

Latitude 为物体所在位置的纬度。Date 和 Solar Time 确定了太阳辐射所发生的具体时间。软件根据这些信息自动计算太阳辐射强度、太阳方位角和太阳高度角。如果需要考虑云层对太阳辐射的遮挡，可以将 Solar Calculation Type 设置为 Cloudiness，并且在 Cloudiness 设置框中输入一个 0~1 之间的云层厚度系数。云层厚度系数越大，相应地太阳辐射强度越小。当然，也可以将 Solar Calculation Type 设置为 Solar Intensity，并且在 Solar Intensity 设置框中输入已知的太阳辐射强度值。但无论是由软件自动计算还是直接输入太阳辐射强度，Latitude、Day 和 Time 的值必须准确设置，如图 2-24 所示，软件依据这些输入值计算太阳与物体之间的方位角和高度角。

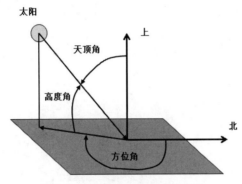

图 2-24　太阳高度角和方位角

（2）如图 2-25 所示，在软件主界面的项目特性与数据库中右击 Surface 图标创建表面特性。为需要考虑太阳辐射的物体表面设置太阳辐射反射率（Solar Reflectivity），其值在 0~1 的范围之内，如果等于 1，则所有投射到物体表面的太阳辐射能量都被反射。

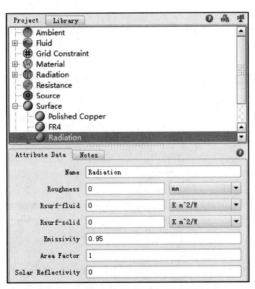

图 2-25　表面太阳辐射反射率设置

2.3.7　红外辐射计算实例

新建 FloTHERM 仿真模型，并以名称 Radiation 保存。新建一个 Cuboid，如图 2-26 所示设置其特性参数，如图 2-27 所示设置 Cuboid 特性参数值。

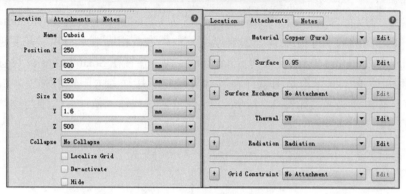

图 2-26 Cuboid 特性参数

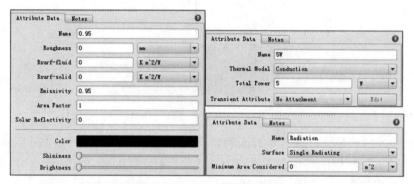

图 2-27 Cuboid 特性参数值

如图 2-28 所示，在软件主界面中选择 Model Setup 页，在 Radiation 选项中选择 Radiation On。

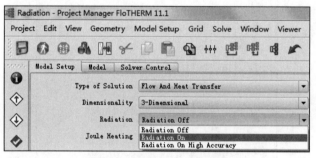

图 2-28 Radiation 选项设置

如图 2-29 所示设置系统网格并进行求解计算。如图 2-30 所示，通过 Visual Editor 后处理模块查看仿真结果数据，可以确认 Cuboid 82% 的发热量通过辐射方式进入环境中。

2.3.8 太阳辐射计算实例

新建 FloTHERM 仿真模型，并以名称 Solar Radiation 保存。新建一个 Cuboid，如图 2-31 所示设置其特性参数，如图 2-32 所示设置 Cuboid 特性参数值。

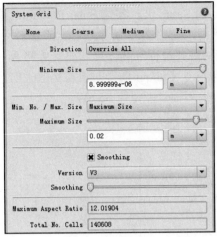

图 2-29　系统网格设置

Geometry Model | Object /Attribute | Cuboid Fluxes | Cuboid Name | Solid Conductors Summary

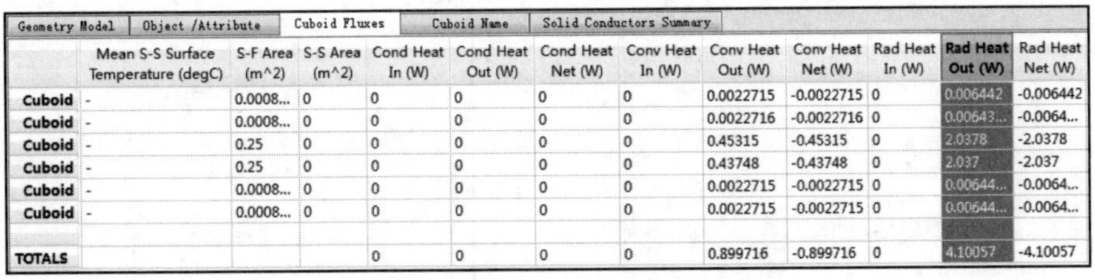

	Mean S-S Surface Temperature (degC)	S-F Area (m^2)	S-S Area (m^2)	Cond Heat In (W)	Cond Heat Out (W)	Cond Heat Net (W)	Conv Heat In (W)	Conv Heat Out (W)	Conv Heat Net (W)	Rad Heat In (W)	Rad Heat Out (W)	Rad Heat Net (W)
Cuboid	-	0.0008...	0	0	0	0	0	0.0022715	-0.0022715	0	0.006442	-0.006442
Cuboid	-	0.0008...	0	0	0	0	0	0.0022716	-0.0022716	0	0.00643...	-0.0064...
Cuboid	-	0.25	0	0	0	0	0	0.45315	-0.45315	0	2.0378	-2.0378
Cuboid	-	0.25	0	0	0	0	0	0.43748	-0.43748	0	2.037	-2.037
Cuboid	-	0.0008...	0	0	0	0	0	0.0022715	-0.0022715	0	0.00644...	-0.0064...
Cuboid	-	0.0008...	0	0	0	0	0	0.0022715	-0.0022715	0	0.00644...	-0.0064...
TOTALS				0	0	0	0	0.899716	-0.899716	0	4.10057	-4.10057

图 2-30　仿真结果

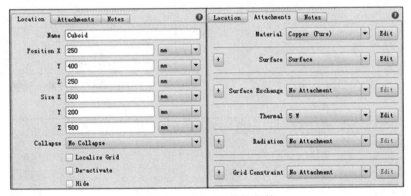

图 2-31　Cuboid 特性参数

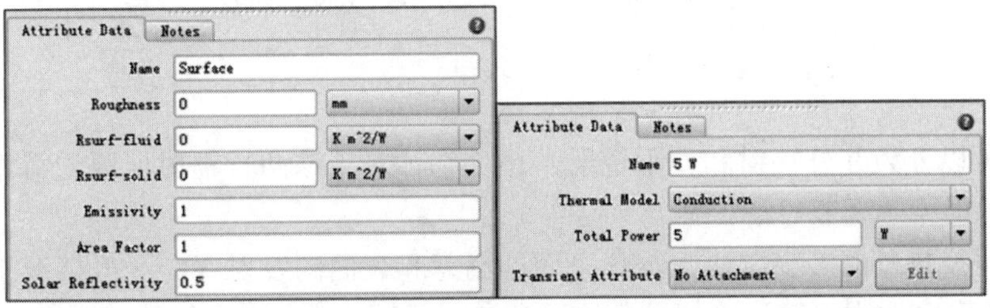

图 2-32　Cuboid 特性参数值

在软件主界面中选择 Model Setup 页，勾选 Solar Radiation 选项。单击 Click To Edit 按钮进入 Solar Radiation 设置对话框，如图 2-33 所示设置太阳辐射特性参数。

如图 2-34 所示设置系统网格并进行求解计算。如图 2-35 所示，通过 Visual Editor 后处理模块查看仿真结果数据，可以确认 Cuboid 通过对流换热散去的热量为 60.6W，但物体赋予的热量只有 5W，物体接收到的太阳辐射能量为 55.6W。

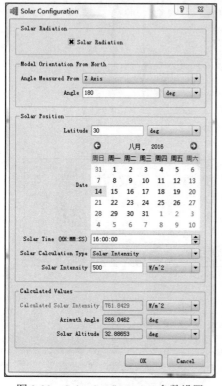

图 2-33　Solar Configuration 参数设置

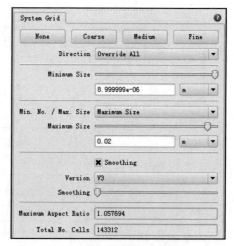

图 2-34　系统网格设置

Geometry Model | Object /Attribute | Cuboid Fluxes | Cuboid Name | Solid Conductors Summary

	Face	ı. S-F Surf erature (c	ax. S-F Surfa perature (de	ın S-F Surf ıerature (d	;-S Sı ature	S-S Sı ature	ı S-S Su rature (	S-F Area (m^2)	S-S Area (m^2)	Cond Heat In (W)	Cond Heat Out (W)	Cond Heat Net (W)	onv Hea In (W)	Conv Heat Out (W)
Cuboid	X-High	63.474	63.529	63.506	-	-	-	0.1	0	0	0	0	0	7.6488
Cuboid	X-Low	63.604	63.659	63.636	-	-	-	0.1	0	0	0	0	0	7.6878
Cuboid	Y-High	63.503	63.66	63.583	-	-	-	0.25	0	0	0	0	0	15.524
Cuboid	Y-Low	63.474	63.63	63.553	-	-	-	0.25	0	0	0	0	0	14.404
Cuboid	Z-High	63.478	63.638	63.554	-	-	-	0.1	0	0	0	0	0	7.6631
Cuboid	Z-Low	63.474	63.634	63.549	-	-	-	0.1	0	0	0	0	0	7.6618
TOTALS										0	0	0	0	60.5895

图 2-35　Visual Editor 后处理模块中 Cuboid 表面的换热量

2.3.9　小结

热辐射可以分为红外辐射和太阳辐射，由于物体对于这两种辐射展现的特性不同，一般会将这两种辐射换热区分对待。

红外辐射换热量的多少取决于物体之间的温差和表面的发射率。一般情况下，自然对流冷却设备的温升会比强迫对流冷却设备的温升高，所以一般会考虑红外辐射换热。

对于一些置于户外的设备，也需要考虑太阳辐射对它的影响。

FloTHERM 软件在进行热辐射计算时，将物体表面作为漫灰表面。

在进行角系数计算时，一般采用 Radiation on 选项计算角系数即可。

如果物体表面有较大温差，并且物体表面积较大时，可以在表面的辐射特性中采用 Sub-divided Radiating 选项。

2.4 流体流态

自然界中的流体流动状态主要有两种形式，即层流和湍流。层流是指流体在流动过程中各层之间没有相互掺混。湍流是指流体在流动过程中各层之间相互掺混，并且在垂直于主流流动方向上有分速度产生。一般来说，湍流是普遍的，而层流则属于个别现象[2]。

对于管内流动而言，其 Re 数定义式如下：

$$Re = \frac{ud}{v} \tag{2-37}$$

u：流体流速（m/s）；d：特征尺寸，圆管直径（m），若非圆管则采用水力直径（m）；v：流体运动粘度（m^2/s）。

当 $Re<2300$ 时，流体流动状态为层流；当 $2300<Re<10^4$ 时，流体流动状态为过渡流；当 $Re>10^4$ 时，流体流动状态为湍流。

对于外掠平板流动而言，其 Re 数定义式如下：

$$Re = \frac{ul}{v} \tag{2-38}$$

u：流体流速（m/s）；l：特征尺寸，平板长度（m）；v：流体运动粘度（m^2/s）。

当 $Re<5\times10^5$ 时，流体流动状态为层流；当 $Re>5\times10^5$ 时，流体流动状态为湍流。实际情况中，流体流态由层流转变为湍流的 Re 数也受平板表面粗糙度和扰动源的影响，只是在一般情况下将 5×10^5 作为流体外掠平板流态变化的临界 Re 数。

2.4.1 湍流问题数值模拟求解

通过实验观测表明，流体湍流流动时呈现出旋转流动的特征，即所谓的湍流涡。从物理结构上看，可以把湍流看成各种不同尺度涡叠加而成的流动，这些涡的大小及旋转方向是随机的。大尺度的涡破裂之后形成小尺度的涡。由于流体粘性的作用，小尺度的涡不断消失。同时由于流体边界、扰动和速度梯度的作用，新的涡不断产生，这就构成了湍流运动。物体壁面处湍流边界层如图 2-36 所示。

但是无论湍流运动有多复杂，非稳态的连续性方程和 Navier-Stokes 方程对于湍流的瞬时运动仍然是适用的。

直接数值模拟方法就是直接采用瞬时的 Navier-Stokes 方程对湍流进行求解。此方法的优点是无需对湍流流动做任何简化或近似，理论上可以得到相对准确的计算结果；缺点是对于求解计算机的配置要求非常高，目前还无法真正意义上应用于工程计算。

非直接数值模拟方法首先对湍流做某种近似和简化处理，然后再通过数值方法进行模拟计算。其主要可以分为 Reynoldes 平均法和大涡模拟。

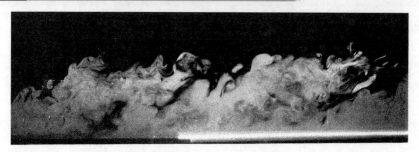

图 2-36　物体壁面处湍流边界层

　　大涡模拟的主要思想是采用瞬时的 Navier-Stokes 方程直接模拟湍流中的大尺度涡，不直接模拟小尺度涡，而小涡对大涡的影响通过近似的模型来处理。相对于直接数值模拟方法，大涡模拟方法对于计算机的配置要求有所降低，在工程上已经有所应用。

　　从工程应用的观点上看，我们所关注的是湍流所引起的平均流场变化，是一个整体的效果。所以，人们很自然地想到求解时均化的 Navier-Stokes 方程，将瞬态的脉动量通过某种模型的时均化方程体现出来。Reynoldes 平均法的主要思想是不直接求解瞬时的 Navier-Stokes 方程，而是想办法求解时均化的 Reynoldes 方程。其优点是可以避免直接数值模拟的高计算资源问题，也可以在工程上得到较好的计算结果。根据 Reyonolds 时均化方程中应力项做出的假设和处理方式不同，常用的应力表达式或湍流模型有两类：Reynolds 应力模型和涡粘模型。

　　Reynoldes 应力模型可以分为微分形式的应力方程模型和代数方程组形式的代数应力方程模型。通过 Reynoldes 应力模型联立 Reyonolds 时均化方程可以对湍流进行求解。

　　在涡粘模型方法中，不直接处理 Reynolds 应力项，而是引入湍动粘度（Turbulent Viscosity）。然后把湍流应力表示为湍动粘度的函数，整个计算的关键在于确定这种湍动粘度。涡粘模型就是把湍动粘度与时均参数联系起来的关系式。依据确定湍动粘度的微分方程数目的多少，涡粘模型分为：零方程模型、一方程模型和两方程模型。零方程模型是不使用微分方程，而是用代数关系式把湍动粘度与时均值联系起来的模型。目前两方程模型在工程中应用比较广泛，最基本的两方程模型是 $k-\varepsilon$ 模型，即湍动粘度表示为湍动能 k 和湍动耗散率 ε 的方程。湍流数值模拟求解方法如图 2-37 所示。

2.4.2　FloTHERM 中的层流流动

　　FloTHERM 在求解流体层流流动时，直接对 Navier-Stokes 方程离散并进行求解。由于物体壁面附近的流动和热边界层非常薄，所以在这一区域需要非常细密的网格来捕获边界层内的速度场和温度场。

　　如图 2-38 所示，仿真分析尺寸为 1m×1m 的 60℃恒温平板，当 20℃空气以 8m/s 的流速掠过平板表面时，经计算其 Re 数为 4.7×10^5，属于层流流动，且 1m 处速度边界层的厚度为 7.3mm，温度边界层为 8.2mm，所以在平板上方 9mm 的空间内加密网格。如图 2-39 所示为距离平板 9mm 的空间内网格数目与平板散热量之间的关系。当 9mm 空间内的网格数目由 5 增加至 14 时，平板的散热量减少了大约 12%。当采用 14 个网格至 24 个网格时，平板散热量的波动范围在 3%之内。

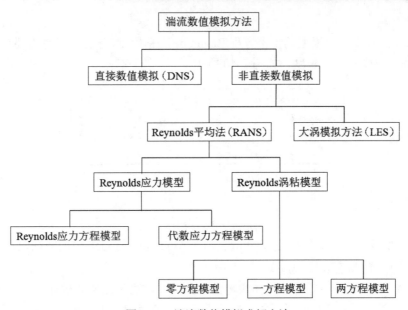

图 2-37　湍流数值模拟求解方法

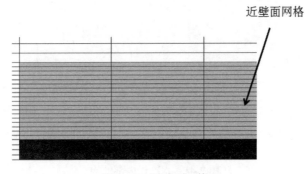

图 2-38　近壁面网格

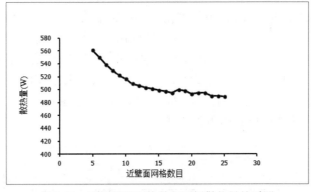

图 2-39　平板附近网格数与平板散热量关系图

2.4.3　FloTHERM 中的湍流模型

在 FloTHERM 软件中有三个湍流模型：Automatic Algebraic、Revised Algebraic 和 LVEL

K-Epsilon。

Revised Algebraic 湍流模型属于零方程 Reynolds 涡粘模型，选择此模型需要设置计算湍动粘度所需的特征速度和特征长度，如图 2-40 所示。

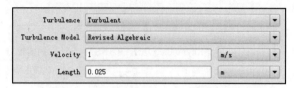

图 2-40　Revised Algebraic 湍流模型设置

其计算公式如下：

$$\mu_\tau = 0.9 \times \rho \times v \times l \tag{2-39}$$

μ_τ：湍动粘度；ρ：流体密度（kg/m³）；v：Algebraic Model 中的特征流速（m/s）；l：Algebraic Model 中的特征长度（m）。

Revised Algebraic 模型适用于已知两物体表面之间距离和流速的仿真模型。如图 2-41 所示，在计算给定流量下水冷板的散热能力仿真分析中，通过已知的流体流量和冷板流通截面积可以计算得到特征流速 v。特征长度 l 为冷板内部两翅片之间的距离。

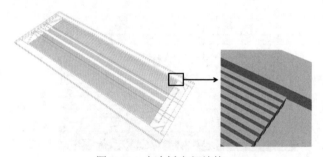

图 2-41　水冷板内部结构

Automatic Algebraic 与 Revised Algebraic 湍流模型类似，同属于零方程 Reynolds 涡粘模型。两者的差异是 Automatic Algebraic 湍流模型由软件计算湍动粘度，用户不需要设置相关参数，软件会计算每一个网格内的特征长度，湍动粘度取决于网格内的特征长度和速度。所以，与 Revised Algebraic 不同，每一个网格内的湍动粘度并不相同。由于需要计算特征长度和速度，所以 Automatic Algebraic 模型的计算速度要比 Revised Algebraic 模型慢。一般情况下，Automatic Algebraic 模型适用于电子设备散热仿真的绝大多数情况，它也是软件默认采用的湍流模型。Automatic Algebraic 湍流模型设置如图 2-42 所示。

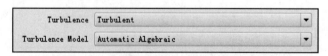

图 2-42　Automatic Algebraic 湍流模型设置

LVEL K-Epsilon 湍流模型将湍流的主流核心区与近壁面区域分开处理。在湍流核心区使用 K-Epsilon 湍流模型，在近壁面区域使用 LVEL 湍流模型。由于 K-Epsilon 两方程 Reynolds 涡粘模型是针对于充分发展的湍流才有效，即这种湍流模型适用于高 Re 数流体。在靠近壁面的流动区域，流体的 Re 数较小，湍流发展并不充分，湍流的脉动影响不如分子粘性的影响大，K-Epsilon 湍流模型就不再适用。在湍流的主流核心区，软件会求解两个关于湍动能 k 和湍动耗散率 ε 的微分方程。在得到湍动能 k 和湍动耗散率 ε 的值之后，通过公式计算湍动粘度：

$$\mu_\tau = C_\mu \rho \frac{k^2}{\varepsilon} \tag{2-40}$$

C_μ：经验常数 0.09；ρ：流体密度（kg/m³）；k：湍动能；ε：耗散率。

LVEL K-Epsilon 湍流模型设置如图 2-43 所示。

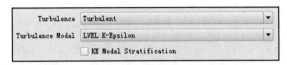

图 2-43　LVEL K-Epsilon 湍流模型设置

软件采用参考文献[5]中论述的方法对近物体壁面处的流体流动进行处理，其主要思想是通过一组半经验的公式将物体壁面上的物理量与湍流核心区待求的未知量直接联系起来，所以不需要对近壁面的区域进行求解，故在进行近壁面网格划分时不必在近壁面区域加密网格。

LVEL K-Epsilon 湍流模型主要适用于大空间的流体流动，例如对数据中心热流仿真分析。当流体的温升超过 50℃并且需要考虑流体浮升力的影响时，可以勾选 KE Model Stratification 选项。

2.4.4　小结

在进行电子设备热仿真时，需要根据 Re 数判断仿真项目中的流体流态。一般情况下，电子设备散热过程中流体流动状态为湍流。

流体流态为层流时，在近壁面处需要加密网格来捕获边界层的温度和速度梯度。

FloTHERM 中默认的 Automatic Algebraic 湍流模型适用于绝大多数仿真项目。Revised Algebraic 湍流模型的背景原理与 Automatic Algebraic 相似，只是需要设置特征速度和尺寸。在某些具有相关特征速度和尺寸的仿真项目中可以采用此模型，此湍流模型可加快仿真计算速度。

LVEL K-Epsilon 湍流模型是主流核心区采用 K-Epsilon 两方程模型，近壁面区域采用 LVEL 湍流模型。采用此模型无需在近壁面处加密网格，适用于数据中心等大空间流体流动的仿真分析。

2.5　瞬态分析

2.5.1　背景

在电子设备散热领域存在很多瞬态传热过程，即温度场是随着时间而发生变化的。例如环境温度变化引起的设备内部温度场变化、元件热功耗随时间变化引起的设备温度场变化、设备开始工作至稳定工作期间的内部温度场变化、风扇突然失效引起的设备温度场变化、风扇出风流量变化引起的设备温度场变化等。在瞬态传热过程中，如果引起设备温度场改变的因素周期性变化，则设备内部温度场也相应周期性变化。如果引起设备温度场改变的因素不具备周期性变化特点，则设备内部的温度随时间不断地升高或降低，在经历相当长时间之后，物体的温度逐渐趋于稳定，最终达到热平衡。

1. 热容量

所有的电子设备，当它开始工作时都具有一定存储热量的能力。在设备温升相同的情况下，热容量大的设备比热容量小的设备存储的热量更多。热容量的定义为，当一个系统或物体由于加给一微小的热量 δQ 而温度升高 dT 时，$\delta Q / dT$ 就是这个系统或物体的热容量，通常以符号 C 表示，单位为 J/K。对于某个物体块而言，其热容量也可以通过下式计算：

$$C = m \times c_p \tag{2-41}$$

m：物体质量（kg）；c_p：物体定压比热容（J/(kgK)）。

在电子设备中，设备刚开始工作时产生的热量几乎全部都用于升温。因此，此时设备损失的热量很少。随着温度的升高，热量将通过不同的散热路径进入到环境或热沉中，这时温度升高的速率会变小。在一个散热设计良好的设备中，温度升高的速率将慢慢降低，直至达到稳定状态。而在一个散热设计不良的设备中，温度会不断升高，直至某些元件过热，甚至烧坏。无论哪一种情况，设备刚开始工作时设备温度升高速率很快，之后会逐渐减慢，直至达到温度稳定状态，如图 2-44 所示。

2. 时间常数

时间常数 τ 表征了瞬态过程中温度变化的快慢，其具有时间量纲。如图 2-45 所示，时间常数越小其温度变化越快，反之越慢。时间常数是热阻和热容量的乘积，即：

$$\tau = RC \tag{2-42}$$

R：热阻（K/W）；C：热容量（J/K）。

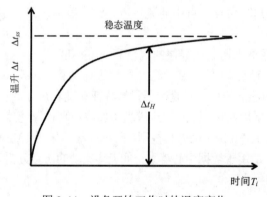

图 2-44　设备开始工作时的温度变化　　　图 2-45　时间常数 τ 和温升 Δt_{ss} 的变化关系

时间常数 τ 可用于评估设备的温升响应。当设备稳态温升 Δt_{ss} 已知时，瞬态条件下设备加热期内的温升 Δt_H 可按下式计算：

$$\Delta t_H = \Delta t_{ss}(1 - e^{-T_i/\tau}) \tag{2-43}$$

T_i：加热时间（s）；τ：时间常数（s）；Δt_{ss}：设备达到稳态条件的温升（℃）。

当加热时间等于时间常数，即它们的比值为 1 时，可得下式：

$$\Delta t_H = \Delta t_{ss}(1 - e^{-1}) = 0.632 \Delta t_{ss} \tag{2-44}$$

上式表明，$T_i = \tau$ 时设备的温升是设备达到稳定状态时温升的 63.2%。

当某个设备的时间常数 $\tau = 0.5\text{h}$、设备达到稳定状态时的温升为 100℃，则加热 0.5h 后设备的温升为 63.2℃；设备未工作，即时间 $T_i = 0$ 时，设备的温升 $t = 0$ ℃；在设备经历三个时间常数，即 $T_i = 3\tau = 1.5h$ 时，设备的温升是设备达到稳定状态时温升的 95%，所以在时间为 1.5h 处，$t = 95$℃。根据以上数据可以确定设备的瞬态温度变化曲线，如图 2-46 所示。

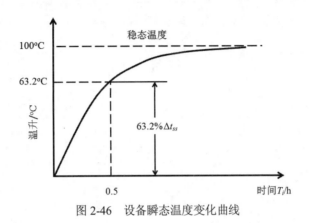

图 2-46　设备瞬态温度变化曲线

3. 材料比热和密度

根据式（2-1）瞬态导热微分方程，由于存在时间项 $\dfrac{\partial t}{\partial \tau}$，方程求解过程中需要物体的比热 c 和密度 ρ 信息，所以不同于稳态分析，在进行瞬态分析时必须正确设置材料的比热和密度。

2.5.2　FloTHERM 瞬态仿真分析介绍

在 FloTHERM 软件中可以直接进行风扇失效、元件热功耗随时间变化、环境温度周期性变化、设备启动工作等瞬态过程分析，也可以基于软件优化设计模块 Command Center 进行流量随时间变化、太阳辐射随时间变化、风扇工作状态间歇性变化等瞬态分析。

对于软件可以直接进行的瞬态分析过程，其仿真分析步骤如图 2-47 所示。

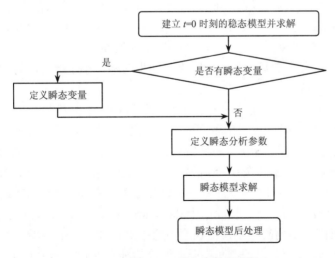

图 2-47　瞬态分析流程图

在软件主界面中选择 Model Setup 页，勾选 Transient Solution 选项，单击 Click To Edit 按钮进入 Transient Solution 设置对话框，如图 2-48 所示。

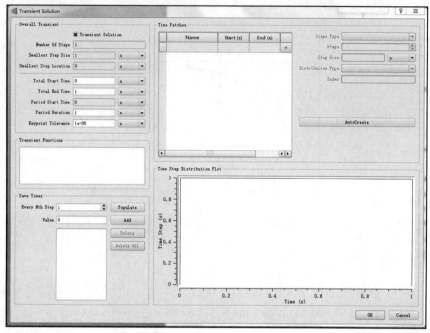

图 2-48　Transient Solution 设置对话框

Overall Transient 中定义了整个瞬态分析的开始时间（Total Start Time）和结束时间（Total End Time）。

软件支持将整个瞬态分析分割成若干部分，方便实时观察瞬态求解的结果。Period Start Time 由软件自动控制，在没有求解之前，此处为 0s。Period Duration 控制了此次求解所持续的时间。例如，整个瞬态分析的时间为 10s，软件自动设置 Period Start Time 为 0s。如果此次求解仅考虑瞬态分析的前 5s，则可以在 Duration 中设置 5s。软件在完成瞬态分析前 5s 求解之后会自动停止，即使整个瞬态分析时间是 10s。此时，Period Start Time 为 5s，如果 Duration 仍设为 5s，则再次进行求解的就是整个 10s 瞬态分析中的后 5s。

Keypoint Tolerance 定义了项目中最小的瞬态时间步网格，小于此值的时间步网格将不被生成。

如本章前文所述，设备刚开始工作时升温较快，所以在瞬态分析的前期可以用相对更密的时间步网格。软件支持不同时间段采用不同的时间步网格，可以通过 Time Patches 实现。

整个瞬态分析的时间为 15s，均分为三个相同长度的时间段。对于 0～5s 采用 Additional Steps 选项，并且控制参数设为 2s。在 0～5s 的物理时间范围内增加了 2 个瞬态时间步网格。5s～10s 采用 Minimum Number 选项，并且控制参数设为 2s。在 5s～10s 的物理时间范围内总计有 2 个瞬态时间步网格。对于 10s～15s 采用 Maximum Size 选项，并且控制参数设为 1s，则在 10s～15s 的物理时间范围内时间步网格长度不超过 1s，如图 2-49 所示。

通过 Distribution Type 选项可以控制瞬态时间网格的分布形式，其中 Index 控制了相邻时间步网格之间的疏密程度，如图 2-50 所示。

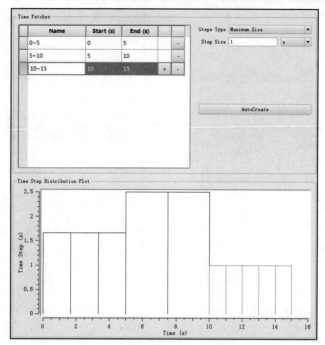

图 2-49 瞬态时间步网格控制选项

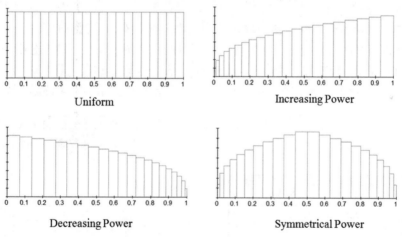

图 2-50 瞬态时间步网格分布

Save Times 窗口确定了瞬态分析的数据保存；Every Nth Step 确定了每几个时间步网格作为一个瞬态数据保存点；Value 可以输入任意时刻值，软件会将其修正为时间步网格的时间，这两种瞬态数据点保存方式也可以结合使用，如图 2-51 所示。

定义瞬态分析参数，元件功耗随时间变化、环境温度随时间变化均可通过 Transient 特性实现。Multiplier vs. Time 特性页用于设置乘数与时间的关系曲线，Multiplier vs. Temperature 特性页用于设置乘数与监控点温度的关系曲线，如图 2-52 所示。具体瞬态特性的设置可以参考 5.11 节。

如果瞬态变化量具有周期性变化特点，则勾选 Periodic 选项。单击 Function Time Chart 的 Click To View 按钮可以看到 5 个周期的乘数与时间的关系图。

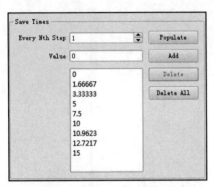

图 2-51 瞬态数据保存设置对话框

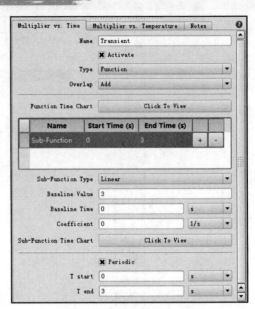

图 2-52 瞬态特性设置对话框

2.5.3 FloTHERM 瞬态仿真分析实例

1. 瞬态仿真实例 1

此实例中仅包括两个不同材料的块，其中一个材料具有一个周期性变化的热功耗，此外周围环境温度也随时间发生变化。此实例的主要目的是介绍如何进行瞬态分析。

启动 FloTHERM，新建仿真项目，并以 Steady Analysis 作为仿真项目名称，如图 2-53 所示。如图 2-54 所示设置求解域的尺寸，如图 2-55 所示设置求解域的 Ambient 特性。

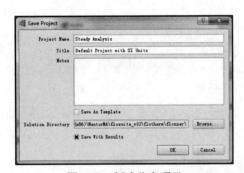

图 2-53 新建仿真项目

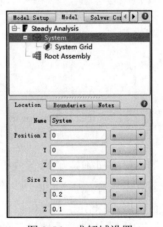

图 2-54 求解域设置

如图 2-56 所示，在 Root Assembly 下创建 Name 为 Base 的 Cuboid，并设置相应的特性参数。

如图 2-57 所示，在 Root Assembly 下创建 Name 为 Heated Block 的 Cuboid，并设置相应的特性参数。如图 2-58 所示为 10W Thermal 特性参数。

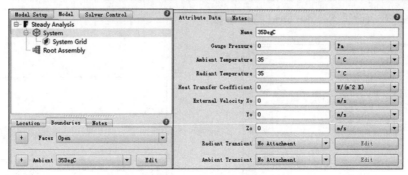

图 2-55　Ambient 特性

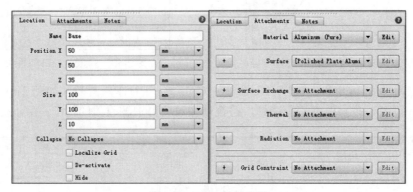

图 2-56　Base 特性参数

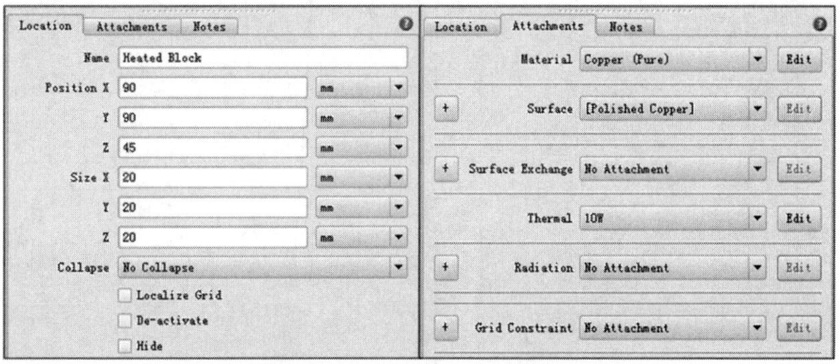

图 2-57　Heated Block 特性参数

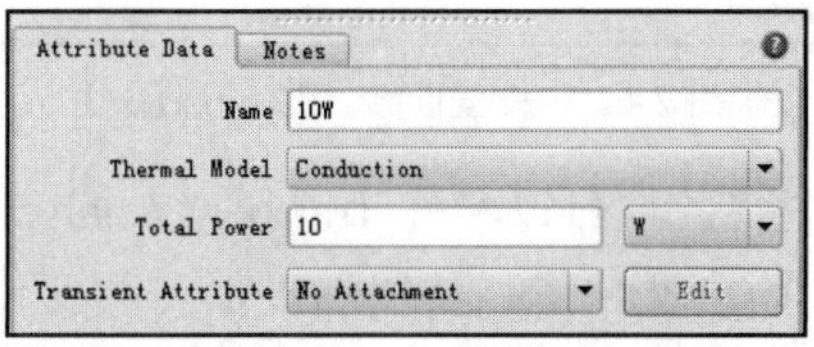

图 2-58　10W Thermal 特性参数

如图 2-59 所示，在模型树中选择 Base 和 Heated Block，并且使智能元件栏处于 Project Manager Create 状态，单击 Monitor Point 图标，在 Base 和 Heated Block 几何中心创建监控点。

如图 2-60 所示设置 System Grid 特性参数。

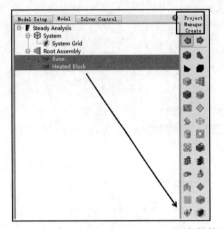

图 2-59　创建 Base 和 Heated Block 温度监控点

图 2-60　System Grid 特性参数

单击 Solve→Re-Initialize and Solve 命令，对此项目进行求解计算。如图 2-61 所示，残差曲线到达 1，并且监控点温度趋于平稳，符合软件对项目求解收敛的标准。

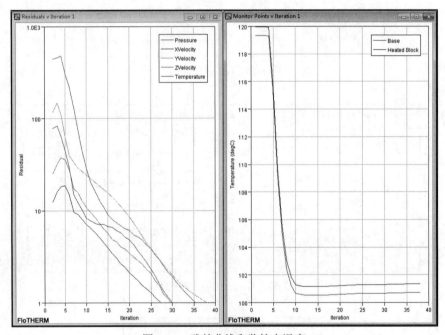

图 2-61　残差曲线和监控点温度

通过 Project→Save as 命令将此项目以名称 Transient Analysis 进行保存。

此瞬态分析项目具有两个瞬态变化量：环境温度随时间变化和热功耗随时间周期性变化。

在软件主界面的项目特性与数据库中右击 Transient 图标创建 Transient Pulse 瞬态特性。如图 2-62 所示设置 Transient Pulse 瞬态特性，单击 + 可以创建瞬态特性的启始和结束时间。

单击 Function Time Chart 的 Click To View 按钮，在 Function Time Chart 对话框中查看定义的时间与乘数关系曲线，如图 2-63 所示。

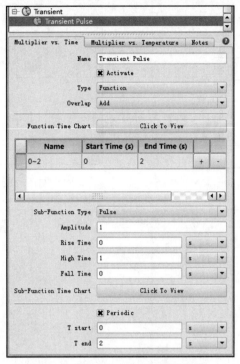

图 2-62　Transient Pulse 特性参数

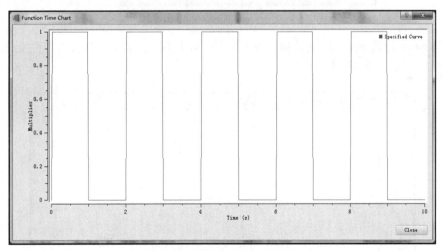

图 2-63　时间与乘数关系曲线

根据表 2-5 所示的数据在 Excel 中建立乘数与时间的数据点，第一列数据为时间，第二列数据为乘数，并以后缀 CSV 进行保存。

在软件主界面的项目特性与数据库中右击 Transient 图标创建 Transient Ambient 瞬态特性，如图 2-64 所示在 Type 选项中选择 Profile。

单击 Click To Edit 按钮，弹出如图 2-65 所示的 Transient Time Chart 对话框，单击 Import CSV File 按钮，将之前保存的 CSV 文件载入到 Transient Time Chart 对话框中，单击 OK 按钮退出。

表 2-5 乘数与时间数据

0	0.5
1	0.6
2	0.7
3	0.8
4	0.9
5	1

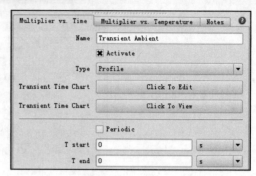

图 2-64 Transient Ambient 特性参数

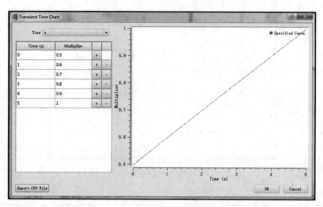

图 2-65 Transient Time Chart 设置对话框

在图 2-64 中勾选 Periodic 复选框，并且单击 Click To View 按钮查看周期性变化的乘数与时间关系曲线，如图 2-66 所示。

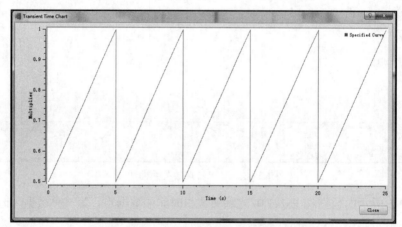

图 2-66 周期性变化的乘数与时间关系曲线

如图 2-67 所示，将 Transient Ambient 和 Transient Pulse 瞬态特性分别赋予至 35DegC Ambient 特性和 10 W Thermal 特性。

关于 Transient 特性的详细设置方法可以参考 5.11 节。

如图 2-68 所示，在软件主界面中选择 Model Setup 页，勾选 Transient 选项，单击 Click To

Edit 按钮进入 Transient Solution 设置对话框。

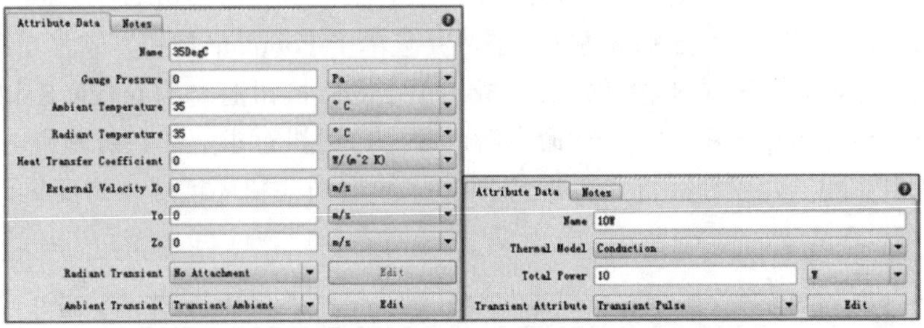

图 2-67　35DegC Ambient 和 10W Thermal 特性

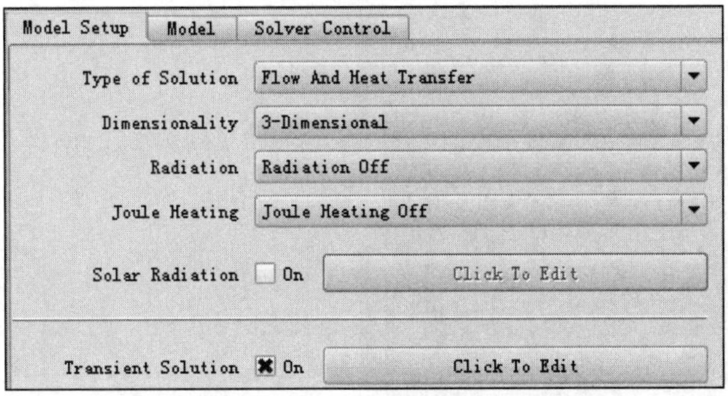

图 2-68　勾选 Transient Solution 选项

如图 2-69 所示设置 Transient Solution 特性参数，其中 Total End Time 设置为 30，Period Duration 设置为 30。在进行时间步网格划分时，单击 AutoCreate 按钮，软件自动生成以 2s 为时间长度的总计 15 个时间段。通过 Shift 键可以选中所有时间段，之后分别对 Additional Steps 设置 59。选择 Increasing Power 作为 Distribution Type，并且在 Index 中输入 1.1。

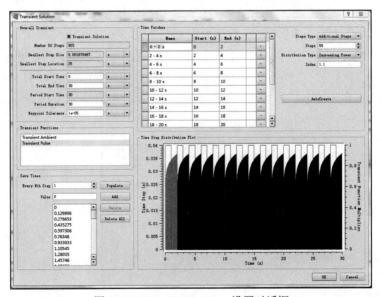

图 2-69　Transient Solution 设置对话框

单击 Transient Functions 中的 Transient Pulse，在 Time Step Distribution Plot 中同时显示了时间步网格和周期性时间与乘数关系曲线。

在 Save Times 的 Every Nth Step 中输入 5，并且单击 Populate 按钮，软件自动生成瞬态数据保存时间点。至此，瞬态分析参数定义完成。单击 OK 按钮退出 Transient Solution 界面。

通过 Solve→Re-initialize and Solve 命令对此瞬态项目进行求解。在每一个求解时间步上，参数值残差曲线到达 1，监控点温度随着周期性脉冲热功耗和环境温度的变化而波动，如图 2-70 所示。

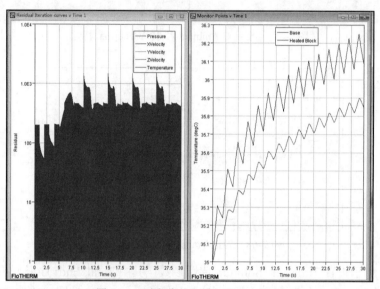

图 2-70　瞬态收敛曲线与监控点温度

2. 瞬态仿真实例 2

一个通过风扇强迫冷却的电子设备，在开始工作后的 600s 之内风扇全速工作；之后 400s 风扇以降额因子 0.5 进行降额工作；最后 200s 风扇以降额因子 0.8 进行降额工作。整个瞬态过程持续 1200s，主要观察风扇在不同工况下对元件最高温度的影响。

本实例基于 FloTHERM 软件自带的实例。打开 FloTHERM 软件，通过 Project→New 命令打开 New Project 对话框，选择 Application Examples 页，选中 Fan RPM Derating（如图 2-71 所示），单击 OK 按钮返回软件主界面。通过 Project→Save as 命令以名称 Transient_Fan_CC 进行保存。

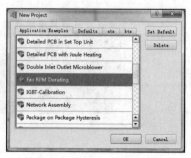

图 2-71　New Project 对话框

在软件主界面中选择 Model Setup 页，勾选 Transient 选项，在弹出的 Solution Type Changed 对话框中选择 Continue using the existing project，单击 Click To Edit 按钮进入 Transient Solution 设置对话框，如图 2-72 所示设置 Transient Solution 特性参数，其中 Total End Time 设置为 1200，Period Duration 设置为 600，单击 OK 按钮退出 Transient Solution 对话框。

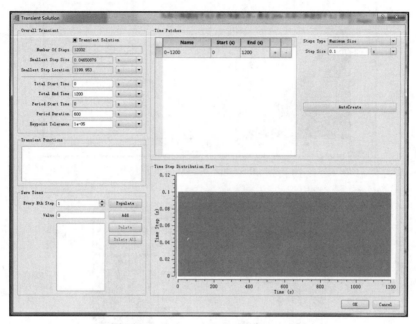

图 2-72　Transient Solution 设置对话框

通过 Window→Launch Command Center 命令进入到 Command Center 模块；通过 Scenario→Reset 命令删除 Command Center 中已有的仿真项目；通过 Scenario→Close 命令退出 Command Center 模块，如图 2-73 所示。

图 2-73　删除 CC 模块中已有的仿真项目

通过 Solve→Re-initialize and Solve 命令对此瞬态项目进行求解，如图 2-74 所示。求解完成之后，如图 2-75 所示，通过 Visual Editor 后处理模块将 MP-U1 的温度与时间的关系数据以 CSV 数据格式输出。

通过 Window→Launch Command Center 命令进入到 Command Center 模块。如图 2-76 所示，单击 Command Center 界面中的 Input Variables，设置 Transient Period Duration 分别为 400 和 200。

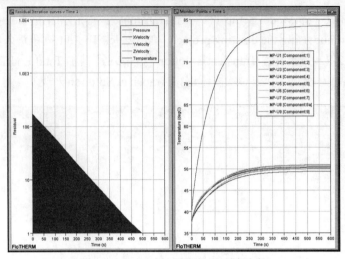

图 2-74　0~600s 瞬态仿真计算结果

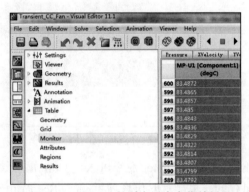

图 2-75　MP-U1 的瞬态温度变化结果

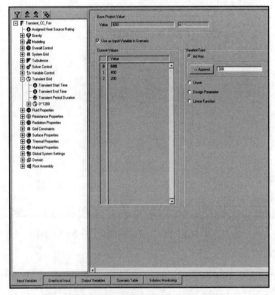

图 2-76　瞬态求解时间作为输入变量

如图 2-77 所示，在风扇的 Derating Factor 中分别输入 0.5 和 0.8。

单击 Command Center 界面中的 Output Variables 页，将 MP-U1 的温度作为输出监控变量，如图 2-78 所示。

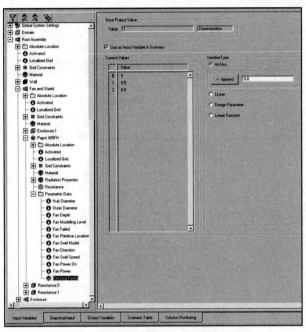

图 2-77　风扇降额因子作为输入变量

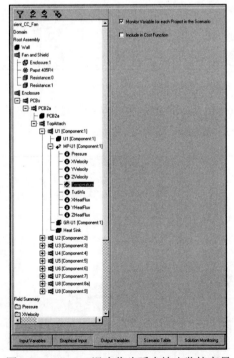

图 2-78　MP-U1 温度作为瞬态输出监控变量

单击 Scenario Table 页，如图 2-79 所示，右击原始仿真项目的 Initialize From 单元格，在弹出的快捷菜单中选择 All From Previous 选项，单击 Command Center 左上角的求解计算图标进行求解计算。

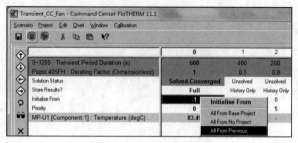

图 2-79　仿真项目方案

求解完成之后单击 Solution Monitoring 页，如图 2-80 所示查看 600s～1200s MP-U1 元件温度变化曲线。

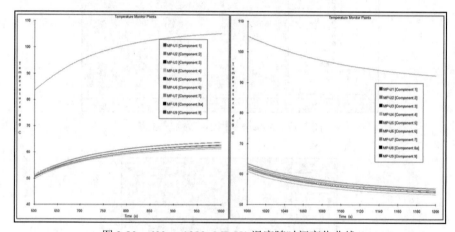

图 2-80　600s～1200s MP-U1 温度随时间变化曲线

如图 2-81 所示，在 Solution Monitoring 页中选择仿真项目方案 1，右击温度随时间变化曲线图，在弹出的快捷菜单中选择 Modify 选项。

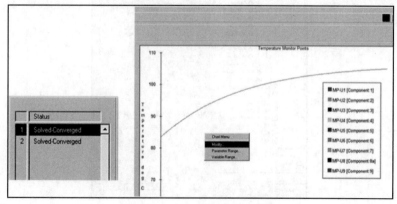

图 2-81　温度随时间变化曲线

如图 2-82 所示，在弹出的 Time Profile Plot 对话框中选择 Profiles 下的 MP-U1，单击 Export 按钮将 MP-U1 随时间变化的温度曲线以 CSV 数据格式输出。用同样的方法将方案 2 中 MP-U1 随时间变化的温度曲线以 CSV 数据格式输出。

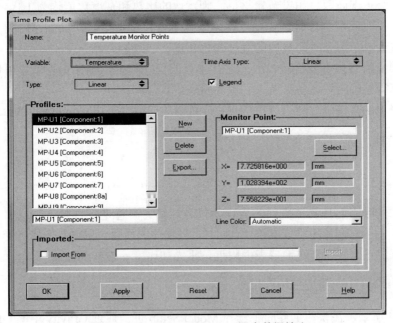

图 2-82　600s～1200s MP-U1 温度数据输出

如图 2-83 所示，对 0～1200s MP-U1 的温度随时间变化数据进行整理。在瞬态分析的前 600s，由于系统设备的热容效应，元件温度逐步上升至一个稳定值。在 600s～1000s，风扇进行降额工作，降额因子为 0.5，系统内部空气流量减少，元件温度逐步升高。在 1000s～1200s，风扇降额工作因子为 0.8，系统内部空气流量增加，MP-U1 温度逐步降低。

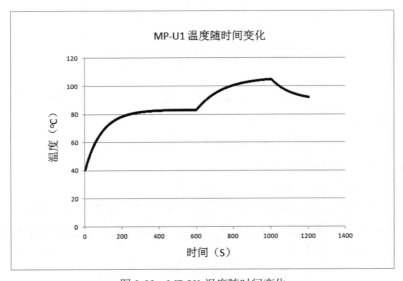

图 2-83　MP-U1 温度随时间变化

2.5.4 小结

进行瞬态分析时，必须正确输入材料的比热和密度数据。如果采用的材料来自 FloTHERM 数据库，则不会出现问题。如果新建材料，则默认的比热和密度数值均为 1。

在进行瞬态时间步划分时，需要在瞬态变化量变化剧烈的时间段加密时间步网格。一般情况下，不建议单个瞬态时间步内的温度变化超过 2℃。

在进行项目瞬态仿真分析时，应先进行项目的稳态分析，确保稳态项目可以完全收敛。这会有助于获得精确的瞬态仿真结果和提高瞬态仿真效率。

对于一些无法直接进行瞬态分析的项目，可以考虑能否采用 Command Center 模块进行瞬态分析。

2.6 重力

由于地球的吸引而使物体受到的力称为重力，其方向总是竖直向下。地面上同一点处物体受到重力的大小与物体的质量成正比。同样，当物体的质量一定时，物体所受重力的大小与重力加速度 g 成正比。通常在地球表面附近，重力加速度 g 为 9.8m/s^2。

2.6.1 FloTHERM 中的重力加速度设置

如图 2-84 所示，在软件主界面中选择 Model Setup 页，通过 Gravity 中的 Off、Normal 和 Angled 选项可以设置重力加速度的形式。默认的重力加速度值为 9.81m/s^2，用户也可以自定义重力加速度值。

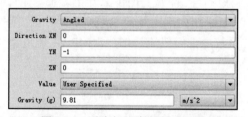

图 2-84 重力加速度设置对话框

如果重力加速度方向与坐标轴不同，可以采用 Angled 选项进行设置。重力加速度计算公式如下：

$$g = |g| \cdot (g_x \hat{i} + g_y \hat{j} + g_z \hat{k}) \tag{2-45}$$

g_x、g_y 和 g_z 为归一化的单位向量。

$|g|$：重力加速度的模，默认情况下是 9.81（m/s^2）。

一平板热源置于空气中，通过自然对流散热。图 2-85 所示为重力加速度方向与 X、Y 轴之间的关系。X 轴与重力加速度方向夹角为 150°，Y 轴与重力加速度方向夹角为 120°。X 和 Y 方向重力加速度单位分量为：

$$X_N = \cos 150° \tag{2-46}$$

$$Y_N = \cos 120° \tag{2-47}$$

此平板所受重力加速度的设置如图 2-86 所示。图 2-87 所示为此平板周围空气流速切面云图，云图右下角的箭头标识了重力加速度在仿真项目中的方向。

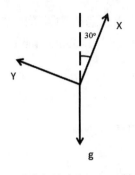

图 2-85　重力加速度与 X、Y 轴的关系

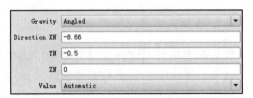

图 2-86　重力加速度设置

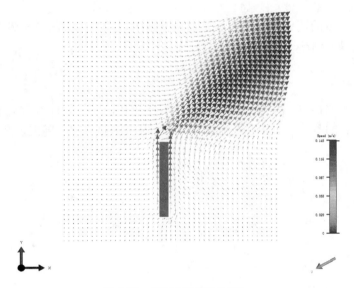

图 2-87　空气流速切面云图

2.6.2　FloTHERM 中的浮升力计算

软件中重力加速度值的主要作用是计算流体所受的浮升力。浮升力是由重力场中流体的密度差引起的力。

如果 Model Setup 中 Fluid 的 Density Type 设置为 Ideal Gas Law，则浮升力计算公式如下：

$$F = g \times (\rho - \rho_{ref}) \tag{2-48}$$

g：重力加速度（m/s^2）；ρ：软件根据理想气体方程计算的密度（kg/m^3）；ρ_{ref}：参考密度（kg/m^3），基于 Model Setup 中 Default Ambient Temperature 的设置值。

如果 Model Setup 中 Fluid 的 Density Type 设置为 Constant，则软件基于 Boussinesq（布辛涅司克）假设计算浮升力。根据理想气体状态方程，密度正比于压强，而反比于绝对温度。由于在低速流动中，压强相对变化不大，远小于温度的相对变化量，因此密度的变化主要是由于温度变化引起的。因此，忽略由于压强变化引起的密度变化（压缩效应），而只考虑温度对密度的影响（浮力效应）。浮升力具体公式如下：

$$F = g \times \alpha \times \rho \times (t - t_{ref}) \tag{2-49}$$

g：重力加速度（m/s²）；α：热膨胀系数（1/K）；ρ：Fluid 特性中设置的密度（kg/m³）；t：网格内温度（℃）；t_{ref}：参考温度（℃），基于 Model Setup 中 Default Ambient Temperature 的设置值。

2.6.3 小结

在自然对流散热等计算浮升力的仿真项目中，需要开启重力选项。
重力加速度方向可以与系统坐标轴形成一定角度。

2.7 流体

电子设备中常见的流体为空气和水。通常情况下，发热元件的热量最终通过热传导、热辐射或对流换热进入到环境或者热沉中。

2.7.1 空气的物性参数

当空气中含有水蒸气时，其热导率、粘性、比热和密度等物性参数会发生变化。这些参数会影响电子设备的散热能力。如图 2-88 所示，湿空气的热导率会随温度和相对湿度变化[6]。

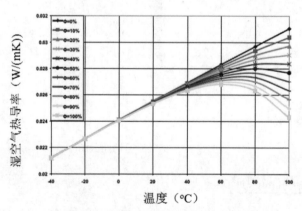

图 2-88 湿空气热导率随温度和相对湿度变化

表 2-6 所示为空气在不同温度和相对湿度下的定压比热值。

理想气体是一种经过科学抽象的假想气体模型，其假设气体分子是一些弹性的、不占有体积的质点，分子相互之间没有作用力。在这两个假设条件下，气体分子运动规律就大为简化，从而为推导出理想气体状态方程建立基础。

$$pv = RT \tag{2-50}$$

p：绝对压力（Pa）；v：比容（m³/kg）；T：热力学温度（K）；R：气体常数（J/(kg·K)）。

可见对于理想气体而言，其比容或密度受到压力、温度的影响。而空气的密度会影响电子设备的散热能力。

表 2-6　空气定压比热随温度和相对湿度变化

温度（℃） \ 相对湿度（%）	10	20	30	40	50	60	70	80	90	100
0	1007	1007	1008	1009	1009	1010	1011	1012	1012	1013
10	1008	1010	1011	1013	1014	1015	1017	1018	1020	1021
20	1010	1012	1015	1018	1020	1023	1026	1029	1031	1034
30	1012	1017	1022	1027	1032	1037	1042	1047	1052	1057
40	1016	1024	1033	1042	1051	1061	1070	1080	1089	1099
50	1022	1037	1052	1068	1084	1100	1117	1134	1152	1170
60	1033	1058	1085	1112	1140	1170	1201	1234	1268	1304
70	1036	1064	1092	1123	1154	1187	1222	1259	1297	1338
80	1071	1139	1214	1298	1392	1498	1620	1759	1920	2110
90	1105	1215	1343	1496	1682	1911	2202	2583	3103	3858

2.7.2　水的物性参数

表 2-7 和表 2-8 所示分别为水的压缩系数和一个大气压下的密度值。可以看出压强每升高一个大气压，水的压缩系数变化在万分之七左右。在温度较低时（10℃～20℃），温度每增加 1℃，水的密度减小约为万分之一点五；在温度较高时（90℃～100℃），水的密度减小也只有万分之七。这说明水的热胀性和压缩性是很小的。此外，电子设备中的水冷过程中，水的温度变化范围通常在 15℃之内。所以一般情况下，水的物性参数变化可以忽略不计。对于电子设备中其他冷却液也可以做类似处理。

表 2-7　水的压缩系数（0℃时）

压强（atm）	5	10	20	40	80
β	0.538×10^{-9}	0.536×10^{-9}	0.531×10^{-9}	0.528×10^{-9}	0.515×10^{-9}

表 2-8　一个大气压下水的密度值

温度（℃）	密度（kg/m³）	温度（℃）	密度（kg/m³）	温度（℃）	密度（kg/m³）
0	999.9	15	999.1	60	983.2
1	999.9	20	998.2	65	980.6
2	1000.0	25	997.1	70	977.8
3	1000.0	30	995.7	75	974.9
4	1000.0	35	994.1	80	971.8
5	1000.0	40	992.2	85	968.7
6	1000.0	45	990.2	90	965.3
8	999.9	50	988.1	95	961.9
10	999.7	55	985.7	100	958.4

2.7.3 FloTHERM 中的流体特性

如图 2-89 所示，Fluid 特性中可以设置流体的热导率和粘度，并且可以考虑这两个参数随温度的变化。如果流体的密度采用常数（Constant），则软件基于 Boussinesq 假设计算流体的密度；如果采用理想气体状态方程（Ideal Gas Law），则通过下式计算流体密度：

$$\rho = \frac{\mu_{mol} \cdot P}{R_{mol} \cdot T} \tag{2-51}$$

ρ：流体密度（kg/m³）；μ_{mol}：流体摩尔质量（kg/kmol）；P：绝对压力（Pa）；R_{mol}：气体常数 8314（J/kmol·K）；T：热力学温度（K）。

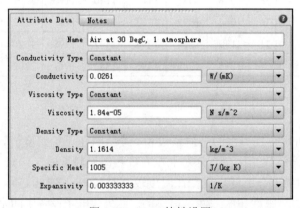

图 2-89　Fluid 特性设置

2.7.4 Fluid 特性应用

Fluid 特性可以应用于 Model Setup 页中的 Fluid，此时流体充满整个求解域，其密度值用于计算压力和速度残差值的收敛标准。

当仿真项目中有多种流体时，可以通过 Volume Region 进行流体的设置。如图 2-90 所示，Fluid 特性设置于 Volume Region 的流体区域，其密度值固定不变，即不会计算此区域流体所受的浮升力。

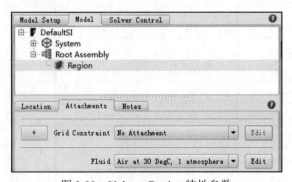

图 2-90　Volume Region 特性参数

2.7.5 小结

湿空气的物性参数随着温度和相对湿度变化而变化。

当环境气体的温升超过 60℃时，可以采用理想气体方程计算气体密度；否则采用密度为常数选项，此时软件基于 Boussinesq 假设进行浮升力的计算。

Fluid 特性应用于 Model Setup 时，流体的密度值会用于计算压力和速度残差值的收敛标准。

在电子设备冷却中，水或者冷却液可以视为非压缩流体，其密度可近似不变。对于 Volume Region 赋予 Fluid 特性，不会计算 Volume Region 处流体所受的浮升力。

2.8 边界条件

FloTHERM 软件的核心功能就是求解质量、动量和能量守恒偏微分方程组。而求解方程组需要引入一些附加的条件才能获得确定解，这些附加条件称为定解条件。在 CFD 软件领域最为常见的定解条件就是边界条件。常见的边界条件表达方式有三类：第一类边界条件给定边界上待求变量的分布，如已知任何时刻边界面上的温度值，软件主界面 Model Setup 中的 Default Ambient Temperature 就属于第一类边界条件；第二类边界条件给定边界上待求变量的梯度值，如已知任何时刻边界面上的热流密度值，System Boundaries 特性页中的 Faces 选项设置为 Symmetry 时就属于第二类边界条件；第三类边界条件给定待求变量与梯度值之间的函数关系，如已知边界面周围流体温度和边界面与流体之间的表面换热系数，软件 Ambient 特性中的 Heat Transfer Coefficient 就属于第三类边界条件。

2.8.1 温度对电子设备散热的影响

1. 环境温度与辐射温度相同

温度对电子设备散热能力的强弱有很大影响。假设不考虑电子设备内部元件热功耗随环境温度变化和固体材料热导率随温度变化的影响，温度主要会影响电子设备表面的对流换热系数和辐射换热量。

材料为 FR4，热功耗为 10W 的板子，其长宽尺寸为 100mm×160mm，厚度为 1.6mm，表面发射率为 0.9，环境温度由 20℃变化至 80℃，如图 2-91 所示，板子与周围环境的换热方式发生变化。

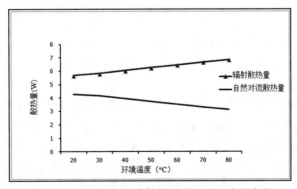

图 2-91 板子不同方式散热量随环境温度的变化

板子通过热辐射散失的热量会随着环境温度的升高而增加。板子在80℃环境温度时的热辐射散热量占总散热量的68.5%，而在20℃环境温度时仅为56.9%。相应地板子通过自然对流散失的热量随着温度的升高而减少。可见随着环境温度的升高，板子热辐射散热的能力得到增强。

如图2-92所示，板子的温升会随着环境温度的升高而下降。由于板子热辐射散热能力的增强，因此板子的温升有明显的降低，但板子的最高温度会随环境温度的升高而不断上升。

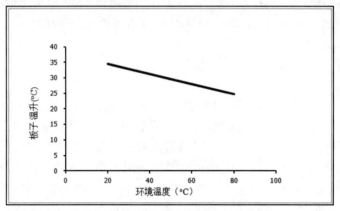

图2-92　板子温升随环境温度的变化

2. 环境温度与辐射温度不同

对于一些室外仿真的项目，天空应作为辐射的对象。假设Y轴负方向作为重力方向，则需要仔细考虑Y轴正方向的辐射温度。冬天停在室外的汽车车窗可能受到霜冻，但停放在室内的汽车就没有此类问题，这是因为屋顶的温度要高于冬天黑夜天空的温度。如果物体上方有屋顶，则这个屋顶的温度应作为外部环境辐射温度，否则只能采用更低的天空温度作为外部环境辐射温度。影响黑夜天空温度的因素有空气温度、云层厚度和空气湿度。当夜晚的云层比较厚或者空气中的水蒸气比较多时，天空温度相对更高。空气干燥的黑夜中，其天空的温度很低，大量的热量通过辐射热交换进入到大气中。空旷寒冷冬夜中的天空温度可以达到零下65℃，夏夜中的天空温度大约低于地表温度30℃。通过FloTHERM软件，可以设定不同的环境温度和辐射温度。

2.8.2　压力

环境压力会影响空气的密度，而空气密度对于电子设备的阻抗特性、风扇质量流量、对流换热系数都会有影响。电子设备处于高海拔地理位置时，大气压力远小于标准大气压。根据理想气体定律，在空气温度不变的条件下，海拔高度对应的大气压力和空气密度如图2-93所示。

对于强迫对流冷却的电子设备，其内部风扇的特性曲线会随着环境压力的变化而变化，如图2-94所示，与此同时电子设备的流动阻抗特性曲线也会向下偏移。一般情况下，风扇流经电子设备的体积流量可以基本保持不变，但空气质量流量减少，单位体积空气的冷却能力下降，所以当电子设备工作在高海拔地理位置时其工作负载需要进行降额。图2-95所示为某款电源产品工作负载降额百分比随温度变化的关系。

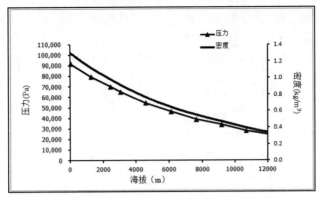

图 2-93　海拔高度对应的大气压力和空气密度

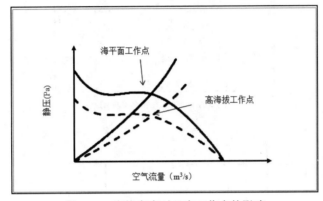

图 2-94　海拔高度对风扇工作点的影响

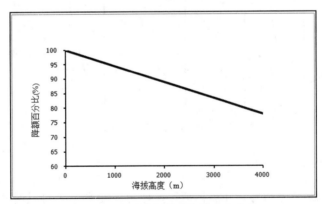

图 2-95　产品降额值随海拔高度变化

对于自然对流冷却的电子设备，对流换热表面传热系数正比于空气压力的平方根。例如，在海平面时表面对流换热系数是 4.25W/(m²K)。在 9000m 高空的环境压力为 30.8kPa，如果空气温度不变，则此时表面对流换热系数是 2.34W/(m²K)。一般情况下，海拔每升高 1000m，电子设备的负载需要降低 5%。

2.8.3　Boundaries Face

如果是绝热边界条件，则在求解域边界上没有任何的热量和流体通过。如图 2-96 所示，通过 System Boundaries 特性页中的 Faces 选项可以在求解域的边界上设置绝热边界条件。在实际中，完全没有热量传递的边界面并不存在。如图 2-97 所示，电子产品热仿真过程中，绝热边界条件经常适用于一些几何结构和热特性（材料、热功耗）对称的产品。

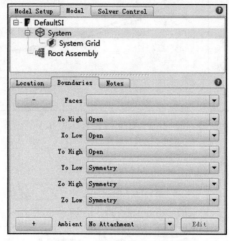

图 2-96　绝热边界条件设置

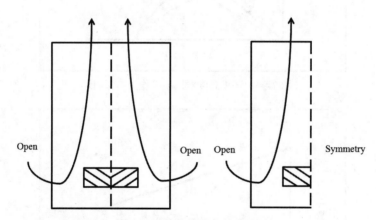

图 2-97　绝热边界条件求解域

2.8.4　System 的 Ambient 特性

如果在求解域的边界上有热量和流体通过，如图 2-98 所示，可以通过 System 的 Ambient 设置项设置边界面上的环境温度、环境辐射温度、压力等参数值。注意，System Boundaries 特性页中 Ambient 设置项的优先级高于 Faces。

Gauge Pressure 是求解域外部的表压，其值相对于 Model Setup 中 Pressure 的设定值。Ambient Temperature 是求解域外部的流体温度，其优先级高于 Model Setup 中的 Default Ambient Temperature。Radiant Temperature 是求解域外部辐射源的温度，其优先级高于 Model Setup 中的 Default Radiation Temperature。

当 Enclosure、Cuboid 等物体被贴附至求解域边界上时，Heat Transfer Coefficient 才会有效。此参数用以计算物体表面与周围环境的换热量。

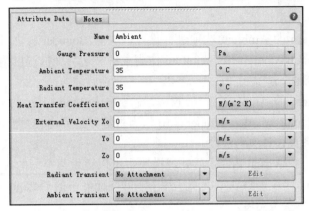

图 2-98 Ambient 特性

External Velocity 中的速度值与热交换系数没有任何联系，此参数只是描述了某个求解域边界面上的一个滑流速度。通常情况下，用户不需要对 External Velocity 参数进行任何设置。

2.8.5 Model Setup 中的 Pressure 和 Temperature

如图 2-99 所示，Model Setup 中也有温度和压力的设置选项，但其作用与 System 的 Ambient 特性有所不同，其设置参数主要有以下作用：

（1）求解计算的初始值。

由于 FloTHERM 软件采用迭代计算的方法，因此在求解开始之前需要对每一个网格设置初始值。如果在 Initial Variables 中采用默认值，则求解域内的温度计算初始值取 Model Setup 中的 Default Ambient Temperature。通过 Solve→Re-initialize 命令可以对求解域内的每一个网格进行初始化。如图 2-100 所示，通过 Visual Editor 后处理模块可以查看每一个网格内的温度计算初始值。

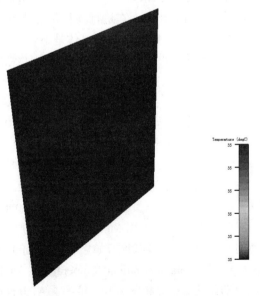

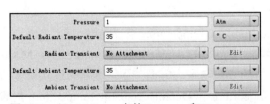

图 2-99 Model Setup 中的 Pressure 和 Temperature

图 2-100 温度计算初始值

（2）求解域边界面温度值。

如果没有对 System 的 Ambient 选项进行设置，并且 Boundaries 的 Faces 设为 Open，则 Model Setup 中的 Default Ambient Temperature 作为求解域边界面的温度值。

（3）求解域边界面辐射温度值。

如果没有对 System 的 Ambient 选项进行设置，并且 Boundaries 的 Faces 设为 Open，则 Model Setup 中的 Default Radiation Temperature 作为求解域边界面辐射温度边界条件。

（4）对流换热系数计算参考温度。

如图 2-101 所示，在 Visual Editor 后处理模块中可以提供某个面的对流换热系数。在计算时需要一个环境的参考温度，默认情况下采用 Model Setup 中的 Default Ambient Temperature 作为对流换热系数计算参考温度。

图 2-101　参考温度设置

（5）浮升力计算参考温度。

在考虑重力影响并且 Model Setup 中的 Fluid 特性采用常密度时，流体浮升力计算时采用 Default Ambient Temperature 作为参考温度。

（6）理想气体密度计算参考压力。

Model Setup 中的 Pressure 设置了求解域外部流体的绝对压力，用于采用理想气体方程计算气体密度时的压力参考值。在绝大多数的仿真计算中，Pressure 的默认值 1 Atm 是合适的。

2.8.6　Ambient Temperature 和 Default Ambient Temperature 设置

System 的 Ambient 特性可以设置 Ambient Temperature，而 Model Setup 中可以设置 Default Ambient Temperature。在进行项目仿真计算时，建议将这两个参数设为一致。

FloTHERM 求解器假设流体是不可压的，换言之就是由于流体的密度变化非常小而被忽略变化，但是软件求解时会考虑由于流体温度引起密度变化的浮升力效应。软件通过式（2-52）计算每一个网格内的浮升力 F。

$$F = (\rho - \rho_o) \cdot g \tag{2-52}$$

ρ：温度为 T 时网格内的流体密度；ρ_o：参考温度 T_o 时的流体密度。

密度随温度的变化可以基于式（2-53）近似。

$$(\rho - \rho_o) = \rho_o \cdot Y \cdot (T_o - T) \tag{2-53}$$

Y：流体膨胀系数，因此：

$$F = (\text{constant})(T_o - T) \cdot g \tag{2-54}$$

软件在求解时采用 Model Setup 中的 Default Ambient Temperature 作为参考温度 T_o。在自然对流散热的仿真项目中，如果用户在 Ambient 特性中定义的 Ambient Temperature 小于 Model Setup 中的 Default Ambient Temperature，则浮升力的方向与重力方向一致，这是有违实际物理现象的。图 2-102 和图 2-103 显示了 Ambient Temperature 和 Default Ambient Temperature 的设置对仿真结果的影响。因此，总是推荐用户将 Ambient 中的 Ambient Temperature 和 Model Setup

中的 Default Ambient Temperature 设置相同值。

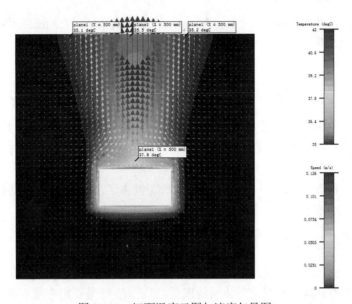

图 2-102　切面温度云图与速度矢量图
（Ambient Temperature 35℃，Default Ambient Temperature 35℃）

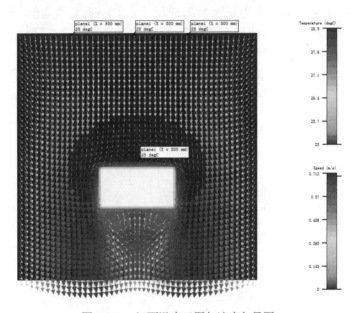

图 2-103　切面温度云图与速度矢量图
（Ambient Temperature 25℃，Default Ambient Temperature 35℃）

2.8.7　小结

设定边界条件时，应先确定求解域是否存在没有热量和流体经过的绝热边界面。通过 System Boundaries 特性页中的 Faces 设定相应的绝热边界面。

在非绝热边界面上正确设置 Ambient 特性，并且确定 Radiation Temperature 是否与 Ambient Temperature 一致。

Model Setup 中的 Default Ambient Temperature 设定值应与 Ambient 特性中的 Ambient Temperature 设定值相同。

2.9 求解域

软件模型树中的 System 是仿真项目的求解域，其应包括与关注结果相关的所有物体和环境。但求解域的尺寸并非越大越好，无意义地放大求解域会造成求解计算时间的延长和计算资源的浪费。

在电子设备热仿真领域，一个合理的求解域既包含了所有影响系统设备热和流动状况的物体和环境，又合理地控制了计算的规模和时间。

2.9.1 环境对系统设备的影响

对于通过自然对流冷却的封闭系统设备，其内部热量传递至系统设备表面后，再通过对流换热和热辐射的方式进入到环境中。系统表面与周围环境需要留有足够的空间，以便系统周围的空气受浮升力作用后能充分流动。这也为精确计算系统与周围环境的热交换提供了可能。

如图 2-104 所示，如果重力方向为 Y 负方向，则求解域 Y 方向的尺寸为 4A，求解域上部边界距离系统设备为 2A，其中 A 为系统 Y 方向尺寸。求解域 X 方向的边界距离系统 0.5B，其中 B 是系统的 X 方向尺寸。求解域 Z 方向尺寸设置方式与 X 方向类似。在 Y 方向系统上方为空气主要流动的区域，故求解域在此方向需要更大的空间。

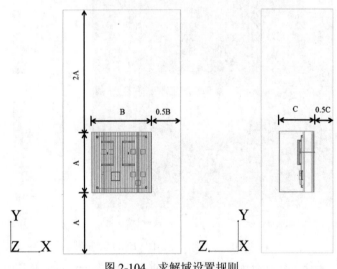

图 2-104　求解域设置规则

如图 2-105 所示为自然对流冷却系统仿真结果，在 Y 方向接近求解域边界处的温度为 24.3℃，这与求解域外设置的环境温度 20℃比较接近。通常情况下，求解域边界处的温度应与环境温度相接近。此外，根据图 2-105 所示的仿真结果，求解域在 Y 负方向和 X 正负方向可适当进一步缩小。

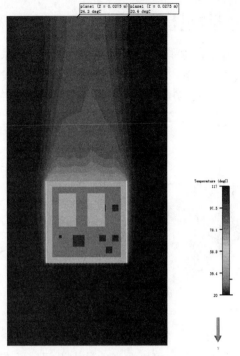

图 2-105　求解域边界处温度

2.9.2　系统外部物体的影响

某些情况下除了要将仿真系统设备包括在求解域之内，一些会影响到系统散热状况的物体也需要包括在求解域之内。目前笔记本电脑的主要散热模式是风扇强迫冷却，一些类似 CPU、GPU 和南桥等的高发热元器件被贴附至热管上，通过热管将热量传递至散热器，再由风扇驱使空气流动，从而使热量进入到环境中。一般笔记本电脑采用底部进风、侧面出风的形式居多。笔记本电脑无论在温度测试还是在日常使用过程中，一般均置于桌面上。桌面与笔记本电脑的底面形成了一个狭窄的风道，使风扇的工作环境更为恶劣，所以在进行笔记本电脑仿真分析时需要把桌面包括在求解域之内，如图 2-106 所示。

图 2-106　笔记本电脑仿真模型

2.9.3 系统外无重要影响因素

在一些仿真项目中，除了环境温度和压力外，设备系统外部没有其他因素会对系统内部温度或速度场造成明显影响。此时，可以将求解域的尺寸设为和系统设备尺寸一致。如图2-107所示，在一些强迫冷却的服务器电源系统中，系统内部的绝大部分热量均通过风扇驱使的空气散走，通过系统外壳面散失的系统设备热量非常少。

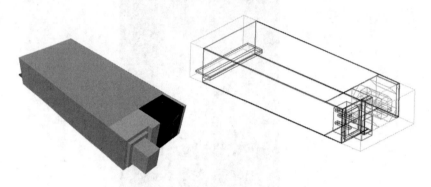

图2-107 电源系统外观和求解域设置

沿着系统气流主流方向上可以适当地放大求解域，在另外两个方向上求解域可以与系统外壳面重合。

与风扇强迫对流散失的热量相比，系统外壳面通过自然对流和热辐射散失的热量非常少，这一小部分热量也可以在软件中进行考虑。如图2-108所示，在Ambient特性设置框中可以将Heat Transfer Coefficient 设为8W/(m²K)，其中数值8W/(m²K)为自然对流换热系数经验值。

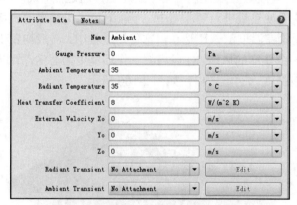

图2-108 Heat Transfer Coefficient 设置

根据公式计算外壳某个面的散热量。此Heat Transfer Coefficient 只有在求解域与系统外壳重合的情况下才有效。如果系统外壳小于求解域，则软件不会计算外壳表面换热量。

$$Q = h \times A \times (T_{case} - T_a) \tag{2-55}$$

Q：系统外壳某个面的散热量（W）；h：热交换系数 Heat Transfer Coefficient（8W/(m²K)）；A：外壳某个面的面积（m²）；T_{case}：外壳表面温度（℃）；T_a：环境温度（℃）。

2.9.4 Cutout

在一些非矩形的求解域中，可以通过 Cutout 智能元件进行求解域调整。因为 Cutout 区域软件不进行求解计算，如图 2-109 所示，通过 Cutout 可以缩小求解域尺寸，节省求解资源。

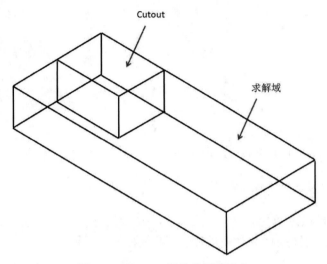

图 2-109 Cutout 调整求解域尺寸

2.9.5 小结

对于自然对流冷却的系统设备，需要设置求解域尺寸大于系统设备，特别在重力反方向要留有一定空间。

在进行某些仿真项目分析时，需要将影响系统设备温度的外部物体也包括在求解域之内。

对于强迫冷却的系统设备，可以将求解域尺寸设置为系统设备尺寸。通过 Ambient 特性中的 Heat Transfer Coefficient 设置项，考虑强迫冷却系统表面的换热量。

通过 Cutout 智能元件可以调整求解域的形状和尺寸，可以有效地节省计算资源。

2.10 焦耳热

2.10.1 背景

1841 年，英国物理学家焦耳发现载流导体中产生的热量 Q 与电流 I 的平方、导体的电阻 R、通电时间 t 成正比，这个规律叫焦耳定律。式（2-56）为焦耳定律表达式。焦耳定律是定量说明传导电流将电能转换为热能的定律，其中载流导体中产生的热量 Q 也称为焦耳热。

$$Q = I^2 R t \tag{2-56}$$

如图 2-110 所示，由于 PCB 板内部存在金属导电层，当有大电流通过金属导电层时会在 PCB 内部产生焦耳热，从而在 PCB 内部产生明显的温度梯度。

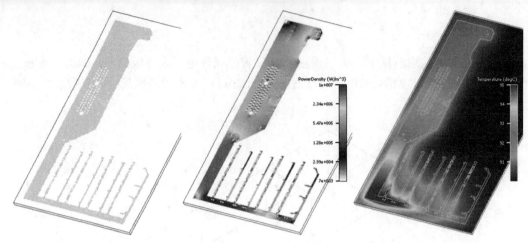

图 2-110　PCB 内部金属层（左）、焦耳热（中）和温度场（右）

2.10.2　FloTHERM 焦耳热分析介绍

FloTHERM 中可以对 PCB 板内部的导电层、金属铜排和保险丝等物体进行焦耳热分析，如图 2-111 所示为 FloTHERM 软件中进行焦耳热分析的流程图。

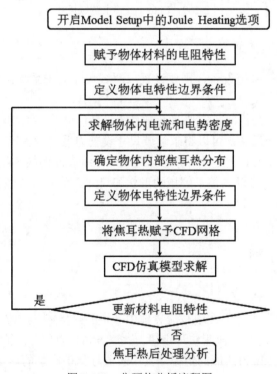

图 2-111　焦耳热分析流程图

FloTHERM 中焦耳热分析的设置可以遵循以下 3 个步骤：

（1）如图 2-112 所示，在软件主界面中选择 Model Setup 特性页，在 Joule Heating 选项中选择 Joule Heating On。

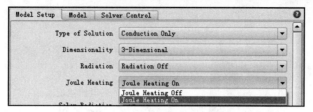

图 2-112 Joule Heating 选项

（2）如图 2-113 所示，为需要考虑焦耳热的物体材料设置电阻特性，在 Electrical Resistivity 选项中选择 Temperature Dependent，材料详细的电特性设置可以参考 5.4 节。

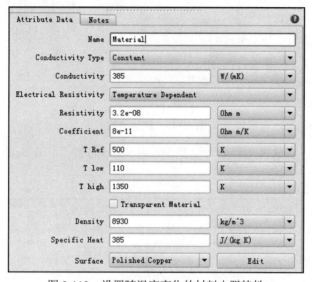

图 2-113 设置随温度变化的材料电阻特性

（3）如图 2-114 所示，为考虑焦耳热的物体设置电特性边界条件，其中 Option 选项中选择 Fixed Value，并且设置相应的 Fixed Value。

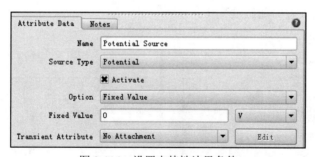

图 2-114 设置电特性边界条件

2.10.3 FloTHERM 焦耳热分析实例

如图 2-115 所示，铜排的输入端电压为 0V，在铜排的电流输出端有 25A 的电流流出，并且铜排有两个接触面存在接触热阻 0.87e-05Ohm。

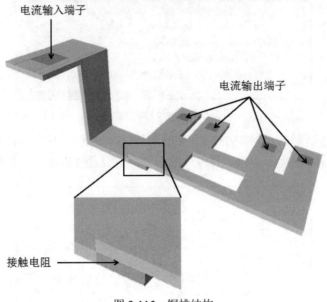

图 2-115　铜排结构

如图 2-116 所示，在软件主界面中选择 Model Setup 特性页，在 Joule Heating 选项中选择 Joule Heating On。

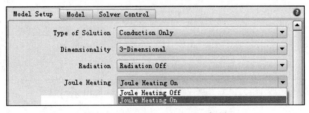

图 2-116　Joule Heating 选项

如图 2-117 所示，为铜排设置材料属性。由于金属材料的电阻率会受到温度的影响，所以在材料属性中将电阻设置为随温度变化。

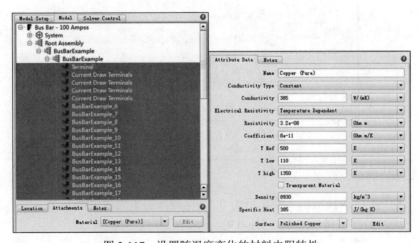

图 2-117　设置随温度变化的材料电阻特性

创建与输入端子一样尺寸的 Source，如图 2-118 所示设置输入端的电特性边界条件。

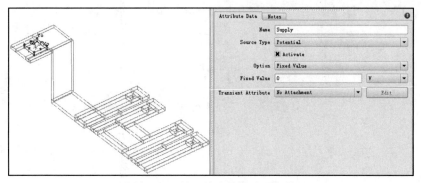

图 2-118　输入端电特性边界条件

创建与输出端子一样尺寸的 Source，如图 2-119 所示设置输出端的电特性边界条件。

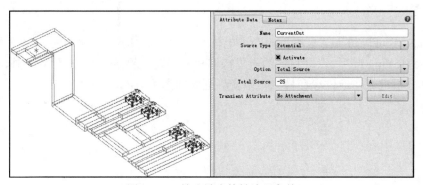

图 2-119　输出端电特性边界条件

如图 2-120 所示，在 FloTHERM 模型树中选择两个形成接触电阻的物体中的任意一个，并且在其存在接触电阻的表面上赋予 Surface 属性。由于接触电阻存在表面的表面积为 2.3 cm^2，所以 Surface 属性的 Electrical Resistance 中输入 2e-05Ohm cm^2。

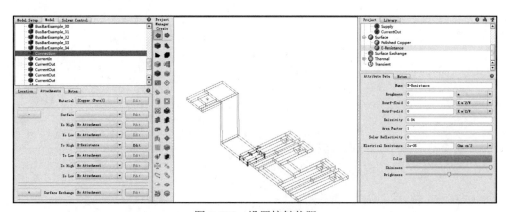

图 2-120　设置接触热阻

如图 2-121 所示为铜排内部电势的分布。由于铜排内部接触电阻的存在，所以铜排两部分之间存在明显的电势差异。

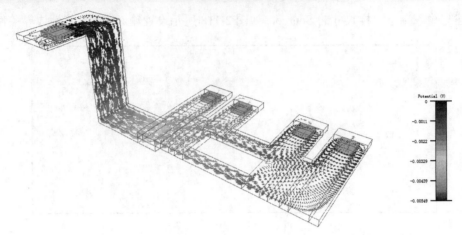

图 2-121　铜排内部电势分布

2.10.4　小结

FloTHERM 可以仿真分析电流流经导电体时产生的焦耳热。软件中焦耳热分析设置主要由开启 Joule Heating 选项、设置材料的电阻特性和电特性边界条件组成。除此之外，FloTHERM 也可以仿真分析电流在通过存在接触电阻交界面时的温度分布。

3 软件常用命令

FloTHERM 软件主要通过软件主界面进行仿真模型建立和网格划分，软件的操作很多时候都会涉及其菜单栏中的命令，本章对软件主界面中的菜单栏命令进行介绍。

3.1 Project 菜单

如图 3-1 所示，Project 菜单中的命令主要用于仿真项目的操作。

New 命令用于新建仿真项目、载入软件自带实例和标准机箱模型。如图 3-2 所示，在 Defaults 页中可以选择新建项目的单位系统。

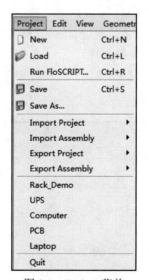

图 3-1 Project 菜单

如图 3-3 所示，Application Examples 页中罗列了软件自带的实例模型。实例名称前的彩色图标表示此实例包含计算结果，实例名称前的蓝色图标表示此实例不包含计算结果。

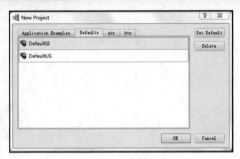
图3-2　Defaults 页

图3-3　Application Examples 页

atx 和 btx 页中罗列了标准的 atx 和 btx 机箱几何模型，在进行包含 atx 或 btx 机箱的仿真分析时可以直接调用这些模型。

如图 3-4 所示，Load 命令用于载入、删除、释放和整理现有仿真项目。如果仿真项目以非正常形式关闭，再次打开仿真项目之前需要通过单击 Unlock 按钮进行项目释放。

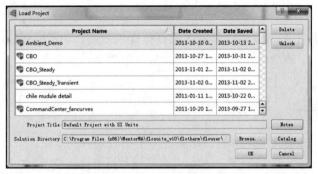
图3-4　Load Project 对话框

Run FloSCRIPT 命令用于运行 XML 格式脚本文件。在 FloTHERM 11.1 版软件中，软件操作可以以 XML 格式脚本文件保存，之后通过 Run FloSCRIPT 直接运行。

Save 命令用于保存目前的仿真项目文件。

如图 3-5 所示，Save As 命令用于将现有仿真项目文件以其他名称保存或者保存至计算机的其他位置。

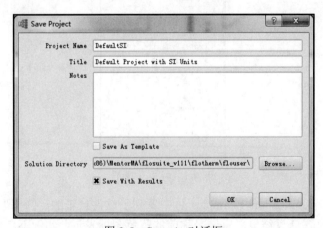
图3-5　Save As 对话框

如图 3-6 所示，Import Project 命令用于载入仿真项目文件。其中 FloXML 用于载入 XML 格式的项目文件；PDML 用于载入 PDML 格式的仿真项目文件，由于此类文件不包含计算结果，所以文件数据量小，便于相互之间传输；Pack File 用于载入 PACK 格式的仿真项目文件，此类文件包含计算结果，文件数据量大。

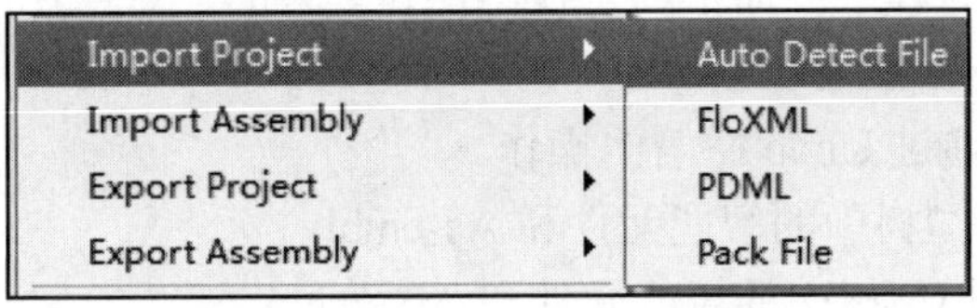

图 3-6　Import Project 命令菜单

如图 3-7 所示，Import Assembly 命令用于载入 Assembly 等数据文件。其中 PDML 用于载入 PDML 格式的 Assembly 数据文件。由于*.PDML 具有 Project 和 Assembly 两种形式，载入 *.PDML 时应注意区分。

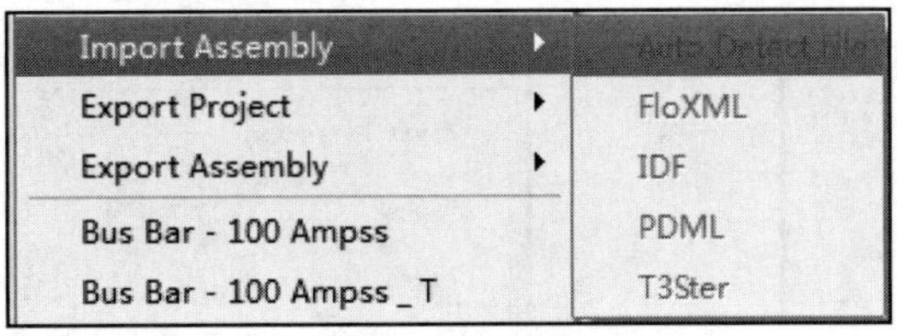

图 3-7　Import Assembly 命令菜单

如图 3-8 所示，Export Project 命令用于将仿真项目以不同格式输出。IGES 或 SAT 用于将仿真项目几何模型以 IGES 或 SAT 格式输出；PDML 用于将仿真项目以 PDML 格式输出；Pack File 用于将仿真项目文件和仿真结果同时输出。

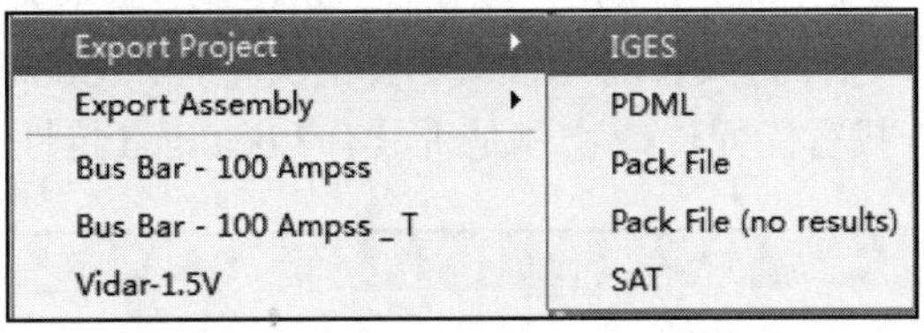

图 3-8　Export Project 命令菜单

如图 3-9 所示，Export Assembly 命令用于将 Assembly 以不同格式输出。IGES 或 SAT 用于将 Assembly 几何模型以 IGES 或 SAT 格式输出；PDML 用于将 Assembly 以 PDML 格式输出；FLOFEA 用于将 Assembly 以第三方 FEA 软件能识别的格式输出。

图 3-9　Export Assembly 命令菜单

Quit 命令用于退出 FloTHERM 软件。

3.2 Edit 菜单

如图 3-10 所示，Edit 菜单中的命令主要用于模型树中智能元件和 Assembly 的操作。

Undo 命令用于撤消软件主界面中除了视图操作之外的任意操作，直至仿真项目文件恢复至载入、上一次保存和求解状态。

Redo 命令用于恢复通过 Undo 撤消的操作。

Cut 命令用于剪切模型树中的智能元件和 Assembly。

Copy 命令用于复制模型树中的智能元件和 Assembly。

Paste 命令用于粘贴模型树中智能元件和 Assembly 至相应的 Assembly。

如图 3-11 所示，Patten 命令用于智能元件或 Assembly 在 X、Y、Z 方向进行阵列。Pattern Creation 设置对话框支持智能元件或 Assembly 同时在两个方向上进行阵列，其中 Pitch 为相邻阵列物体或 Assembly 之间的节距尺寸。

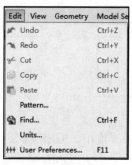

图 3-10　Edit 菜单

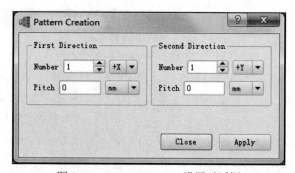

图 3-11　Pattern Creation 设置对话框

Find 命令用于查找符合要求的智能元件或物体。如图 3-12 所示为 Find 设置对话框的 Quick Criteria 页，Type 选项用于选择查找智能元件或物体的类型，如 Cuboid、Heat Sink 和 PCB 等；Localized 选项用于选择查找智能元件或物体是否具有 Localized 特性。

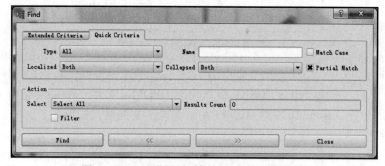

图 3-12　Find 设置对话框的 Quick Criteria 页

如图 3-13 所示为 Find 设置对话框的 Extended Criteria 页，Common 选项支持将不同智能元件或物体都具有的特性参数作为查找条件，如 Name、Hide、Size X、Size Y 和 Size Z 等；SmartPart Data 选项支持将智能元件 Construction 特性页中的参数作为查找条件，如 Fixed Flow 的 Flow Type、Fan 的 Fan Type 和 PCB 的 Modeling Level 等；Attitude Data 选项支持将不同物

体所赋予的特性作为查找条件，如 Material 特性的 Conductivity、Fluid 特性的 Viscosity 和 Thermal 特性的 Conduction Total Power。

如图 3-14 所示，Units 命令用于打开 Global Units 设置对话框，通过该对话框可以设置仿真项目文件的参数单位。

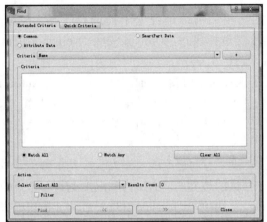

图 3-13　Find 设置对话框的 Extended Criteria 页　　图 3-14　Global Units 设置对话框

如图 3-15 所示，User Preferences 命令用于打开 User Preferences 设置对话框，通过该对话框可以设置 Project Manager 和 Drawing Board 页中的用户首选项和 Show Summary 的内容。

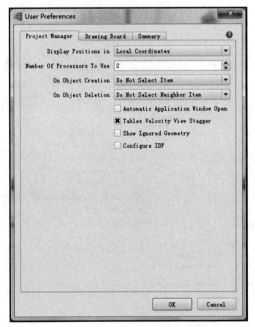

图 3-15　Project Manager 用户首选项设置页

Display Position in 确定了模型树中物体的参照类型，Local Coordinates 表明物体特性中的 Position X、Y 和 Z 参照其所在 Assembly 的 Position X、Y 和 Z 值，Absolute Coordinates 表明物体特性中的 Position X、Y 和 Z 参照坐标系原点。为了便于物体在不同 Assembly 之间的移

动，一般建议采用 Absolute Coordinates 作为 Display Position in 的选项。

Number of Processors To Use 确定了参与仿真计算的处理器个数。

On Object Creation 用于确定创建物体之后物体是否处于被选择状态。Select Item 表明物体被创建之后物体处于被选择状态，Do Not Select Item 表明物体被创建之后物体不处于被选择状态。

On Object Deletion 用于确定删除物体之后相邻物体是否处于被选择状态。Selected Neighbor Item 表明物体被删除之后相邻物体处于被选择状态，Do Not Select Neighbor Item 表明物体被删除之后相邻物体不处于被选择状态。

Automatic Application Window Open 确定了软件启动时窗口的显示方式。勾选 Automatic Application Window Open，则软件启动时所有软件窗口恢复至上一次软件关闭时的状态；未勾选 Automatic Application Window Open，则软件启动时只有主界面窗口恢复至上一次软件关闭时的状态。

Tables Velocity View Stagger 用于确定 X、Y 和 Z 方向速度的显示方式。基于数值计算方面的考虑，X、Y 和 Z 方向速度的计算节点位于网格的边界面，而压力和温度的计算节点位于网格的中心位置。勾选 Tables Velocity View Stagger 选项，则 Visual Editor 后处理模块中采用网格边界面上的速度值作为网格的速度；未勾选 Tables Velocity View Stagger 选项，则 Visual Editor 后处理模块中的网格速度为速度计算节点的内插值。

Show Ignored Geometry 确定了是否在模型树中显示勾选 Ignored Geometry 特性选项的物体或 Assembly。

如图 3-16 所示，单击 User Preferences 对话框中的 Drawing Board 进入 Drawing Board 用户首选项设置页。

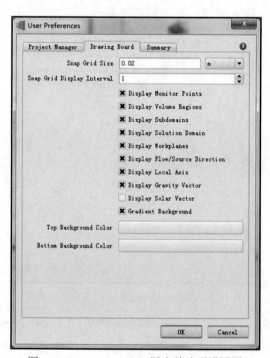

图 3-16 Drawing Board 用户首选项设置页

Display Monitor Points 用于确定是否在 Drawing Board 窗口中显示 Monitor Points。
Display Volume Regions 用于确定是否在 Drawing Board 窗口中显示 Volume Region。
Display Subdomains 用于确定是否在 Drawing Board 窗口中显示 Subdomain。
Display Solution Domain 用于确定是否在 Drawing Board 窗口中显示 Domain。
Display Workplanes 用于确定是否在 Drawing Board 窗口中显示 Workplane。
Display Flow/Source Direction 用于确定是否在 Drawing Board 窗口中显示 Fixed Flow、Fan 等智能元件的流体流动方向。
Display Local Axis 用于确定是否在 Drawing Board 窗口中显示物体或 Assembly 的 Local Axis。
Display Gravity Vector 用于确定是否在 Drawing Board 窗口中显示重力方向。
Display Solar Vector 用于确定是否在 Drawing Board 窗口中显示太阳辐射方向。
Gradient Background 用于确定 Drawing Board 背景颜色的类型。
Top Background Color 和 Bottom Background Color 用于确定 Drawing Board 的背景颜色。

如图 3-17 所示，单击 User Preferences 中的 Summary 进入 Show Summary 用户首选项设置页。通过勾选其中的选项可以调整 Project Manager 窗口中 Summary 显示的内容，如图 3-18 所示。

图 3-17　Summary 用户首选项设置页

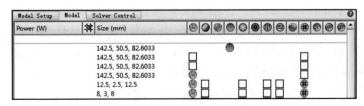

图 3-18　Summary 显示的内容

3.3 View 菜单

如图 3-19 所示，View 菜单中的命令主要用于模型树中物体和 Assembly 在 Drawing Board 和 Visual Editor 后处理模块中显示的操作。

Reset 命令用于将模型树中所有的物体或 Assembly 收拢至 Root Assembly。

Expand All 命令用于展开显示模型树中所有的物体或 Assembly。

Top 命令用于在 Drawing Board 和 Visual Editor 后处理模块中单独显示模型树中的某个物体或 Assembly。

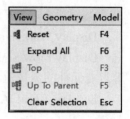

图 3-19 View 菜单

Up To Parent 命令用于在 Drawing Board 和 Visual Editor 后处理模块中显示所选物体或 Assembly 的上级 Assembly。

Clear Selection 命令用于放弃当前选择的物体或 Assembly。

3.4 Geometry 菜单

如图 3-20 所示，Geometry 菜单主要用于模型树中物体或 Assembly 的操作。

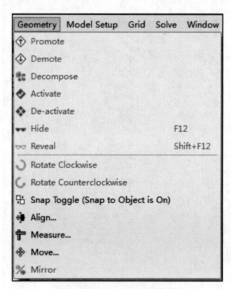

图 3-20 Geometry 菜单

物体在模型树中的位置确定了其优先级，而通过 Promote 命令可以提高物体的优先级，但仅限于物体所在的 Assembly。

Demote 命令可以降低物体的优先级，但仅限于物体所在的 Assembly。

Decompose 命令用于分解 Heat Sinks 和 Cylinder 等智能元件。

Activate 命令用于激活所选择的物体，使其参与到求解计算中。

De-activate 命令用于使物体失效，不参与到求解计算中。

Hide 命令用于隐藏物体或 Assembly。

Reveal 命令用于显示被隐藏的物体或 Assembly。

Rotate Clockwise 命令用于使物体或 Assembly 沿着坐标轴顺时针旋转。

Rotate Counterclockwise 用于使物体或 Assembly 沿着坐标轴逆时针旋转。

Snap Toggle 命令用于开启或关闭捕捉功能。Snap to Object is On 表示物体捕捉功能已经开启，Snap is Off 表示未开启捕捉功能，Snap Grid is On 表示网格捕捉功能已经开启。

如图 3-21 所示，Align 命令用于使物体、Assembly 或求解域等对齐，其中最先选择的物体、Assembly 或求解域位置不变，后选择的物体、Assembly 或求解域位置发生变化。

如图 3-22 所示，Measure 命令用于测量两点或线之间的绝对距离和沿坐标轴的距离。

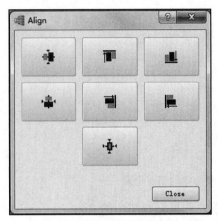
图 3-21 Align 设置对话框

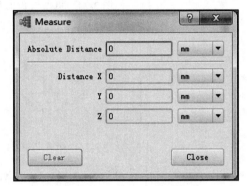
图 3-22 Measure 设置对话框

如图 3-23 所示，Move 命令用于使物体、Assembly 或求解域沿着坐标轴方向移动，可以同时在三个方向上移动物体、Assembly 或求解域。

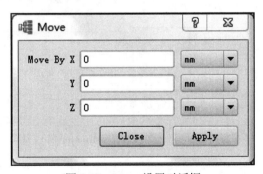
图 3-23 Move 设置对话框

Mirror 命令用于使物体或 Assembly 根据 Drawing Board 窗口中当前激活的视图窗口进行镜像。

在进行仿真建模过程中，Rotate Clockwise、Align 和 Move 三个命令组合使用可以大幅提高建模效率。

某机壳在 X、Y 和 Z 方向的尺寸分别为 500mm、100mm 和 300mm，机壳厚度为 2mm。机壳内部放置了一块 PCB 板，其在 X、Y 和 Z 方向的尺寸分别为 250mm、1.6mm 和 150mm。如图 3-24 和图 3-25 所示为 PCB 板与机壳在 XZ 和 XY 平面中的相对位置。

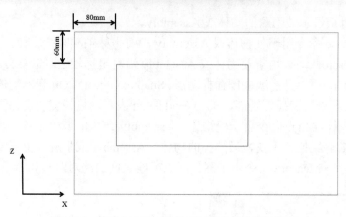

图 3-24　机壳与 PCB 板在 XZ 平面中的相对位置

图 3-25　机壳与 PCB 板在 XY 平面中的相对位置

将智能元件栏设置为 Project Manager Create 状态，选择模型树中的 Root Assembly，单击智能元件栏中的 Enclosure 和 PCB 图标，在模型树中分别创建 Enclosure 和 PCB 智能元件，如图 3-26 所示设置其特性参数，图 3-27 所示为 Drawing Board 窗口中的 Enclosure 和 PCB。

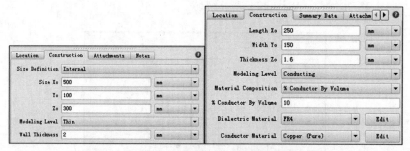

图 3-26　Enclosure 和 PCB Construction 特性设置

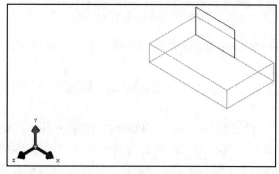

图 3-27　Drawing Board 窗口中的 Enclosure 和 PCB

由于需要使 PCB 沿 X 轴旋转，因此通过 Viewer→Third Angle Projection 命令使 Drawing Board 窗口以第三视角显示。选择 Drawing Board 窗口中的 X 方向正视图，并且选中模型树中的 PCB，单击 Geometry→Rotate Clockwise 命令，如图 3-28 所示为操作结果。

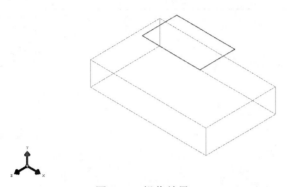

图 3-28　操作结果

单击 Viewer→Position Y View 命令，如图 3-29 所示，先选中模型树中的 Enclosure，再选中模型树中的 PCB，单击 Geometry→Align 命令，在弹出的 Align 设置对话框中单击"上方对齐"按钮，单击 Close 按钮退出 Align 设置对话框。

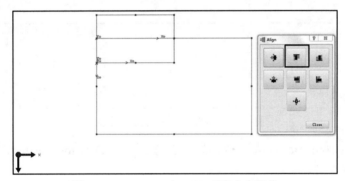

图 3-29　Enclosure 与 PCB 对齐命令操作

在模型树中选中 PCB，单击 Geometry→Move 命令，如图 3-30 所示设置 Move 对话框中的参数，单击 Apply 按钮使 PCB 在 X 正方向移动 80mm，在 Z 正方向移动 60mm，单击 Close 按钮退出 Move 设置对话框。

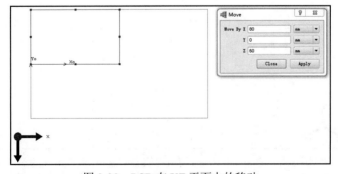

图 3-30　PCB 在 XZ 平面中的移动

单击 Viewer→Position Z View 命令，如图 3-31 所示，先选中模型树中的 Enclosure，再选中模型树中的 PCB，单击 Geometry→Align 命令，在弹出的 Align 设置对话框中单击"下方对齐"按钮，单击 Close 按钮退出 Align 设置对话框。

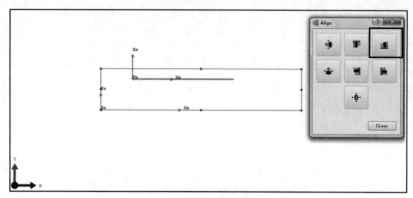

图 3-31 Enclosure 与 PCB 对齐命令操作

在模型树中选中 PCB，单击 Geometry→Move 命令，如图 3-32 所示设置 Move 对话框中的参数，单击 Apply 按钮使 PCB 在 Y 正方向移动 60mm，单击 Close 按钮退出 Move 设置对话框。

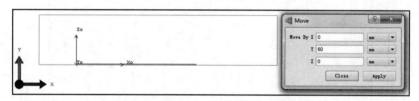

图 3-32 PCB 在 XY 平面中的移动

单击 Viewer→Isometric View 命令，如图 3-33 所示在 Drawing Board 中查看 Enclosure 和 PCB 模型及其相对位置。

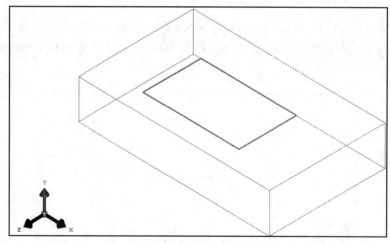

图 3-33 Drawing Board 窗口中的 Enclosure 和 PCB 模型

3.5 Model Setup 菜单

如图 3-34 所示，Model Setup 菜单中的命令主要用于瞬态分析和太阳辐射特性的设置，Transient Solution 的设置可以参考 2.5 节，Solar Configuration 的设置可以参考 2.3 节。

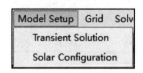

图 3-34 Model Setup 菜单

3.6 Grid 菜单

如图 3-35 所示，Grid 菜单中的命令主要用于仿真项目的网格设置。

System Grid 命令用于打开 System Grid 设置对话框，通过该对话框可以调整求解域内部的网格疏密和质量。

Grid Summary 命令用于打开 Grid Summary 设置对话框，通过该对话框可以查看求解域内部的网格质量和信息。

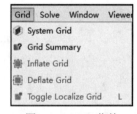

图 3-35 Grid 菜单

Inflate Grid 命令用于为物体或 Assembly 创建网格膨胀特性。

Deflate Grid 命令用于去除具有网格膨胀特性的物体或 Assembly 的网格膨胀特性。

Toggle Localize Grid 命令用于为具有网格约束的物体或 Assembly 创建局域化网格特性。

关于 Grid 菜单内命令的详细内容可以参考第 6 章。

3.7 Solve 菜单

如图 3-36 所示，Solve 菜单中的命令与仿真项目求解计算相关。

Re-Initialize 命令用于初始化求解域内的网格值。在进行 Re-initialize 操作之后，可以通过 Visual Editor 后处理模块查看网格的初始值。

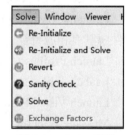

图 3-36 Solve 菜单

Re-Initialize and Solve 命令用于初始化求解域内的网格值并且开始求解计算。当调整了残差曲线发散的仿真项目之后，需要初始化求解域内的网格值之后再进行求解计算。

Revert 命令用于恢复求解域内的网格值至求解之前的状态。

Sanity Check 命令用于对仿真项目进行检查。如图 3-37 所示，在弹出的 Message Window 对话框中以不同的颜色显示仿真项目的提示、警告和错误信息。当出现错误信息时，软件无法求解计算。

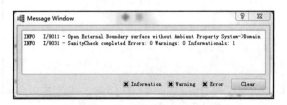

图 3-37 Message Window 对话框

Solve 命令用于对仿真项目进行求解计算。

在 Model Setup 页中开启辐射选项之后，Exchange Factors 命令可用，此命令用于物体之间角系数的计算。

3.8　Window 菜单

如图 3-38 所示，Window 菜单中的命令主要用于模块、窗口和特性栏的开启。

图 3-38　Window 菜单

Launch Command Center 命令用于启动 Command Center 软件模块。

Launch FloEDA Bride 命令用于启动 FloEDA 软件模块。

Launch FloMCAD Bridge 命令用于启动 FloMCAD 软件模块，此模块启动需要软件许可证文件中具有相应特征。

Launch Profiles 命令用于启动 Profiles 窗口。

Launch Tables 命令用于启动 Visual Editor 后处理模块的 Tables 窗口。

Launch Visual Editor 命令用于启动 Visual Editor 后处理模块。

Message Window 命令用于启动 Message Window 对话框。

Grid Summary 命令用于在软件主界面中显示 Grid Summary Dialog 对话框。

如图 3-39 所示，Show Progress Dialog 命令用于在仿真项目求解过程中显示 Solver Progress 对话框。

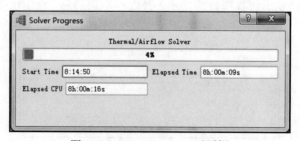

图 3-39　Solver Progress 对话框

如图 3-40 所示，Show/Hide Summary 命令用于显示或隐藏物体和 Assembly 的主要特性参数和特性赋予情况。

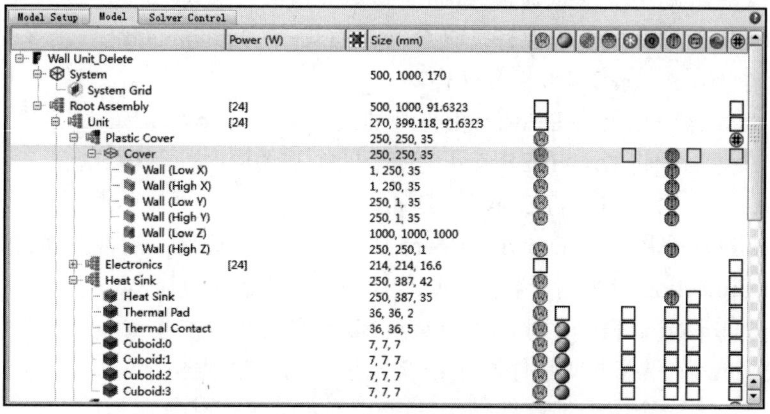

图 3-40　物体和 Assembly 特性参数

Show/Hide Project Attributes 命令用于在软件主界面中显示或隐藏项目特性或数据库。
Detach/Reattach GDA 命令用于拆分或合并 Project Manager 和 Drawing Board 窗口。
FloTHERM PACK 命令用于打开 FloTHERM PACK 在线网站，使用 FloTHERM PACK 需要相关账户和口令。

3.9　Viewer 菜单

如图 3-41 所示，Viewer 菜单中的命令主要用于 Drawing Board 窗口中几何模型的显示操作。

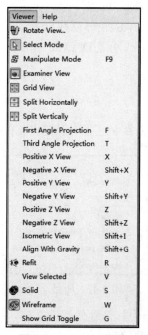

图 3-41　Viewer 菜单

Rotate View 命令用于将物体或 Assembly 进行旋转观察。

在 Drawing Board 窗口中鼠标有 Select 和 Manipulate 两种模式，这两种模式可以通过快捷键 F9 进行切换。当鼠标处于 Select 模式时，可以进行物体的移动、改变大小和复制等操作。

Manipulate Mode 命令用于将鼠标切换至操作模式，在 Manipulate 模式下，可以对 Drawing Board 窗口中的物体进行旋转和平移等操作。

Examiner View 命令用于将 Drawing Board 切换至显示单一视图模式。
Grid View 命令用于将 Drawing Board 切换至四个视图同时显示模式。
Split Horizontally 命令用于将 Drawing Board 切换至两个水平显示的视图模式。
Split Vertically 命令用于将 Drawing Board 切换至两个垂直显示的视图模式。
First Angle Projection 命令用于将 Drawing Board 以第一视角显示。
Third Angle Projection 命令用于将 Drawing Board 以第三视角显示。
Positive X View 命令用于使软件操作者以 X 正方向观察视图。
Negative X View 命令用于使软件操作者以 X 负方向观察视图。
Positive Y View 命令用于使软件操作者以 Y 正方向观察视图。
Negative Y View 命令用于使软件操作者以 Y 负方向观察视图。
Positive Z View 命令用于使软件操作者以 Z 正方向观察视图。
Negative Z View 命令用于使软件操作者以 Z 负方向观察视图。
Isometric View 命令用于将 Drawing Board 窗口以等轴测视图显示。
Align with Gravity 命令用于使软件操作者以垂直于重力方向的视角观察视图。
Refit 命令用于使模型树在 Drawing Board 窗口中大小合适地显示。
View Selected 命令用于使所选择的物体或 Assembly 在 Drawing Board 窗口中大小合适地显示。
Solid 命令用于将仿真项目中的物体以实体方式显示。
Wireframe 命令用于将仿真项目中的物体以线框方式显示。
Show Grid Toggle 命令用于显示或隐藏 Drawing Board 窗口中的网格。

3.10　Help 菜单

如图 3-42 所示，Help 菜单中的命令主要用于提供软件技术支持和帮助。

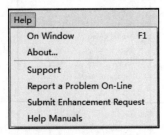

图 3-42　Help 菜单

On Window 命令用于在浏览器中打开软件帮助文档。
About 命令用于显示软件版本等信息。

Support 命令用于打开 Support Net 在线网站，通过 Support Net 网站可以提出与软件相关的问题，使用 Support Net 需要相关账户和口令。

Report a Problem On-Line 命令用于打开 Support Net 在线网站，通过 Support Net 网站提出软件出现的问题。

Submit Enhancement Request 命令用于打开 Ideas 在线网站，通过 Ideas 网站可以提出软件改进和功能增强的建议。

Help Manuals 命令用于打开软件操作手册。

4 智能元件

4.1 封装元件

4.1.1 背景

电子设备中包含了各式各样的封装元件，通常封装元件具有一定的热功耗，并且其工作性能会受温度的影响。在进行电子设备热设计时，封装元件的温度需要重点考虑。

元件的封装技术历经了几代变迁，技术指标也是一代比一代先进。根据封装元件在结构方面的变化，其发展历程大致如下：TO 晶体管封装、DIP 双列直插封装、PLCC 特殊引脚芯片封装、QFP 方型扁平式封装、BGA 球栅阵列封装和 CSP 芯片级封装。

封装元件的外形尺寸和线路位置有可能是标准化的，如 TO220 封装的功率元件。但不同封装元件厂商之间的元件内部结构、材料和线路技术都有所不同，所以它们的热特性也存在一定差异。

由于封装元件厂商不愿公开元件内部的详细结构数据，所以必须通过一些其他的方法来计算元件的内部温度。例如，封装元件说明书中的 R_{JA}、R_{JB} 和 R_{JC} 热阻值可以用于元件内部温度的计算。由于封装元件的热阻值基于一定的测试标准获得，在应用这些热阻值时应考虑封装元件热阻测试环境与实际应用环境的差异。

4.1.2 封装元件在 FloTHERM 中的建模

1. 封装元件块建模

最简单的封装元件建模方式是采用一个具有材料特性和内部热量均匀分布的 Cuboid。对于塑料封装元件和陶瓷封装元件而言，Cuboid 的热导率可以分别设置为 10W/(mK) 和 30W/(mK)。采用 Cuboid 建模的封装元件，其仿真结果与真实结果可能存在较大偏差，一般适用于系统级的仿真分析并且关注系统散热状况的场合。

2. 封装元件热阻模型

（1）Component 智能元件。

Component 智能元件只能建立在 PCB 智能元件的基础之上。如图 4-1 所示，Power 确定了封装元件的热功耗；Length Xo、Width Yo 和 Height Zo 是封装元件的几何尺寸；Side of Board 确定了封装元件位于 PCB 的哪一侧；Modeling Option 确定了封装元件的建模方式，其中 Solid Component 表明封装元件具有几何形体；Component Material 设置了封装元件的典型材料；Junction-Board 是封装元件结点至 PCB 的热阻值；Junction-Case Top 是封装元件结点至外壳上部的热阻值；Junction-Sides 是封装元件结点至外壳侧面的热阻值。如果设置了这些热阻值，需要在 Component Material 中设置一个高热导率的材料以避免 Component Material 设置的材料影响封装元件的结点温度；Pattern 设置页中确定了封装元件沿坐标轴阵列的数目和数量；Lump Components 确定了阵列封装元件的建模方式。

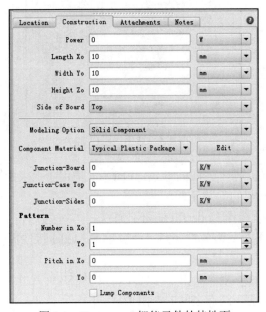

图 4-1　Component 智能元件的特性页

（2）Compact Component 智能元件。

如图 4-2 所示为 Compact Component 智能元件的特性页，Model Type 确定了封装元件的热阻模型，2-Resistor Model 为双热阻模型，Junction Power 为封装元件的热功耗。

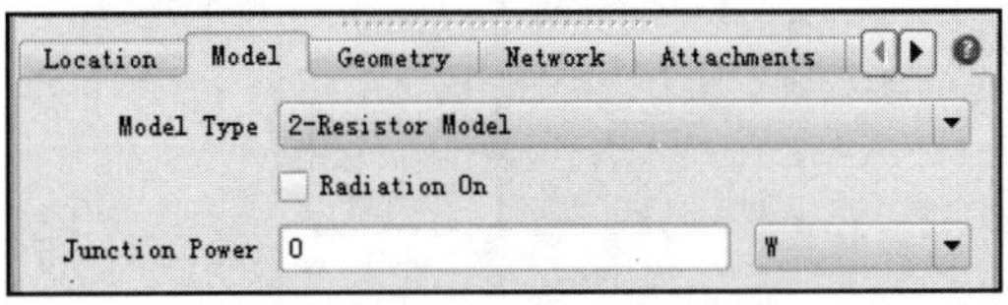

图 4-2　Compact Component 智能元件的特性页

如图 4-3 所示，Geometry 特性页设置了双热阻模型的几何尺寸，Network 特性页设置了双热阻模型的热阻值。其中 Junction-Top 为封装元件结点至上表面的热阻，Junction-Bottom 为封装元件结点至下表面的热阻。

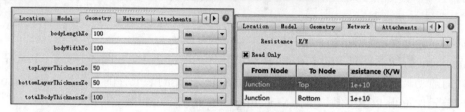

图 4-3　双热阻模型参数

如图 4-4 所示，Model Type 选项设置为 General Model（通用热阻模型）；Package Type 确定了封装元件与 PCB 的连接方式，Area Array 适用于通过焊球或针脚与 PCB 连接的封装元件，Peripheral 适用于通过引脚与 PCB 连接的封装元件。

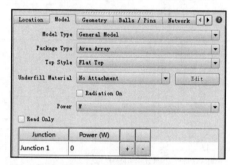

图 4-4　通用热阻模型

Top Style 确定了封装元件上表面的形式。Flat Top 适用于上表面平整的封装元件，Raised Core 适用于上表面具有凸起的封装元件。

Underfill Material 用于选择 Underfill 的材料属性。

General Model 支持多个封装元件结点，通过单击 Model 特性页中的 + 可以添加封装元件结点。

如图 4-5 所示，Geometry 特性页用于设置通用模型的几何尺寸，Network 特性页用于设置通用模型的热阻值和任意两个结点之间的热阻值。

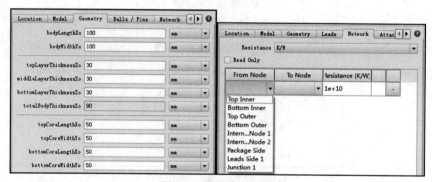

图 4-5　通用模型参数

如图 4-6 所示，通过 Balls/Pins 特性页和 Leads 特性页设置 Area Array 和 Peripheral 的封装类型与 PCB 连接特性参数。

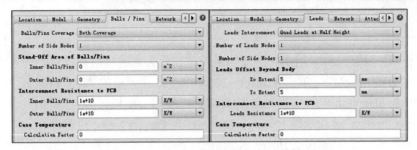

图 4-6 Balls/Pins 特性页和 Leads 特性页

（3）Network Assembly 智能元件。

如图 4-7 所示，Network Assembly 智能元件也可用于热阻模型的创建。其中 Network Node 用于创建热阻模型结点，Network Cuboid 用于创建热阻模型结点几何形体。各结点之间的热阻值通过 Network Assembly 的 Resistance 特性页进行设置。

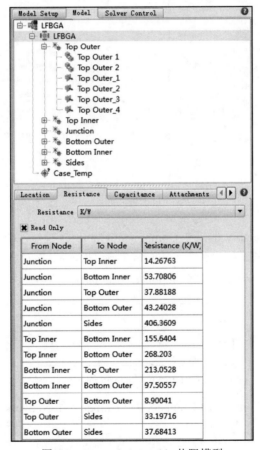

图 4-7 Network Assembly 热阻模型

3. 封装元件详细模型

在了解封装元件内部详细结构和材料特性的前提下，软件也支持建立封装元件的详细模型。通常情况下采用详细模型进行热仿真所需的时间要比采用热阻模型长。具体的封装元件详细模型仿真分析可以参考第 10 章。

4.1.3 封装元件建模实例

本实例介绍了封装元件采用不同的双热阻模型建模方式进行仿真计算。

打开 FloTHERM 软件，单击 Project→New 命令，在弹出的 New Project 对话框中单击 Application Examples 页，选择 Wall Unit 仿真项目，单击 OK 按钮。

通过 Project→Save as 命令以 Package_Demo 作为 Project Name 进行保存。

如图 4-8 所示，修改 Mother Board Assembly 下 PCB 智能元件 Comp1 的特性参数，其中 Junction-Sides 设置为 1000 是为了避免封装元件的热量从侧面散失。如图 4-9 所示设置 Comp1 材料特性参数，其中热导率设置为 1000 是为了避免封装元件材料引起的温度变化。

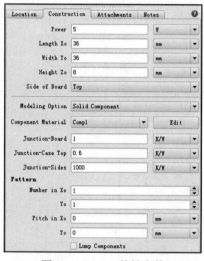
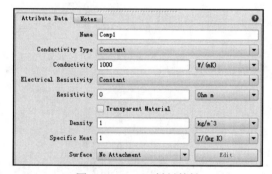

图 4-8　Comp1 特性参数　　　　　　　　图 4-9　Comp1 材料特性

在 Mother Board Assembly 中建立 Component Compact 模型，Component Compact 的几何尺寸和位置与 Comp1 相同。如果弹出 Solution Type Changed 对话框，选择 Continue using the existing project。如图 4-10 所示设置 Component Compact 的 Model 特性页。

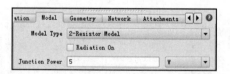

图 4-10　Component Compact 的 Model 特性页

如图 4-11 所示设置 Component Compact 的 Geometry 和 Network 特性页中的特性参数。

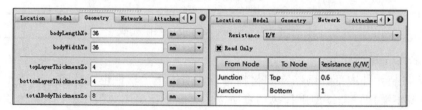

图 4-11　Component Compact 的 Geometry 和 Network 特性页中的特性参数

在 Mother Board Assembly 中建立 Network Assembly 智能元件。如图 4-12（a）所示建立 Network Assembly 模型树，Network Assembly 的几何模型与图 4-12（b）中的双热阻模型相对应。

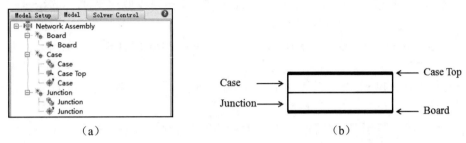

图 4-12　Network Assembly 智能元件与 Network Assembly 双热阻模型

Network Assembly 的几何形体与 Comp1 智能元件相同，Case 和 Junction Network Cuboid 各为 Network Assembly 的一半体积。

如图 4-13 所示设置 Network Assembly 的 Resistance 特性页中的特性参数。

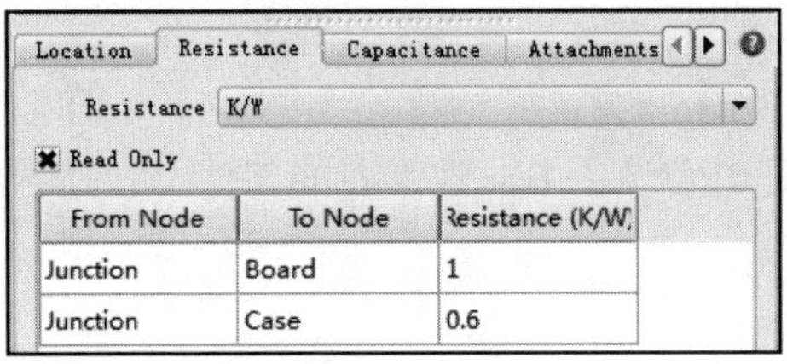

图 4-13　Network Assembly 的 Resistance 特性页中的特性参数

如图 4-14 所示设置 Junction Network Node 的特性参数。

图 4-14　Junction 的特性参数

通过 Geometry→De-active 和 Geometry→Active 命令使 Comp1、Component Compact 和 Network Assembly 元件模型分别参与到仿真计算中。表 4-1 所示为封装元件采用不同双热阻模型建模方式的结点温度。由于环境温度为 20℃，不同双热阻建模方式获得的元件结点温度差异在 0.5%之内。

表 4-1　封装元件以不同双热阻建模方式仿真结果

封装元件建模	元件结点温度（℃）
Comp1	62.1
Compact Component	62.2
Network Assembly	62.3

4.1.4 小结

采用 Component 智能元件进行封装元件的热阻建模，其材料需要设置为高热导率，否则材料也会引起元件一定的温升。采用 Component 进行双热阻模型设置时，Junction-Side 可以设置为 1000K/W，避免热量从元件侧面散失。

Compact Component 智能元件适用于通过焊球和引脚与 PCB 板连接的封装元件，并且支持通用的热阻模型。

Network Assembly 智能元件适用于任何形式的热阻模型，但需要通过创建 Network Node 来创建热阻模型的几何体。

在进行封装元件的详细热特性参数仿真时可以采用封装元件详细模型。

在使用任何封装元件热阻模型时，都要注意封装元件热阻测试环境与实际应用环境是否一致。

在 Simulation Model\Chapter 4 文件夹中包含了 Package_Demo 仿真模型。

4.2 PCB

PCB 是 Printed Circuit Board 的首字母缩写，中文名称为印制电路板，有时也称为印刷电路板或印刷线路板。PCB 是电子设备中非常重要的部件，它是各类电子元件的载体，并且使各类电子元件进行电气连接。

4.2.1 背景

根据 PCB 内部导电层的数目，可以将 PCB 分为单层板、双层板和多层板。PCB 的主要构成为绝缘基材和导电材料，如图 4-15 所示。其中绝缘基材多采用 FR4，导电材料多采用铜。对于双层板或多层板而言，在导电层之间会采用过孔进行连接。

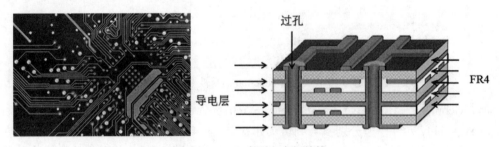

图 4-15　PCB 表面和内部结构

4.2.2 PCB 智能元件

如图 4-16 所示，PCB 板特性设置主要分为尺寸和建模形式设置，其中 Length Xo、Width Yo 和 Thickness Zo 设置项确定了 PCB 的几何尺寸。

Modeling Level 选项中可以设置 PCB 是否具有热传导特性。如图 4-17 所示，对于 Non-Conducting 的 PCB 而言，它没有 Thickness（Zo）特性，即 PCB 的厚度为 0。

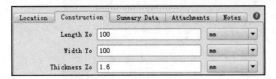

图 4-16　PCB 特性设置

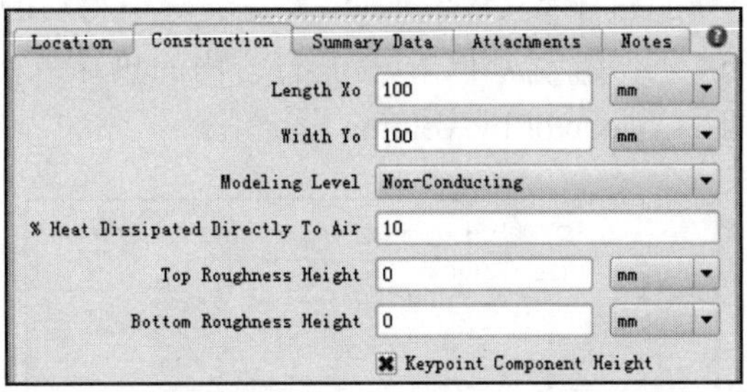

图 4-17　Non-Conducting PCB 设置对话框

　　% Heat Dissipated Directly To Air 选项设置了元件热功耗在 PCB 板两侧的比例。如果% Heat Dissipated Directly To Air 的值为 60，则 60%的元件热功耗进入到元件所在 PCB 一侧的空气中，其余 40%的元件热功耗进入到 PCB 的另一侧。

　　Top Roughness Height 选项中需要设置 PCB 顶面的平均粗糙高度，此参数用于计算由于元件所引起的表面摩擦影响。通过 Summary Data 特性页中的 Top Mean High 和 Top % Coverage 参数可以计算 PCB 顶面上的元件高度，计算公式如下：

$$\text{Component High} = \frac{100 \times \text{Top Mean High}}{\text{Top \% Coverage}} \qquad (4\text{-}1)$$

　　如图 4-18 所示，根据元件高度和平均速度预估 PCB 顶面或底面的粗糙高度，平均速度是指 PCB 槽位中的流体平均速度。

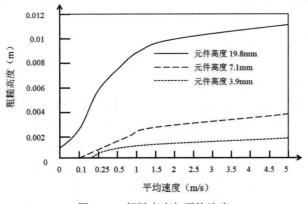

图 4-18　粗糙高度与平均速度

　　如图 4-19 所示，对于 Conducting 的 PCB 而言，可以通过其 Material Composition 确定 PCB 的热特性。

　　%Conductor by Volume 选项中需要设置导电材料所占 PCB 的体积，软件根据导电材料与绝缘材料的体积和热导率计算 PCB 板在平面方向和垂直方向的热导率，计算公式如下：

$$K_{plane} = \left(\frac{A}{100} \times K_{cond}\right) + \left(1 - \frac{A}{100}\right) \times K_{die} \qquad (4\text{-}2)$$

$$\frac{1}{K_{normal}} = \frac{\dfrac{A}{100}}{K_{cond}} + \frac{\left(1 - \dfrac{A}{100}\right)}{K_{die}} \qquad (4\text{-}3)$$

K_{plane}：PCB 在平面方向的热导率（W/(mK)）；K_{cond}：导电材料的热导率（W/(mK)）；K_{die}：绝缘材料的热导率（W/(mK)）；K_{normal}：PCB 在垂直方向的热导率（W/(mK)）；A：导电材料占 PCB 的体积百分比，即%Conductor by Volume 设定值。

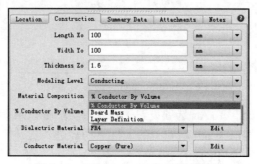

图 4-19　Conducting PCB 设置对话框

Board Mass 选项中需要设置 PCB 的质量。根据 PCB 的体积、选择的导电材料和绝缘材料，通过式（4-4）至式（4-6）计算导电材料和绝缘材料的体积：

$$\rho_{PCB} = \frac{(\rho_{cond} \times Vol_{cond}) + (\rho_{die} \times Vol_{die})}{Vol_{PCB}} \qquad (4\text{-}4)$$

$$M_{PCB} = \rho_{PCB} \times Vol_{PCB} \qquad (4\text{-}5)$$

$$Vol_{PCB} = Vol_{die} \times Vol_{cond} \qquad (4\text{-}6)$$

ρ_{PCB}：PCB 的密度（kg/m³）；ρ_{cond}：导电材料的密度（kg/m³）；Vol_{cond}：导电材料的体积（m³）；ρ_{die}：绝缘材料的密度（kg/m³）；Vol_{die}：绝缘材料的体积（m³）；M_{PCB}：PCB 的质量（kg）；Vol_{PCB}：PCB 的体积（m³）。

在计算得到导电材料的体积之后，可以基于 % Conductor by Volume 的方法计算 PCB 在各个方向的热导率。

如图 4-20 所示，通过 Layer Definition 可以定义 PCB 的导电层。其中 Number of Conducting Layers 是 PCB 板导电层的层数，Define Conducting Layer 确定了当前设置的导电层，Layer Thickness 用于设置当前导电层的厚度，%Layer Coverage 用于设置当前导电层的覆盖率。

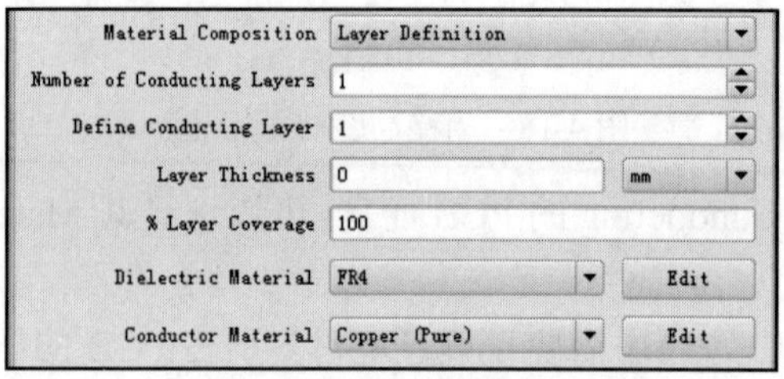

图 4-20　PCB 导电层定义

Summary Data 特性页中罗列了 PCB 的特性参数，如图 4-21 所示。其中 Total Power 是 PCB 所被赋予热功耗的总和，Top Mean Height 是 PCB 顶面元件的平均高度，Bottom Mean Height 是 PCB 底面元件的平均高度，Top % Coverage 是 PCB 顶面元件所占 PCB 顶面的百分比，Bottom % Coverage 是 PCB 底面元件所占 PCB 底面的百分比，In Plane Conductivity 确定了 PCB 在平面方向的热导率，Normal Conductivity 确定了 PCB 在垂直方向的热导率。

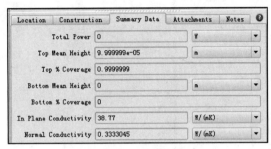

图 4-21　PCB 特性概括

4.2.3　过孔简化

为了实现 PCB 内部导电层的连接和提高 PCB 垂直方向的热导率，通常会在 PCB 中创建一些孔，并且通过化学方式使用材料铜进行填充，形成一定的铜环柱，如图 4-22 所示。

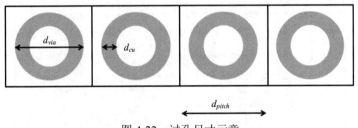

图 4-22　过孔尺寸示意

这些过孔提高了 PCB 在垂直方向的热导率，通过一些几何数据和数学公式可以计算过孔所在区域的等效热导率。假设过孔中心充满空气，则过孔所在区域沿 PCB 垂直方向的热导率计算公式如下：

$$K_{normal} = K_{cu} \times \frac{\pi\left(\dfrac{d_{via}^2}{4} - \dfrac{(d_{via} - 2d_{cu})^2}{4}\right)}{d_{pitch}^2} \tag{4-7}$$

K_{normal}：过孔所在区域沿 PCB 垂直方向的热导率（W/(mK)）；K_{cu}：铜热导率（W/(mK)）；d_{via}：过孔外径（m）；d_{cu}：过孔壁厚度（m）；d_{pitch}：过孔之间的节距（m）。

过孔所在区域沿 PCB 平面方向的热导率可以采用 FR4 的热导率值，所以对于过孔所在的区域可以简化为一个热导率各向异性的 Cuboid。

4.2.4　PCB 在 FloEDA 中的处理

由于 PCB 内部信号层覆铜率较低，实际信号层各区域在平面方向的热导率差异较大，基于覆铜率计算的导电层平面方向热导率会错误地放大 PCB 板沿平面方向的热传导能力。如图 4-23 所示，通过 FloEDA 模块可以精确计算 PCB 导电层各区域的热导率值，从而使精确计算 PCB 的温度分布成为可能。

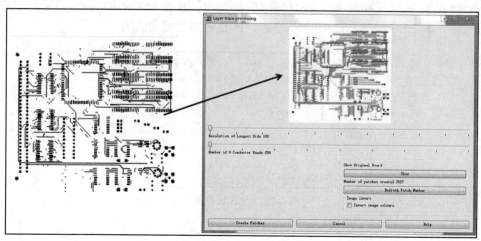

图 4-23　FloEDA 导电层处理窗口

如图 4-24 所示，Resolution of Longest Side 确定了沿 PCB 长边的分割数目。其值越大，导电层分割的块数越多，默认最大的长边分割数目为 100。

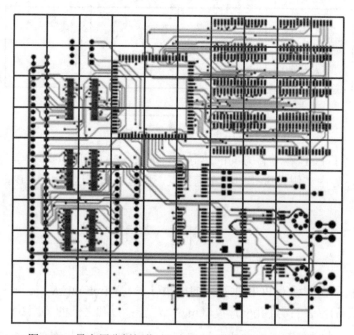

图 4-24　导电层分割细化（Resolution of Longest Side=10）

根据每一个分割小块内部的导电层分布和数量可以将分割小块确定为一个热导率各向异性的材料。

如图 4-25 所示为分割小块内导电层和绝缘基材 FR4 的分布。

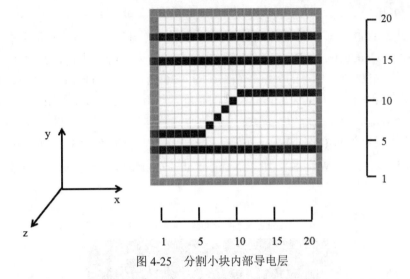

图 4-25 分割小块内部导电层

图 4-25 中分割小块在 PCB 垂直方向（图中的 z 方向）的热阻可以看作导电层和绝缘基材 FR4 的热阻并联，具体计算公式如下：

$$\frac{1}{R_{through-total}} = \frac{1}{R_{cond}} + \frac{1}{R_{die}} \tag{4-8}$$

$$K_{through} \times \frac{A_{xy}}{L_z} = K_{cond} \times \frac{A_{cond}}{L_z} + K_{die} \times \frac{A_{die}}{L_z} \tag{4-9}$$

$$K_{through} = K_{cond} \times \frac{A_{cond}}{A_{xy}} + K_{die} \times \frac{A_{die}}{A_{xy}} \tag{4-10}$$

$R_{through-total}$：分割小块 z 方向热阻（K/W）；R_{cond}：分割小块内导电层 z 方向热阻（K/W）；R_{die}：分割小块内绝缘基材 z 方向热阻（K/W）；$K_{through}$：分割小块 z 方向热导率（W/(mK)）；A_{xy}：分割小块 z 方向截面积（m²）；L_z：分割小块 z 方向长度（m）；K_{cond}：导电材料热导率（W/(mK)）；K_{die}：绝缘基材热导率（W/(mK)）；A_{cond}：导电层 z 方向截面积（m²）；A_{die}：绝缘基材 z 方向截面积（m²）。

分割小块在 PCB 平面方向（图中的 x 方向）的热导率可以通过下式进行计算：

$$R_{x-row} = \frac{N_x}{K_{die} \times A_{x-row}} + \frac{M_x}{K_{cond} \times A_{x-row}} \tag{4-11}$$

$$\frac{1}{R_{plane-total}} = \sum_{i=1}^{20} \frac{1}{R_{x-row}} \tag{4-12}$$

$$K_{x-plane} = \frac{L_x}{A_{yz} \times R_{plane-total}} \tag{4-13}$$

R_{x-row}：分割小块内第 x 行热阻（K/W）；N_x：第 x 行绝缘基材的像素点总长度（m）；M_x：第 x 行导电材料的像素点总长度（m），例如图 4-25 中 M_{10} 为一个像素长度；A_{x-row}：第 x 行在 x 方向的截面积（m²）；K_{die}：绝缘基材热导率（W/(mK)）；K_{cond}：导电材料热导率（W/(mK)）；$R_{plane-total}$：分割小块 x 方向热阻（K/W）；L_x：分割小块 x 方向长度（m）；A_{yz}：分割小块 x

方向截面积（m²）；$K_{x-plane}$：分割小块 x 方向热导率（W/(mK)）。

对分割小块在 PCB 平面方向（图中的 y 方向）的热导率计算方法与 x 方向热导率计算类似。

Number of % Conductor or Bans 控制了导电材料热导率的分割数目，其值在 1～256 之间变化，值越大，导电材料热导率的分割越精细。图 4-26 显示了 Number of % Conductor or Bans 为 33 时得到的热导率值。为了保证计算结果的精度，热导率的分布在左侧更密。根据之前计算每一小块的 $K_{through}$、$K_{x-plane}$ 和 $K_{y-plane}$ 值确认与其数值最接近的导电材料分割热导率。例如 $K_{through}$ 的计算值为 30W/(mK) 时，与其最接近的导电材料分割热导率值为 33W/(mK)，则此小块的 $K_{through}$ 值修正为 33W/(mK)。所以 Number of % Conductor or Bans 确定了分割小块的热导率计算精度。

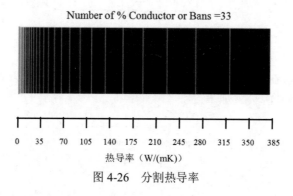

图 4-26　分割热导率

如果相邻分割块 K_x、K_y 和 K_z 三个方向的热导率相同，则这两个分割块会进行合并，以减少 PCB 中分割块的数目。

4.2.5　PCB 通过 FloEDA 模块建模应用实例

此实例分析自然对流冷却系统中 PCB 板内部导电层建模对于元件温度的影响。

打开 FloTHERM 软件，通过 Project→Import Project→Pack File 命令载入 Simulation Model\Chapter 4\Enclosure.pack 文件，如图 4-27 所示。

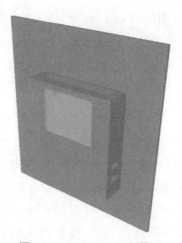

图 4-27　Enclosure 几何模型

通过 Window→Launch FloEDA Bridge 命令打开 FloEDA 模块。在 FloEDA 模块中，通过 File→Import→Import FloEDA 命令载入 Simulation Model\Chapter 4\PCB.floeda 文件，注意文件 PCB.floeda 所在的文件夹不得含有中文字符。在弹出的 Library Selector for Component Import 和 Component Filter Options 对话框中均单击 Cancel 按钮。

如图 4-28 所示对 PCB 的导电层进行处理：右击模型树中的 TOP 并选择 Process Layer，如图 4-29 所示在弹出的 Layer trace processing 对话框中将 Resolution of Longest Side 和 Number of % Conductor or Bans 分别设为 100 和 256，单击 Create Patches 按钮，在弹出的 Number of Projects 对话框中单击 No 按钮。

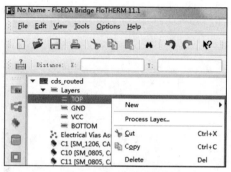

图 4-28　PCB 导电层选择

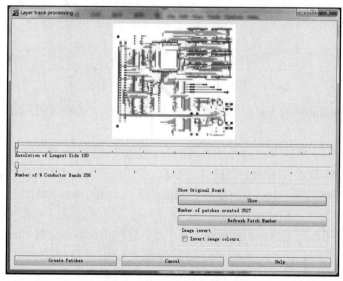

图 4-29　Top 导电层处理对话框

对于 GND、VCC 和 Bottom 层采用相同的方式进行处理，其中 Resolution of Longest Side 的值为 100，Number of % Conductor or Bans 的值为 256。

如图 4-30 所示，对于 U5 元件设置 3W 的热功耗。在元件模型树中选择 U5 元件，并在其 Power 中输入 3，按 Enter 键。

将 FloEDA 处理后的模型转换至 FloTHERM 中。单击 File→Transfer and Quit 命令，在弹出的 FloEDA Bridge 对话框中单击 No 按钮。

Reference Designator	U5	
Package Name	PLCC84	
Part Number	EPF8282A_LCC	
Power	3	W

图 4-30 U5 元件热功耗设置

在软件主界面中单击模型树中的 System Grid，如图 4-31 所示设置 System Grid 特性参数。

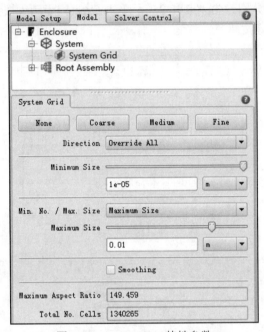

图 4-31 System Grid 特性参数

通过 Solve→Re-initialize and solve 命令进行求解计算，求解得到的元件 U5 监控点温度为 75.3℃。

表 4-2 所示为不同 PCB 导电层处理方式的 U5 监控点温度。项目 2 中软件不分割处理 PCB 的导电层，直接为 PCB 设置各向异性的热导率值，PCB 在平面方向的热导率被放大，所以求解的元件 U5 监控点温度为 72.9℃。由于环境温度为 35℃，项目 1 和项目 2 的温升误差为 6.4%，说明 PCB 内部导电层分割细化可以得到更为精确的仿真结果。项目 4 和项目 5 在处理导电层 Top 和 Bottom 时采用不同的 Resolution of Longest Side 和 Number of % Conductor or Bans 参数值，但元件 U5 监控点温度几乎相同，说明覆铜率较低的导电层在进行分割细化处理时 Resolution of Longest Side 和 Number of % Conductor or Bans 的取值可以在滑动条的中间区域附近。对比项目 1 和项目 5，只是导电层 GND、VCC 的处理方式不同，元件 U5 监控点温升误差在 3%。项目 3、6 和 7 只是导电层 GND、VCC 的处理精度不同。其中项目 3 和 6 的 Number of % Conductor or Bans 值分别为 65 和 256，但 U5 监控点温度几乎相同，说明覆铜率较高的导电层 GND、VCC 在进行分割细化处理时 Number of % Conductor or Bans 的取值可以在滑动条的中间区域附近。项目 3 和 7 的 Resolution of Longest Side 分别为 30 和 100，U5 监控点温升误差在 5.8%。项目 1 和 7 在处理高覆铜率的导电层 GND 和 VCC 时，对于 Resolution of Longest Side 取最大参数值，两个项目的 U5 监控点温度相同，说明高覆铜率的导电层在进行分割细化

时 Resolution of Longest Side 的取值精度对于元件温度非常重要。当然，低覆铜率和高覆铜率导电层的分割细化精度还取决于 PCB 的导电材料在 PCB 内的分布。若条件允许，可以进行导电层 Resolution of Longest Side 和 Number of % Conductor or Bans 取值参数化研究。

表 4-2　不同 PCB 导电层处理方式的 U5 监控点温度

项目	导电层 Top、Bottom	导电层 GND、VCC	温度（℃）
1	Resolution of Longest Side=100	Resolution of Longest Side=100	75.3
	Number of % Conductor or Bans=256	Number of % Conductor or Bans=256	
2	不进行分割处理	不进行分割处理	72.9
	不进行分割处理	不进行分割处理	
3	Resolution of Longest Side=30	Resolution of Longest Side=30	77.8
	Number of % Conductor or Bans=65	Number of % Conductor or Bans=65	
4	Resolution of Longest Side=30	不进行分割处理	74.2
	Number of % Conductor or Bans=65	不进行分割处理	
5	Resolution of Longest Side= 100	不进行分割处理	74.0
	Number of % Conductor or Bans=256	不进行分割处理	
6	Resolution of Longest Side=30	Resolution of Longest Side=30	77.6
	Number of % Conductor or Bans=65	Number of % Conductor or Bans=256	
7	Resolution of Longest Side=30	Resolution of Longest Side=100	75.4
	Number of % Conductor or Bans=65	Number of % Conductor or Bans=65	

4.2.6　小结

PCB 板主要由绝缘基材 FR4、导电材料铜和内部过孔构成。从 PCB 整体角度出发，其可视作热导率各向异性的材料。

在 PCB 不作为元件主要散热途径的应用，即某些强迫对流冷却的系统中，可以采用 FloTHERM 中的 PCB 智能元件进行建模，将 PCB 创建为一热导率各向异性的材料。

在重要和高热功耗元件的下方，用于提升 PCB 垂直方向热导率的过孔可以采用等效块的方式进行处理。

在 PCB 作为主要散热途径的应用，即自然对流冷却的系统中，且 PCB 上具有很多表贴元件时，可以采用 FloEDA 模块处理 PCB 内部的导电层。其中，信号层等低覆铜率的导电层在进行分割细化时，Resolution of Longest Side 和 Number of % Conductor or Bans 可以取滑动条中间区域值；对于地层等高覆铜率的导电层在进行分割细化时，Number of % Conductor or Bans 可以取滑动条中间区域值，Resolution of Longest Side 建议取最大值。如果对求解精度要求不是太高，也可以对高覆铜率的导电层不进行分割细化。

PCB 的导电层分割细化精度也取决于 PCB 内部导电层的结构，如果有需要也可以进行导电层 Resolution of Longest Side 和 Number of % Conductor or Bans 取值参数化研究。

4.3 散热器

4.3.1 背景

散热器是一个热量交换的部件，可以更高效地将发热元件的热量散至周围环境或热沉中。如图 4-32 所示，对于一个安装在 PCB 表面的元件而言，其内部热量主要通过热传导方式进入至 PCB 和元件上表面，之后通过对流换热和热辐射进入到周围环境中。由于元件上表面的面积远小于 PCB 表面积，通过元件上表面散失的热量相对较少。在元件上表面安装散热器之后，元件上方的散热面积得到扩展，更多的热量通过热传导方式进入元件上表面，之后再经由散热器进入到周围环境中。

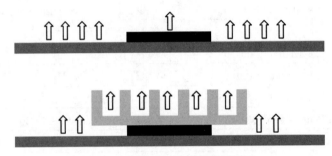

图 4-32 散热器对元件散热的影响

1. 散热器的性能

散热器的性能可以通过散热器热阻 R_{HS} 表示，计算公式如下：

$$R_{HS} = \frac{T_{max} - T_A}{P} \tag{4-14}$$

T_{max}：散热器最高温度（℃）；T_A：环境温度（℃）；P：散热器的散热量（W）。

散热器温度定义如图 4-33 所示。

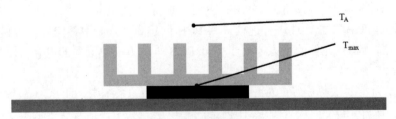

图 4-33 散热器温度定义

在强迫对流冷却的系统设备中，当流体流经散热器时会在散热器前后引起一定的压力损失，所以部分流体可能会从散热器的周围经过散热器，此现象称为流体旁通散热器，如图 4-34 所示。

当散热器的几何尺寸发生变化，例如增加翅片个数时，散热器的表面积 A 随之增加。对于流体旁通散热器，翅片增加至一定数量之后，翅片间的流体流速下降，相应地对流换热系数 h 减小。根据式（4-15）对流换热牛顿冷却定律，散热器表面积 A 的增加会使散热器的散热能力增加，但对流换热系数 h 的减小会使散热器的散热能力减弱。所以如图 4-35 所示，散热器的翅片个数具有一个最优值。

$$Q = h \times A \times (T_{HS} - T_A) \qquad (4\text{-}15)$$

Q：散热器的散热量（W）；h：对流换热系数（W/(m²K)）；A：散热器散热表面积（m²）；T_{HS}：散热器温度（℃）；T_A：环境温度（℃）。

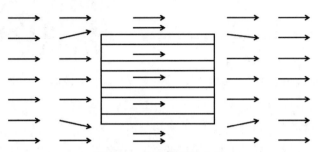

图 4-34　流体旁通散热器

如果散热器的体积和翅片个数不变，散热器翅片的厚度逐渐增加，翅片效率会相应提升，即散热器散热量得到提高。由于流体旁通散热器，翅片厚度增加至某个值之后，翅片间流体流速下降，相应地对流换热系数 h 减小。如图 4-36 所示为某款散热器体积不变的情况下散热器翅片厚度对散热量的影响，当翅片厚度为 0.08mm 时，其散热量可以达到最大值。

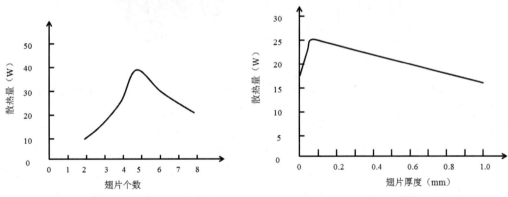

图 4-35　翅片个数对散热器性能的影响　　图 4-36　翅片厚度对散热器性能的影响

如果散热器的高度确定，散热器基板越厚，热量越易于在基板内扩散，但翅片的高度变小，散热器对流换热表面积减小。如图 4-37 所示为某散热器高度不变的情况下散热器基板对散热量的影响，当基板厚度为 1.5mm 时，其散热量可以达到最大值。

在自然对流冷却的系统中，散热器的基板、翅片数目和翅片厚度同样可以进行优化，从而获得最大的散热能力。

2. 散热器的类型

根据加工制造工艺的不同，散热器可以分为如下类型：铸造散热器、挤型散热器、接合散热器、挤锻压散热器、折叠工艺散热器和切削工艺散热器。

铸造（Casting）的制造方式是将熔化的金属加压至金属模具中以产生精确尺寸的散热器，如图 4-38 所示。铸造散热器的模具费用昂贵，适合大批量的散热器生产。

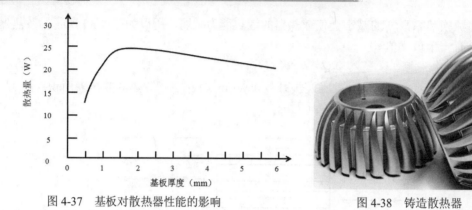

图 4-37 基板对散热器性能的影响　　　　图 4-38 铸造散热器

挤型（Extrusion）的制造方式是将材料在高压下强制流入模孔中成型，而使得固体转换为等截面的连续长条。挤型是散热器加工制造工艺中最广泛使用的方式，一般采用铝合金作为挤型材料。如图 4-39 所示，通常情况下挤型散热器的翅片高度 Z 与翅片间距 X 的比值不超过 15，最大比值不超过 20。

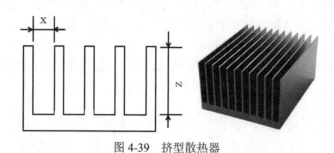

图 4-39 挤型散热器

接合（Bonding）的制造方式是将翅片插入至散热器基板的底部，利用接合剂将翅片和散热器基板进行连接。其中接合剂对于散热器的散热能力有很大影响，如果加工方式处理不当，可能会形成一定的接触热阻。主要的接合剂有导热胶、焊锡和铜焊。其中导热胶的热导率相比其他接合剂要低，相应热传导性能也会差，但价格便宜。焊锡的热导率约为 50W/(mK)，在采用焊锡作为接合剂时，需要对表面进行镀镍处理。铜焊方式直接将翅片与基板进行接合连接，具有更高的接合强度，表面无需镀镍处理。相比于挤型散热器，接合散热器可以在有限的空间内产生更多的散热表面积。如图 4-40 所示，接合散热器的翅片高度 Z 与翅片间距 X 的最大比值可以达到 60。

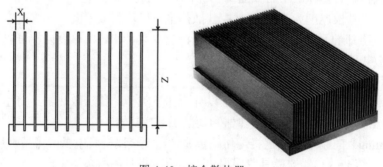

图 4-40 接合散热器

挤锻压（Swaging）工艺将插入基板的翅片通过机械加压的方式进行紧固。如图 4-41 所示，翅片和基板之间没有任何接合剂，两者之间存在接触热阻，接触热阻的大小取决于挤锻压的工艺。

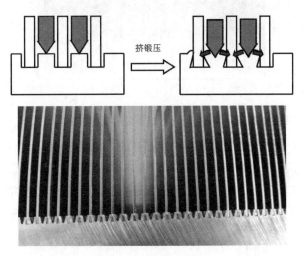

图 4-41 挤锻压散热器

折叠（Folding）工艺将金属片折叠成数个相连的翅片，通过焊锡或铜焊的方式将翅片与基板进行连接。如图 4-42 所示，与接合散热器类似，翅片和基板之间可能存在一定的接触热阻，其翅片高度 Z 一般情况下不超过 40mm，翅片高度 Z 与翅片间距 X 的最大比值可以达到 25。

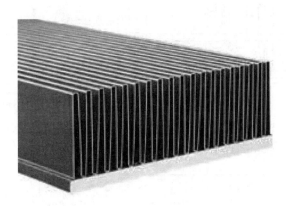

图 4-42 折叠工艺散热器

切削（Skiving）工艺采用特殊的刀具对金属块进行加工。如图 4-43 所示，由于翅片和基板属于同一材料，因此翅片与基板间不存在接触热阻，其翅片高度 Z 与翅片间距 X 的最大比值可以达到 25。

4.3.2 散热器智能元件

FloTHERM 中散热器智能元件支持快速创建肋片散热器和针肋散热器，但散热器的基板厚度及翅片高度需要一致，并且翅片只能在基板的一侧。对于更为复杂的散热器结构，需要采用 Cuboid 进行构建。

图 4-43 切削工艺散热器

表 4-3 所示为 FloTHERM 中散热器智能元件支持的散热器结构。

表 4-3 散热器智能元件支持的散热器结构

散热器结构	描述
	等截面翅片、锥形截面翅片
	挤型散热器、接合散热器
	翅片中间的缝隙
	右侧或左侧侧面翅片与基板边缘的距离
	侧面翅片与内部翅片不同尺寸
	侧面翅片具有安装支架

如图 4-44（a）所示，散热器智能元件的 Construction 特性页中设置了散热器基板尺寸、散热器翅片形式和翅片建模方式；如图 4-44（b）所示，Length Xo、Width Yo 和 Thickness Zo 分别为散热器基板的长、宽和高尺寸。

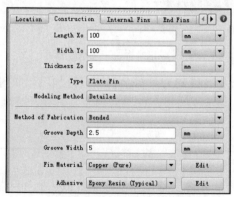

（a）散热器 Construction 特性页

图 4-44 散热器智能元件设置

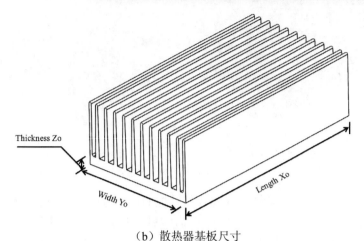

（b）散热器基板尺寸

图 4-44　散热器智能元件设置（续图）

Type 选项用于选择散热器的类型，Plate Fin 为肋片散热器，Pin Fin 为针肋散热器，如图 4-45 所示。

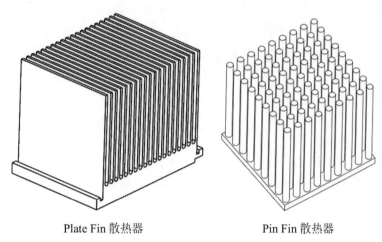

　　Plate Fin 散热器　　　　　　　Pin Fin 散热器

图 4-45　散热器的类型

Modeling Method 确定了散热器翅片的建模方式。如图 4-46 所示，Detailed Model 选项将创建翅片的几何模型，Compact Model 选项将翅片所在区域用体积阻尼和平面阻尼替代。采用体积阻尼模拟翅片引起的流体沿程阻力损失，采用平面阻尼模拟流体进出翅片时引起的局部压力损失。翅片的散热性能通过在基板上赋予的 Surface Exchange 特性体现。Compact Model 的优点是可以降低对计算资源的要求。

由于 Compact Model 采用体积阻尼替代散热器翅片，所以无法考虑翅片的辐射换热量。此外，Compact Model 散热器的散热能力基于充分发展管内流动经验公式，并不适合精确预测贴附至此散热器的元件结温。如果想通过 Compact Model 得到更为精确的仿真结果，可以通过建立数值风洞来获得散热器的流阻特性曲线和换热特性曲线，然后将相关数据输入至体积阻尼和 Surface Exchanger 特性中。所以 Compact Model 一般只应用在强迫冷却系统且关注系统级速度场和温度场的应用中。

图 4-46　散热器翅片的建模方式

Method of Fabrication 确定了散热器翅片与基板的连接方式，从而由软件计算翅片与基板之间的热阻值。Extruded/Cast 表明散热器采用挤压或铸造加工工艺，翅片与基板之间不存在任何的接触热阻；Bonded 表明翅片被焊接至基板的翅片沟槽中。如图 4-47 所示，Groove Depth 是基板沟槽的深度，Groove Width 是基板沟槽的宽度。Fin Material 是翅片的材料，Adhesive 是焊接剂的材料。

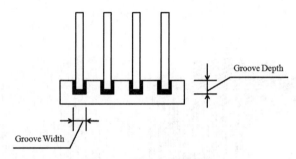

图 4-47　翅片与基板焊接

实际情况中翅片与基板之间的接触热阻值取决于翅片在沟槽中的位置、焊接剂的材料、翅片与焊接剂的接触热阻、焊接剂与沟槽的接触热阻等。如图 4-48 所示，软件在处理翅片与基板的热阻时，直接在两者之间加入一个 Solid-to-Solid 的表面热阻。这一表面热阻基于如下假设：翅片位于沟槽中间，翅片侧面与焊接剂之间没有接触热阻，焊接剂与沟槽侧面之间没有接触热阻，翅片底面与沟槽底面之间存在无限大的接触热阻，因此翅片侧面与基板的接触热阻计算公式如下：

$$R_{contact} = \left(\frac{\delta}{kA}\right)^{fin\ side} \tag{4-16}$$

$R_{contact}$：翅片侧面与基板的接触热阻（K/W）；δ：翅片周围焊接剂的厚度（mm）；k：焊接剂的热导率（W/(mK)）；A：翅片与焊剂的接触面积（m^2）。

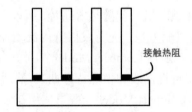

图 4-48　翅片与基板之间的接触热阻

如图 4-49 所示，Internal Fins 特性页中确定了翅片的尺寸、数量和类型。Number of Internal Fins 设置了散热器内部的翅片数目，Fin Height 设置了内部翅片的高度，Center Gap 为中间翅片之间的距离，High Side Fin Insert 和 Low Side Fin Insert 确定了翅片与散热器边缘的距离。

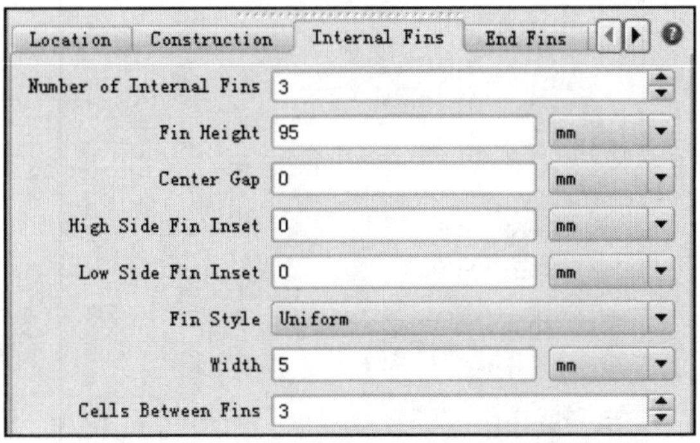

图 4-49　Internal Fins 特性页

Fin Style 中的 Uniform 选项确定了翅片根部和端部的尺寸是否一致。如果翅片的根部和端部尺寸不一致，则需要采用 Full Taper 选项，并且在 Base Width 中输入翅片根部的尺寸，在 Tip Width 中输入翅片端部的尺寸。如图 4-50 所示，软件在处理 Full Taper 翅片时会将其简化为 Uniform 翅片。Uniform 的 Width 值等于(Tip Width + Base Width)/2。

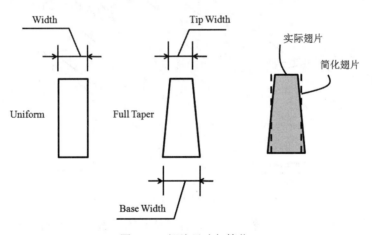

图 4-50　翅片尺寸与简化

Number of Cells between Fins 确定了相邻翅片之间的网格数目。一般情况下，可以将此参数设为 3。如果需要精确计算散热器引起的流体压力损失，可以将此参数设为 5。

如图 4-51 所示，End Fins 特性页用于设置散热器两侧翅片的特性。Left Offset 是散热器左侧翅片与基板左侧的距离，Right Offset 是散热器右侧翅片与基板右侧的距离，在 End Fin Style 中勾选 As Internal 可以将侧面翅片的尺寸设为与内部翅片相同，勾选 Left Fin Non-Standard 和 Right Fin Non-Standard 之后可以定义散热器左侧和右侧翅片的尺寸和类型。Fin Height 为翅片的高度，Fin Style 确定了翅片根部和端部的尺寸是否一致，Width 确定了翅片的宽度。图 4-52 所示为 Plate Fin 散热器所对应的散热器智能元件中的设置项。

图 4-51 End Fins 特性页

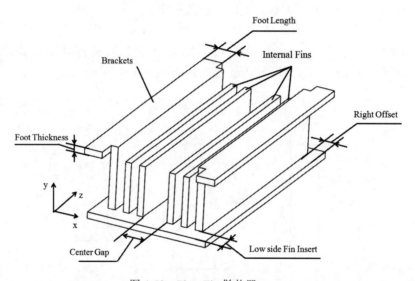

图 4-52 Plate Fin 散热器

如图 4-53 所示，Pin Geometry 特性页中设置了针肋翅片的几何尺寸。Pin Shape 确定了针肋的截面形式，Pin Style 确定了翅片根部和端部的尺寸是否一致。如图 4-54 所示，Base Length 和 Base Width 是翅片根部的长宽尺寸，Tip Width 是翅片端部宽度，Pin Height 是针肋翅片的高度。

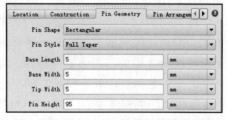

图 4-53 Rectangular 针肋翅片特性设置

如果针肋的截面为圆形，则 Pin Shape 选项设置为 Circular，如图 4-55 所示。Pin Style 确定了翅片根部和端部的尺寸是否一致。Base Diameter 是翅片根部的直径，Tip Diameter 是翅片端部的直径，Pin Height 为针肋翅片的高度。在 Modeling Level 中确定圆柱体近似的表面数目，效果如图 4-56 所示。

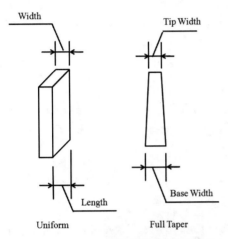

图 4-54　Rectangular 针肋翅片尺寸示意

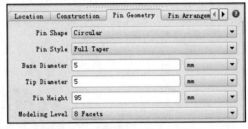

图 4-55　Circular 截面针肋翅片特性设置

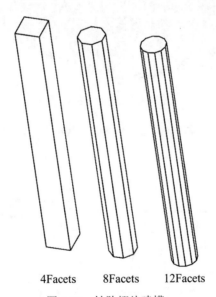

图 4-56　针肋翅片建模

如图 4-57 所示，Pin Arrangement 特性页中设置了针肋翅片的布置形式。In Line 表示针肋翅片的布置方式为顺排，Staggered 表示针肋翅片的布置方式为叉排；Pin in Xo Direction 和 Pin in Yo Direction 确定了针肋翅片在 X 和 Y 方向上的数目；Xo Center Gap 为 X 方向中间翅片的距离，Yo Center Gap 为 Y 方向中间翅片的距离；Number of Cells Between Pins 确定了相邻针肋翅片之间的网格数目，一般情况下可以将此参数设为 3，如果需要精确计算散热器引起的流体压力损失，则可以将此参数设为 5。

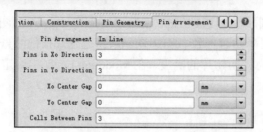

图 4-57 Pin Arrangement 特性页

4.3.3 散热器智能元件应用实例

如图 4-58 所示为某款铝挤型散热器，其基板的长宽高尺寸为 290mm×154mm×12mm。内部翅片数目为 10，翅片高度为 69.8mm，翅片端部宽度为 3.5mm，翅片根部宽度为 6mm，右侧翅片有一个 95mm×53mm 的方孔。

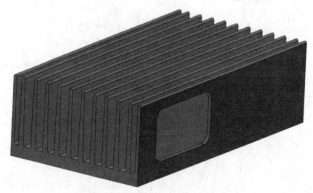

图 4-58 铝挤型散热器外形

如图 4-59 所示设置散热器智能元件的 Construction 特性，如图 4-60 所示设置散热器智能元件的 Internal Fins 特性。

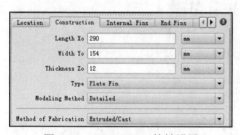

图 4-59 Construction 特性设置

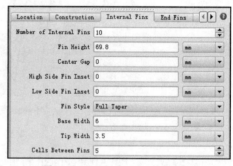

图 4-60 Internal Fins 特性设置

在软件主界面的模型树中选择之前建立的散热器模型，通过 Geometry→Decompose 命令将散热器进行分解，如图 4-61 所示。

如图 4-62 所示，在散热器右侧翅片上创建尺寸为 95mm×53mm 的方孔，并且赋予铝合金 6061 材料属性，同时通过 Visual Editor 后处理模块进行表面颜色渲染。

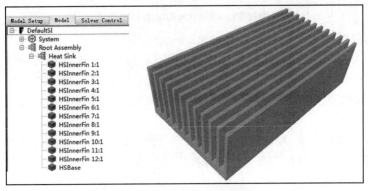

图 4-61　散热器分解模型

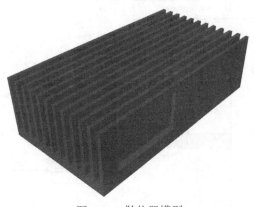

图 4-62　散热器模型

4.3.4　小结

散热器的性能可以通过改变翅片数目、翅片厚度和基板厚度等几何参数进行优化。

挤型散热器的翅片高度与厚度比存在极限值，所以在有限的空间内散热器的表面积有一定限制。

相比于挤型散热器，接合散热器和挤锻压散热器可以在相同的空间内产生 2～3 倍的散热表面积，但翅片与基板之间的接合工艺会对散热器性能产生重要影响。

只有在强迫对流冷却系统的系统级分析时可以采用 Compact Model 对散热器进行建模。Compact Model 所耗费的计算资源更少，但其计算结果精度要低于 Detailed Model。

无论采用 Plate Fin 还是 Pin Fin，建议将翅片间网格数目设为 3。如果需要精确考虑散热器翅片引起的流体压力损失，可以将翅片间网格数目设为 5。

4.4　导热界面材料

4.4.1　背景

由于物体表面存在一定的粗糙度，任意两个物体接触在一起，在其接触面处都存在一定的空气间隙，由此产生的热阻称为接触热阻。当有大的热流通过这些接触面时，会在接触面的两侧形成较大的温度梯度。

电子设备中元件与散热器的结合、元件与外壳的结合、PCB 与外壳的结合都面临着接触热阻的问题。目前比较通用的方法是采用导热界面材料来对接触面进行填充，将空气排挤出接触面，从而降低接触热阻值。导热界面材料在强化传热的同时，某些材料也具有绝缘和粘结等特性。

热导率是评估导热界面材料热性能的非常重要的指标，其主要测量方式有热流法、激光闪射法等。一般导热界面材料厂商会采用标准[7]进行测量，图 4-63 所示为其测试原理。

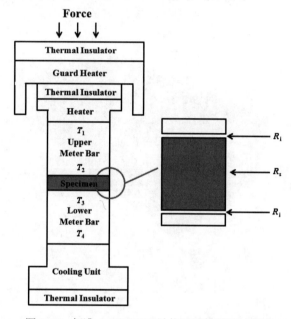

图 4-63　标准 ASTM5470 导热界面材料测试原理

通过式（4-17）至式（4-19）可以计算通过导热界面材料的热量。

$$Q_{12} = \frac{\lambda_{12} \times A}{d_A} \times [T_1 - T_2] \tag{4-17}$$

Q_{12}：通过上部金属块的热流量（W）；λ_{12}：上部金属块的热导率（W/(mK)）；A：热流流通截面面积（m²）；T_1：上部金属块中的测点温度（℃）；T_2：上部金属块中的测点温度（℃）；d_A：T_1 和 T_2 测点之间的距离（m）。

$$Q_{34} = \frac{\lambda_{34} \times A}{d_C} \times [T_3 - T_4] \tag{4-18}$$

Q_{34}：通过下部金属块的热流量（W）；λ_{34}：下部金属块的热导率（W/(mK)）；T_3：下部金属块中的测点温度（℃）；T_4：下部金属块中的测点温度（℃）；d_C：T_3 和 T_4 测点之间的距离（m）。

$$Q = \frac{Q_{12} + Q_{34}}{2} \tag{4-19}$$

Q：通过测试样品的平均热流量（W）。

根据布置在金属块中的 T_1、T_2、T_3 和 T_4 四个温度测点，通过式（4-20）和式（4-21）推算出靠近测试样品两侧的温度 T_H 和 T_C。

$$T_H = T_2 - \frac{d_B}{d_A} \times [T_1 - T_2] \tag{4-20}$$

T_H：上部金属块与测试样品接触的表面温度（℃）；d_B：T_2 测点与测试样品的距离（m）。

$$T_C = T_3 + \frac{d_D}{d_C} \times [T_3 - T_4] \tag{4-21}$$

T_C：下部金属块与测试样品接触的表面温度（℃）；d_D：T_3 测点与测试样品的距离（m）。
根据式（4-22）和式（4-23）可以得到测试样品的热阻抗 R_θ。

$$R_\theta = \frac{A}{Q} \times [T_H - T_C] \tag{4-22}$$

R_θ：测试样品的热阻抗（m²K/W）。

如图 4-63 所示，测试样品的热阻抗 R_θ 由测试样品的单位面积热阻 R_s 和测试样品与金属块之间的单位面积接触热阻组成，即式（4-23）。

$$R_\theta = R_s + R_i \tag{4-23}$$

R_s：测试样品的单位面积热阻（m²K/W）；R_i：测试样品与金属块之间的单位面积接触热阻（m²K/W）。

由于测试样品的热导率计算只需要热阻 R_s，所以需要在测试样品的热阻抗 R_θ 中剔除热阻 R_i。如图 4-64 所示，对不同厚度的同一材料进行测试，并且将测试数据进行整理，其中横轴为测试样品的厚度，纵轴为测试样品的热阻抗，根据式（4-24），直线的斜率为测试样品的热导率，截距为测试样品与金属块的接触热阻值 R_i。

$$\lambda = \frac{Z}{R_s} \tag{4-24}$$

Z：测试样品的厚度（m）；λ：测试样品的热导率（W/(mK)）。

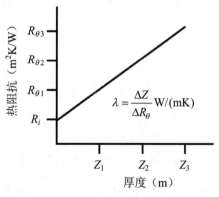

图 4-64　导热界面材料热导率和与测试仪器界面的接触热阻值

由于导热界面材料填充至两物体之间后同样会在导热界面材料和物体之间形成接触热阻，导热材料供应商会提供具体某种应用下的材料传热性能，如图 4-65 所示。对于某个具体的导热界面材料，其实际应用中的传热性能取决于物体表面的粗糙度、平整度和所受压力。

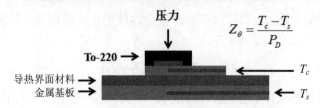

图 4-65　导热界面材料在实际应用中的传热性能

Z_θ：导热界面材料在实际应用中的热阻抗（m²K/W）；T_C：To-220 金属基板靠近导热界面材料且位于 To-220 Chip 中心的测点温度（℃）；T_s：金属基板中靠近导热界面材料且位于 To-220 Chip 中心的测点温度（℃）；P_D：To-220 Chip 的热功耗（W）。

4.4.2　导热界面材料在 FloTHERM 中的建模方法

1. Collapsed Cuboid

（1）如图 4-66 所示正确设置导热界面材料的长、宽和厚度尺寸，并且在导热界面材料厚度方向进行压缩（Collapse）。

（2）如图 4-67 所示设置导热界面材料的 Material 特性，如热导率、密度和比热。

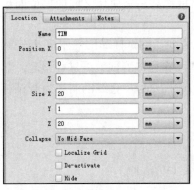

图 4-66　导热界面材料尺寸设置

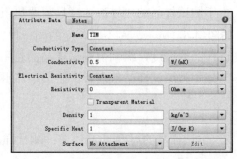

图 4-67　导热界面材料 Material 特性设置

由于 FloTHERM 软件中模型元件优先级的原因，导热界面材料的位置必须位于它所填充的物体之后，如图 4-68 所示。

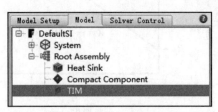

图 4-68　导热界面材料在模型树中的位置

2. Cuboid

（1）如图 4-69 所示正确设置导热界面材料的长、宽和厚度尺寸。

（2）如图 4-70 所示设置导热界面材料的 Material 特性，如热导率、密度和比热。如果之后进行的是瞬态分析，密度和比热参数必须准确设置。

图 4-69　导热界面材料尺寸设置

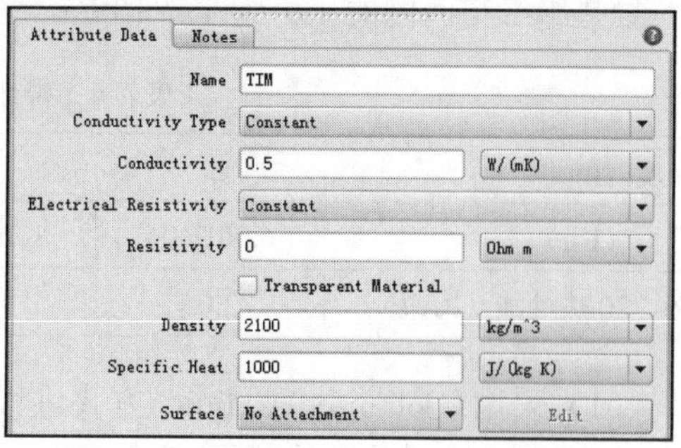

图 4-70　导热界面材料 Material 特性设置

对于 Cuboid 而言，它可以位于软件模型树中的任意位置。在对它进行网格划分时，确保导热界面材料厚度方向上至少有 3 个网格。

3. Surface 特性

在仿真分析中，可以将导热界面材料视为物体的表面热阻。如图 4-71 所示，选择任一接触物体的一个接触面，对其设置 $R_{surf\text{-}solid}$ Surface 特性。此方法在软件中的处理方式与 Collapsed Cuboid 方法相似。

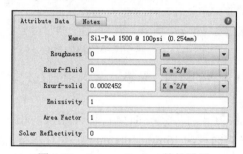

图 4-71　$R_{surf\text{-}solid}$ Surface 特性设置

4.4.3　导热界面材料应用实例

1. 导热绝缘垫

如图 4-72 所示，To-220 封装的 MOSFET 与散热器结合，两者之间采用导热绝缘垫。

图 4-72　To-220 封装元件与散热器

导热绝缘垫两侧的压力为 $1.7×10^5$ Pa，表 4-4 所示为导热绝缘垫材料的特性参数。

表 4-4 导热绝缘垫的特性参数

厚度（mm）	0.381				
压力（Pa）	6.90E+04	1.70E+05	3.40E+05	6.80E+05	1.36E+06
To-220 热性能（K/W）	2.05	1.94	1.86	1.79	1.72

（1）采用 Collapsed Cuboid 方式进行建模，由于 To-220 封装与散热器的接触面积为 15mm×10.16mm，导热绝缘垫厚度为 0.381mm，可以得到等效的热导率 1.29W/(mK)。如图 4-73 所示设置导热绝缘垫的特性参数。

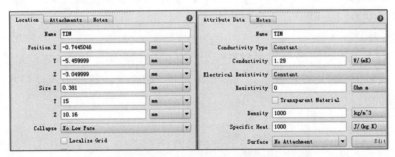

图 4-73 导热绝缘垫的特性参数

由于软件中模型元件优先级的原因，导热绝缘垫的位置必须位于它所填充的物体之后，如图 4-74 所示。

（2）采用 Surface 特性方式对导热界面材料进行建模。由于导热绝缘垫的热阻为 1.94（K/W），并且导热绝缘垫的面积为 15mm×10.16mm，经计算导热绝缘垫的单位面积热阻为 $2.96×10^{-4}$（Km²/W）。如图 4-75 所示设置 Surface 特性并赋予至散热器与 To-220 的接触面上。

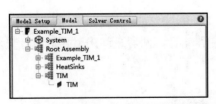
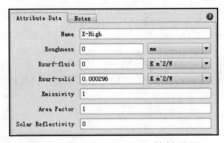

图 4-74 导热绝缘垫在模型树中的位置　　图 4-75 $R_{surf\text{-}solid}$ Surface 特性设置

采用 Collapsed Cuboid 和 Surface 特性导热绝缘垫建模方式所得到的仿真结果一致，实际软件内部对这两种建模方式采用同样的计算方法。如图 4-76 所示为 To-220 周围的温度和速度切面云图。

2. 导热垫片

在 To-220 封装元件与散热器之间使用了导热垫片，仿真分析 To-220 从开始工作到稳定工作的结点温度变化过程。如图 4-77 和图 4-78 所示分别采用 Collapsed Cuboid 和 Cuboid 方式对导热垫片进行建模并进行仿真计算。

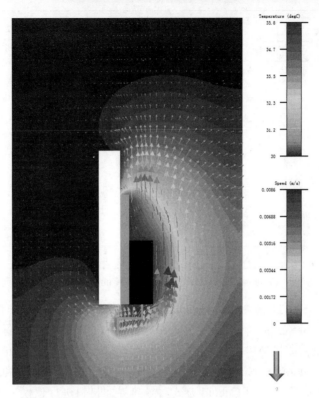

图 4-76　温度和速度切面云图

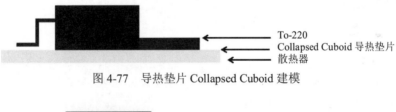

图 4-77　导热垫片 Collapsed Cuboid 建模

图 4-78　导热垫片 Cuboid 建模

由于 Collapsed Cuboid 建模方式无法体现导热垫片的热容特性，在元件开始工作的前 20s 内两种建模方式所得到的元件结点温度变化曲线不同，如图 4-79 所示。因为采用 Collapsed Cuboid 建模的系统热容相对要小，所以元件温度上升更快。

4.4.4　小结

导热界面材料在实际应用中的传热性能取决于其热导率、厚度、柔软性、物体表面粗糙度、平整度和所受压力等因素。根据 ASTM 5470 测试标准得到的热导率无法精确预估导热界面材料的实际传热性能。一些真实应用场合的热阻测试值更具有实用意义。

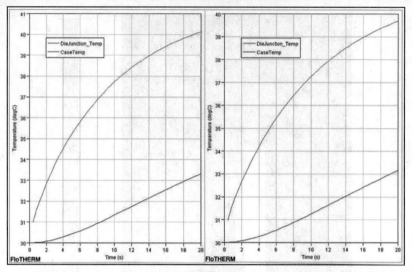

图 4-79　导热垫片 Collapsed Cuboid 建模（左）和 Cuboid 建模（右）的元件温升曲线

导热界面材料在 FloTHERM 中可以 Collapsed Cuboid、Cuboid 和 Surface 特性三种方式建模，Collapsed Cuboid 和 Surface 特性两种方式在软件中的处理方法相同。采用 Collapsed Cuboid 方式进行建模时，注意在模型树中导热界面材料应位于其填充界面物体的下方。

由于 Collapsed Cuboid 和 Surface 特性两种建模方式无法考虑导热界面材料的热容特性，所以在进行瞬态分析时需要采用 Cuboid 方式对导热界面材料进行建模。

4.5　热电制冷器

4.5.1　背景

热电制冷器（如图 4-80 所示）的英文名称为 Thermoelectric Cooler，缩写为 TEC。其利用半导体材料的帕尔贴效应进行制冷或加热。

图 4-80　热电制冷器

1. 热电制冷的基本原理

（1）帕尔贴效应。

1834 年帕尔贴发现当一块 N 型半导体（电子型）和一块 P 型半导体（空穴型）连接成电偶对并在串联的闭合回路中通以直流电流时，在其两端的结点将分别产生吸热和放热现象，如图 4-81 所示，所以人们将这一现象称为帕尔贴效应。

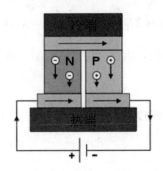

图 4-81　帕尔贴效应原理图

电偶对在结点处的吸热和放热量取决于半导体的性能和电流的大小。根据帕尔贴效应，在电偶臂结点处吸收的热量为：

$$Q_C = \pi I \tag{4-25}$$

Q_C：热电制冷器冷端吸热量（W）；π：帕尔贴系数（V）；I：热电制冷器工作电流（A）。

$$\pi = (\alpha_P - \alpha_N)T_C \tag{4-26}$$

α_P：P 型半导体温差电动势（V/℃）；α_N：N 型半导体温差电动势（V/℃）；T_C：热电制冷器冷端温度（℃）。

（2）塞贝克效应。

1821 年塞贝克发现，在用两种不同导体相互连接而形成的回路中，若在其两端的接头处维持某一温差，则将在回路中产生电动势。电动势的大小与温差成正比，即：

$$dE_s = \pm\alpha' dT \tag{4-27}$$

α'：材料的塞贝克系数（V/℃）；T：材料温度（℃）。

帕尔贴系数 π 与塞贝克系数 α' 之间存在以下关系：

$$\pi = \alpha' T \tag{4-28}$$

（3）焦耳加热效应。

当电流流过导体时，由于电阻的存在，必将产生热量。热量的多少与电流的平方和电阻值的乘积成正比，即：

$$Q_J = I^2 R' \tag{4-29}$$

Q_J：焦耳发热量（W）；R'：材料的电阻（Ω）。

（4）热传导效应。

在热电制冷系统中，由于在热电制冷器的冷热端存在温差，因此热端的一部分热量会通过热传导的方式进入到冷端，具体公式如下：

$$Q_F = \frac{\lambda' A}{l}\Delta T \tag{4-30}$$

Q_F：热电制冷器热端至冷端的传热量（W）；λ'：材料的热导率（W/(mK)）；A：材料的横截面积（m²）；l：材料的长度（m）。

2. 热电制冷器的性能

由于在热电制冷器内部存在焦耳加热和热传导现象，所以具有 N 个电偶对的热电制冷器冷端的净吸热量为：

$$Q_C = 2N\left(\alpha IT_C - \frac{1}{2}I^2R - K\Delta T\right) \tag{4-31}$$

N：电偶对个数；K：单个电偶的热导（W/℃）；α：单个电偶的塞贝克系数（V/℃）。

$$K = \frac{\lambda A_x}{L} \tag{4-32}$$

λ：单个电偶的热导率（W/(mK)）；L：单个电偶的长度（m）；A_x：单个电偶的截面积（m^2）。

$$R = \frac{\rho L}{A_x} \tag{4-33}$$

R：单个电偶的电阻（Ω）；ρ：单个电偶的电阻率（Ω·m）。

为了驱动热电制冷器正常工作，外电路所提供的电压应等于电偶对中的塞贝克电压及电阻上的电压降之和，即：

$$V = 2N(\alpha'(T_h - T_c) + IR) = 2N(\alpha'\Delta T + IR) \tag{4-34}$$

V：热电制冷器两端电压降（V）；T_h：热电制冷器热端温度（℃）。

热电制冷器的输入电功率为：

$$Q_{in} = VI \tag{4-35}$$

所以热电制冷器热端的散热量为：

$$Q_h = Q_{in} + Q_c \tag{4-36}$$

4.5.2　FloTHERM 中的热电制冷器建模

1. FloTHERM Webparts 热电制冷器在线生成工具

Webparts 是一个智能元件在线生成工具（http://webparts.mentor.com/flotherm/support/supp/webparts/tec/），输入热电制冷器相关参数即可获得其简化模型。具体几何参数如图 4-82 所示，热电制冷器模型结构如图 4-83 所示。

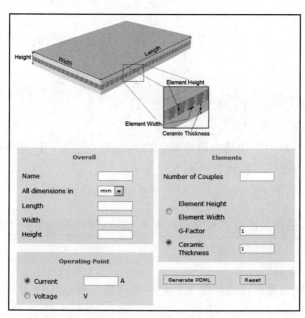

图 4-82　Webparts 在线热电制冷器创建页面

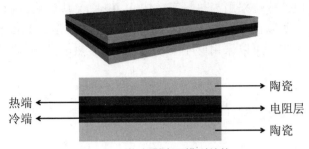

图 4-83 热电制冷器模型结构

其中 G-Factor 为电偶的横截面积与厚度比，Ceramic Thickness 为陶瓷层的厚度。

电阻层主要体现热电制冷器内部的焦耳加热效应和热传导效应[8]。热电制冷器的焦耳发热量计算公式如下：

$$Q_j = 2N \cdot I^2 \cdot \rho \cdot (H/A_x) \tag{4-37}$$

H：热电制冷 Webparts 中的电偶高度 Element Height（m）；ρ：单个电偶的电阻率（$\Omega \cdot m$）。

由于热电制冷器模型中电阻层采用一个块进行建模，其截面尺寸与热电制冷器相同，其厚度 Y 为 1/3 Element Height（H），其等效电阻率可以通过下式进行计算：

$$Q_j = 2N \cdot I^2 \cdot \rho \cdot (H/A_x) = I^2 \cdot \rho_{FT} \cdot (Y/(X \cdot Z)) \tag{4-38}$$

ρ_{FT}：热电制冷器模型中的电阻层等效电阻（Ω）；Y：热电制冷器模型中的电阻层厚度（m）；X：热电制冷器模型中的电阻层长度（m）；Z：热电制冷器模型中的电阻层宽度（m）。

$$\rho_{FT} = 2N \cdot (H/A_x) \cdot ((X \cdot Z)/Y) \cdot \rho \tag{4-39}$$

同样由于热电制冷器模型中电阻层采用块进行建模，实际的电偶对截面积之和要小于电阻层的截面积，所以也需要计算电阻层的等效热导率。

由于电阻层的材料为半导体碲化铋，其电阻率 ρ_{FT} 和热导率 λ 随温度变化明显，因此在电阻层材料属性中将这两个参数设为随温度变化，如图 4-84 所示。

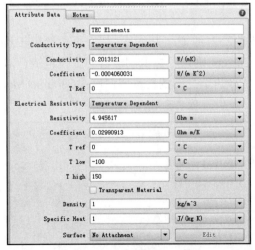

图 4-84 电阻层材料特性设置

冷端的横截面尺寸与热电制冷器相同，其厚度为 1/3 Element Height（H），热电制冷器的吸热效应通过其实现。冷端采用高热导率（500W/(mK)）块建模，由于热电制冷器的吸热量随冷端的温度变化，所以在冷端采用 Source 模拟吸热源。由于 Source 中无法建立吸热量随温度平方变化的关系式，所以采用两个 Source 来描述热电制冷器吸热量随温度变化的关系，具体公式如下：

$$Q_c = -2 \cdot N \cdot \alpha \cdot I \cdot (T_c + 273.15) \tag{4-40}$$

α：单个电偶的塞贝克系数（V/℃），其中 α 在-50℃～50℃范围内基本呈线性，故采用下式：

$$\alpha = MT_c + B \tag{4-41}$$

M、B：α 随温度变化系数。

$$Q_c = -2 \cdot N \cdot (MT_c + B) \cdot I \cdot (T_c + 273.15) \tag{4-42}$$

由于 FloTHERM 中 Source 无法建立吸热量对温度平方变化的关系式，故对上式进行泰勒级数展开并对二次项进行截断，如下式：

$$Q \sim 2 \cdot N \cdot I(273.15) \cdot B + 2 \cdot N \cdot I \cdot (273.15M + B) \cdot T_c \tag{4-43}$$

故 TEC 仿真模型中冷端吸热建模如下：

Source 1：Total Source：$-2 \cdot N \cdot I(273.15) \cdot B$（W）

Source 2：Linear Source：Coefficient $= 2 \cdot N \cdot I(273.15M + B)/\forall$（W/(Km^3)）

Value =0.0（℃）

$\forall$：Source 体积（m^3）。

热端建模与冷端类似，仅 Source 符号不同：

Source 1：Total Source：$2 \cdot N \cdot I(273.15) \cdot B$（W）

Source 2：Linear Source：Coefficient $= -2 \cdot N \cdot I(273.15M + B)/\forall$（W/(Km^3)）

Value =0.0（℃）

陶瓷层截面尺寸与 TEC 相同，其厚度为 1/2 Ceramic Thickness（H），材料为氧化铝。

2. FloTHERM 中的热电制冷器（TEC）智能元件

热电制冷器智能元件是 FloTHERM 软件中自带的简化模型，具有设置方法简单、设置参数易于获取的特点。

如图 4-85 所示，热电制冷器的 Construction 特性页主要用于设置热电制冷器的结构尺寸和工作参数。Operational Current 确定了热电制冷器的工作电流，对热电制冷器的热仿真至关重要；Ceramic Thickness 是冷热端之间的绝缘层厚度；Ceramic Material 是冷热端之间绝缘层的材料。

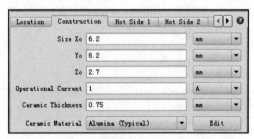

图 4-85　热电制冷器的 Construction 特性页

如图 4-86 所示，根据热电制冷器规格说明书中的数据设置不同热端温度下的 Q_{max}、ΔT_m、

I_M 和 V_M 值。Q_{max} 是冷端最大吸热量，ΔT_m 是冷热端最大温差，I_M 是热电制冷器的最大工作电流，V_{max} 是热电制冷器的最大工作电压。

图 4-86 热电制冷器的 Hot Side 1 特性页

4.5.3 热电制冷器的特性参数

一般热电制冷器供应商会提供两种不同热端温度 T_h 下的 Q_{max}、ΔT_{max}、I_{max} 和 V_{max} 值，根据如下关系可以得到相关公式：

Q_{max} 是冷端的最大吸热量，当 $I = I_{max}$ 和 $\Delta T = 0$ 时，$Q_c = Q_{max}$。

ΔT_{max} 是 TEC 两端的最大温差，当 $I = I_{max}$ 和 $Q_c = 0$ 时，$\Delta T = \Delta T_{max}$。

I_{max} 是 TEC 的最大电流，当 $\Delta T = \Delta T_{max}$ 时，$I = I_{max}$。

V_{max} 是 TEC 的最大电压，当 $\Delta T = \Delta T_{max}$ 时，$V = V_{max}$。

$$R'' = \frac{Q_{max}}{I_{max}^2} \frac{2(T_{hot} - \Delta T_{max})}{T_{hot} + \Delta T_{max}} \tag{4-44}$$

R''：N 个电偶对等效电阻（Ω）。

$$\alpha'' = \frac{I_{max} R''}{T_{hot} - \Delta T_{max}} \tag{4-45}$$

α''：N 个电偶对等效塞贝克系数（V/℃）。

$$K'' = \frac{\alpha I_{max}(T_{hot} - \Delta T_{max})}{2\Delta T_{max}} \tag{4-46}$$

K''：N 个电偶对等效热导（W/℃）。

$$R'' = NR = N\frac{\rho L}{A_x} \tag{4-47}$$

$$\alpha'' = N\alpha \tag{4-48}$$

$$K'' = NK = N\frac{\lambda A_x}{L} \tag{4-49}$$

由于具有两组不同的 T_{hot} 值，因此可以得到两组 R''、α''、K''，并假设这些值随温度线性变化，可以得到热电制冷器在某一温度下 R''、α''、K'' 的值。

如果热电制冷器供应商只提供一组 T_{hot} 的数据，则在热电制冷器智能元件中将数据重复两次输入。

4.5.4 FloTHERM 中热电制冷器应用实例

1. 热电制冷器智能元件建模实例

如图 4-87 所示为某款热电制冷器的说明书，直接采用软件中的热电制冷器智能元件进行建模。

Th = 25°C				Th = 125°C				Th = 200°C					Dimensions (mm)			
Qmax[1] (Watts)	Imax (Amps)	Vmax (Volts)	ΔTmax (°C)	Qmax (Watts)	Imax (Amps)	Vmax (Volts)	ΔTmax (°C)	Qmax (Watts)	Imax (Amps)	Vmax (Volts)	ΔTmax (°C)	N	A	B	C	D[2]
1.5	1.2	2.1	64	1.79	1.2	2.9	91	1.77	1.1	3.2	90	18	6	6.2	7.2	2.7

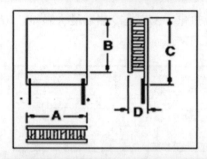

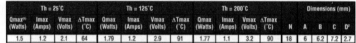

图 4-87　某 TEC 的性能和尺寸信息

如图 4-88 所示设置热电制冷器 Construction 特性页中的参数值。

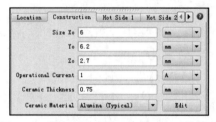

图 4-88　热电制冷器的 Construction 特性页

如图 4-89 所示设置热电制冷器 Hot Side 1 和 Hot Side 2 特性页中的参数值。

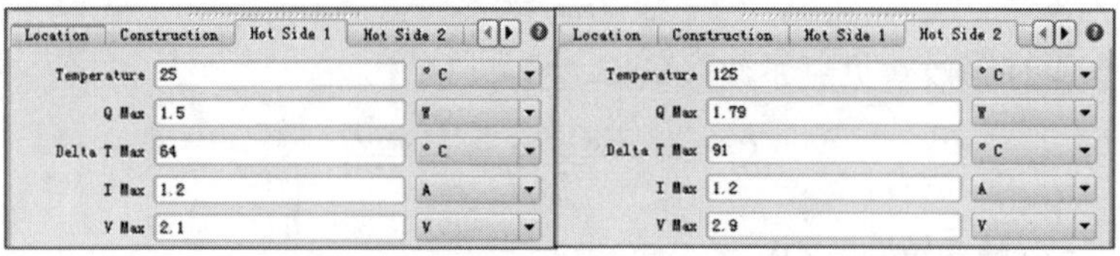

图 4-89　热电制冷器的 Hot Side 1 和 Hot Side 2 特性页

假设热电制冷器的冷端被贴附至一个 1W 的元件表面，热端被贴附至 50℃恒温的冷板，环境温度为 35℃，则图 4-90 所示为热电制冷器仿真结果。

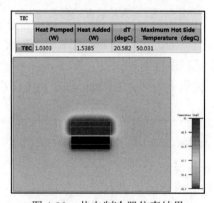

图 4-90　热电制冷器仿真结果

2. Webparts 热电制冷器建模实例

某款热电制冷器的物理特性如表 4-5 所示，通过 Webparts 热电制冷器在线生成工具进行建模，如图 4-91 所示设置热电制冷器的参数。

表 4-5　热电制冷器的物理特性

特性	取值
Length	25 mm
Width	25 mm
Height	3.1 mm
Number of Couples	127
Element Height	1.27 mm
Element Width	0.8 mm
Current	1 A

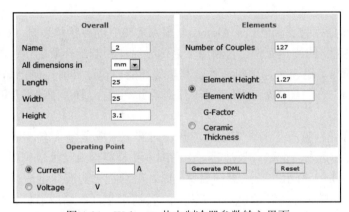

图 4-91　Webparts 热电制冷器参数输入界面

假设热电制冷器的冷端被贴附至一个 8W 的元件表面，热端被贴附至 50℃恒温的冷板，环境温度为 35℃，则图 4-92 所示为热电制冷器仿真结果。

图 4-92　热电制冷器仿真结果

4.5.5 小结

FloTHERM 中热电制冷器智能元件的参数设置简单,而且设置参数均在热电制冷器规格说明书中罗列。如果热电制冷器供应商只提供一组 T_{hot} 的数据,则在热电制冷器智能元件 Hot side temperature 1 和 Hot side temperature 2 中重复输入这组数据。

Webparts 热电制冷器建模基于热电制冷器的几何尺寸信息。在没有热电制冷器性能数据的情况下,可以依据热电制冷器各部分的尺寸信息进行建模。

热电制冷器单个电偶的塞贝克系数 α、电阻率 ρ 和热导率 λ 是确定热电制冷器性能的重要参数。热电制冷器智能元件会依据热电制冷器的性能参数反推这 3 个系数;Webparts 热电制冷器则基于其内部电偶对使用 Bismuth Telluride 材料,由此确定这 3 个系数。

4.6 热管

4.6.1 背景

1963 年美国洛斯阿拉莫斯(Los Alamos)国家实验室的乔治格罗佛(George Grover)发明了一种称为"热管"的传热元件。它利用了热传导原理和制冷介质的快速热传递性质,通过热管将发热物体的热量迅速传递至热源外,其热传导能力超过目前任何已知的金属。

热管的定义为,在封闭的管壳中充以工作介质并利用介质的相变吸热和放热进行热交换的高效换热元件。

热管一般由管壳、吸液芯和端盖组成。热管内部被抽成负压状态,充入适当的液体,这种液体沸点低,容易蒸发。管壁有吸液芯,由毛细多孔材料构成。热管一端为蒸发端,另外一端为冷凝端。如图 4-93 所示,当热管一端受热时,毛细管中的液体迅速蒸发,蒸汽在微小的压力差下流向另外一端,并且释放出热量;蒸汽在冷凝端重新凝结成液体,液体依靠毛细力作用再沿多孔材料流回蒸发端;热量由热管蒸发端传递至冷凝端。这种循环是快速进行的,热量可以被源源不断地从一端传导至另一端。关于热管的详细内容可以参考参考文献[9]。

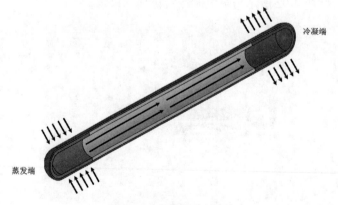

图 4-93 热管传热过程

打扁和折弯等机械加工工艺会降低热管的性能,其有效热阻会相应地增大,而最大传热能力会下降。表 4-6 所示为某长度为 150mm 的热管在不同机械工艺加工后的性能，测试环境为：蒸发端长度 15mm，冷凝端长度 60mm，热管水平放置，热管工作温度 70℃。图 4-94 所示为热管加工工艺示意图。

表 4-6　热管加工后的性能

热管加工工艺	结构尺寸	热阻 R（W/℃）	最大传热能力（W）
未机械加工	R_1=3mm	0.02～0.03	65
打扁	W=4.9，H=2.5	0.03～0.05	40
打扁、折弯	R_2=18mm，θ=90°	0.03～0.1	30

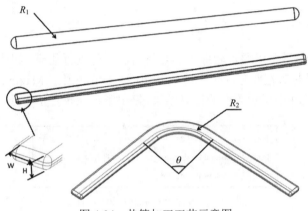

图 4-94　热管加工工艺示意图

热管经过机械加工后，其在实际工作中的性能还取决于热管安装倾斜角度和工作温度的影响。如图 4-95 所示是长度为 305mm 的不同直径热管在工作温度 100℃时在不同安装倾斜角度下的传热量，其蒸发端和冷凝端长度均为 76.2mm。

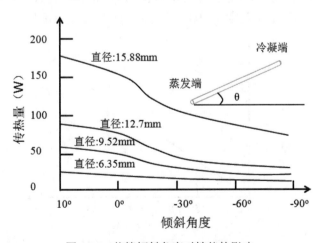

图 4-95　热管倾斜角度对性能的影响

如图 4-96 所示是长度为 305mm 水平放置的不同直径热管在不同工作温度下的传热量，其蒸发端和冷凝端长度均为 76.2mm。

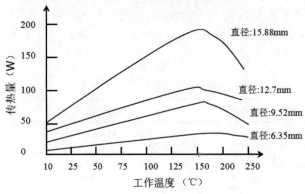

图 4-96 热管工作温度与传热量的关系

4.6.2 热管智能元件

热管模型的性能参数可以通过软件中的热管智能元件进行建模。如图 4-97 所示，Effective Thermal Resistance 是热管在实际应用中冷端和热端之间的热阻；Maximum Heat Flow 是热管的最大传热量，此参数并不影响软件的计算结果，仅用于判断热管是否处于正常工作范围之内。

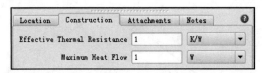

图 4-97 热管的 Construction 特性页

热管模型的几何形体可以通过软件中的 Network Cuboid 建立。

4.6.3 热管智能元件应用实例

如图 4-98 所示为某直径 12.7mm、长 305mm 的热管的传热特性，测试条件为：热管的安装倾斜角度为 90°，热管工作温度为 100℃，蒸发端和冷凝端长度均为 76.2mm。

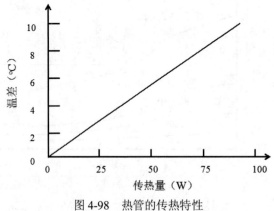

图 4-98 热管的传热特性

如果实际的热管工作温度和安装倾斜角度与测试条件相一致，蒸发端和冷凝端的长度也与测试条件相同，则可以通过式（4-50）计算热管的热阻 R：

$$R = \frac{\Delta T}{P} = \frac{10℃}{92W} = 0.109℃/W \tag{4-50}$$

如图 4-99 所示设置热管智能元件的 Construction 特性页。

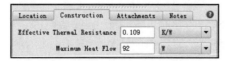

图 4-99　热管的 Construction 特性页

热管的几何形体可以通过 Network Cuboid 建立。由于 Network Cuboid 是立方体，如图 4-100 所示，其表面积应与热管实际表面积相同。其计算公式如下：

$$2 \times (W + H) = \pi \times d \tag{4-51}$$

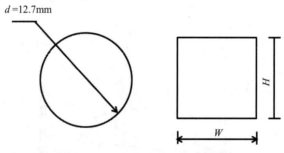

图 4-100　Network Cuboid 示意图

在进行圆形截面热管建模时，还需要注意其与散热器或芯片的接触面积。采用立方体 Network Cuboid 建模时，要保证与散热器或芯片的接触面积不变。如果热管和散热器通过焊锡进行连接，可以对 Network Cuboid 设置 Surface 特性，将焊锡的热阻影响通过 $R_{surf\text{-}solid}$ 参数值体现。

4.6.4　小结

热管在进行折弯和打扁机械加工后，其最大传热量会有所下降，热阻会有所上升。

热管的工作温度和安装倾斜角度会影响热管的传热性能。在采用热管说明书中的性能参数值时，要关注热管测试环境是否与应用环境相一致。

热管智能元件中的 Maximum Heat Flow 参数不会对仿真结果产生影响。

圆形截面热管在采用 Network Cuboid 进行建模时，应保证两者的表面积相一致，同时也要保证 Network Cuboid 与热管连接物体的接触面积不变。

热管表面焊锡的作用可以通过 Surface 特性中的 $R_{surf\text{-}solid}$ 体现。

4.7　风扇

4.7.1　背景

当电子设备通过自然对流冷却无法满足设备的温度要求时，可以采用风扇进行强迫冷却。

根据风扇的出风方向，一般风扇可以分为轴流风扇、离心风扇和混流风扇。轴流风扇的叶片旋转轴与气流流动方向平行；离心风扇的气流从旋转轴的平行方向流进，从旋转轴的径向方向流出；混流风扇介于轴流风扇和离心风扇之间，其进出风方向呈一定斜向角度，有时也称斜流风扇。

1. 轴流风扇

轴流风扇的特点是风量大、风压低，适用于服务器电源、个人计算机等对风量要求高、系统压力损失相对较小的场合。轴流风扇的特性如下：

（1）风扇特性曲线。

如图 4-101 所示，轴流风扇特性曲线相对而言比较平坦，一般建议使轴流风扇的工作点处于特性曲线的右侧区域。在这一区域，轴流风扇的效率比较高，并且噪音相对较低。在轴流风扇特性曲线中间有一失速区。当风扇工作点位于这一区域时，风扇的噪音会比较大，并且风扇的工作状态可能会出现波动。

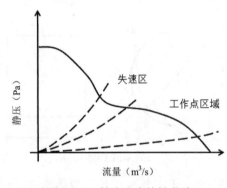

图 4-101　轴流风扇特性曲线

（2）风扇旋转出风。

如图 4-102 所示，由于风扇叶片的旋转工作和叶片的结构形式，轴流风扇的出风具有一定的旋转特性。其出风的流速可以分为切向速度和轴向速度。切向速度和轴向速度的比值会随着风扇工作点的变化而变化。在流量非常小的时候，两者的比值接近 1；当轴流风扇处于正常的工作点区域时，两者的比值在 0.7 左右；在风扇达到最大流量时，两者的比值接近 0.1。换言之，切向速度和轴向速度的比值随着风扇流量的增大而减小。参考文献[10]阐述了风扇旋转出风对系统的散热影响，通常情况下风扇的旋转出风效应应予以考虑。

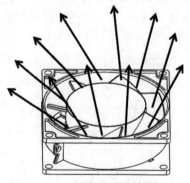

图 4-102　轴流风扇旋转出风

(3)风扇叶片旋转方向。

如图 4-103 所示,通常情况下风扇的外壳标识了风扇出风方向和叶片旋转方向。当有物体靠近轴流风扇出风口时,不同的叶片旋转方向会造成不同的速度场。在进行包含风扇的仿真分析时,必须准确设置风扇的旋转方向。

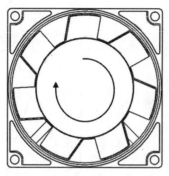

图 4-103　风扇叶片旋转方向

如图 4-104 所示为系统设备中不同风扇转向的空气流动迹线。当系统中存在更多元件时,不同风扇转向引起的流场差异将更为明显。

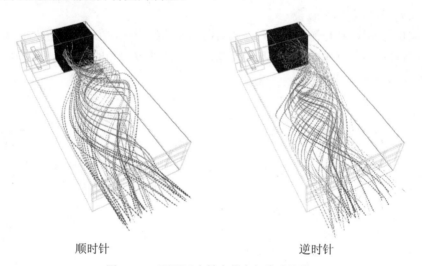

顺时针　　　　　　　　　　　　逆时针

图 4-104　不同风扇转向的空气流动迹线

(4)风扇不出风区域。

轴流风扇的出风区域仅限于叶片范围。对于尺寸为 40mm×40mm×28mm 的轴流风扇而言,其实际出风面积不足风扇出风方向截面积的 1/2。如图 4-105 所示,在风扇出风口区域,风扇的旋转轴(Hub)和边缘附近的空气流动较弱,当有元件靠近风扇的这个区域时可能无法得到很好的冷却。

2. 离心风扇

离心风扇的特点是风量小、风压高,适用于高阻抗的 IGBT 散热器模块和笔记本电脑等进出风方向垂直的场合。离心风扇可以分为前向叶片离心风扇和后向叶片离心风扇。前向叶片离心风扇必须带蜗壳。离心风扇的特性如下:

（1）风扇特性曲线。

如图 4-106 所示，离心风扇特性曲线相对而言比较陡峭，一般建议前向叶片离心风扇的工作点处于特性曲线的左侧区域。在这一区域，离心风扇的效率比较高，并且噪音相对较低。

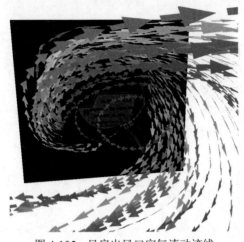
图 4-105　风扇出风口空气流动迹线

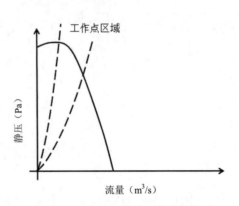
图 4-106　前向叶片离心风扇特性曲线

（2）风扇出风速度分布。

如图 4-107 所示，由于前向叶片离心风扇内部叶片的旋转，在其风扇出风面上具有一定的速度分布。当有物体靠近风扇出风口时，需要注意出风速度分布的影响。图 4-108 所示为后向叶片离心风扇的出风速度形式。

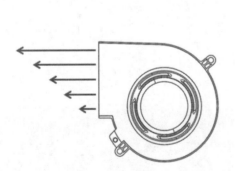
图 4-107　前向叶片离心风扇出风口速度分布

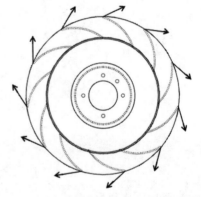
图 4-108　后向叶片离心风扇出风口速度分布

4.7.2　轴流风扇智能元件

如图 4-109 所示，通过轴流风扇智能元件可以设置风扇的结构和工作特性，Fan Type 确定了轴流风扇的结构形式。

如果 Fan Type 选项设置为 Axial，Hub Diameter、Outer Diameter 和 Fan Depth（Zo）分别用于确定轴流风扇的几何尺寸，如图 4-110 所示。通常情况下，风扇的产品说明书中会标识风扇的这些尺寸信息。

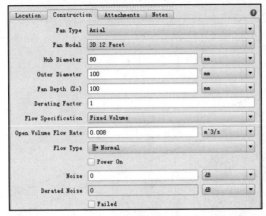

图 4-109 风扇设置对话框

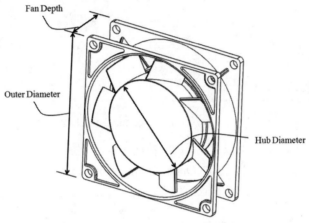

图 4-110 轴流风扇尺寸

Fan Model 确定了风扇的建模方式。除非在风扇附近有非常重要的元件，否则 3D 8Facets 的风扇建模形式已经足够，如图 4-111 所示。

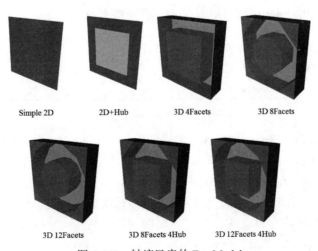

图 4-111 轴流风扇的 Fan Model

Fan Type 选项设置为 Rectangular 时，可以用于风扇盘的简化建模，并且可以使 Rectangular 与全局坐标轴成一定角度，如图 4-112 所示。

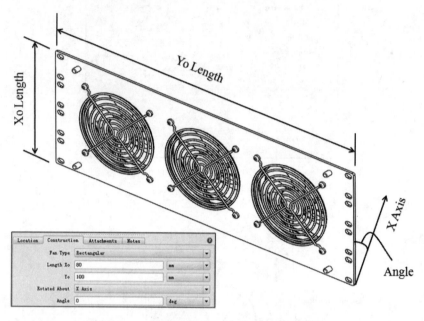

图 4-112　风扇盘基于 Rectangular 选项建模

通过 Flow Specification 选项可以设置风扇的特性曲线。如图 4-113 所示，当 Flow Specification 选项设置为 Fixed Volume 时，可以通过 Open Volume Flow Rate 设置流体流量值。

图 4-113　Fixed Volume 特性设置

如图 4-114 所示，Flow Specification 选项设置为 Linear Fan 时，可以通过 Open Volume Flow Rate 和 Pressure At Stagnation 设置风扇的最大流量和最大静压。

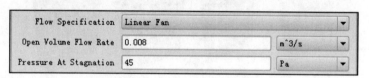

图 4-114　Linear Fan 特性设置

如图 4-115 所示，Flow Specification 选项设置为 Non-Linear Fan 时，除了通过 Open Volume Flow Rate 和 Pressure At Stagnation 设置风扇的最大流量和最大静压外，还要输入风扇特性曲线中的其他数据点。单击 Click To Edit 按钮，弹出 Fan Curve Chart 对话框，在其中设置风扇特性曲线的其他数据。由于软件计算的要求，风扇特性曲线必须具有单调性，所以当输入的特性曲线具有非单调性时软件会自动进行修正。如图 4-116 所示，风扇特性曲线的中间区域的 Modified Curve 替代了 Specified Curve。

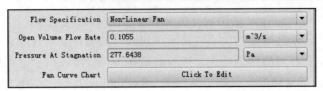

图 4-115 Non-Linear Fan 特性设置

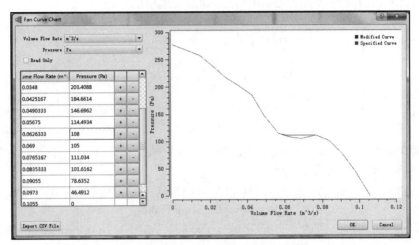

图 4-116 Fan Curve Chart 设置对话框

Flow Type 选项确定了风扇的出风方式，Normal 选项可以使风扇出风方向垂直于风扇出风面。如图 4-117 所示，通过 Angled 选项的 Flow Direction XoN、YoN 和 ZoN 设置参数，支持风扇出风与风扇出风面成一定角度。

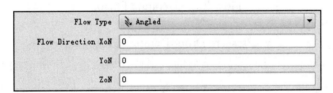

图 4-117 Angled 特性设置

如图 4-118 所示，风扇出风速度与 z 轴的夹角 $\theta = 40°$，则 ZoN 的值为 cos40°，YoN 的值为 sin40°。如果出风速度与 x 轴的夹角为 β，则 XoN 的值为 $\cos\beta$。

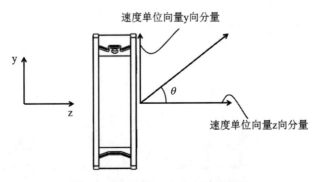

图 4-118 风扇 Angled 出风示意图

如图 4-119 所示，Flow Type 选项设置为 Swirl。由于轴流风扇叶片的轴向旋转，其出风具有一定的切向速度。其切向速度的大小取决于风扇叶片的转速，即风扇转速。Swirl Model 选项确定了切向速度是否与风扇转速相关。一般建议在 Swirl Model 选项中选择 Flow Dependent Speed，将风扇出风的切向速度与风扇转速相关。Swirl Direction 是风扇叶片的旋转方向，从风扇的出风面观察叶片旋转方向以确定 Direction 的设置。此外，风扇的叶片旋转方向也可以通过风扇外壳标识或叶片形状确定。Swirl Speed 确定了风扇的转速。

图 4-119　Swirl 特性设置

Derating Factor 设置了风扇转速的降额因子，其数值建议在 0～1 之间变化。风扇转速降额因子会影响风扇的出风流量和特性。

对于 Fixed Volume 而言，如果风扇转速进行了降额，则降额后的出风流量为：

$$\text{Flow Rate} \times \text{Derating Factor}$$

对于 Linear Fan 而言，如果风扇转速进行了降额，则降额后的 Open Volume Flow Rate 和 Pressure at Stagnation 为：

$$\text{Open Volume Flow Rate} \times \text{Derating Factor}$$
$$\text{Pressure at Stagnation} \times \text{Derating Factor}^2$$

对于 Non-Linear Fan 而言，如果风扇转速进行了降额，则风扇特性曲线中流量和对应的压降均发生变化。降额后的流量为：

$$\text{Flow Rate} \times \text{Derating Factor}$$

其对应的降额后的压降为：

$$\text{Pressure Drop} \times \text{Derating Factor}^2$$

如图 4-120 所示为某款风扇在降额前后的风扇特性曲线，其中降额因子为 0.8。

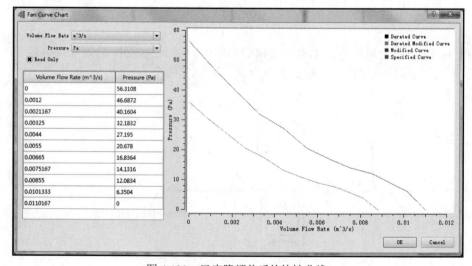

图 4-120　风扇降额前后的特性曲线

如图 4-121 所示，勾选 Power On 选项可以考虑风扇的热功耗；Power 选项设置了风扇的输入功率，如果设置了风扇转速的降额因子，则降额后的风扇输入功率为：

$$\text{Fan Power} \times \text{Derating Factor}^2$$

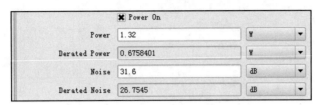

图 4-121　风扇的输入功率和噪音设置

风扇输入功率中的一部分转换为机械能，一部分转换为热量耗散进入空气。耗散进入空气的热量计算公式如下：

$$Q_{fan} = \text{Fan Power} \times (1 - \eta) \quad (4\text{-}52)$$

Q_{fan}：风扇输入功率中转换为热量的部分（W）；Fan Power：风扇的输入功率，如果设置了风扇转速的降额因子，则是风扇 Derated Power 参数值（W）；η：风扇效率，根据风扇工作点计算。

Fan Noise 选项中设定了风扇的最大噪音。如果设置了风扇转速的降额因子，则降额后的最大噪音计算公式如下：

$$\text{Derated Fan Noise} = \text{Fan Noise} - 50 + 50 \times \log(10 \times \text{Derating Factor}) \quad (4\text{-}53)$$

Failed 选项可以模拟风扇失效。如图 4-122 所示，勾选 Failed 选项时气流只能通过风扇叶片所在的位置。由于软件风扇模型不建立叶片几何形体，所以无法体现叶片对流动阻碍的影响。在实际应用中，可以通过风洞测试失效风扇的流阻特性曲线，然后用体积阻尼描述风扇的几何形体，体积阻尼的特性采用风扇的流阻特性曲线。

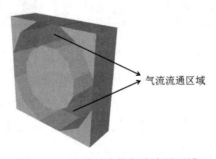

图 4-122　失效风扇的气流流通区域

4.7.3　前向叶片离心风扇模型

前向叶片离心风扇可以通过 Webparts 离心风扇在线生成工具（http://webparts.mentor.com/flotherm/support/supp/webparts/v6blower/）建立。

如图 4-123 所示为离心风扇在线生成页面，其中 Power Dissipation 为离心风扇的耗散热量，离心风扇参数设置可以参考图 4-124 所示。风扇特性曲线可以以 CSV 格式上传，也可以将离心风扇模型下载至本地计算机，导入至 FloTHERM 软件后在软件中进行设置或修改。

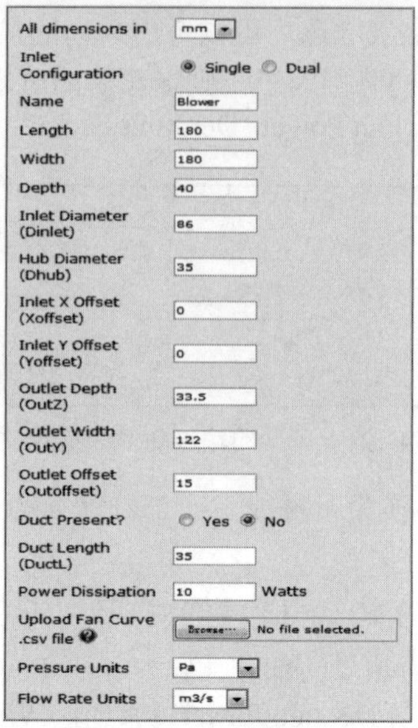

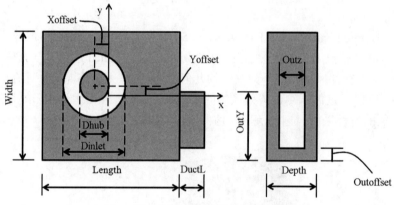

图 4-123　离心风扇参数设置页面

图 4-124　离心风扇设置参数示意图

离心风扇在出风面上具有速度分布，如图 4-125 所示，一般情况下建议采用 Sheared 选项。由于此速度分布也取决于风扇转速，因此建议采用 Flow Dependent 选项。

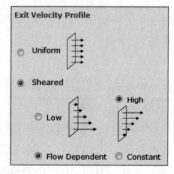

图 4-125　离心风扇出风特性设置

4.7.4 后向叶片离心风扇模型

如图 4-126 所示，后向叶片离心风扇可以没有蜗壳。如图 4-127 所示，通过轴流风扇的 Rectangular 可以建立其模型。

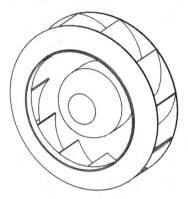

图 4-126 后向叶片离心风扇

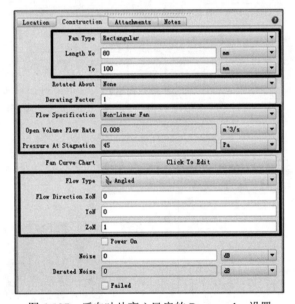

图 4-127 后向叶片离心风扇的 Rectangular 设置

（1）通过 Enclosure 智能元件建立离心风扇外壳。Enclosure 的厚度为离心风扇的出风面宽度，Enclosure 的长和宽是离心风扇外壳周长的 1/4。

（2）在 Enclosure 的进风面建立方孔，其面积与离心风扇进风孔面积相同。采用软件中的 Cylinder 元件建立离心风扇的 Hub。

（3）建立 4 个轴流风扇 Rectangular，其尺寸等于 Enclosure 的 4 个侧面。根据离心风扇的转速和叶片结构估计 Flow Type 中 Angled 的参数值。4 个 Rectangular 并联后的特性曲线与离心风扇相同。

（4）去除 Enclosure 中轴流风扇 Rectangular 所在的 4 个面。

4.7.5 轴流风扇建模实例

如图 4-128 所示为某款轴流风扇说明书，其中 Hub Diameter 的尺寸信息可以通过测量轴流风扇获取。从风扇进风面观察，叶片旋转方向为顺时针。FloTHERM 软件从风扇出风面观察叶片旋转方向，故 Direction 应设置为 Counter-Clockwise。如图 4-129 所示设置轴流风扇 Construction 特性参数，如图 4-130 所示为轴流风扇几何模型。

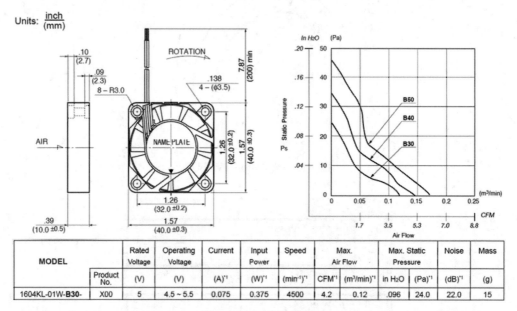

图 4-128　风扇说明书

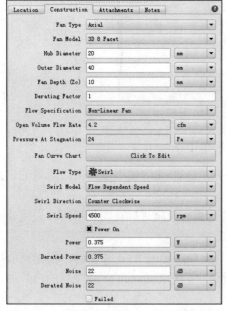

图 4-129　轴流风扇 Construction 特性参数

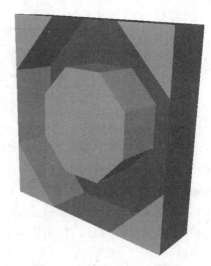

图 4-130　轴流风扇几何模型

4.7.6 前向叶片离心风扇建模实例

如图 4-131 所示为某款前向离心风扇说明书，其中 Hub Diameter、Inlet Xoffset 和 Inlet Yoffset 尺寸信息可以通过测量离心风扇获取。

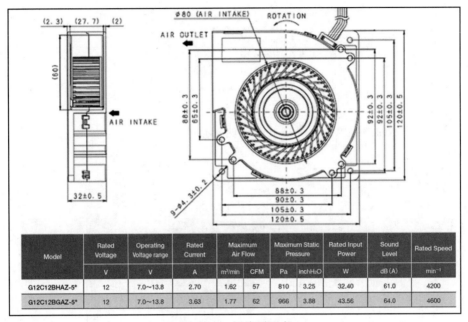

Model	Rated Voltage	Operating Voltage range	Rated Current	Maximum Air Flow		Maximum Static Pressure		Rated Input Power	Sound Level	Rated Speed
	V	V	A	m³/min	CFM	Pa	inchH₂O	W	dB(A)	min⁻¹
G12C12BHAZ-5*	12	7.0~13.8	2.70	1.62	57	810	3.25	32.40	61.0	4200
G12C12BGAZ-5*	12	7.0~13.8	3.63	1.77	62	966	3.88	43.56	64.0	4600

图 4-131　风扇说明书

如图 4-132 所示，在 Webparts 离心风扇在线生成页面中输入相关参数值并将离心风扇模型下载至本地计算机。

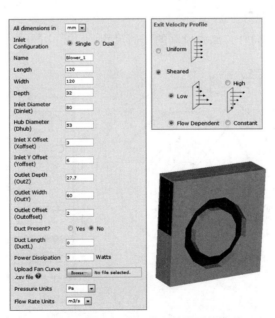

图 4-132　离心风扇相关参数设置与模型

将离心风扇模型载入到 FloTHERM 软件中，如图 4-133 所示设置离心风扇的出风特性。

图 4-133 离心风扇的出风特性

如图 4-134 所示为离心风扇出风口处的流速分布。

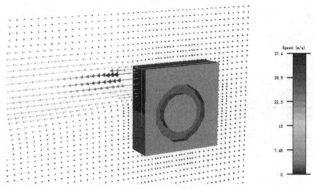

图 4-134 离心风扇出口流速

4.7.7 后向叶片离心风扇建模实例

如图 4-135 所示为后向叶片离心风扇的几何尺寸。

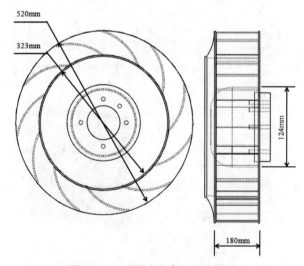

图 4-135 后向叶片离心风扇尺寸

（1）如图 4-136 所示建立一个 Enclosure，其厚度尺寸与离心风扇的出风面宽度相同，即 180mm；其长宽尺寸为 1/4 的离心风扇外径周长，即 408mm；在 Enclosure 的进风面建立方孔，其尺寸与离心风扇进风孔面积相同，即 81898mm^2。

图 4-136　后向叶片离心几何模型

（2）利用软件中的 Cylinder 元件在 Enclosure 中建立 Hub 几何模型。

（3）在 Enclosure 的出风面上建立 4 个 Rectangular，4 个 Rectangular 并联后的综合特性曲线与离心风扇相同。如图 4-137 所示为 Rectangular 特性曲线和离心风扇特性曲线。去除 Rectangular 所在的 4 个 Enclosure 面。

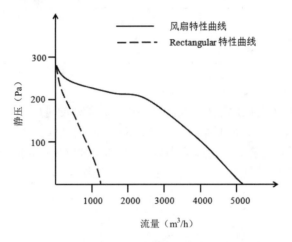

图 4-137　Rectangular 特性曲线和离心风扇特性曲线

（4）如图 4-138 所示设置 Rectangular 特性参数，其中 Angled 参数的设置根据离心风扇的转速和叶片形式进行估计。

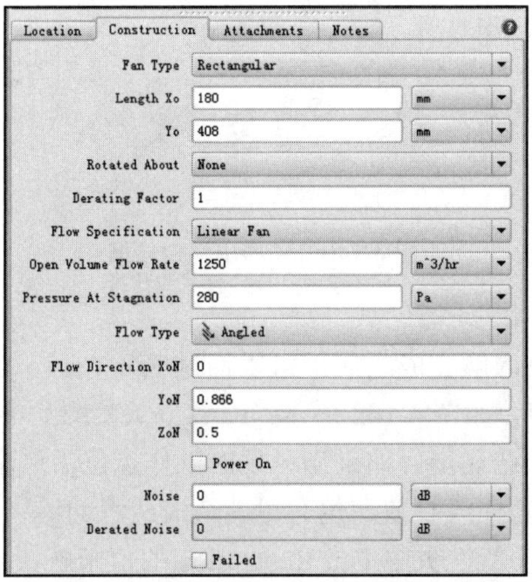

图 4-138　Rectangular 特性参数设置

如图 4-139 所示为后向叶片离心风扇模型。

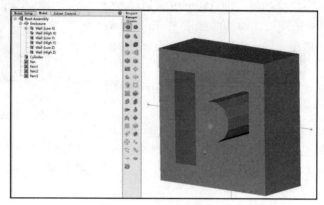

图 4-139　离心风扇模型

4.7.8　其他

1. 风扇进出口阻尼

如图 4-140 所示，为了防止物体进入到风扇内部，风扇的进出风口处经常会采用格栅。对于风扇出风口处的格栅，可以通过轴流风扇智能元件自身的阻尼特性进行建模，如图 4-141 所示。对于风扇进风口处的格栅，也可以采用软件中的阻尼特性元件进行建模。但由于阻尼特性元件的优先级低于风扇，所以阻尼元件不可以与风扇相接触。

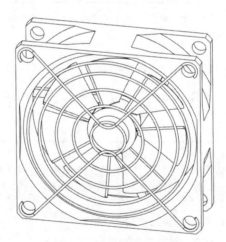

图 4-140　风扇出风口格栅

2. 风扇工作点

在涉及风扇的仿真项目求解完成之后，可以通过 Fan Curve Chart 对话框和 Visual Editor 后处理模块查看风扇工作点，如图 4-142 所示。Fan Curve Chart 对话框中显示的结果要比后处理模块中显示的结果早一个迭代步。如果当风扇的工作点位于风扇特性曲线的中间失速区时，即便 Profile 对话框中的残差曲线收敛，也有可能造成两者的结果不一致。此时，可以通过减小软件主界面 Solver Control 特性页中 Fan Relaxation 的值来解决（如图 4-143 所示），但此改动会延长求解时间。

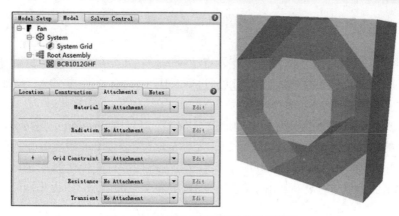

图 4-141 轴流风扇智能元件阻尼特性

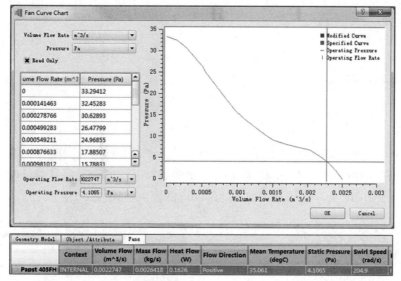

图 4-142 Fan Curve Chart 对话框和 Visual Editor 后处理模块中的风扇工作点

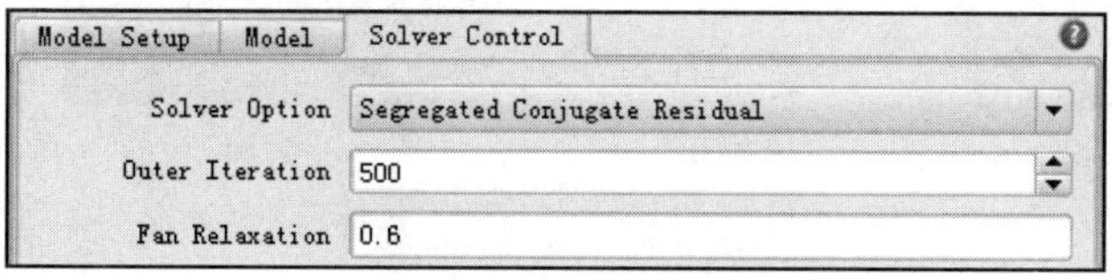

图 4-143 Fan Relaxation 设置

4.7.9 小结

软件中的轴流风扇智能元件可以直接用于轴流风扇建模。风扇盘的建模可以采用轴流风扇中的 Rectangular 选项。前向叶片离心风扇的建模可以基于 Webparts 离心风扇在线生成工具。后向叶片离心风扇的模型可以基于 Enclosure 和 Rectangular 建模。

风扇的特性曲线必须具有单调性。当特性曲线不具备单调性时软件会自动进行修正。

轴流风扇的旋转出风、叶片转向对系统设备的速度场会有影响，在进行仿真时需要准确设置。软件中风扇叶片旋转方向基于风扇出风口观察。轴流风扇的 Fan Model 一般可以采用 3D 8Factes。

轴流风扇出风面中间和边缘区域的流体流动较弱，在实际应用中应尽量避免需要散热的元件靠近此区域。轴流风扇的降额工作可以通过降额因子直接实现，其输入功率和噪音也会自动计算。

前向叶片离心风扇的出风具有一定的速度分布，可以采用 Sheared 的速度分布设置；后向叶片离心风扇的出风具有一定的角度，可以采用 Angled 的速度分布设置。

轴流风扇出风口的格栅可以通过风扇自身的阻尼特性进行建模，风扇进风口的格栅可以采用软件中的平面阻尼进行建模。由于风扇的优先级高于平面阻尼，所以平面阻尼不能与风扇相接触。

由于风扇特性曲线中间失速区和迭代次数的原因，Visual Editor 后处理模块中提供的风扇工作点可能会与风扇特性曲线中的工作点存在差异。如果出现这种情况，可以通过适当减小风扇松弛因子来解决。

4.8 流动阻尼元件

4.8.1 背景

由于散热、IP 防护等级和 EMI 等方面的要求，电子设备经常会采用打孔板、格栅、过滤棉、风扇罩等流动阻尼元件，如图 4-144 所示。此外，从系统的角度出发也可以将某个元件或部件作为三维的流动阻尼，例如通信设备内部的电源模块可视为一个阻尼元件。

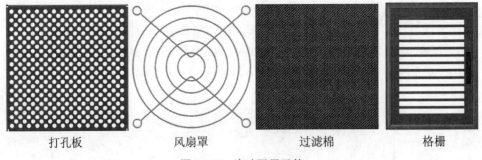

打孔板　　　风扇罩　　　过滤棉　　　格栅

图 4-144　流动阻尼元件

如图 4-145 所示，当流体通过这些元件时会在元件两侧产生一个静压损失，除此之外，还会有引起流体流动方向改变、出现局部流动速度加快等物理现象。

（1）静压损失。

当流体经过阻尼元件时，由于漩涡区的产生以及流体的速度方向、大小的改变，会有局部的能量损失。此能量损失的大小一般取决于流体流速、密度以及阻尼元件的特征长度等参数。

（2）流动方向改变。

当流体以一定角度斜向进入某些阻尼元件时，流体平行于阻尼厚度方向的速度分量有可能被削弱。其削弱的程度取决于阻尼开孔率、厚度等因素。

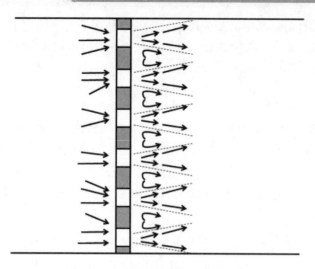

图 4-145 阻尼元件周围的速度形式

（3）局部流动速度加快。

对于一些开孔率较小的打孔板而言，由于流体的流通截面积急剧变小，在流量不变的条件下，流体经过阻尼元件时的流速加快。在流体离开阻尼元件之后的一段距离之内，依旧可以保持很高的流动速度。

4.8.2 流动阻尼智能元件

FloTHERM 软件中有打孔板（Perforated Plate）和阻尼（Resistance）两种流动阻尼智能元件，它们基于的计算背景原理相似，但在具体应用和设置方面存在一定的差异。

1. 打孔板

如图 4-146 所示为打孔板的 Construction 特性页，用于设置打孔板的尺寸和流阻特性。

Size Xo 和 Yo 确定了打孔板的尺寸（如图 4-147 所示），其坐标方向遵从打孔板自身坐标。Resistance Model 确定了流动阻尼元件阻力损失系数采用的模型。

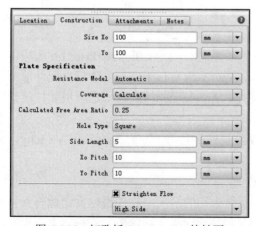

图 4-146 打孔板 Construction 特性页

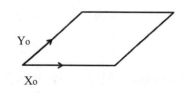

图 4-147 打孔板尺寸示意图

Standard 模型意味着阻尼元件的阻力损失系数 f 是一个固定不变的量。例如，当充分发展的湍流流体通过打孔板时，其阻力损失系数只取决于孔板开孔率的大小。Loss Coefficient 为阻尼元件的阻力损失系数。当采用 Standard 阻尼模型时，可用式（4-54）计算阻尼两侧的静压损失：

$$\Delta P = \left(\frac{\xi}{2}\right) \times \rho \times v^2 \qquad (4\text{-}54)$$

ΔP：静压降（Pa）；ξ：流动阻力损失系数；ρ：流体密度（kg/m³）；v：流体（Approach Velocity）速度（m/s）。

Advanced 模型一般用于阻尼的阻力系数随流体流速等参数变化的情况。例如，层流流动的流体通过打孔板时，其阻力损失系数取决于孔板的开孔率、流速和特征尺寸等参数。计算公式如下：

$$\Delta P = \left(\frac{\xi}{2}\right) \times \rho \times v^2 \qquad (4\text{-}55)$$

$$\xi = \frac{A}{Re} + \frac{B}{(Re)^{index}} \qquad (4\text{-}56)$$

Re：雷诺数；A、B、$index$：系数。

$$Re = \frac{v_d \times D_h}{v} \qquad (4\text{-}57)$$

v_d：流体（Device Velocity）速度（m/s）；D_h：水力直径（m）；v：流体运动粘度（m²/s）。

$$D_h = \frac{4a}{P} \qquad (4\text{-}58)$$

a：浸润横截面积（m²）；P：横截面的浸润周长（m）。

$$v = f \times v_d \qquad (4\text{-}59)$$

$$l = D_h / f \qquad (4\text{-}60)$$

l：特征长度（m）。

$$v = \mu / \rho \qquad (4\text{-}61)$$

μ：流体动力粘度（Ns/m²）。

$$\Delta P = \left(\frac{B \times v^{index} \times \rho^{1-index}}{2 \times l^{index}}\right) \times v^{2-index} + \left(\frac{A \times v \times \rho}{2 \times l}\right) \times v \qquad (4\text{-}62)$$

在采用 Standard 和 Advanced 阻尼模型时，需要通过 Loss Coefficient Based on 选项设定阻尼元件阻力系数基于的速度值。如图 4-148 所示，Approach Velocity 是流动阻尼元件前部的速度，Device Velocity 是流体经过流动阻尼时的速度，Accelerated Velocity 是阻尼元件后部的局部速度。

根据流量守恒的原则，Device Velocity 乘以阻尼的开孔率 f 等于 Approach Velocity，公式如下：

$$v = f \times v_d \qquad (4\text{-}63)$$

Automatic 阻尼模型一般用于流动阻力损失系数未知的情况。软件根据雷诺数将流体流态分为低速流动（$Re<10$）、中速流动（$30<Re<1e5$）和高速流动（$1e5<Re$）三种状态。根据流体所处的状态计算相应的阻力损失系数。

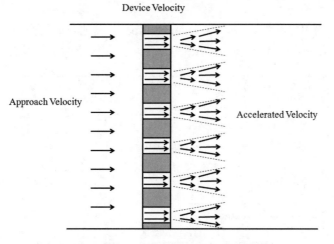

图 4-148　三种计算阻力损失系数的速度

如图 4-149 所示，采用 Automatic 阻尼模型时需要设置 Perforated Plate 的开孔率。如图 4-150 所示，通过 Hole Type 和 Side Length 确定了打孔板的孔类型和相应尺寸。如图 4-151 所示，Xo Pitch 和 Yo Pitch 分别为两个方向上孔的节距。如果已知打孔板的开孔率，可以直接通过 Defined Free Area Ratio 进行定义。

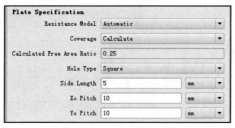

图 4-149　Automatic 阻尼模型设置

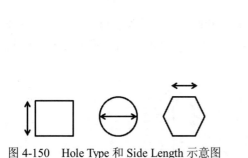

图 4-150　Hole Type 和 Side Length 示意图

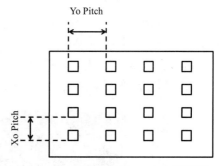

图 4-151　Xo Pitch 和 Yo Pitch 示意图

Straighten Flow 主要用于修正与打孔板成角度流体流动的方向，High Side 和 Low Side 确定了速度修正在打孔板的哪一侧完成。

打孔板对红外辐射作为透明物体处理，对太阳辐射则根据其开孔率计算透过的太阳辐射能量。此外，无论对红外辐射还是太阳辐射，打孔板均无法体现自身的温度。

2. 阻尼

如图 4-152 所示为阻尼特性设置。Resistance Type 中设定阻尼的类型，Loss Coefficients Based On、Free Area Ratio 和 Loss Coefficient 的设置与打孔板特性中的设置相同。

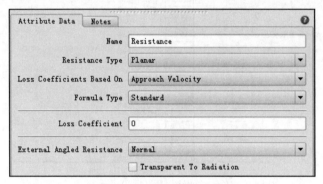

图 4-152　阻尼特性设置

当 Resistance Type 选项设置为 Volume 时，Loss Coefficient 需要考虑沿流动方向阻尼的长度。计算相关单位长度的阻力损失系数。

$$\xi' = \xi / L \qquad (4\text{-}64)$$

ξ：流动阻力损失系数；ξ'：单位长度流动阻力损失系数（1/m）；L：体积阻尼沿流动方向长度（m）。

$$A' = A / L \qquad (4\text{-}65)$$
$$B' = B / L \qquad (4\text{-}66)$$

A'、B'：单位长度系数（1/m）；A、B：系数。

Loss Coefficient 为 0 时，阻尼对辐射换热总是透明的，无论此时是否勾选 Transparent to Radiation 选项；当 Loss Coefficient 非 0 时，阻尼是阻碍热辐射的，除非勾选了 Transparent to Radiation 选项。

4.8.3　流动阻尼在 FloTHERM 中的应用实例

1. 打孔板应用 1

如图 4-153 所示，打孔板尺寸为 200mm×200mm×10mm，孔直径为 4mm，孔的节距为 10mm，流体以 1.4m/s 并成 45°角进入打孔板。由于打孔板具有一定厚度，并且孔直径较小，流体在通过打孔板之后会改变流动角度。

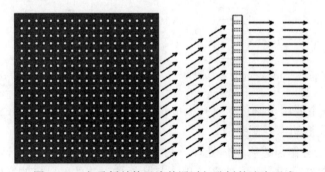

图 4-153　打孔板结构及流体通过打孔板的速度形式

由于打孔板阻力损失系数未知,且流动方向有改变,在FloTHERM软件中适用于Perforated Plate流动阻尼智能元件,并且采用Automatic流动阻尼模型和Straighten Flow选项。如图4-154所示设置Perforated Plate的Construction特性。

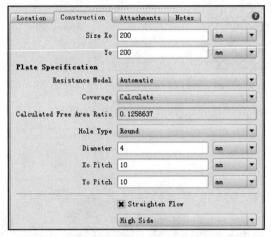

图4-154　Perforated Plate的Construction特性页

如图4-155所示,由于在Perforated Plate的Construction特性页中勾选了Straighten Flow选项,所以流体进入到打孔板之后速度发生变化。

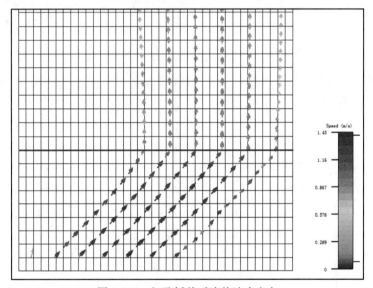

图4-155　打孔板前后流体速度方向

2. 打孔板应用2

如图4-156所示,打孔板尺寸为111mm×111mm×2mm,孔直径为4mm,开孔率为0.372,流体垂直通过打孔板平面。

由于打孔板阻力系数未知,且流体流动方向未改变,在FloTHERM软件中可以采用Perforated Plate智能元件进行模拟。如图4-157所示设置Perforated Plate的Construction特性。

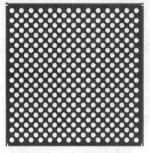
图 4-156 打孔板结构

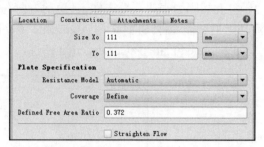
图 4-157 Perforated Plate 的 Construction 特性页

如图 4-158 所示，流体流经打孔板的压力损失为 4.08Pa。

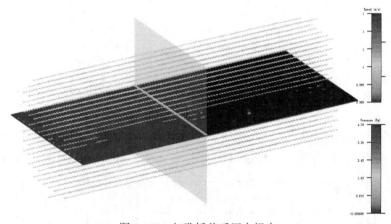
图 4-158 打孔板前后压力损失

此实例也适用于阻尼智能元件进行建模，由于流动处于中速流动，所以需要采用 Advanced 阻尼模型，如图 4-159 所示设置阻尼特性参数。其中阻力损失系数的计算方法可以参考参考文献[11]。

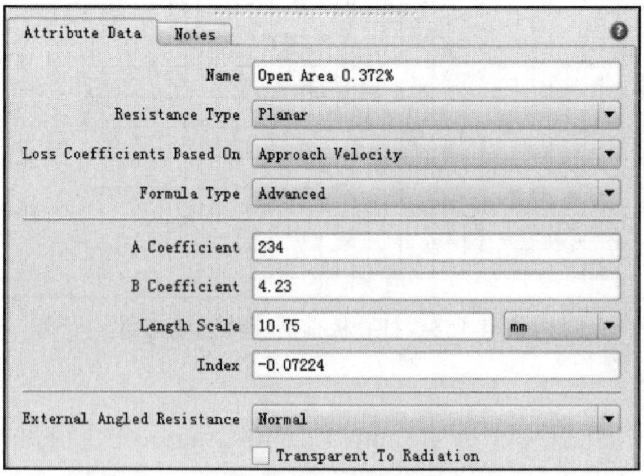

图 4-159 阻尼特性设置

如图 4-160 所示，流体流经阻尼的压力损失为 4.14Pa。对于此实例，采用打孔板和阻尼两种方法的仿真结果差异在 1.5% 之内，属于仿真计算允许的范围。

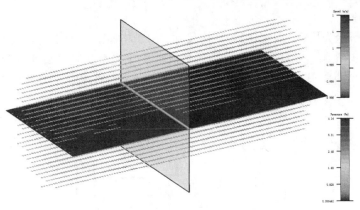

图 4-160　阻尼前后压力损失

3. 阻尼应用 1

如图 4-161 所示,格栅的尺寸为 110mm×110mm×10mm,开孔率为 0.5,流体以 10m/s 的流速垂直通过打孔板平面,流动阻力损失系数为 4。

由于阻力损失系数已知,且流体流动方向未发生变化,在软件中可以采用阻尼智能模型,如图 4-162 所示设置阻尼特性参数。

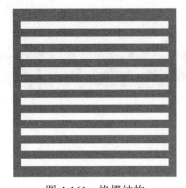

图 4-161　格栅结构

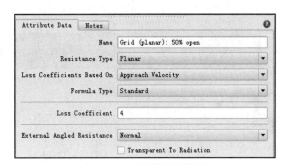

图 4-162　阻尼特性设置

如图 4-163 所示,流体流经阻尼的压力损失为 232Pa。

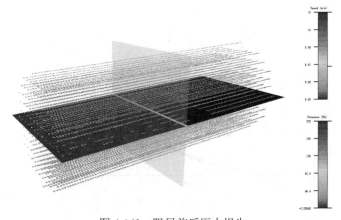

图 4-163　阻尼前后压力损失

4. 阻尼应用 2

如图 4-164 所示为格栅的剖面图和结构尺寸。由于格栅的阻力损失系数未知，且此类格栅无法通过设定其开孔率自动计算阻力损失系数，因此应先将其置于数值风洞中测量其流阻特性。由于格栅结构的原因，可以采用部分建模，并且在 FloTHERM 软件中只进行二维求解以缩短求解时间，如图 4-165 所示。

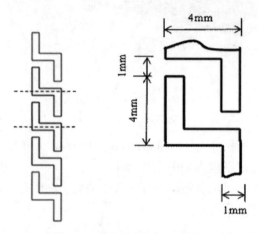

图 4-164　格栅的剖面图和结构尺寸

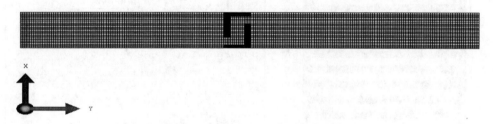

图 4-165　FloTHERM 中的格栅仿真模型

如图 4-166 所示，将 FloTHERM 中获得的流体速度和压力损失数据进行整理，通过 Excel 公式拟合获得两者的关系多项式。

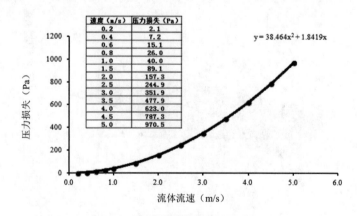

图 4-166　格栅阻抗特性曲线

采用 Advanced 阻尼模型静压损失公式（4-62）：

$$\Delta P = \left(\frac{B \times v^{index} \times \rho^{1-index}}{2 \times l^{index}} \right) \times v^{2-index} + \left(\frac{A \times v \times \rho}{2 \times l} \right) \times v$$

如果将其中的 index 设为 0，则流动阻尼的静压损失为速度的二次函数，如下：

$$\Delta P = \left(\frac{B \times \rho}{2} \right) \times v^2 + \left(\frac{A \times \mu}{2 \times l} \right) \times v$$

已知 $\mu = 1.84\text{e-}05 \text{Ns/m}^2$，$\rho = 1.1614 \text{kg/m}^3$。

$$\frac{B \times \rho}{2} = 38.464$$

$$\frac{A \times \mu}{2 \times l} = 1.8419$$

如果将 l 设为 1，则 B 为 66.2，A 为 200206。将这些参数值输入至阻尼的 Advanced 阻尼模型中，并且再次进行仿真计算。表 4-7 所示为格栅详细模型和阻尼智能元件的仿真结果对比，其中采用阻尼智能元件的仿真结果与格栅详细模型非常接近。

表 4-7 格栅详细模型和阻尼模型的仿真结果对比

速度（m/s）	压力损失（Pa）	
	详细模型	阻尼模型
0.2	2.1	1.9
0.4	7.2	6.9
0.6	15.1	15.0
0.8	26.0	26.1
1.0	40.0	40.0
1.5	89.1	89.3
2.0	157.3	157.6
2.5	244.9	245.0
3.0	351.9	351.7
3.5	477.9	477.6
4.0	623.0	622.7
4.5	787.3	787.0
5.0	970.5	970.4

5. 阻尼应用 3

如图 4-167 所示为过滤棉的阻抗特性曲线，过滤棉尺寸为 111mm×111mm×20mm。

由于此过滤棉具有一定的厚度，且在每一个方向上均具有流动阻尼特性，故在 FloTHERM 中采用 Volume Resistance 进行建模，并且在 x、y 和 z 三个方向上均设置流动阻尼损失系数。如图 4-168 所示设置阻尼特性参数。

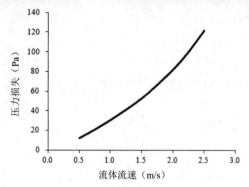

图 4-167 过滤棉阻抗特性曲线

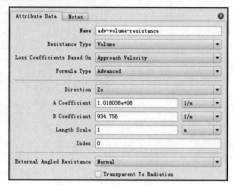

图 4-168 阻尼特性设置

表 4-8 所示为过滤棉和阻尼智能元件的仿真结果对比。

表 4-8 过滤棉和阻尼智能元件的仿真结果对比

速度（m/s）	压力损失（Pa）	
	实测数据	阻尼模型
0.5	12.4	12.1
1.0	30.1	29.6
1.5	52.3	52.5
1.9	75.3	74.8
2.2	94.8	93.8
2.5	121.4	114.7

6. 阻尼应用 4

如图 4-169 所示，在一些通信产品中往往会有非常多的 PCB 板。如果在仿真的过程中，将所有的 PCB 板都详细建模，则对计算资源的要求非常高。在某些情况下，可以借助于数值风洞将 PCB 板和其上的元件简化为一个体积阻尼，具体方法如下：

（1）如图 4-170 所示，在 FloTHERM 软件中建立数值风洞并进行仿真模拟。

（2）设定 4 组或以上不同的风速，获取不同风速条件下 PCB 板前后的压力损失，如图 4-171 所示将数据保存至 TXT 文本中。由于公式计算的要求，数据不得少于 3 组。

图 4-169 PCB 结构

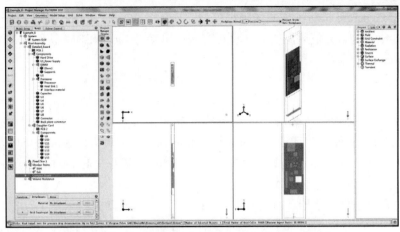

图 4-170　FloTHERM 中的 PCB 详细模型和求解域

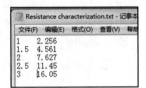

图 4-171　流速与压力损失数据

（3）登录 http://webparts.mentor.com/flotherm/support/webparts.jsp，选择 Advanced Resistance Generator。如图 4-172 所示，输入数据组数目、流体密度、动力粘度、阻尼长宽高尺寸，并且上传步骤（2）中的 TXT 文件。

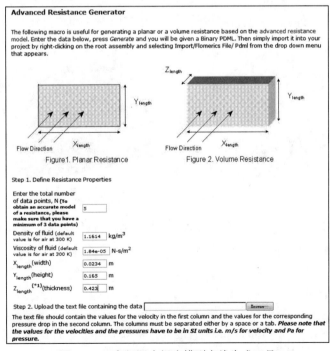

图 4-172　高级阻力损失模型在线生成工具

（4）单击 Generate 按钮生成高级阻尼模型，并且将 PDML 文件下载到本地计算机，替代原有详细 PCB 板模型。数值风洞的具体设置方法可以参考 FloTHERM 软件自带的 Windtunnel PCB Characterization 模型。

4.8.4 小结

流体以非垂直角度进入格栅、打孔板等流动阻尼元件后流动方向发生改变。可采用 Perforated Plate 智能元件，并且设置 Straighten Flow 选项，流动方向的改变可以发生在流动阻尼元件之后。如果流动阻尼元件具有一定的厚度，也可以采用 Volume Resistance 阻尼模型，在 3 个方向设置相应的阻力损失系数。

流体流动方向垂直于格栅、打孔板等流动阻尼元件，流动方向未发生改变。如果阻力损失系数未知，可以采用 Perforated Plate 智能元件；否则，可以采用 Planar Resistance 智能元件。如果流动阻尼具有一定的厚度，可以采用 Volume Resistance 阻尼模型，而且只需要设置流动方向的阻力损失系数。

通过数值风洞可以获得一些复杂元件的流动阻尼系数，以达到简化仿真模拟的目的。根据压力损失与速度之间的关系，确定采用 Standard Model 或 Advanced Model。FloTHERM 官网提供了 Advanced Model 生成工具，可以快速获取相关阻力损失参数。

4.9 电子设备外壳

4.9.1 背景

电子设备的外壳是安装和保护内部各种电路单元、元件及机械零部件的重要结构，类型一般可分为：钣金结构外壳、铝型材结构外壳、铸造结构外壳和塑料外壳等，如图 4-173 所示。

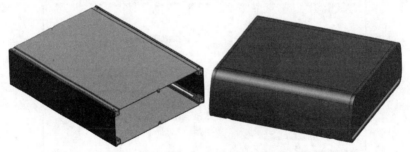

图 4-173 钣金结构外壳和塑料外壳

设备外壳表面可以进行静电喷塑、镀锌等加工工艺，这些加工工艺可以改变外壳表面的热辐射特性，从而影响设备外壳的散热能力。在以自然对流冷却为主的设备中，此影响更为明显。

4.9.2 外壳智能元件

在软件中可以通过外壳（Enclosure）智能元件对设备外壳进行快速建模。如图 4-174 所示为外壳的 Construction 特性页。

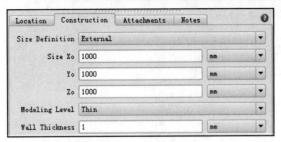

图 4-174　机壳特性页

如图 4-175 所示，Size Definition 选项中的 External 和 Internal 确定了需要输入何种外壳尺寸信息。

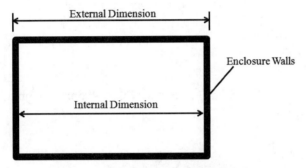

图 4-175　External 和 Internal 尺寸定义

Size Xo、Yo 和 Zo 分别为外壳的长、宽和高尺寸。

如图 4-176 所示，Modeling Level 选项中的 Thin 和 Thick 确定了外壳的建模方式。无论采用 Thin 还是 Thick 方式对外壳面进行建模，Wall Thickness 输入项中的外壳厚度尺寸必须准确设定。

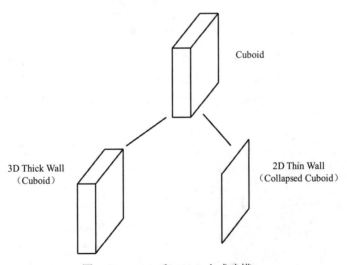

图 4-176　Thin 和 Thick 方式建模

如图 4-177 所示为 Wall Construction 特性页。通过 Side Exists 选项可以设置外壳的某个面是否存在，Modeling Level 选项确定了某个面的建模方式。

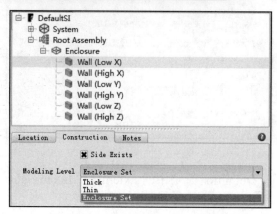

图 4-177　Wall Construction 特性页

4.9.3　外壳智能元件应用实例

1. 镀锌钢板外壳

如图 4-178 所示，镀锌钢板外壳的 External 尺寸为 425mm×305mm×100mm，钢板厚度为 1.6mm，表面发射率为 0.8。

图 4-178　镀锌钢板外壳

对于此外壳可以采用外壳智能元件进行建模。由于钢板厚度仅为 1.6mm，为了避免仿真模型中产生大网格长宽比和过多网格，外壳采用 Thin 建模方式，同时也为了保证外壳内部元件与外壳内表面的相对位置，外壳 Construction 中的尺寸参数均基于 Internal，如图 4-179 所示。

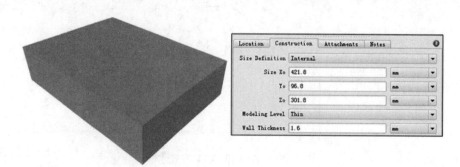

图 4-179　外壳模型和 Construction 特性设置

如图 4-180 所示，外壳表面的发射率可以通过 Surface 特性中的 Emissivity 进行设置。

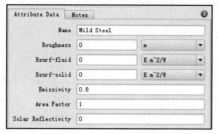

图 4-180　Surface 特性中的 Emissivity 设置

在外壳顶面内侧有一个 60mm×60mm×15mm 的 5W 发热源。为了考虑外壳顶面在 Thin 建模方式下的三维传热，需要在软件主界面的 Solver Control 特性页中勾选 Activate Plate Conduction 选项，如图 4-181 所示。如图 4-182 和图 4-183 所示为 Activate Plate Conduction 选项对外壳顶面温度的影响：勾选 Activate Plate Conduction 选项的外壳表面最高温度为 51.4℃，未勾选 Activate Plate Conduction 选项的外壳表面最高温度为 147℃。

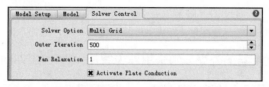

图 4-181　Solver Control 特性页

图 4-182　勾选 Activate Plate Conduction 选项的外壳表面温度

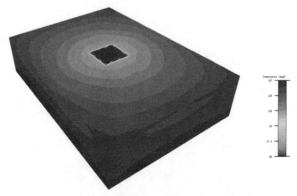

图 4-183　未勾选 Activate Plate Conduction 选项的外壳表面温度

2. 塑料外壳

如图 4-184 所示，笔记本电脑电源适配器的外形尺寸为 150mm×60mm×35mm，厚度为 4mm，适配器外壳材料为塑料，表面发射率为 0.9。

如图 4-185 所示，在外壳顶面内侧有一个尺寸为 25mm×25mm×5mm、发热量为 5W 的元件，仿真分析此元件从开始工作至 1000s 之间的温度变化。

图 4-184 笔记本电脑电源适配器　　　　图 4-185 笔记本电脑电源适配器仿真模型

如图 4-186 所示，适配器的外壳分别采用外壳智能元件中的 Thick 和 Thin 两种建模方式。

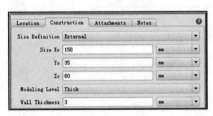 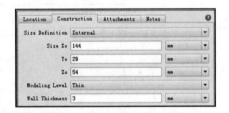

　　　　　Thick　　　　　　　　　　　　　　　Thin

图 4-186 外壳建模方式

如图 4-187 所示为元件在不同外壳建模方式下的温度变化。由于外壳智能元件采用 Thin 建模方式无法考虑外壳的热容效应，所以在瞬态分析时 Thin 建模方式的元件温度上升比 Thick 建模方式要快。

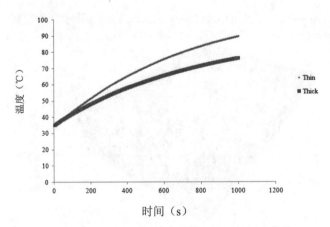

图 4-187 元件在不同外壳建模方式下的温度变化

4.9.4 小结

对于稳态分析，电子设备外壳可以采用外壳智能元件进行建模，建模方式可以采用 Thin，但需要正确输入外壳厚度尺寸。此外，为了确保外壳内部元件与外壳内表面的相对位置，外壳的尺寸参数应基于 Internal。通过勾选软件主界面 Solver Control 特性页中的 Activate Plate Conduction 选项，可以考虑外壳表面的三维热传导效应。

对于瞬态分析，电子设备外壳可以采用外壳智能元件进行建模。由于 Thin 建模方式无法考虑外壳的热容效应，所以外壳建模方式需要采用 Thick。

4.10 热交换器

4.10.1 背景

热交换器是将热流体的部分热量传递给冷流体的设备。在一些需要对流体进行冷却或加热的场合，经常会使用热交换器。根据换热流体的相态可以分为气－液热交换器、液－液热交换器、气－气热交换器。如图 4-188 所示为气－液热交换器，热交换器内部的两台离心风扇将外部热空气从热交换器下部开孔吸入，热空气在热交换器中间位置与冷却液进行热量交换，最终温度降低之后的空气从热交换器上部开孔离开。

无线通信领域的户外机柜经常暴露于高粉尘和高湿度的自然环境中。由于户外机柜防护等级的要求，环境中的空气无法直接用于冷却机柜内部的高温元件。此时可以使用图 4-189 中的气－气热交换器，在机柜内外形成两个气体循环。机柜内外空气通过换热器进行热量交换，两股气体不直接接触，避免了粉尘和高相对湿度气体进入到机柜内部。

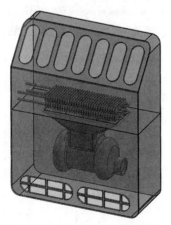

图 4-188　气－液热交换器

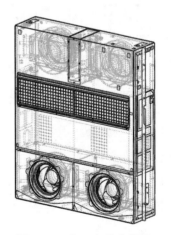

图 4-189　气－气热交换器

在进行包含热交换器的项目仿真分析时，如果关注的重点不在于热交换器的热量交换过程，则可以将热交换器作为一个热量交换的部件，通过设置热交换器的热交换系数、流体进出口温度等参数来描述热交换器的换热特性，从而避免构建复杂的换热翅片、流体流道等几何结构，提高项目仿真效率。

4.10.2 热交换器智能元件

如图 4-190 所示，热交换器（Recirculation）智能元件的 Construction 特性主要分为流体流量特性和流体热特性。

如图 4-191 所示，Flow Type 确定了热交换器的流体流量定义方式。Flow Type 选项设置为 Volume Flow Rate 时，热交换器的流体流量为定值，通过 Volume Flow Rate 设置流体流量；Flow Type 选项设置为 Linear Fan Curve 时，热交换器的流体流量与出口处静压成线性关系，通过 Volume Flow Rate 设置热交换器的最大体积流量，通过 Pressure 设置热交换器的最大出口处静压；当选择 Non Linear Fan Curve 时，热交换器的流体流量与出口处静压成非线性关系，通过 Volume Flow Rate 设置热交换器的最大体积流量，通过 Pressure 设置热交换器的最大出口处静压。单击 Click To Edit 按钮，在弹出的 Fan Curve Chart 设置对话框中输入热交换器流体流量与出口处静压数据，如图 4-192 所示。当选择 Normal Velocity at Supply 时，热交换器的出口处速度为定值，通过 Velocity 直接设置热交换器出口处的流体流速。

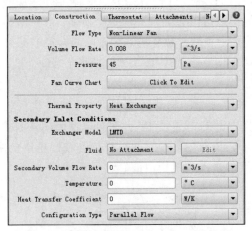

图 4-190 热交换器的 Construction 特性页

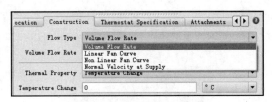

图 4-191 Flow Type 选项

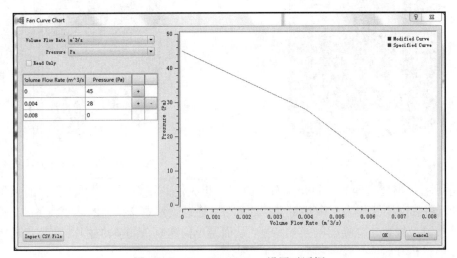

图 4-192 Fan Curve Chart 设置对话框

Thermal Property 确定了热交换器的流体热特性。

Thermal Property 设置为 Temperature Change 时，通过下式计算热交换器进出口的温差：

$$T_{supply} = T_{extract} + \Delta T \tag{4-67}$$

T_{supply}：热交换器出口流体温度（℃）；$T_{extract}$：热交换器入口流体平均温度（℃）；ΔT：Temperature Change 设置值（℃）。

Thermal Property 设置为 Heat Input/Extraction Rate 时，热交换器出口流体温度计算公式如下：

$$T_{supply} = T_{extract} + \frac{Heat\ Input/Extraction\ Rate}{m \times c_p} \tag{4-68}$$

T_{supply}：热交换器出口流体温度（℃）；$T_{extract}$：热交换器入口流体平均温度（℃）；Heat Input/Extraction Rate：Heat Input/Extraction Rate 设置值（W）；m：热交换器的质量流量（kg/s）；c_p：Fluid 流体特性中的比热（J/(kgK)）。

Thermal Property 设置为 Heat Exchanger 时，可以通过两种不同的热交换模型（Exchanger Model）确定热交换器出口流体温度。

Exchanger Model 设置为 Simple 时，热交换器的出口流体温度 T_{supply} 的计算公式如下：

$$T_{supply} = T_{extract} + \frac{H \times (T_s - T_{extract})}{m \times c_p} \tag{4-69}$$

T_{supply}：热交换器出口流体温度（℃）；$T_{extract}$：热交换器进口流体平均温度（℃）；H：Heat Transfer Coefficient 设置值（W/K）；T_s：Temperature 设置值（℃）；m：热交换器的质量流量（kg/s）；c_p：Fluid 流体特性中的比热（J/(kgK)）。

Exchanger Model 设置为 LMTD 时，根据两股流体的流动形式、流体特性和热交换系数等参数计算热交换器出口流体温度（℃），计算公式如下：

$$Q = h \times \Delta T_{lm} \tag{4-70}$$

Q：两股流体的换热量（W）；h：Heat Transfer Coefficient 设置值（W/K）；ΔT_{lm}：两股流体的进出口对数平均温差（℃）。

如图 4-193 所示，当两股流体以顺流（Parallel Flow）方式进行热交换时，其对数平均温差 ΔT_{lm} 计算公式如下：

$$\Delta T_{lm} = \frac{(T_{h1} - T_{c1}) - (T_{h2} - T_{c2})}{\ln[(T_{h1} - T_{c1})/(T_{h2} - T_{c2})]} \tag{4-71}$$

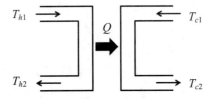

图 4-193　顺流热交换

如图 4-194 所示，当两股流体以逆流（Counter Flow）方式进行热交换时，其对数平均温差 ΔT_{lm} 计算公式如下：

$$\Delta T_{lm} = \frac{(T_{h1} - T_{c2}) - (T_{h2} - T_{c1})}{\ln[(T_{h1} - T_{c1})/(T_{h2} - T_{c1})]} \tag{4-72}$$

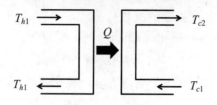

图 4-194 逆流热交换

冷流体换热量与进出口温差的关系式如下：

$$Q = (m \times c_p)_c \times (T_{c2} - T_{c1}) \tag{4-73}$$

Q：冷流体的换热量（W）；c_p：冷流体的比热（J/(kgK)）；T_{c2}：冷流体出口温度（℃）；T_{c1}：冷流体进口温度（℃）。

热流体换热量与进出口温差的关系式如下：

$$Q = (m \times c_p)_h \times (T_{h1} - T_{h2}) \tag{4-74}$$

Q：热流体的换热量（W）；c_p：热流体的比热（J/(kgK)）；T_{h1}：热流体进口温度（℃）；T_{h2}：热流体出口温度（℃）。

Thermal Property 设置为 CRAC 时，热交换器出口流体温度为 Desired Temperature 设置值，但热交换器的出口流体温度受到其最大制冷或制热量的限制。热交换器的进出口温差极限值计算公式如下：

$$\Delta T_{max} = \frac{Q_{max}}{m \times c_p} \tag{4-75}$$

Q_{max}：Maximum Power 设置值（W），正值为 Recirculation 最大制热量，负值为 Recirculation 最大制冷量；m：热交换器的质量流量（kg/s）；c_p：Fluid 流体特性中的比热（J/(kgK)）。

热交换器出口流体温度 T_{supply} 的计算公式如下：

$$T_{supply} = T_{desired} \qquad (\,|T_{desired} - T_{extract}| \leqslant |\Delta T_{max}|\,) \tag{4-76}$$

$$T_{supply} = T_{extract} + \Delta T_{max} \qquad (\,|T_{desired} - T_{extract}| > |\Delta T_{max}|\,) \tag{4-77}$$

4.10.3 热交换器应用实例

如图 4-195 所示为室外通信机柜的气-气热交换器，其高度、宽度和深度尺寸分别为 835mm、368mm 和 100.7mm。内外循环的出风口面积均为 340mm×99.5mm，内外循环分别采用离心风扇促使空气流动。内循环采用 LMTD 热交换模式，流体特性参数基于 55℃，流体流量为 0.0726m³/s，对数平均温差为 45℃，对流换热系数为 53.133W/K，两股流体采用逆流热交换。内外循环换热翅片高度、宽度和深度尺寸分别为 170mm、368mm 和 50.35mm。

采用外壳（Enclosure）智能元件构建热交换器的壳体，并且根据内外循环的进出风口尺寸在外壳表面进行开孔。采用 3 个 Collapsed Cuboid 对热交换器壳体进行分割，形成内外循环空间和空气流动区域。

如图 4-196 所示，采用 Cuboid 和热交换器智能元件建立离心风扇几何模型，其中 Extract 面对应离心风扇的进风面，4 个 Supply 面对应离心风扇的出风面。

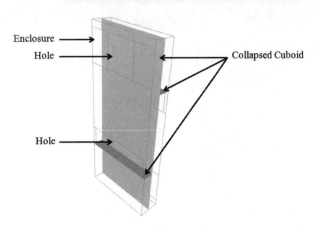

图 4-195　热交换器外形结构

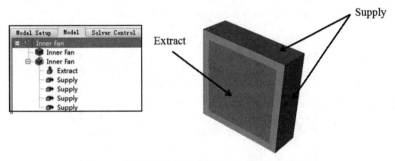

图 4-196　热交换器智能元件建立的离心风扇

热交换器的换热特性通过热交换器智能元件的 Construction 特性页进行设置，如图 4-197 所示。如图 4-198 所示为 Non Linear Fan Curve 特性曲线。

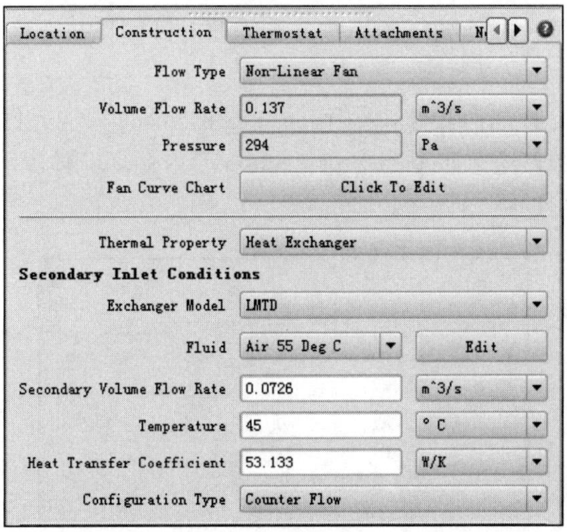

图 4-197　热交换器的 Construction 特性页

热交换器 4 个 Supply 的特性设置如图 4-199 所示，其中 Supply 的 Direction YoN 为离心风扇厚度方向。

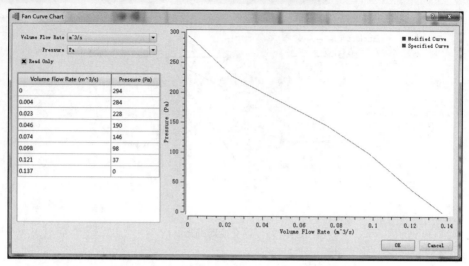

图 4-198 Non Linear Fan Curve Chart 设置对话框

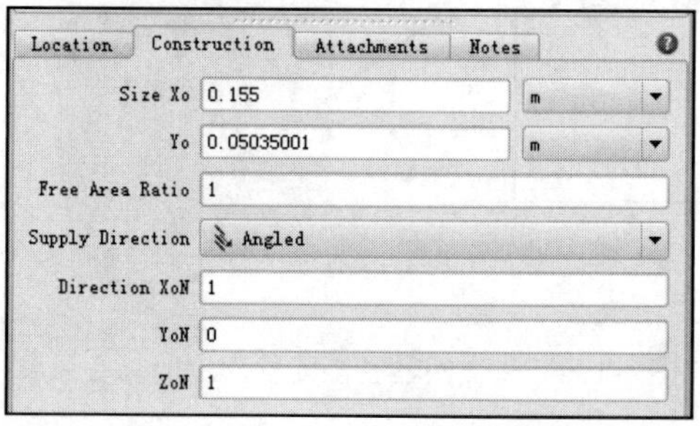

图 4-199 Supply 的特性设置

采用同样的方法建立外循环离心风扇。通常情况下，户外机柜只需要考虑内循环的特性。此实例中，如果需要精确考虑外循环的影响，则需要对外循环热交换器中的 Thermal Property 特性设置值进行修改。

根据内循环的换热翅片几何尺寸，采用阻尼（Resistance）智能元件构建其外形。如图 4-200 所示设置阻尼的特性参数，注意阻尼的 Yo Direction 是内循环流体流动的主要方向，阻尼智能元件的位置对应于内循环的换热翅片。

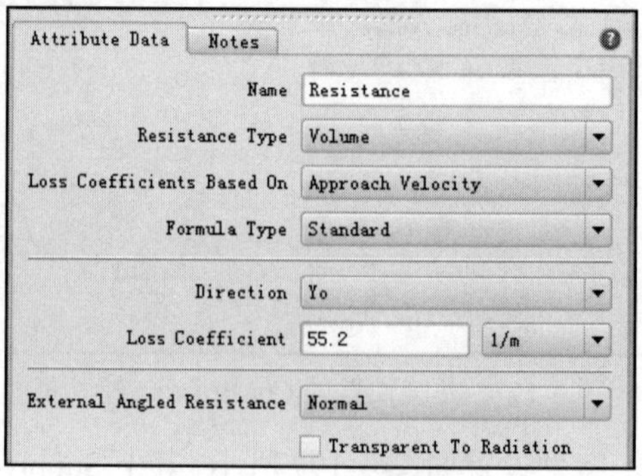

图 4-200 阻尼特性页

如图 4-201 所示为热交换器的内部循环。

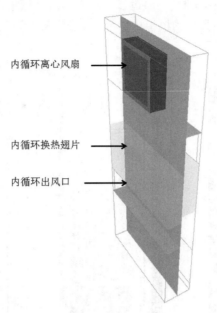

图 4-201　热交换器的内部循环

在 Simulation Model\Chapter 4 文件夹中包含了热交换器的仿真模型 Recirculation Demo.pdml。

4.10.4　小结

热交换器可以通过热交换器智能元件进行建模，热交换器智能元件可以作为一个流体加热或冷却部件，即热交换器智能元件既可以降低流体温度又可以提高流体温度。

热交换器智能元件没有几何形体，在进行热交换器建模时需要建立一个 Cuboid 来描述热交换器的几何形体。

热交换器智能元件的热特性定义方式多样，通常情况下可根据现有的热交换器参数选择相应的热交换器热特性定义方式，但需要注意热交换器供应商所提供的热交换器参数的测试环境、热交换系数和参考温度等的定义方式。

4.11　机柜

4.11.1　背景

机柜一般是由冷轧钢板或合金制作，用以存放计算机和相关控制设备的物件，可以对存放的设备提供保护，屏蔽电磁干扰，使设备有序、整齐地排列，便于日常的维护。一般情况下，机柜前部为冷空气入口。

由于信息化发展和云计算等概念的推出，引发了数据中心的不断发展。一个数据中心主机机房中的机柜数量有几百台，甚至几千台。如图 4-202 所示为数据中心常见的通信机柜。在进行数据中心热仿真分析时，主要关注机柜入口温度是否满足标准要求、数据中心内是否存在冷热空气混合、气流是否存在短路现象。由于关注的重点不在机柜内部的热量交换过程，此时可以将机柜作为一个热量交换的部件，通过设置机柜的流体流量、热功耗等参数来描述机柜的热特性，从而避免构建复杂和大量的机柜内部设备、空气流道等几何结构，提高项目仿真效率。

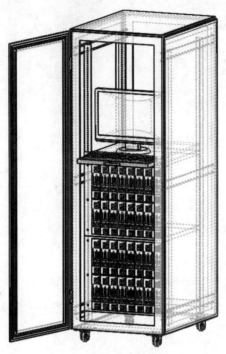

图 4-202　通信机柜

4.11.2　机柜智能元件

如图 4-203 所示，机柜（Rack）智能元件的 Construction 特性页主要用于设置机柜的热功耗和流体流量。

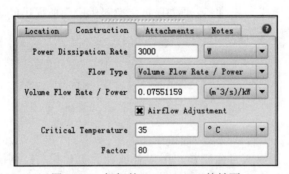

图 4-203　机柜的 Construction 特性页

Power Dissipation Rate 确定了机柜的热功耗，默认设置值为 3000W；Flow Type 确定了机柜的流体流量。

Flow Type 设置为 Volume Flow Rate/Power 时，机柜的流体流量随热功耗变化，通过 Volume Flow Rate/Power 设置单位热功耗的体积流量。

Flow Type 设置为 Temperature Change 时，机柜流体的质量流量由下式计算：

$$M = \frac{Q}{c_p \times \Delta T} \qquad (4-78)$$

M：机柜流体的质量流量（kg/s）；Q：Power Dissipation Rate 设置值（W）；c_p：Fluid 流体特性中的比热（J/(kgK)）；ΔT：Temperature Change 设置值（℃）。

Flow Type 设置为 Volume Flow Rate 时，机柜的流体流量为定值，通过 Volume Flow Rate 设置流体流量。

Flow Type 设置为 Curve 时，机柜的流体流量与出口处静压成非线性关系。通过 Volume Flow Rate 设置机柜的最大体积流量，通过 Pressure 设置机柜的最大出口处静压。单击 Click To Edit 按钮，在弹出的 Fan Curve Chart 设置对话框中输入机柜的流体流量与出口处静压数据，如图 4-204 所示。

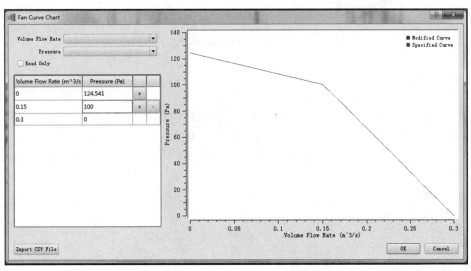

图 4-204　Fan Curve Chart 设置对话框

Airflow Adjustment 选项用于机柜入口温度超出阈值时调整机柜的流体流量。其中 Critical Temperature 是机柜入口温度阈值，当机柜入口温度超出 Critical Temperature 设置值时，机柜的流体流量会增加。Factor 确定了机柜流体流量增加的百分比。机柜的实际流量由 Flow Type 确定的机柜流体流量和 Factor 设置值确定。

4.11.3　机柜应用实例

某机柜的高度、宽度和深度尺寸分别为 1994mm、610mm 和 1067mm。机柜前部进风面尺寸为 438mm×1880mm，后部出风面尺寸为 438mm×1880mm。机柜热功耗为 3kW，机柜单位热功耗的体积流量为 0.06(m^3/s)/kW。

采用机柜智能元件进行机柜建模，由于流体无法直接从机柜智能元件的 Extract 面进入到 Supply 面，所以首先根据机柜的尺寸建立一个 Cuboid。

如图 4-205 所示创建一个机柜智能元件，其 Extract 面对应机柜的入风口，Supply 面对应机柜的出风口，设置机柜的 Construction 特性参数。

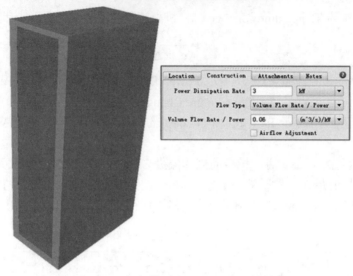

图 4-205　机柜模型和 Construction 特性页

4.11.4 小结

软件中的机柜智能元件可以用于数据中心机柜建模，但机柜智能元件的出口流体温度要高于入口流体温度，即机柜智能元件只能提高流体的温度。

机柜智能元件没有几何形体，在进行机柜建模时需要建立一个 Cuboid 来描述机柜的几何形体。

当机柜智能元件的入口流体温度超过限值时，可以采用 Airflow Adjustment 选项来增加流体流量，从而使机柜处于正常工作范围。

4.12　机房空调

4.12.1　背景

机房空调是针对现代电子设备机房设计的专用空调（如图 4-206 所示），它的可靠性和温度控制精度要比普通空调高。机房空调被广泛地应用于数据中心机房、计算机机房和精密电子仪器生产车间等高精密环境，其工作状况可以随室内温度监控点变化。

4.12.2　空调智能元件

如图 4-207 所示，空调（Cooler）智能元件的 Construction 特性页主要用于设置空调的流体流量、送风特性和制冷能力。

Flow Type 确定了空调智能元件的流体流量。

Flow Type 设置为 Fixed 时，空调的流体流量为定值，通过 Volume Flow Rate 设置流体流量。

Flow Type 设置为 Curve 时，空调的流体流量与出口处静压成非线性关系。通过 Volume Flow Rate 设置空调的最大流体流量，通过 Pressure 设置空调的最大出口处静压。单击 Click To Edit

按钮，在弹出的 Fan Curve Chart 设置对话框中输入空调的流体流量与出口处静压数据，如图 4-208 所示。

图 4-206　机房空调

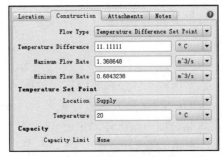

图 4-207　空调的 Construction 特性页

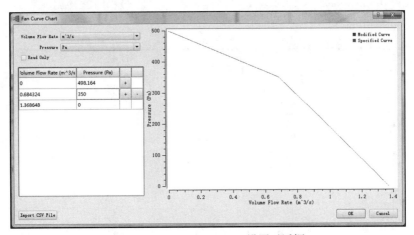

图 4-208　Fan Curve Chart 设置对话框

Flow Type 设置为 Temperature Difference Set Point 时，确定了空调进出口的流体温差。Maximum Flow Rate 和 Minimum Flow Rate 分别为空调的流体流量阈值。根据空调的制冷能力和设置的空调入口流体温度或出口流体温度可以计算空调的流体流量。如果空调实际的制冷能力无法满足设置的出口流体温度，则根据设置的 Maximum Flow Rate 计算空调的出口流体温度。

Flow Type 设置为 Remote Rack Temperature Control 时，空调的流体流量根据机柜的入口流体温度确定。Rack Inlet Temperature 确定了机柜入口流体温度的定义。Rack Inlet Temperature 设置为 Average 时，根据机柜的平均入口流体温度控制空调的流体流量；Rack Inlet Temperature 设置为 2/3 Rack Height 时，根据机柜 2/3 高度处的流体温度控制空调的流体流量。Maximum Flow Rate 和 Minimum Flow Rate 分别为空调的流体流量阈值，Target Temperature 为机柜入口流体的目标温度。

Temperature Set Point 确定了在空调制冷能力和流体流量范围内空调的入口或出口流体温度。Location 选项设置为 Supply 时，空调的出口流体温度为定值；Location 选项设置为 Return 时，软件将保证空调的入口流体温度为定值。Temperature 设置值为空调入口或出口流体温度。默认情况下，其值为 20℃。

Capacity 确定了空调的最大制冷能力。Capacity Limit 选项设置为 None 时，空调的制冷能力没有限制，可以达到任意设置的空调入口或出口流体温度；Capacity Limit 选项设置为 Fixed 时，空调的制冷能力为定值，通过 Power 设置空调的最大制冷能力；Capacity Limit 选项设置为 Variable 时，空调的制冷能力随入口流体温度变化。对于一台空调而言，其制冷能力与入口流体温度的关系是基于最大流体流量的。当空调工作在非最大流体流量时，其制冷能力计算公式如下：

$$C_2 = C_1 \times (Q_2 \div Q_1) \times k \tag{4-79}$$

C_1：空调最大流体流量时的制冷能力（W）；Q_2：Airflow 设置值，空调实际流体体积流量（m³/s）；Q_1：空调最大流体体积流量（m³/s）；k：Airflow Reference Exponent 设置值，当 k=0 时，空调制冷能力与流体流量无关，当 k=1 时，空调制冷能力与流体流量成线性关系，默认情况下，其值为 0.8。

Capacity Curve 选项可以设置空调入口流体温度与制冷能力的非线性关系，单击 Click To Edit 按钮，在弹出的 Capacity Curve 设置对话框中输入空调的入口流体温度与制冷量数据，如图 4-209 所示。

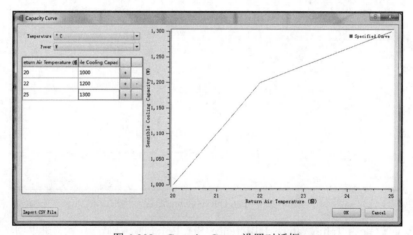

图 4-209 Capacity Curve 设置对话框

4.12.3 机房空调应用实例

某机房空调的高度、宽度和深度尺寸分别为 1980mm、1000mm 和 890mm，其送风形式为下送风，送风风量为 6500m³/h，制冷量为 30.1kW，送风温度为 16℃。

采用空调智能元件进行机房空调建模，由于流体无法直接从空调的 Extract 面进入到 Supply 面，所以首先根据机房空调的尺寸建立一个 Cuboid。

如图 4-210 所示创建一个空调智能元件，其 Extract 面对应机房空调的入风口，Supply 面对应空调的出风口，设置空调的 Construction 特性参数。

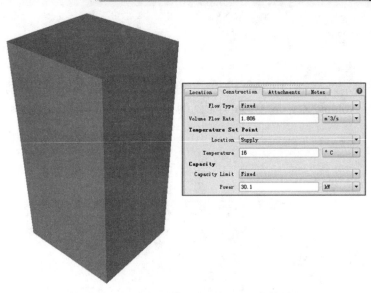

图 4-210　机房空调模型和 Construction 特性页

4.12.4　小结

软件中的空调智能元件可以用于机房空调建模，但空调智能元件的出口流体温度要低于入口流体温度，即空调智能元件只能降低流体的温度。

空调智能元件没有几何形体，在进行机房空调建模时需要建立一个 Cuboid 来描述空调的几何形体。

在空调的制冷能力范围内，其工作状况可以受监控点温度的控制。

4.13　Region

4.13.1　背景

如图 4-211 所示，软件中的 Region 元件具有 Volume Region 和 Collapsed Volume Region 两种形式。Volume Region 的主要作用有：仿真结果数据的获取、局部网格加密、区域流体设置和 Zoom-in 范围选择等，Collapsed Volume Region 的主要作用是仿真结果数据的获取。

Volume Region

Collapsed Volume Region

图 4-211　Region 元件

4.13.2　Volume Region

1. 仿真数据获取

如图 4-212 所示为 Visual Editor 后处理模块中的 Volume Region 和相应仿真数据结果。其中 Face 列确定了 Volume Region 中的 6 个面，例如 Y-High 是参照全局坐标系 Y 方向坐标值高的面。

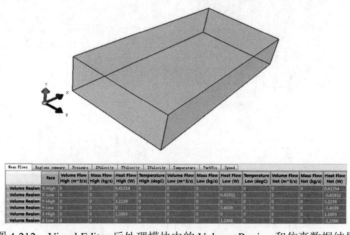

图 4-212　Visual Editor 后处理模块中的 Volume Region 和仿真数据结果

Volume Flow High 表示沿着全局坐标系的参考轴正方向流动的流体体积流量，同理 Mass Flow High 为沿着参考轴正方向流动的流体质量流量，Heat Flow High 为沿着参考轴正方向能量的转移，Temperature High 为沿着参考轴正方向流动的流体平均温度。

Volume Flow Low 表示沿着全局坐标系的参考轴负方向的流体体积流量，Mass Flow Low、Heat Flow Low 和 Temperature Low 代表的意义类似。

Volume Flow Net 为 Volume Flow High 与 Volume Flow Low 的差值，Mass Flow Net 和 Heat Flow Net 的计算方式类似。

如图 4-213 所示，对于 Volume Region 而言，其 Y-High 面既有沿 Y 轴正方向的 Flow rate 1，又有沿 Y 轴负方向的 Flow rate 2。由于 Flow Rate1 的流动方向与 Y 轴正方向相同，所以 Mass Flow High 等于 Flow rate1，Mass Flow Low 等于 Flow rate 2。Mass Flow Net 为 Flow rate1 和 Flow rate 2 的差值。

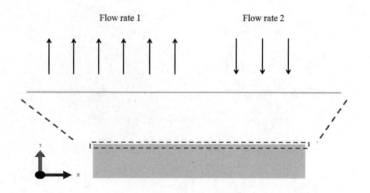

图 4-213 Volume Region 的 Y-High 面

Region 中 Heat Flow 不考虑通过辐射散走的热量。Volume Flow、Mass Flow、Heat Flow 和 Temperature 的计算公式如下：

$$Mass\ Flow = Volume\ Flow \times \rho \quad (4\text{-}80)$$
$$Heat\ Flow = Mass\ Flow \times c_p \times (Temperature - T_a) \quad (4\text{-}81)$$

ρ：Fluid 流体特性中的流体密度（kg/m³）；c_p：Fluid 流体特性中的比热（J/(kgK)）；T_a：Model Setup 中的 Default Ambient Temperature（℃）。

2. 局部网格加密

在软件仿真过程中对多个相邻元件需要进行网格加密时，可以考虑采用 Volume Region 将需要进行网格加密的元件包围起来，然后针对 Volume Region 进行网格约束和局域化网格，如图 4-214 所示。

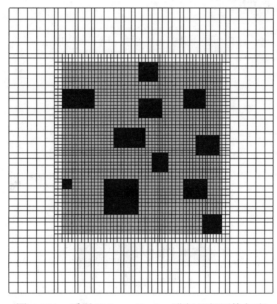

图 4-214 采用 Volume Region 进行局部网格加密

3. 区域流体设置

如果仿真项目中涉及多种流体，应该先采用 Volume Region 定义流体的区域，然后通过 Volume Region 特性中的 Fluid 定义流体。

如图 4-215 所示为仿真项目模型。发热元件上表面安装风冷散热器，下表面贴附至水冷板。仿真模型中涉及空气和水两种流体。其中冷却水流动区域需要用 Region 进行包围，并且在 Region 特性中设置相应的冷却水特性。此外，两种流体不能相邻，必须要以 Cuboid 等实体元件进行分隔。

4. Zoom-in 范围选择

对于一些系统级仿真模型，可以通过软件 Zoom-in 功能提取其中局部区域的边界条件，以更为有效的方式进行局部细节的仿真优化和研究。系统中局部区域的选择可以通过 Volume Region 完成。如图 4-216 所示，一个通信系统中有 10 个 PCB 板槽位，目前需要对其中第三槽位的 PCB 板进行详细仿真。采用 Volume Region 将此 PCB 板槽位区域进行包围，其中 Volume Region 的边界不得与局域化网格的边界或求解域重合。

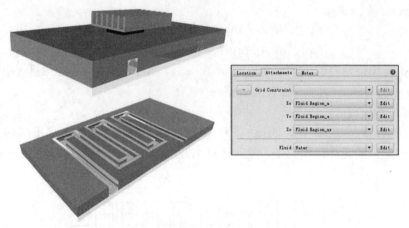

图 4-215　包含两种流体的仿真项目和 Volume Region 特性设置

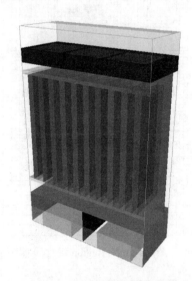

图 4-216　多 PCB 板系统仿真模型

4.13.3　Collapsed Volume Region

Collapsed Volume Region 的主要作用是仿真结果数据的获取，特别适用于系统进出口处流量、压力等仿真结果的获取。其在 Visual Editor 后处理模块中的结果显示方式与 Volume Region 类似，这里不再赘述。

4.13.4　Collapsed Volume Region 仿真数据获取实例

如图 4-217 所示，一个密闭电子设备通过其外壳贴附的散热器进行自然对流冷却，整个系统被安装在垂直的墙面上，其重力方向为 Y 轴负方向。为了了解通过散热器的空气流量和散热器的散热量，在散热器两端分别设置两个 Collapsed Volume Region。

仿真结果如图 4-218 所示，由于空气的主流方向为全局坐标系 Y 轴的正方向，Region Bottom 中的 Mass Flow High 数值（即散热器入口处的空气质量流量）与散热器出口处的空气质量流量基本一致。由于此仿真项目在 Y 轴负方向没有空气流动，因此 Mass Flow Low 的值为 0。此外，Region Top 和 Region Bottom 的 Heat Flow Net 差值为散热器的散热量。

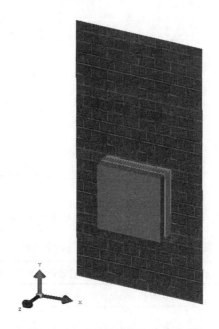

图 4-217　密闭电子设备仿真模型

Mean Flows　Regions summary

	Face	Volume Flow High (m^3/s)	Mass Flow High (kg/s)	Heat Flow High (W)	Temperature High (degC)	Volume Flow Low (m^3/s)	Mass Flow Low (kg/s)	Heat Flow Low (W)	Temperature Low (degC)	Volume Flow Net (m^3/s)	Mass Flow Net (kg/s)	Heat Flow Net (W)
Region Top	Y-Low	0.00068335	0.00079364	10.184	32.706	0	0	0.000952...	0	0.00068335	0.00079364	10.183
Region Bottom	Y-Low	0.00068345	0.00079376	0.82282	21.145	0	0	0.47231	0	0.00068345	0.00079376	0.35051

图 4-218　Visual Editor 后处理模块中的 Collapsed Volume Region 仿真结果数据

4.13.5　小结

Volume Region 的主要作用有：仿真结果数据的获取、局部网格加密、区域流体设置和 Zoom-in 范围选择，Collapsed Volume Region 的主要作用是仿真结果数据的获取。

5 特性

仿真项目中的智能元件或物体具有各种与热仿真相关的特性。这些特性数据被保存至仿真项目中,如果有需要也可以保存至软件的数据库中,以便于其他仿真项目使用。表 5-1 所示为软件中所有的特性,以及这些特性所能赋予的智能元件或物体。

表 5-1　可应用至智能元件或物体的特性

特性类型	可以应用的智能元件或物体
Ambient	Cutout、Overall Solution Domain、Fixed Flow
Fluid	Region
Grid Constraint	All geometry objects
Material	Assembly、Prism、Cuboid、Tet、Inverted Tet、Heat Sink、PCB、SlopingBlock、Enclosure、Cylinder、Block with Holes
Radiation	Prism、Cuboid、Tet、Inverted Tet、Heat Sink、PCB、Sloping Block、Enclosure、Cylinder、Block with Holes
Resistance	Resistance、Fan
Source	Source
Surface	Prism、Cuboid、Tet、Inverted Tet、Sloping Block、Cylinder、CompactComponent
Surface Exchange	Prism、Cuboid、Tet、Inverted Tet、Heat Sink、Sloping Block、Enclosure、Block with Holes
Thermal	Prism、Cuboid、Tet、Inverted Tet、Cylinder、Sloping Block、Enclosure、Block with Holes
Transient	As for Ambient、Source and Thermal attributes

5.1　Ambient 特性

如图 5-1 所示,Ambient 特性设置了求解域外部的温度、压力等环境条件。由于 Ambient 特性可以分别设置在求解边界面上,所以在求解域各个边界上可以设定不同的温度、压力等环境条件。

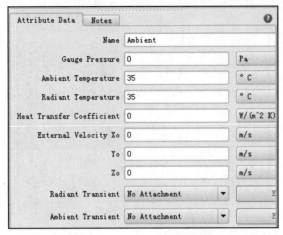

图 5-1　Ambient 特性设置框

Name 确定了 Ambient 特性的名称。

Gauge Pressure 是求解域外部的表压，其值相对于 Model Setup 中 Pressure 的设定值。

Ambient Temperature 是求解域外部的流体温度，其优先级高于 Model Setup 中 Default Ambient Temperature 的设定值。

Radiant Temperature 是求解域外部辐射源的温度，其优先级高于 Model Setup 中 Default Radiation Temperature 的设定值。

Heat Transfer Coefficient 是求解域边界面上的热交换系数。当有 Enclosure、Cuboid 等物体被贴附至求解域边界上时此热交换系数才会有效，用以计算物体表面的换热量，计算公式如下：

$$Q = h \times A \times (T - T_a) \tag{5-1}$$

Q：换热量（W）；h：热交换系数（W/(m^{2}K)）；A：物体与求解域边界的重合面积（m^2）；T：物体与求解域边界重合的表面温度（℃）；T_a：环境温度（℃）。

External Velocity 描述了某个求解域边界面上的一个滑流速度，此速度值与热交换系数没有任何联系，通常情况下用户不需要对 External Velocity 进行任何设置。

Radiation Transient 特性用于瞬态分析，设定一个辐射温度的瞬态变化曲线。

Ambient Transient 特性用于瞬态分析，设定一个环境温度的瞬态变化曲线。

5.2　Fluid 特性

如图 5-2 所示，Fluid 特性设置了流体的热导率、粘性、密度、比热和热膨胀系数等参数。

Name 确定了 Fluid 特性的名称。

Conductivity Type 确定了流体的热导率类型。当 Conductivity Type 设置为 Constant 时，流体的热导率为定值，通过 Conductivity 设置项进行设置；当 Conductivity Type 设置为 Temperature Dependent 时，流体的热导率随温度发生变化，其计算公式如下：

$$K = Cond + Coeff \times (T - T_{ref}) \tag{5-2}$$

K：流体的实际热导率（W/(mK)）；$Cond$：Conductivity 设定值（W/(mK)）；$Coeff$：Coefficient 设定值（W/(mK^2)）；T_{ref}：T_{ref} 设定值（℃）；T：网格内的温度（℃）。

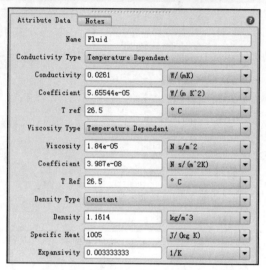

图 5-2　Fluid 特性设置框

Viscosity Type 确定了流体的粘性类型。当 Viscosity Type 设置为 Constant 时，流体的粘性为定值，通过 Viscosity 设置项进行设置；当 Viscosity Type 设置为 Temperature Dependent 时，流体的粘性随温度发生变化，其计算公式如下：

$$\mu = Visco + Coeff \times (T - T_{ref}) \tag{5-3}$$

μ：流体的粘性（Ns/m^2）；$Visco$：Viscosity 设定值（NS/m^2）；$Coeff$：Coefficient 设定值（Ns/(m^{2}K)）；T_{ref}：T_{ref} 设定值（℃）；T：网格内的温度（℃）。

Density Type 确定了流体密度的类型。当 Density Type 设置为 Constant 时，流体的密度为定值；当 Density Type 设置为 Ideal Gas Law 时，软件根据理想气体定律计算每一个网格内的流体密度值，计算公式如下：

$$\rho = \frac{(molecular\ weight) \times (P + datum\ pressure)}{R \times T_{absolute}} \tag{5-4}$$

ρ：网格内的流体密度（kg/m^3）；$molecular\ weight$：流体摩尔质量（kg/kmol）；P：网格内的相对压力值（Pa）；$datum\ pressure$：Model Setup 中的 Pressure 值（Pa）；R：气体常数 8314（J/kmol·K）；$T_{absolute}$：网格内的热力学温度（K）。

Specific Heat 是流体的比热（J/(kgK)）。Expansivity 是流体的体积膨胀系数（1/K），当 Density Type 为 Constant 时，其值为定值；当 Density Type 为 Ideal Gas Law 时，其值为绝对温度的导数。

5.3　Grid Constraint 特性

如图 5-3 所示，Grid Constraint 特性定义了物体的网格约束和膨胀，用于物体所在区域的网格加密。

Name 确定了 Grid Constraint 特性的名称。

Minimum Size 确定了网格约束所赋予物体所在区域的最小网格尺寸。

第 5 章 特性

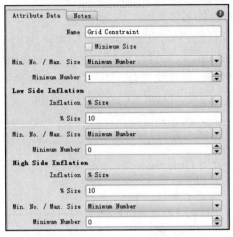

图 5-3 Grid Constraint 特性设置框

Min.No./Max.Size 确定了网格约束的定义方式。当设置为 Minimum Number 时，Minimum Number 设置框中确定了物体沿坐标轴方向的最少网格数；当设置为 Max Size 时，Max Size 设置框中确定了物体沿坐标轴方向的最大网格尺寸。

Low Side Inflation 与 High Side Inflation 确定了网格延伸出物体的数量和距离，Low 和 High 根据坐标轴的方向确定。% Size 根据物体的尺寸确定膨胀网格的距离，Minimum Number 确定了膨胀距离内的网格数目。Size 确定了膨胀网格的距离。Maximum Size 确定了膨胀距离内的网格最大尺寸。

5.4　Material 特性

如图 5-4 所示，Material 特性定义了材料的热导率、电阻率、密度、比热、表面特性等参数。

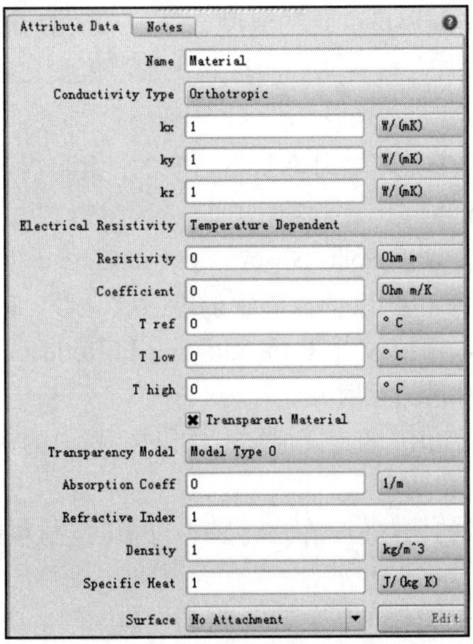

图 5-4 Material 特性设置框

Name 确定了 Material 特性的名称。

Conductivity Type 确定了材料热导率的类型。当 Conductivity Type 设置为 Constant 时，材料的热导率为定值，通过 Conductivity 设置框进行设置；当 Conductivity Type 设置为 Temperature Dependent 时，材料的热导率随温度发生变化，其计算公式如下：

$$K = Cond + Coeff \times (T - T_{ref}) \tag{5-5}$$

K：材料的实际热导率（W/(mK)）；$Cond$：Conductivity 设定值（W/(mK)）；$Coeff$：Coefficient 设定值（W/(mK^2)）；T_{ref}：T_{ref} 设定值（℃）；T：网格内的温度（℃）。

当 Conductivity Type 设置为 Orthotropic 时，可以设置物体沿物体坐标轴方向不同的热导率，如图 5-5 所示。

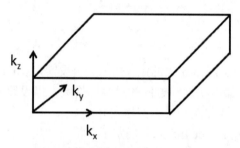

图 5-5　Orthotropic 热导率设置类型

Electrical Resistivity 确定了材料电阻率的类型。当 Electrical Resistivity 设置为 Constant 时，材料的电阻率为定值，通过 Resistivity 进行设置；当 Electrical Resistivity 设置为 Temperature Dependent 时，材料的电阻率随温度变化，其计算公式如下：

$$\rho' = Resis + Coeff \times (T - T_{ref}) \tag{5-6}$$

ρ'：材料的电阻率（Ohm m）；$Resis$：Resistivity 设定值（Ohm m）；$Coeff$：Coefficient 设定值（Ohm m/K）；T_{ref}：T_{ref} 设定值（℃）；T：网格内的温度（℃）。

T_{low} 和 T_{high} 确定了电阻率随温度变化的温度上下限，超出此温度范围的电阻率将采用根据 T_{low} 和 T_{high} 计算的电阻率。例如，材料实际温度超出了温度变化的上限值 T_{high}，则材料的电阻率为 $Resis + Coeff \times (T_{high} - T_{ref})$。

默认情况下，所有材料对于太阳辐射都是不透明的，太阳辐射能量投射至物体表面之后被反射或吸收。通过 Transparent Material 选项，可以考虑材料对太阳辐射的吸收、反射和透射。当选择 Model Type 0 时，需要设置 Solar Absorption Coefficient 和 Refractive Index。其中 Solar Absorption Coefficient 是材料单位长度的太阳辐射能吸收系数，Refractive Index 是材料的折射率。当选择 Model Type 1 时，需要设置 Transmittance 和 Reflectance。其中 Transmittance 是材料的透射率，Reflectance 是材料的反射率。

Density 确定了材料的密度值，在进行瞬态分析时，材料的密度值对仿真结果有影响，必须准确设置。

Specific Heat 确定了材料的比热值，在进行瞬态分析时，材料的比热值对仿真结果有影响，必须准确设置。

Surface 确定了材料的表面粗糙度、表面热阻和发射率等参数。

5.5　Radiation 特性

如图 5-6 所示，Radiation 特性定义了物体表面参与辐射换热计算的精细程度。

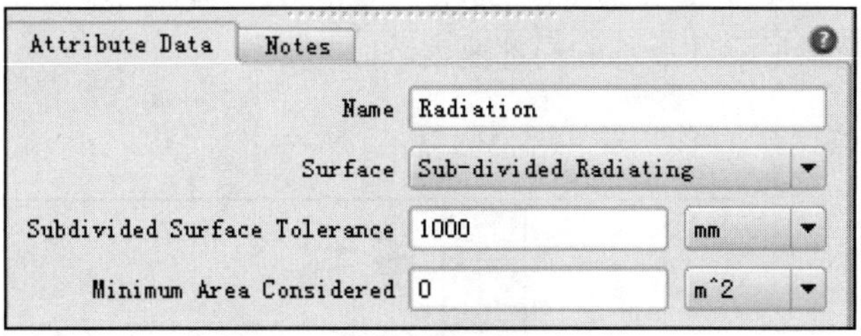

图 5-6　Radiation 特性设置框

Name 确定了 Radiation 特性的名称。

Surface 确定了表面参与辐射换热计算的精细程度。当选择 Non-radiating 时，物体表面不参与辐射换热计算；当选择 Single Radiating 时，将物体表面作为一个整体进行辐射换热计算；当选择 Sub-divided Radiating 时，将物体表面分割为若干个表面，这些表面分别参与辐射换热计算。通过 Subdivided Surface Tolerance 设置框确定分割表面的边长。

Minimum Area Considered 确定了参与辐射换热计算的最小表面面积，小于此值的表面不参与辐射换热计算。

5.6　Resistance 特性

如图 5-7 所示，Resistance 特性定义了平面或体积阻尼的阻抗特性。

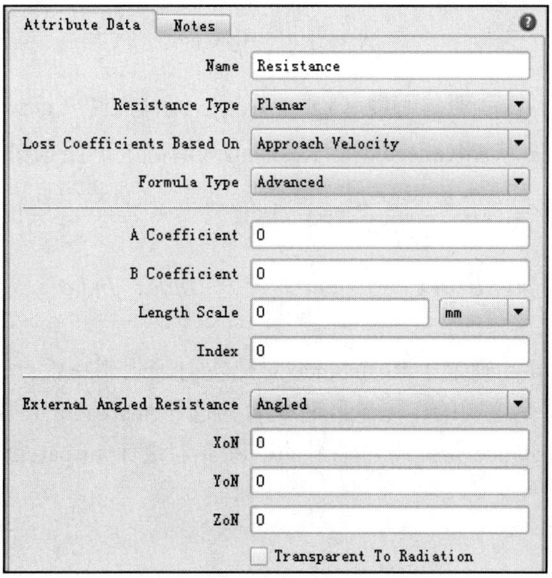

图 5-7　Resistance 特性设置框

Name 确定了 Resistance 特性的名称。

Resistance Type 确定了阻尼特性的几何形体。当设置为 Planar 时，Resistance 特性将被用于二维形体的阻尼；当设置为 Volume 时，Resistance 特性将被用于三维形体的阻尼。

Loss Coefficients Based On 确定了阻力损失系数所基于的速度。如图 5-8 所示，Approach Velocity 是流动阻尼元件前部的速度，Device Velocity 是空气经过流动阻尼时的速度，Accelerated Velocity 是阻尼元件后部的局部速度。

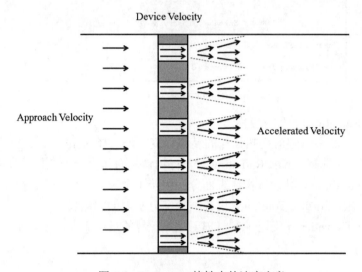

图 5-8　Resistance 特性中的速度定义

Free Area Ratio 确定了 Resistance 的开孔率。

Formula Type 确定了 Resistance 前后压力损失的计算公式。当 Formula Type 设置为 Standard 时，Resistance 两侧的静压损失计算公式如下：

$$\Delta P = \left(\frac{\xi}{2}\right) \times \rho \times v^2 \qquad (5\text{-}7)$$

ξ：阻力损失系数；ρ：流体密度（kg/m³）；v：流体流速（m/s）。

当 Formula Type 设置为 Advanced 时，Resistance 两侧的静压损失计算公式如下：

$$\Delta P = \left(\frac{B \times v^{Index} \times \rho^{1-Index}}{2 \times l^{Index}}\right) \times v^{2-Index} + \left(\frac{A \times v \times \rho}{2 \times l}\right) \times v \qquad (5\text{-}8)$$

A：A Coefficient 设定值；B：B Coefficient 设定值；$Index$：$Index$ 设定值；v：流体流速（m/s）；l：Length Scale 设定值（m）。

Transparent to Radiation 确定了 Resistance 对热辐射的阻碍特性。Loss Coefficient 为 0 时，Resistance 对辐射换热总是透明的，无论此时是否勾选 Transparent to Radiation 选项；当 Loss Coefficient 非 0 时，Resistance 是阻碍热辐射的，除非勾选 Transparent to Radiation 选项。

5.7　Source 特性

如图 5-9 所示，Source 特性设置了 Source 所在区域的压力、速度、温度和电气的参数。

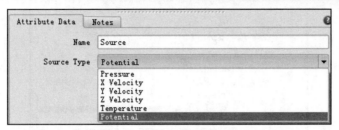

图 5-9 Source 特性设置框

Name 确定了 Source 特性的名称。

Source Type 确定了 Source 的类型。当 Source Type 设置为 Temperature 时，可以设置 Source 所在区域的热功耗、温度、固定热流量等参数。Option 选项确定了 Temperature 的形式。当 Option 设置为 Source/Volume 时，通过 Source/Volume 设置了单位体积的热功耗或吸热量；当 Option 设置为 Source/Area 时，通过 Source/Area 设置了单位面积的热功耗或吸热量；当 Option 设置为 Total Source 时，通过 Total Source 设置 Source 的热功耗或吸热量；当 Option 设置为 Linear Source 时，Source 的发热量或吸热量随温度发生变化，具体计算公式如下：

$$Source = Coeff \times (Value - T) \tag{5-9}$$

Coeff：Coefficient 设定值（W/K）；*Value*：Value 设定值（℃）；*T*：Source 所在区域或相邻网格内的温度值（℃）。

当 Option 设置为 Fixed Value 时，通过 Fixed Value 设置 Source 所在区域或相邻网格内的温度值（℃）；当 Option 设置为 Non-Linear 时，通过 Power vs Temperature Chart 设置 Source 热功耗或吸热量随温度变化的关系曲线。

当 Source Type 设置为 Pressure 时，可以设置 Source 所在区域的质量流量。当 Option 设置为 Source/Volume 时，通过 Source/Volume 设置了单位体积的质量流量；当 Option 设置为 Source/Area 时，通过 Source/Area 设置了单位面积的质量流量；当 Option 设置为 Total Source 时，通过 Total Source 设置 source 所在区域的质量流量；当 Option 设置为 Linear Source 时，Source 的质量流量随压力发生变化，具体计算公式如下：

$$Source = Coeff \times (Value - P) \tag{5-10}$$

Coeff：设置的 Coefficient 值（ms）；*Value*：设置的 Value 值（Pa）；*P*：Source 所在区域或相邻网格内的压力值（Pa）。

如图 5-10 所示，当 Source Type 设置为 Velocity 时，可以设置 Source 所在区域的一个推动力。当 Option 设置为 Source/Volume 时，通过 Source/Volume 设置了单位体积的推动力；当 Option 设置为 Source/Area 时，通过 Source/Area 设置了单位面积的推动力；当 Option 设置为 Total Source 时，通过 Total Source 设置 source 所在区域的推动力；当 Option 设置为 Linear Source 时，Source 的推动力随速度发生变化，具体计算公式如下：

$$Source = Coeff \times (Value - V) \tag{5-11}$$

Coeff：Coefficient 设定值（kg/s）；*Value*：Value 设定值（m/s）；*V*：Source 所在区域或相邻网格内的速度值（m/s）。

当 Option 设置为 Fixed Value 时，通过 Fixed Value 设置 Source 所在区域或相邻网格内的速度值（m/s）。

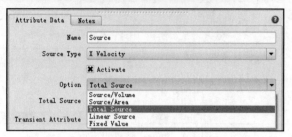

图 5-10　Source Type 设置

如图 5-11 所示，当 Source Type 设置为 Velocity 时，可以设置 Source 所在区域的电气特性。当 Option 设置为 Total Source 时，通过 Total Source 设置 Source 所在区域的电流特性；当 Option 设置为 Fixed Value 时，通过 Fixed Value 设置 Source 所在区域的电压特性。

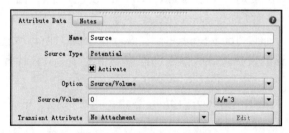

图 5-11　Source Type 设置

Transient Attribute 用于瞬态分析，设置了 Source 的瞬态变化曲线。

5.8　Surface 特性

如图 5-12 所示，Surface 特性确定了材料的表面粗糙度、表面热阻和发射率等参数。物体直接应用 Surface 特性的优先级高于通过 Material 特性应用的 Surface 特性。

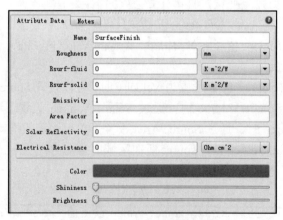

图 5-12　Surface 特性设置框

Name 确定了 Surface 特性的名称。
Roughness 确定了物体表面的平均粗糙度，默认设置为光滑表面。
Rsurf-fluid 在物体表面与流体之间附加了一个热阻。

Rsurf-solid 在物体表面与其他物体表面之间附加一个热阻。

Emissivity 确定了热辐射计算过程中表面的发射率，其值在 0～1 之间。

Area Factor 用于模拟物体表面的波纹。物体表面的细小波纹会增加物体的散热面积，但在实际仿真中表面的细小波纹会占用很多计算资源。Area Factor 是一个将波纹表面折合为平坦表面的系数。如图 5-13 所示，波纹表面和平坦表面的投影面积相同，但波纹表面的展开面积是平坦表面的 1.2 倍，即 Area Factor 为 1.2。

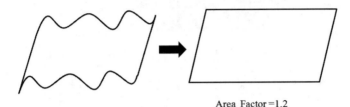

图 5-13　Area Factor 示意图

Solar Reflectivity 为物体对太阳辐射的反射率，其值在 0～1 的范围之内，如果设为 1，则所有投射到物体表面的太阳辐射能量都被反射。在 Material 特性中也可以设置 Solar Reflectivity，其优先级高于 Surface 特性中的 Solar Reflectivity。对压缩 Cuboid 而言，Surface 特性中的 Solar Reflectivity 优先级要高于 Material 特性中的 Solar Reflectivity。

Electrical Resistance 确定了物体表面的接触电阻值。

Color 确定了在 Drawing Board 和 Visual Editor 后处理模块中物体表面的颜色。

Shininess 和 Brightness 滑动条控制了物体表面的视觉效果。

5.9　Surface Exchange 特性

如图 5-14 所示，Surface Exchange 特性可以确定物体表面的热交换系数。

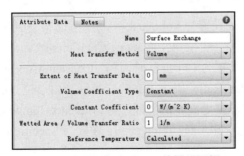

图 5-14　Surface Exchange 特性设置框

Name 确定了 Surface Exchange 特性的名称。

Heat Transfer Method 确定了表面热交换的类型。当 Heat Transfer Method 设置为 Surface 时，用于考虑某个表面的热交换。当 Surface Coefficient Type 设置为 Calculated 时，由软件计算热交换系数；当 Surface Coefficient Type 设置为 Specified 时，通过 Specified Coefficient 设置热交换系数。当 Reference Temperature 设置为 Calculated 时，由软件计算热交换的参考温度。如图 5-15 所示，计算表面换热量。

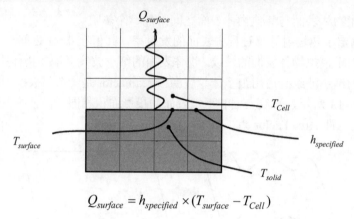

图 5-15　Reference Temperature 为 Calculated 的换热量计算

当 Reference Temperature 设置为 Specified 时，通过 Temperature 设置参考温度值。如图 5-16 所示，计算表面换热量。

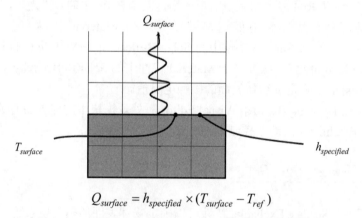

图 5-16　Reference Temperature 为 Specified 的换热量计算

当 Heat Transfer Method 设置为 Volume 时，用于考虑某个区域的热交换。Extent of Heat Transfer Delta 设置了热交换区域的高度，Volume Coefficient Type 确定了热交换系数的类型。当 Volume Coefficient Type 设置为 Constant 时，通过 Constant Coefficient 直接设置热交换系数。Wetted Area/Volume Transfer Ratio 确定了在热交换区域内单位 Source 体积的润湿表面积。Reference Temperature 确定了参考温度的类型，当 Reference Temperature 设置为 Calculated 时，软件自动计算参考温度；当 Reference Temperature 设置为 Specified 时，通过 Temperature 设置参考温度。

当 Volume Coefficient Type 设置为 Specified Profile 时，通过 Surface Exchange Chart 设置速度与热阻的关系曲线。Volume 区域的换热量计算公式如下：

$$Q_{tot} = \frac{T_{mean} - T_{in}}{R} \tag{5-12}$$

T_{mean}：Volume 所在区域基板的平均温度（℃）；T_{in}：Volume 所在区域的入口流体温度（℃）；R：热阻（K/W），通过 Surface Exchange Chart 确定。

5.10 Thermal 特性

如图 5-17 所示，Thermal 特性确定了物体的热功耗、温度和固定热流量等关于热量的参数。

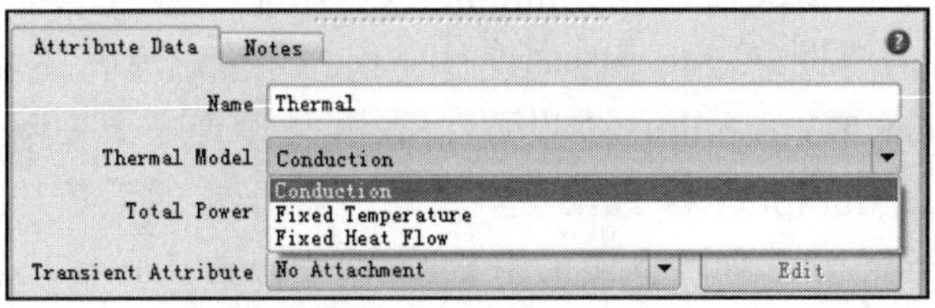

图 5-17 Thermal 特性设置框

Name 确定了 Thermal 特性的名称。

Thermal Model 确定了物体作为热源的形式。当 Thermal Model 设置为 Conduction 时，需要设置物体的热功耗，通过 Total Power 直接进行设置；当 Thermal Model 设置为 Fixed Temperature 时，物体的温度为定值，通过 Fixed Temperature 直接进行设置；当 Thermal Model 设置为 Fixed Heat Flow 时，通过 Power Specification 选项确定固定热流量的形式。当 Power Specification 设置为 Total Power 时，物体表面的热流量之和为定值，通过 Total Power 直接进行设置；当 Power Specification 设置为 Power/Area 时，通过 Power/Area 设置单位面积的热流量。

Transient Attribute 用于瞬态分析，设定了热特性随时间变化的曲线。

5.11 Transient 特性

如图 5-18 所示，Transient 特性可以设置某个参数随时间、温度或者两者同时变化。Transient 特性必须与 Thermal、Ambient 和 Source 等特性配合使用，并且 Transient 特性只在瞬态分析中可以使用。

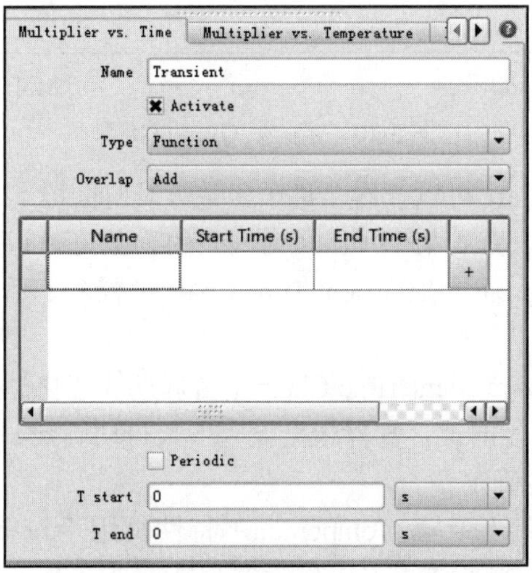

图 5-18 Transient（Multiplier vs Time）特性设置框

Transient 特性可以分为 Multiplier vs Time 和 Multiplier vs Temperature。在 Multiplier vs Time 中设置了一个乘数与时间的关系曲线，在 Multiplier vs Temperature 中设置了一个乘数与监控点温度的关系曲线。

Multiplier vs Time 特性页用于设置某个参数随时间变化。通常在 Thermal、Ambient 和 Source 中设置瞬态变化量的最大值，在 Multiplier vs Time 中设置一个小于等于 1 的乘数与时间的关系曲线。例如，需要设置 24 小时周期性变化的环境温度，环境温度最高为 25℃。在 Ambient 特性的 Ambient Temperature 中设置 25，并且设置一个采用 Multiplier vs Time 的 Ambient Transient 特性。Multiplier vs Time 是一个小于等于 1 的系数与时间的关系曲线。

当 Type 选择 Function 时，可以直接采用 Linear、Power Law、Exponential、Sinusoidal、Gaussian、Pulse 和 Double Exponential 等函数建立乘数与时间的关系曲线。

Overlap 确定了相同时间段的子函数进行叠加或乘积。如图 5-19 和图 5-20 所示，当选择 Add 时，处于相同时间段的子函数会进行叠加；当选择 Multiply 时，处于相同时间段的子函数会进行乘积。

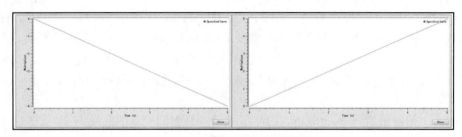

图 5-19　两个同时间段子函数

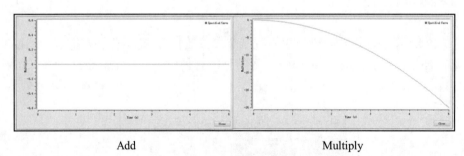

　　　　　　Add　　　　　　　　　　　　　　　　Multiply
图 5-20　子函数 Overlap 类型

通过 Function Time Chart 可以查看全部子函数涉及时间段的乘数与时间关系曲线，通过 Sub-Function Time Chart 可以查看某个子函数时间段的乘数与时间关系曲线。

当 Type 选择 Profile 时，通过 Transient Time Chart 设置若干系数与时间的数据点，构成系数与时间的关系曲线。

Periodic 确定了设置的 Transient Time Chart 是否周期性变化。

T start 是一个周期的开始时间，软件根据设置参数自动确定；T start 是一个周期的结束时间，软件根据设置参数自动确定。

如图 5-21 所示，Multiplier vs Temperature 特性页用于设置某个参数随温度变化。在 Associate Monitor Point 中选择监控点温度作为自变量。通过 Transient Temperature Chart 设置

温度与乘数的关系曲线。之后用此 Transient Temperature Chart 乘以 Thermal 特性 Conduction Thermal Model 下的 Total Power 参数值，即可得到物体热功耗随监控点温度的瞬态变化关系。

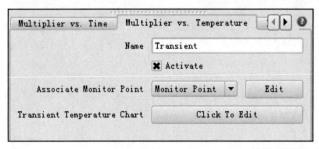

图 5-21　Transient（Multiplier vs Temperature）特性设置框

6 网格划分

6.1 网格划分步骤

网格划分是进行热仿真分析的重要环节。对于仿真项目而言，良好的网格划分不仅可以保证求解计算收敛，而且可以提高求解计算效率。通常情况下，FloTHERM 软件中的网格划分可以分为 5 个步骤，如图 6-1 所示。如果仿真模型出现计算收敛的问题，可能需要进一步调整网格。

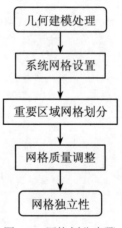

图 6-1 网格划分步骤

6.2 几何模型处理

通常网格划分是在项目几何模型建立之后进行的。但在创建几何模型时，可以尽量避免产生小尺寸的网格，以减轻后期网格划分的工作量。如图 6-2 所示，A、B 两个物体在 X 方向相距 0.1mm。在创建几何模型时，可以将物体 A 在 X 负方向移动 0.1mm 或者将物体 B 在 X

正方向移动 0.1mm，以此来消除这一小尺寸网格。从热量传递的角度出发，物体微小的几何位置变化不会对仿真结果造成影响。

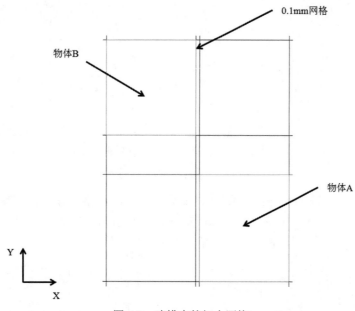

图 6-2　建模中的细小网格

6.3　系统网格设置

如图 6-3 所示，通过 Grid→System Grid 命令打开 System Grid 设置框。

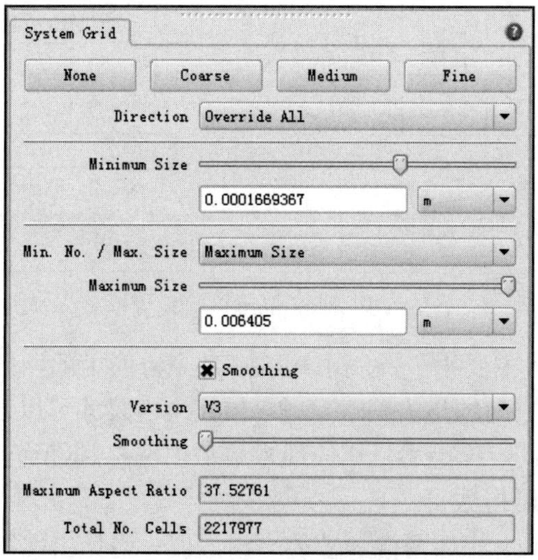

图 6-3　System Grid 设置框

如图 6-4 所示，通过 None、Coarse、Medium 和 Fine 四个选项可以自动创建系统网格。其中，None 选项可以保证在物体的边界上创建网格，软件中称之为 Keypoint 网格。Coarse、Medium

和 Fine 选项可以快速地创建系统网格，但当仿真项目比较复杂时无法确保在所有物体的边界上创建网格，所以通常情况下建议采用 None 选项创建系统网格。

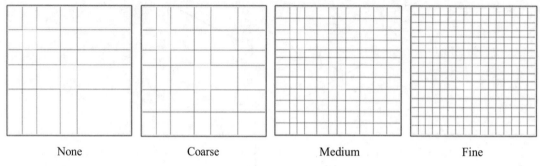

图 6-4　系统自动创建的网格

如图 6-5 所示，Minimum Size 确定了求解域内的最小网格尺寸。在求解域内某一物体 X 方向的尺寸为 1mm。当 X 方向的 Minimum Size 设为 0.1mm 时，物体可以创建网格。但当 X 方向的 Minimum Size 设为 2mm 时，物体无法创建边界网格。

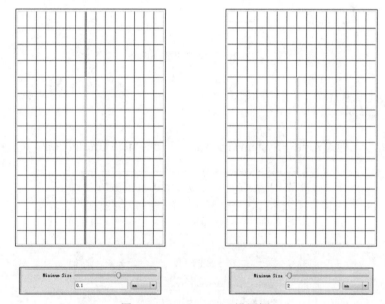

图 6-5　Minimum Size 设置框

Min.No./Max.Size 选项主要用于控制求解域在某个方向上的网格疏密程度。其中 Maximum Size 确定了求解域内某个方向的最大网格尺寸，最大网格尺寸可以通过滑动条进行调整。如图 6-6 所示，Maximum Size 设定值越小，相应地求解域内网格越细密。Minimum Number 确定了求解域内某个方向的最小网格数目。

Smoothing 选项主要用于相邻网格尺寸的平滑过渡，避免出现相邻网格大尺寸比。相邻网格的平滑过渡可以通过 Smoothing 滑动条进行调整。如图 6-7 所示，未设置 Smoothing 网格平滑过渡时，相邻网格之间的尺寸比超过 10。当采用 Smoothing 网格平滑过渡之后，相邻网格之间的尺寸比小于 4。

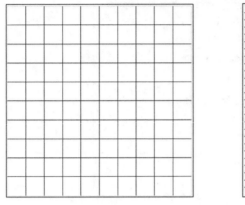 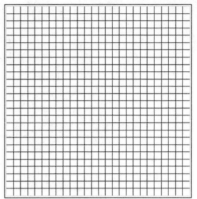

图 6-6　Maximum Size 设置框

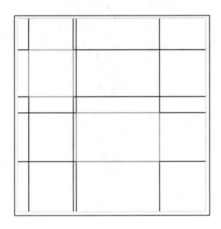 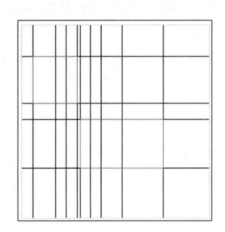

图 6-7　Smoothing 设置框

Maximum Aspect Ratio 显示了求解域内最大的尺寸比，Total No. Cells 显示了求解域内的网格总数。

6.4　网格约束与局域化

在软件主界面的模型树中单击任一物体，然后在下方的物体特性页中单击 Attachments 页，单击 Grid Constraint 前的加号，弹出 Grid Constraint 设置框，如图 6-8 所示。

图 6-8 Grid Constraint 设置框

通过 Minimum Size 选项可以设置网格约束所赋予物体所在区域的最小网格尺寸。

Min.No./Max.Size 选项主要用于控制网格约束所赋予物体在某个方向的网格疏密程度。如图 6-9 所示，当 Minimum Number 设为 15 时，物体沿坐标轴方向有 15 个网格。

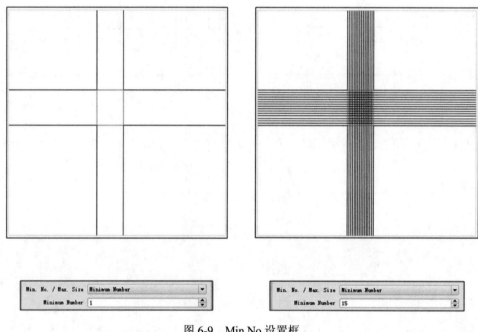

图 6-9 Min.No 设置框

Low Side Inflation 和 High Side Inflation 根据物体坐标轴的方向确定。如图 6-10 所示，%Size 选项根据物体的尺寸确定膨胀网格的距离，Minimum Number 确定了膨胀距离内的网格数目，Size 确定了膨胀网格的距离。

对于具有 Grid Constraint 特性的智能元件和物体，通过 Grid→Toggle Localize Grid 命令可以创建网格局域化。如图 6-11 所示，Toggle Localize Grid 命令使网格约束仅仅在物体周围，避免在不必要的地方划分网格。

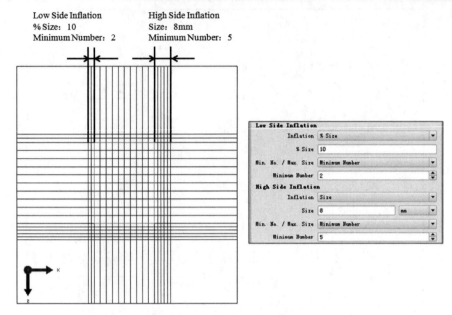

图 6-10　Inflation 设置框

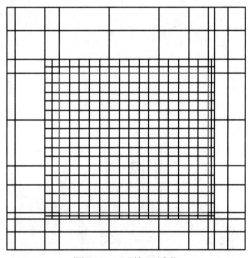

图 6-11　网格局域化

6.5　重要区域网格划分经验

6.5.1　轴流风扇

当轴流风扇需要精确计算风扇旋转效应时，可以根据经验规则进行网格划分。如图 6-12 所示，在风扇的高度 Y 和宽度 X 方向至少有 25 个网格，膨胀网格的距离为 25%，在膨胀网格的距离内至少有 6 个网格；在风扇的厚度方向至少有 15 个网格，膨胀网格的距离为 100%，在膨胀网格的距离内至少有15个网格,并且保证系统网格与风扇局域化网格之间可以平滑过渡。

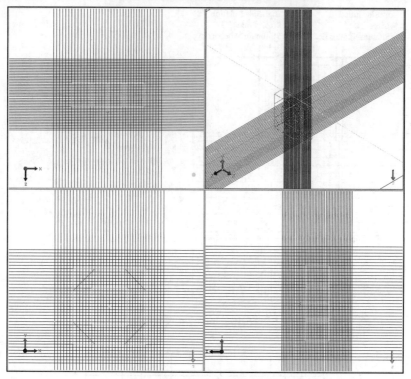

图 6-12　轴流风扇网格划分

6.5.2　散热器

如图 6-13 所示，散热器翅片间网格数为 3~5，翅片厚度方向网格数为 2，基板厚度方向有 5 个网格左右。

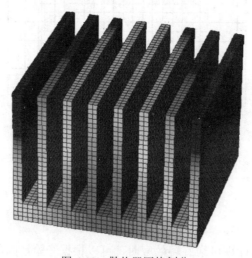

图 6-13　散热器网格划分

散热器的进出风区域需要进行网格膨胀，膨胀网格的距离至少为 10%散热器长度，在膨胀网格的距离内至少有两个网格，如图 6-14 所示。

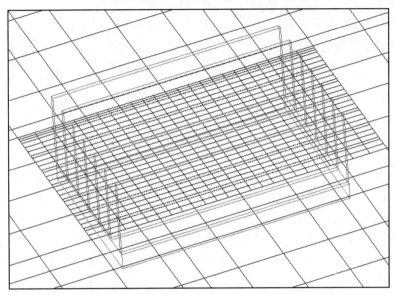

图 6-14　散热器进出风区域网格膨胀

6.5.3　PCB

采用 PCB 智能元件进行 PCB 建模，需要考虑 PCB 板的热传导时建议在 PCB 板厚度方向至少有 3 个网格，并且在厚度方向有一定的网格膨胀。

由于 PCB 智能元件的厚度包含了 PCB 板和其上的元件厚度，所以可以采用一个 Volume Region 来包围 PCB 板，对 Volume Region 进行网格约束和网格膨胀设置，如图 6-15 所示。

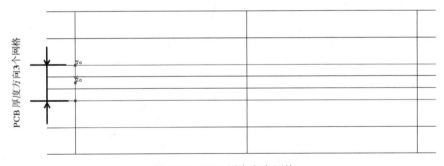

图 6-15　PCB 厚度方向网格

6.6　网格质量调整

软件中网格质量主要是指网格的尺寸比和相邻网格之间的尺寸比。

网格的尺寸比可以通过 Grid Summary Dialog 设置框和 Drawing Board 窗口进行调整。通过 Grid→Grid Summary 命令打开 Grid Summary Dialog 设置框。如图 6-16 所示，Aspect Ratio 显示了仿真项目中网格的最大尺寸比，Smallest Grid Cells 显示在 X 方向的最小网格尺寸约为 2.8mm，Objects Responsible 显示了仿真项目中引起某个 Aspect Ratio 或 Cell Size 的物体。

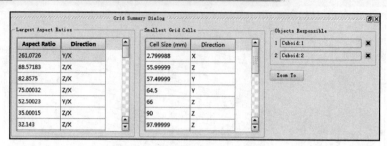

图 6-16　Grid Summary 设置框

由于最小网格出现在 X 方向且最大网格尺寸比的 Direction 为 Y/X，所以切换至 Z 向正视图。勾选 Objects Responsible 中的两个物体，并且单击 Zoom To。图 6-17 显示了最小网格的位置和产生最小网格的相关物体。移动 Cuboid:1 或 Cuboid:2 中的任意物体，消除两者之间的细小网格。一般情况下，可以移动其中相对不重要的物体。在热仿真工作中，物体极微小的移动和尺寸的变化不会对结果产生影响，但对网格的质量和求解计算的效率有很大改善。调整之后的网格如图 6-18 所示。

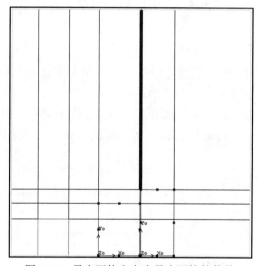

图 6-17　最小网格和产生最小网格的物体

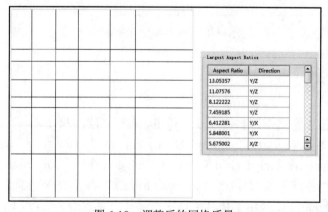

图 6-18　调整后的网格质量

6.7 网格独立性

在进行 CFD 仿真计算时网格的疏密程度对仿真结果会有影响。为了消除网格对仿真结果的影响，需要对仿真项目采用不同的网格数量。传统意义上，网格独立性的定义为：仿真项目所用网格数量翻倍，但仿真结果未发生变化，如图 6-19 所示。由于实现完全仿真结果不随网格变化可能需要耗费太多的时间，因此一般工程上将网格独立性定义为：随着网格的增加，仿真结果没有明显的变化或者结果在 3%之内进行变化。

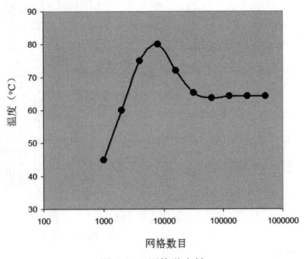

图 6-19　网格独立性

在采用软件进行仿真求解计算之后，可以在芯片、系统进出口等重要的结果关注区域加密网格，并且再次进行仿真计算。查看所关注的结果是否有明显的变化，否则需要再次进行网格加密和计算，直至仿真结果没有明显的变化。

6.8 网格划分实例

本实例基于一个现有的仿真项目，使用户了解仿真项目的网格划分状况和网格划分方法。启动 FloTHERM 软件，通过 Project→Import Project→PDML 命令载入 Simulation Model\Chapter 6\Grid Demo Case.pdml 仿真项目文件。

通过 Grid→System Grid 命令打开 System Grid 设置框，如图 6-20 所示，单击 None 按钮使仿真项目中的物体沿边界生成 Keypoints 网格，按 G 键在 Drawing Board 窗口中显示网格。

如图 6-21 所示，在 System Grid 中设置仿真项目各方向的 Maximum Size 为 30mm，并且采用 Smoothing 功能，将 Smoothing 滑动条的位置与 Maximum Size 中滑动条的位置对齐。

选择 PCB 下的 Comp1～Comp9 元件，根据图 6-22 所示设置 Comp1～Comp9 元件的网格约束，并且通过 Grid→Toggle Localize Grid 命令进行网格局域化。

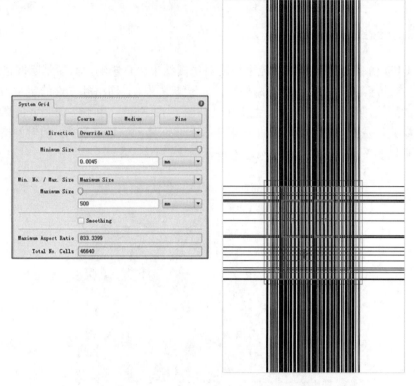

图 6-20　System Grid 设置框和网格效果

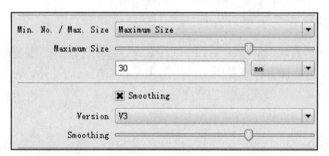

图 6-21　Maximum Size 和 Smoothing 设置框

图 6-22　元件网格约束设置

如图 6-23 所示，创建 PCB Z 网格约束特性，并且赋予至 PCB Region 的 Grid Constraint Zo 方向，保证 PCB 在厚度方向上有 3 个网格。

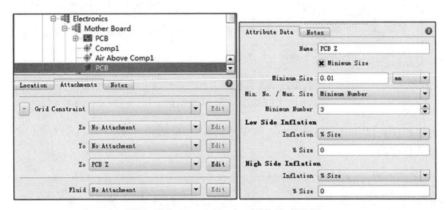

图 6-23　Volume Region 网格约束设置

按 G 键在 Drawing Board 窗口中显示网格。仿真项目中许多网格延伸至求解域的边界，为了提高计算效率，可以去除这些不必要的网格。

在软件模型树中选中 Bracket 组件下的 Region，通过 Grid→Toggle Localize Grid 命令进行网格局域化。图 6-24 所示为采用局域化网格前后的系统网格。

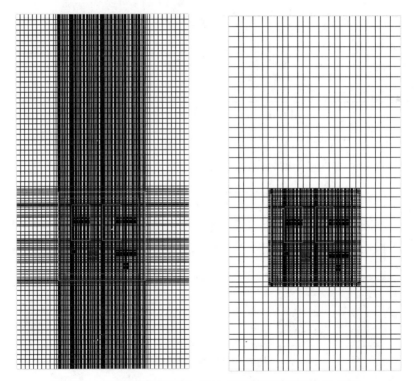

图 6-24　未局域化系统网格（左）和局域化系统网格后（右）

通过 Grid→System Grid 命令查看网格最大尺寸比、仿真项目网格总数等系统网格信息，如图 6-25 所示。

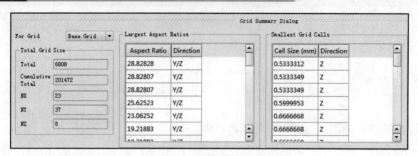

图 6-25　系统网格信息

通过 Solve→Re-Initialize and Solve 命令对仿真项目进行求解计算，图 6-26 所示为求解收敛曲线和监控参数值。

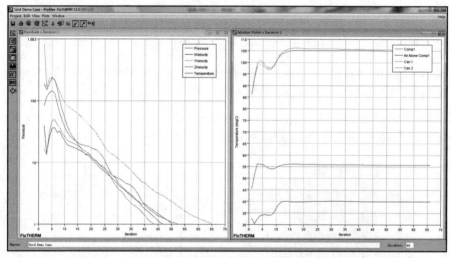

图 6-26　求解收敛曲线和监控参数值

如图 6-27 所示，修改 Com X&Y 和 Com Z 网格约束特性，并且应用此网格约束至 Comp1～Comp9。通过 Solve→Solve 命令再次进行求解计算。

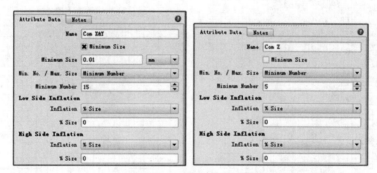

图 6-27　网格约束设置

如图 6-28 所示，元件网格的加密对监控点温度几乎没有影响，元件网格进一步加密引起的元件温度变化为 0.8℃。如果有需要可以在其他区域进一步加密网格，检查网格是否具有独立性。

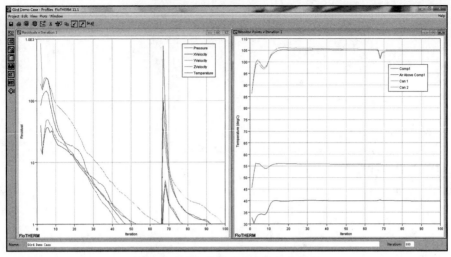

图 6-28　求解收敛曲线和监控参数值

6.9　小结

良好的网格划分不仅可以保证求解计算收敛，也可以提高计算效率。在进行几何建模时，尽量避免产生小网格尺寸。

软件中网格质量主要是指网格尺寸比和相邻网格尺寸比。

在元件、风扇和散热器等温度、速度和压力变化剧烈的区域需要加密网格，通过软件的网格约束和局域化功能可以进行网格加密。

建议进行网格独立性验证，避免网格划分对仿真结果的影响。

7
求解计算

7.1 Profiles 窗口介绍

7.1.1 Profiles 窗口作用

Profiles 窗口主要用于监控参数残差值和参数值随迭代计算的变化,从而判断仿真项目求解是否收敛。其中压力、X/Y/Z 方向速度和温度等标量值均可作为求解参数进行监控。通过 Project→Save Image 命令可以将求解信息区域显示的图形以图片格式直接输出。

7.1.2 Profiles 窗口界面

如图 7-1 所示,Profiles 窗口由菜单栏、快捷图标、迭代计算次数和求解信息区域等组成。在求解信息区域中显示了监控参数值和参数残差值随迭代计算的变化曲线。

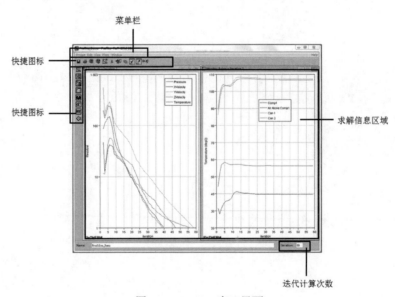

图 7-1 Profiles 窗口界面

7.2 求解收敛判断标准

通常情况下求解计算必须同时满足两个条件才能称为收敛：残差收敛曲线到达 1 和监控参数值不随迭代次数发生变化，如图 7-2 所示。

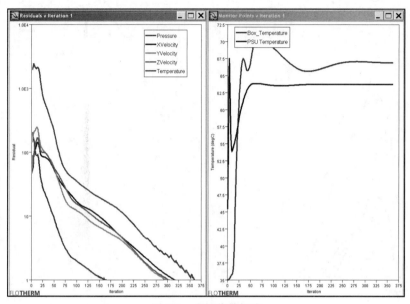

图 7-2　求解收敛标准

严格意义上讲，如图 7-3 所示仅仅监控参数值不随迭代次数发生变化，这还不足以称为求解计算收敛，需要进一步调整模型以使残差曲线达到 1。

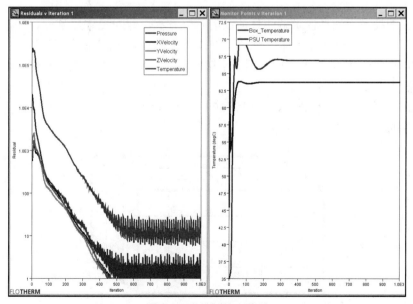

图 7-3　求解计算不收敛

如图 7-4 所示，出现了参数残差曲线达到 1，但是监控参数值随迭代次数发生变化的极少数情况。这同样属于求解计算不收敛。需要减小终止计算残差值，并且继续进行计算，直至监控参数值不随迭代次数发生变化。

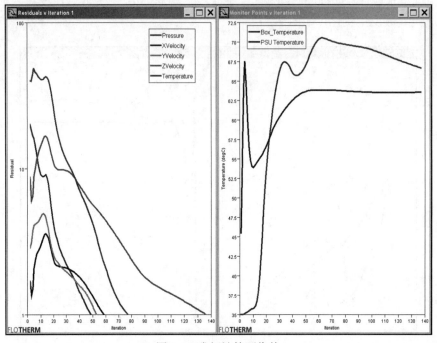

图 7-4　求解计算不收敛

7.3　求解计算参数残差值

由于目前的技术无法直接求解流体流动的守恒方程，即质量守恒方程、动量守恒方程和能量守恒方程，因此通过计算流体动力学（CFD）技术将整个求解域进行空间离散（如图 7-5 所示），建立每一个网格与周围网格之间关于温度、速度和压力的代数方程组。由于一个网格内待求参数值为温度、3 个方向的速度和压力，即 5 个代数方程组，所以对于一个网格数量为 100 万的项目，其待求解的参数值或方程为 500 万个。因此，软件会采用迭代计算的方式求解每一个网格内的参数值。

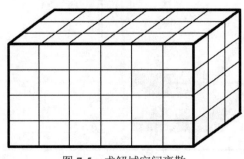

图 7-5　求解域空间离散

在求解域内某个网格的温度代数方程可以写为：

$$T = \frac{C_0T_0 + C_1T_1 + C_2T_2 + C_3T_3 + C_4T_4 + C_5T_5 + C_6T_6 + S}{C_0 + C_1 + C_2 + C_3 + C_4 + C_5 + C_6} \tag{7-1}$$

其中，T_1、T_2、T_3、T_4、T_5、T_6 分别为相邻网格的温度值，T_0 为上一个迭代步此网格的温度值，C_0、C_1、C_2、C_3、C_4、C_5、C_6 为系数，S 为网格内的源项，例如网格内的热功耗。

由于采用迭代计算，在计算某个网格的温度时可能需要采用相邻网格上一个迭代步的温度值，所以上式存在一个计算误差值，如下式所示：

$$\begin{aligned} r_T = &(C_0T_0 + C_1T_1 + C_2T_2 + C_3T_3 + C_4T_4 + C_5T_5 + C_6T_6 + S) \\ &-(C_0 + C_1 + C_2 + C_3 + C_4 + C_5 + C_6) \times T \end{aligned} \tag{7-2}$$

温度残差值 R 的定义为项目所有网格内温度计算误差绝对值的总和，计算公式如下：

$$R_T = \sum |r_T| \tag{7-3}$$

速度残差值和压力残差值的定义与温度残差值的定义类似，分别为：

$$R_{VX} = \sum |r_{VX}| \tag{7-4}$$

$$R_{VY} = \sum |r_{VY}| \tag{7-5}$$

$$R_{VZ} = \sum |r_{VZ}| \tag{7-6}$$

$$R_P = \sum |r_P| \tag{7-7}$$

其中，R_{VX}、R_{VY} 和 R_{VZ} 分别为 X、Y 和 Z 方向的速度残差值。

7.4 参数终止计算残差值

软件根据仿真项目的设置参数确定了温度、速度和压力的参数终止计算残差值。如图 7-6 所示，通过软件主界面的 Solver Control 页可以查看软件自动计算的各参数终止计算残差值。如果有需要也可以手动定义参数终止计算残差值。

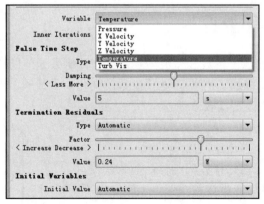

图 7-6　参数终止计算残差值

7.4.1 压力终止计算残差值

压力终止计算残差值 E_P 定义为仿真项目内 0.5%的特征流量 M，计算公式如下：

$$E_P = 0.005 \times M \tag{7-8}$$

对于强迫对流，M 为项目中通过风扇、固定流等智能元件设置的入口流量之和或出口流量之和中的较大值。

对于自然对流，M 的计算公式如下：

$$M = \rho \times EFCV \times A \tag{7-9}$$

ρ：Model Setup 设置中 Fluid 特性中的密度（kg/m³）；$EFCV$：Solver Control 中 Estimated Free Convection Velocity 中的参数值（m/s）；A：求解域垂直于重力方向的截面积（m²）。

7.4.2 速度终止计算残差值

速度终止计算残差值 E_{Vel} 定义为项目内 0.5%的特征流量 M 与风扇或固定流最大速度的乘积，计算公式如下：

$$E_{Vel} = 0.005 \times M \times V \tag{7-10}$$

对于强迫对流，M 为项目中通过风扇、固定流等智能元件设置的入口流量之和或出口流量之和的较大值，V 为项目中风扇或固定流的最大速度。

对于自然对流，M 的计算公式与压力终止残差值中的 M 相同，V 取 Solver Control 中 Estimated Free Convection Velocity 中的参数值（m/s）。

7.4.3 温度终止计算残差值

温度终止计算残差值 E_T 定义为项目内 0.5%的总热功耗，计算公式如下：

$$E_T = 0.005 \times Q \tag{7-11}$$

如果项目中有热源，Q 为所有热源之和；如果项目中没有热源，Q 的计算公式如下：

$$Q = M \times c_p \times \Delta T_{typ} \tag{7-12}$$

M 的计算公式与压力终止计算残差值中的 M 相同；ΔT_{typ}：特征温差 20（℃）；c_p: Model Setup 设置中 Fluid 特性中的比热（J/(kgK)）。

7.5 参数残差曲线的形式

在 Profiles 窗口中显示了参数残差值与参数终止计算残差值的比值随迭代次数变化的曲线。例如，温度残差曲线描述了R_T/E_T随迭代次数的变化。参数残差曲线有多种形式，根据其形式可以采用不同的方法改善其收敛性。

7.5.1 参数残差曲线稳定

如图 7-7 所示，随着迭代计算的进行，参数残差值稳定在某一数值，没有进一步达到残差值 1 的趋势。

7.5.2 参数残差曲线震荡

如图 7-8 所示，随着迭代计算的进行，参数残差值在某一数值附近震荡，没有进一步达到残差值 1 的趋势。

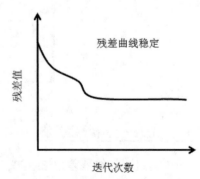

图 7-7 残差曲线稳定于某个值

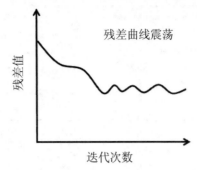

图 7-8　残差曲线在某个值附近震荡

7.5.3　参数残差曲线发散

如图 7-9 所示，随着迭代计算的进行，参数残差值不断地增加，有可能残差值超过 10^5，并且没有进一步达到残差值 1 的趋势。此时，应及时停止计算求解。

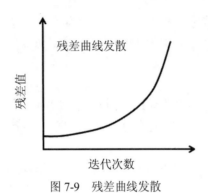

图 7-9　残差曲线发散

7.6　出现收敛问题的原因

7.6.1　与参数终止计算残差值相关

由于参数终止计算残差值与仿真项目的设定值相关，所以极少数仿真项目的不收敛可能会与参数终止计算残差值相关。

1. 包含气液两种流体的仿真项目

由于速度和压力终止计算残差值的特征流量 M 计算时需要流体密度参数，软件会采用 Model Setup 中 Fluid 的密度特性参数，如图 7-10 所示。默认情况下，Fluid 为空气的特性参数。气体密度与液体密度几乎相差三个数量级，因此液体冷却的仿真项目无法满足基于气体特性参数创建的速度和压力终止计算残差标准。

2. 某些具有导流板的强迫冷却仿真项目

软件在计算速度终止计算残差值时，需要风扇和固定流的最大流速。由于导流板的存在，风扇或固定流实际出风口处的流速可能是设定值的数倍乃至数十倍，以至于仿真项目出现速度残差无法收敛的情况。

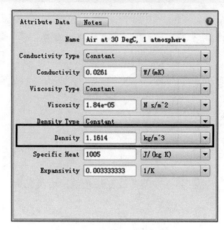

图 7-10　Fluid 特性参数

7.6.2　仿真模型创建错误

在模型创建过程中，一些错误和不合理的参数设置会引起仿真项目不收敛。自然对流冷却项目中的求解域尺寸也会影响项目收敛性。当然，很多仿真项目的不收敛往往是由网格的原因造成的。

1. 参数设置错误

参数设置错误可能会引起残差曲线的剧烈发散。例如风扇以错误的出风方向工作、绝热系统中存在热源、参数设置时混淆单位等均可能引起残差曲线的发散。

2. 求解域设置

如图 7-11 所示，对于一个自然对流冷却的系统，如果求解域边界非常靠近系统，也会出现仿真模型无法收敛的情况。

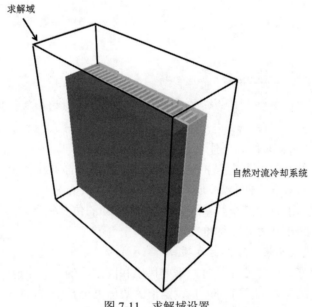

图 7-11　求解域设置

7.6.3 网格质量和数量

网格的最大尺寸比对求解计算是否收敛具有非常重要的影响。如图 7-12 所示，网格在 X、Y 和 Z 方向的尺寸分别为 0.1m、0.001m 和 0.005m。X 与 Y 方向的尺寸比为 100，易于引起收敛问题和降低求解计算效率。通常情况下，仿真项目的最大尺寸比需要控制在 20 以下。笔记本电脑、手机和 PAD 等仿真项目的厚度相对较薄，并且在厚度方向上的物体较多，此类项目的网格最大尺寸比可适当大一些，但一般情况下不建议仿真项目的网格最大长宽比超过 100。

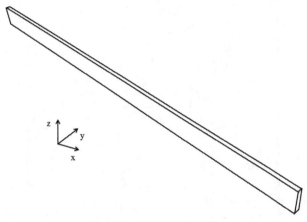

图 7-12 网格尺寸比示意

通过 Grid→Grid Summary 命令打开 Grid Summary 对话框，如图 7-13 所示，Largest Aspect Ratios 特性页中显示了仿真项目中的最大尺寸比。

相邻网格之间的尺寸比也会影响到求解计算是否收敛，在局部加密网格附近容易出现这种情况。如图 7-14 所示，系统网格与局部加密网格 Z 方向的比值为 20，易于引起收敛问题和降低计算效率。通常情况下，相邻网格之间的尺寸比不应超过 10。

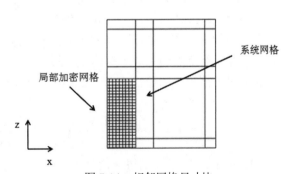

图 7-13 网格最大尺寸比　　　　图 7-14 相邻网格尺寸比

仿真项目内温度、速度和压力值变化剧烈的区域应保证足够的网格数目，以便于获得精确仿真结果和保证仿真项目收敛。芯片、风扇进出口、系统进出口、散热器翅片间等区域应保证一定的网格数量。具体的网格数量可以进行网格独立性工作。

7.7 求解选项设置

如图 7-15 所示，软件具有 Multi Grid 和 Segregated Conjugate Residual 两个求解器。Multi Grid 求解器可以加快线性温度方程的求解，并且对于耦合热交换的项目，它可以改善项目的收敛性和缩短求解时间。通常情况下，Multi Grid 求解器的易用性更好。

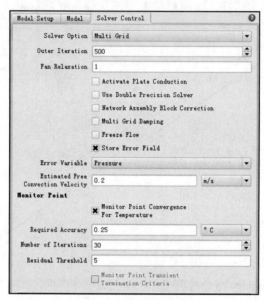

图 7-15　求解选项设置

Outer Iteration 设置了稳态计算下最大的外部迭代次数或者瞬态计算时每一个时间步的最大外部迭代次数。默认情况下，此参数设置为 500。通常情况下，仿真计算在满足最大外部迭代次数或者参数残差曲线达到 1 之后停止。根据式（7-13），在获得收敛结果之前，方程中的系数 C_0、C_1、C_2、C_3、C_4、C_5、C_6 都是随着 T_1、T_2、T_3、T_4、T_5、T_6 等待求量变化。C_0、C_1、C_2、C_3、C_4、C_5、C_6 的每一次变化称为外部迭代，T_1、T_2、T_3、T_4、T_5、T_6 的每一次变化称为内部迭代。由于 C_0、C_1、C_2、C_3、C_4、C_5、C_6 会随着待求量的变化而变化，所以软件在计算时没有必要在一组临时的系数下精确地求解 T_1、T_2、T_3、T_4、T_5、T_6。可以在进行若干次内部迭代之后适时地停止内部迭代计算，及时地用所得到的最新待求量结果去更新这些系数，以进入下一个外部迭代。

$$T = \frac{C_0 T_0 + C_1 T_1 + C_2 T_2 + C_3 T_3 + C_4 T_4 + C_5 T_5 + C_6 T_6 + S}{C_0 + C_1 + C_2 + C_3 + C_4 + C_5 + C_6} \tag{7-13}$$

Fan Relaxation 用于控制每一次外部迭代时风扇流量的变化。当项目中包含有非线性特性曲线的风扇，并且风扇工作点位于特性曲线平坦区域时，可以将此参数值设置在 0.5 以下，以便于风扇更好地确定工作点。

通过勾选 Activate Plate Conduction 选项可以求解 Collapsed Cuboid 三维热传导，此选项适用于翅片非常薄的散热器，如果采用 Cuboid 进行建模，系统中易于产生大的网格尺寸比。通过 Collapsed Cuboid 建立散热器翅片，并且采用 Activate Plate Conduction 选项可以有效地获取精确仿真结果。在包括热管或网络组件的仿真项目中采用 Activate Plate Conduction 选项时，求解时建议采用 Solve→Re-Initialize and Solve 命令。

在一些温度残差值不收敛的项目中，勾选 Use Double Precision Solver 选项有助于改善项目的收敛性。采用此功能需要更多的计算机内存，同时求解计算效率也会降低。

在采用 Multi Grid 求解器进行求解计算时，如果各参数出现不收敛的情况，可以采用 Multi Grid Damping 功能。此功能有助于改善项目的收敛性，但会降低求解计算效率。

在一些物理上非常复杂的项目中，由于速度求解过程中的波动误差引起了温度残差的不收敛。此时，可以采用 Freeze Flow 功能，在冻结流场的前提下单独对温度进行求解计算。

如果求解参数出现不收敛的情况，勾选 Store Error Field 选项，在 Error Variable 中选择不收敛参数并且重新进行求解，然后通过 Visual Editor 后处理模块可以查看参数的 Error Field。确定引起参数不收敛的区域，并且进行调整网格等进一步的改进措施。

Estimated Free Convection Velocity 是自然对流流体流速的预估，通常采用默认值即可。

对于一些参数残差值在 10 左右稳定或波动的仿真项目，不必耗费时间使残差曲线达到 1。如图 7-16 所示，可以采用 Monitor Point Convergence For Temperature 功能对关注的温度区域设置监控点。Require Accuracy 是监控点温度要求的波动范围，Number of Iterations 是满足温度波动范围的迭代次数。Residual Threshold 设置了温度残差的阈值，当温度残差值低于此设定参数值时，Monitor Point Convergence For Temperature 功能开始启用。

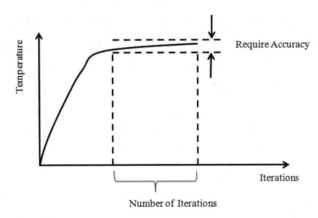

图 7-16　Monitor Point Convergence For Temperature 示意图

7.8　参数残差曲线收敛改善方法

7.8.1　仿真模型检查

通过 Solve→Sanity Check 命令进行模型检查，确定仿真项目中是否存在警告或者提示信息（尽量通过模型调整来减少项目中出现警告或者提示信息），确定是否有物体可能引起残差曲线发散。

通过 Window→Show Summary 命令查看 Assembly 或智能元件所赋予的材料属性、热功耗等参数是否正确，如图 7-17 所示。错误的参数设置往往会引起残差曲线的发散。

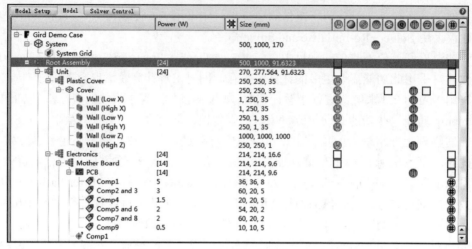

图 7-17　Assembly 或智能元件 Summary

检查模型中网格数量是否足够、在物理量变化剧烈处是否有足够的网格。

在 Solver Control 中勾选 Store Error Field 保存参数残差场，并且重新进行求解，确定参数残差值最大值与最小值所在的区域。

7.8.2　确定引起收敛问题的原因

对可能引起收敛问题的物体进行 De-activate，对非线性特性曲线的风扇采用固定流替代，调整参数最大和最小残差值区域的网格，并且重新进行求解计算，确定参数残差曲线收敛是否有所改善。如果由于某个物体或网格的原因造成了残差曲线不收敛，则可以进一步进行调整。

7.8.3　求解选项调整

如果残差收敛问题依旧存在，可以调整求解控制选项。对于有风扇的强迫冷却仿真项目，可以减小 Fan Relaxation 参数值；对于温度残差值不收敛的项目，可以尝试采用 Use Double Precision Solver。

7.8.4　采用 Monitor Point Convergence For Temperature 功能

如果残差收敛问题依旧存在，但残差曲线稳定或者围绕某一个值波动，此时可以采用 Monitor Point Convergence For Temperature 功能来确定仿真项目是否收敛。如果残差收敛曲线仍然处于发散状态，可以向软件售后服务团队寻求帮助。

7.8.5　残差曲线收敛改善实例

1. 具有风扇的强迫冷却仿真项目

某强迫对流冷却仿真项目中的风扇特性曲线如图 7-18 所示，在特性曲线中间偏右侧区域，风扇背压的轻微变化会引起风扇工作点的明显波动。求解计算结果如图 7-19 所示，压力与速度残差曲线震荡，没有求解收敛的趋势。监控点的压力参数值也随着迭代计算波动。

如图 7-20 所示，调整 Solver Control 中的 Fan Relaxation 参数值为 0.7，继续进行求解计算，调整之后的残差收敛曲线与监控值如图 7-21 所示。

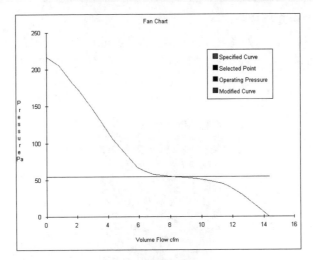

图 7-18　风扇特性曲线

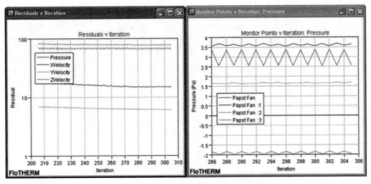

图 7-19　残差收敛曲线与监控值

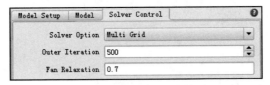

图 7-20　风扇松弛因子设置

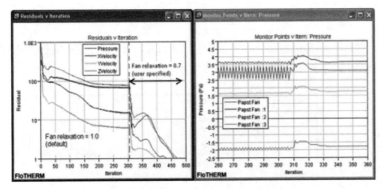

图 7-21　残差收敛曲线与监控值

2. 自然对流冷却仿真项目

某自然对流冷却仿真项目如图 7-22 所示，采用 Multi Grid 求解器进行求解计算，其参数残差曲线如图 7-23 所示，温度残差稳定于某一水平，没有收敛的趋势。

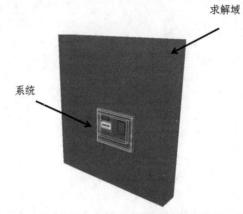

图 7-22　自然对流冷却仿真项目

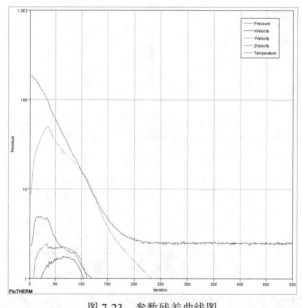

图 7-23　参数残差曲线图

如图 7-24 所示，勾选 Solver Control 页中的 Use Double Precision Solver 选项，并且再次进行求解计算，调整后的残差收敛曲线如图 7-25 所示。

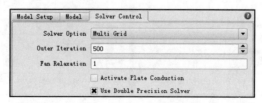

图 7-24　勾选 Use Double Precision solver 选项

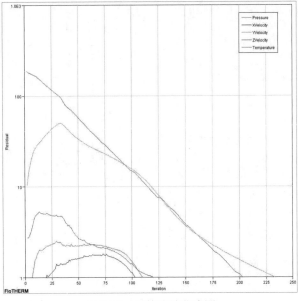

图 7-25 参数残差曲线图

7.9 小结

残差收敛曲线达到 1 和监控点参数值不随迭代次数发生变化称为仿真项目求解计算收敛。

软件自动计算的参数终止计算残差值与仿真项目的设置相关，具有一定的物理意义。在极少数情况下，可能会造成包含气液两种流体的仿真项目不收敛。

许多情况下，求解计算收敛问题是由网格的质量和数量所引起的。优良的网格质量和合理的网格数量是获得精确仿真结果的基础。

参数残差值在某个值附近稳定或波动时，求解计算选项的调整有助于参数残差曲线的收敛，但对仿真结果未必有明显的影响。此时，可以采用 Monitor Point Convergence For Temperature 功能选项。

8

Visual Editor 后处理模块

8.1 Visual Editor 介绍

8.1.1 Visual Editor 作用

Visual Editor 后处理模块主要用于仿真结果的处理和提供仿真结果数据。其提供的仿真结果可以分为图形结果和表格结果。通过平面云图、表面云图、等值面云图、粒子流等载体将温度、速度、压力、热流、速率等标量和矢量呈现出来，并且可以以图片或视频形式输出。同时 Visual Editor 后处理模块也支持将温度、压力、速度、热流密度、对流换热量、热传导热量、热辐射热量等仿真结果数据以 CSV 或 txt 格式输出。

8.1.2 Visual Editor 界面

如图 8-1 所示，Visual Editor 界面主要由菜单栏、快捷图标、后处理项目、参数设置区域和图形或数据显示区域等组成。根据 Visual Editor 后处理模块中显示内容的设置，在图形或数据显示区域可以显示图形或数据，或者两者同时显示。

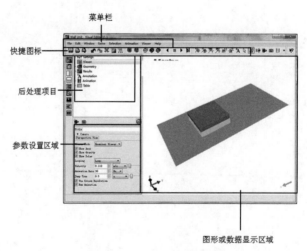

图 8-1　Visual Editor 界面

8.2　Visual Editor 图形后处理

8.2.1　基本操作

1. 视图控制

在 Visual Editor 后处理模块中，鼠标有拾取和操作两种模式，可以通过 F9 键进行切换。

如图 8-2 所示，在鼠标操作模式下，可以对窗口中显示的几何模型进行缩放、旋转和移动。通过鼠标进行几何模型操作时，需要先将鼠标置于图形显示区域中，按住左键可以旋转物体，按住中键可以移动物体，滚动中键可以缩放物体，按住右键拖拉一个矩形区域可以放大显示这一矩形区域，同时按住左键和中键并上下移动鼠标可以缩放物体。

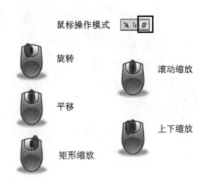

图 8-2　鼠标操作模式

Visual Editor 后处理模块中有一些常用的视图和几何模型操作命令，具体如下：

- 按 X、Y 或 Z 键，几何模型以 X、Y 或 Z 轴正方向视图显示。
- 按住 Shift +X、Shift +Y 或 Shift +Z 键，几何模型以 X、Y 或 Z 轴负方向视图显示。
- 按 R 键可以恢复至初始视图。
- 按 W 键以线框形式显示几何模型，如图 8-3 所示。
- 按 S 键以实体形式显示几何模型。

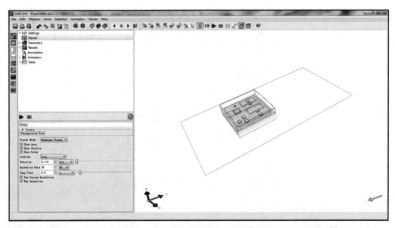

图 8-3　Visual Editor 后处理模块中以线框形式显示几何模型

2. 几何模型选择

如图 8-4 所示，在鼠标拾取模式下可以通过鼠标左键单击物体进行选择。如果需要选择多个物体，则按住 Ctrl 键后左键单击想要选择的物体。如果按住左键并拖拉出一个矩形框，则包含在此矩形框中的物体均被选择。此外，在鼠标拾取模式下右键的矩形缩放和中键的滚动缩放同样适用。

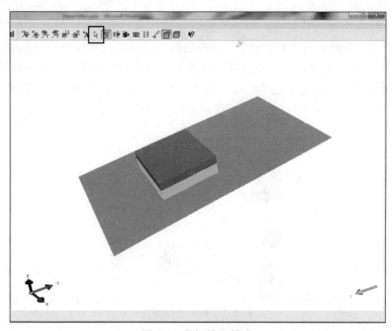

图 8-4　鼠标拾取模式

3. 后处理设置初始化和保存

如图 8-5 所示，在图形后处理过程中，如果需要去除所有后处理设置返回至初始状态，则单击 File→Reinitialize State 命令。在进行多个仿真项目对比时，需要对这些项目进行同样的后处理设置，此时可以通过 File→Save State As 命令保存后处理设置，然后在其他项目中载入此后处理设置。

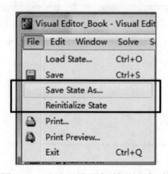

图 8-5　后处理设置初始化和保存

4. 帮助

通过 Help→Help Contents 命令或按 F1 键，可以启动 Visual Editor 后处理模块帮助文档；

单击窗口右上角的 Whats this Button 图标 ，然后左键单击任意图标，会出现该图标的简短解释和详细解释链接，如图 8-6 所示。

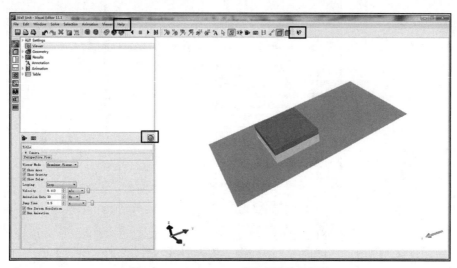

图 8-6　Visual Editor 后处理模块的帮助

8.2.2　全局设置

如图 8-7 所示，在全局设置中可以设置图形显示区域的背景、显示字体、沿坐标轴旋转和灯光效应等特性，还可以设置 Visual Editor 后处理模块中显示的参数单位和有效位数。

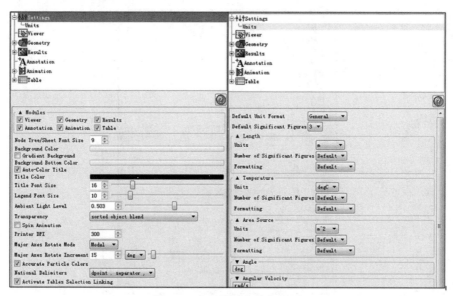

图 8-7　全局设置和单位设置

全局设置的默认参数值保存在 FloTHERM 软件的安装目录下，通常情况下其路径为：<install dir>/flosuite_<version>/floTHERM/<OS>/bin/visEd_settings.xml。如图 8-8 所示，修改其中的参数值可以改变全部设置的默认参数。

图 8-8 全局设置默认参数保存文件

8.2.3 Viewer 设置

如图 8-9 所示，Viewer 设置页确定了图形显示区域的标题，通常情况下与仿真项目名称一致。Camera 特性确定了以透视图或正视图观察几何模型，Location、Angle of Axis 和 Angle of Orientation 特性确定了 Camera 与几何模型之间的相对位置。

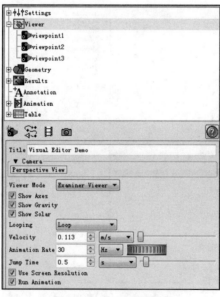

图 8-9 Viewer 设置页

设置不同的 Camera、Location、Angle of Axis 和 Angle of Orientation 参数后，可以右击 Viewer 图标并选择 Save Viewpoint 命令进行保存。同时可以保存多个 Viewpoint，右击 Viewer 图标并选择 Fly by Viewpoint 命令可以使几何模型在多个 Viewpoint 中进行切换。Viewpoint 之

间切换的特性可以通过 Viewer 特性页中的 Looping、Velocity、Animation Rate 和 Jump Time 等参数确定。

通过 Show Axes、Show Gravity 和 Show Solar 选项可以选择是否在图形显示区域中显示坐标轴、重力方向和太阳辐射方向。

8.2.4　Geometry 设置

如图 8-10 所示，在 Geometry 设置页中确定是否显示监控点、监控点特性和可选择物体的类型。

图 8-10　Geometry 设置页

如图 8-11 所示，通过 cut plane 特性可以设置一个垂直于坐标轴的切平面、切平面位置和几何显示类型，此功能可用于复杂模型内部的细节显示。

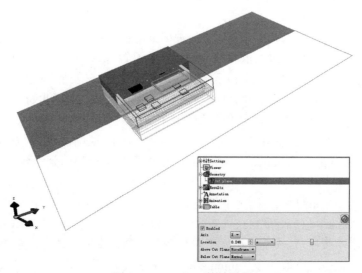

图 8-11　cut plane 特性设置

8.2.5 结果设置

1. 表面颜色和纹理

如图 8-12 所示，在鼠标拾取模式下左键单击需要改变颜色或纹理的物体，左键单击 Material 展开 Material 颜色选项，单击 Color 颜色条进行物体颜色的调整。

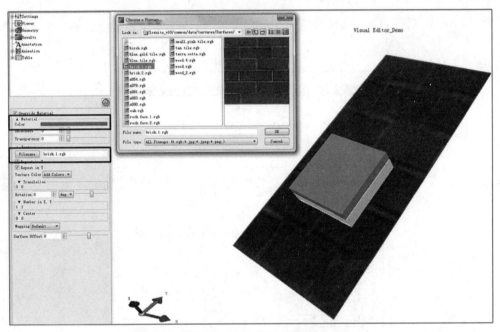

图 8-12　颜色和纹理设置

左键单击 Texture 展开纹理设置选项，单击 Filename 打开纹理图片文件夹，选择合适的纹理图片并单击 OK 按钮应用纹理。

通过 Texture 特性页中的 Translation、Number in X/Y 和 Center 可以调整纹理的位置和数目。

2. 标量

如图 8-13 所示，Scalar Fields 中罗列了各种标量。在标量特性页中，勾选 Show Range 选项可以在图形显示区域中显示最大值和最小值所在的位置。Range 选项中，Total Range 表示刻度标尺的范围为整个求解域内的最小值至最大值，Auto Range 表示刻度标尺的范围随显示的平面云图、等值面图或表面云图变化，User Range 表示由用户设置刻度标尺的范围。

勾选 Show Legend 选项可以在图形显示区域中显示刻度标尺。Legend Title 为刻度标尺的名称。勾选 Show Units in Legend 选项可以在刻度标尺名称中显示标量单位。Color Map 确定了刻度标尺的类型，Legend Number of Divisions 确定了刻度标尺的分割数目。

3. 矢量

如图 8-14 所示，Scale Factor 确定了矢量箭头的尺寸。Head Size 确定了矢量箭头端部的尺寸，Current Min. Value 和 Current Max. Value 确定了矢量显示的范围，勾选 Clip 选项，超出矢量显示范围的值将不予显示；Width 确定了矢量箭头端部的宽度。勾选 Use Thinning 选项可以减少矢量的密度，减少程度取决于 Thinning Ratio 的参数值。

图 8-13 标量设置页

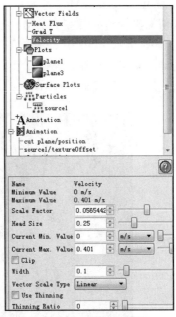
图 8-14 矢量设置页

4. 平面云图

如图 8-15 所示，右击 Plots 图标并选择 Create Plane 命令可以创建平面云图。Axis 确定了平面垂直的坐标轴，Location 确定了平面在所垂直坐标轴上的位置，Show Scalar 和 Scalar Field 确定了平面是否显示标量以及标量类型，Show Vector 和 Vector Field 确定了平面是否显示矢量以及矢量类型。在同一平面云图上可以同时显示标量和矢量结果。

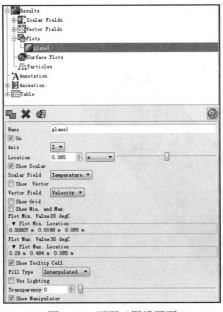
图 8-15 平面云图设置页

Show Grid 选项可以在平面云图上显示网格信息。

通过 Show Min. and Max.选项可以在平面上显示标量或矢量的最小值和最大值，并且最小值和最大值的坐标值显示在 Plot Min. Location 和 Plot Max. Location 中。

如图 8-16 所示，Fill Type 确定了平面云图标量显示的类型。由于软件在计算过程中温度等标量的计算结果保存在网格的中心，即以网格中心的结果值作为整个网格的值，实际温度场均为平滑过渡，所以通过 Fill Type 中的 Interpolated 选项可以对结果进行内插处理。

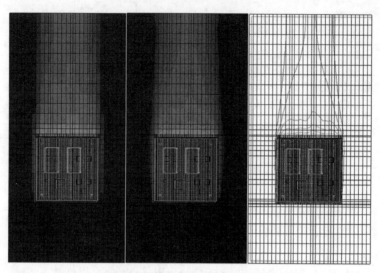

Cell Fill　Interpolated　Contour Lines

图 8-16　Fill Type 选项作用结果

Transparency 设置框或滑动条可以控制平面云图的透明度。

如图 8-17 所示，Show Manipulator 选项可以使平面边缘出现一个操作轴，通过移动此操作轴可以改变平面云图所在的位置。

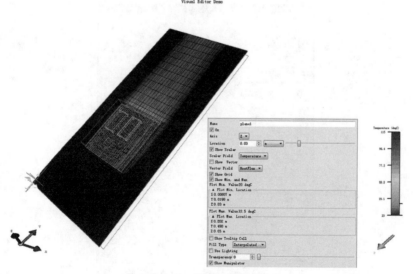

图 8-17　平面云图设置

5. 等值面云图

如图 8-18 所示，右击 Plots 图标并选择 Create Isosurface 命令可以创建等值面云图。通过 Show Scalar 可以显示标量等值面云图，Scalar Field 和 Iso. Value 特性设置确定等值面的标量类型和参数值，Color by 选项确定了等值面颜色渲染的标量类型。

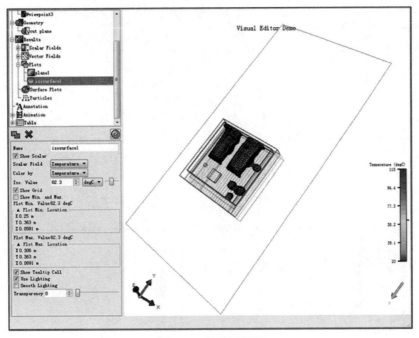

图 8-18　等值面设置

通过 Show Grid 可以在等值面上显示网格信息。

6. 表面云图

如果需要在 Visual Editor 后处理模块中显示物体表面温度，需要在软件主界面的 Model Setup 特性页中勾选 Store Surface Temperature 选项，如图 8-19 所示。

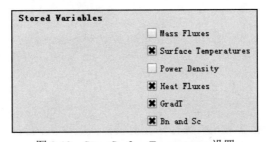

图 8-19　Store Surface Temperature 设置

如图 8-20 所示，在 Visual Editor 后处理模块中选择需要创建表面云图的物体，通过 Selection→Temperature Surface Plot 命令创建表面云图。Surface Plots 特性页中的 Interpolated 选项表示是否对仿真计算结果进行内插处理。Show Grid 可以在显示表面云图的表面上显示网格信息。如果有许多复杂的表面需要创建表面云图，可能会需要一些时间。此时，可以勾选 Calculate in Background 选项，在创建表面云图的同时可以进行一些其他的软件操作。

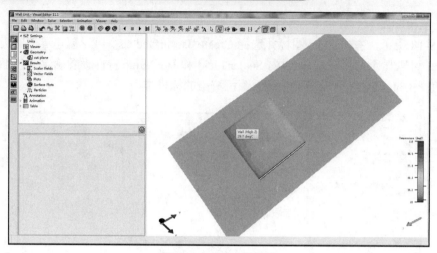

图 8-20　表面云图设置

7. 粒子流

如图 8-21 所示，在创建粒子流之前需要确定一个合适的粒子所在面。

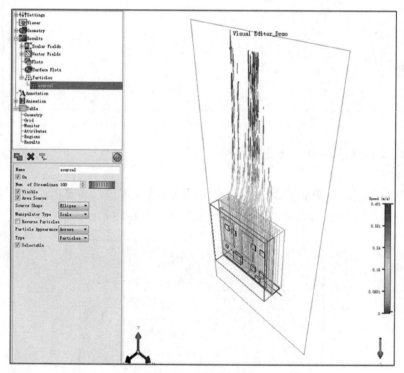

图 8-21　粒子流设置

粒子流特性页中的 Num. of Streamlines 表示所创建的粒子数目，Visible 表示是否显示粒子的起始位置，Area Source 表示粒子以一个面的形式分布，Source Shape 表示粒子分布所形成的形状。

通过 Manipulator Type 中的 Translate、Scale 和 Rotate 选项可以移动、缩放和旋转粒子所在的面。

Reverse Particles 可以在粒子面的反方向创建粒子流，Particle Appearance 可以设置粒子的外观形状，Type 可以设置流动迹线的类型。

如图 8-22 所示，鼠标左键单击 Particles 显示粒子流设置。在 Vectors 下拉列表框中可以选择粒子流动的矢量，在 Scalars 下拉列表框中可以选择粒子渲染颜色的标量值，Smear 和 Width 确定了粒子的尺寸，Lifetime 和 Time-Step 确定了粒子运动的快慢。

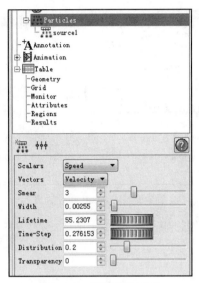

图 8-22　粒子流设置页

8.2.6　标注

如图 8-23 所示，通过 Annotation 可以直接将标量结果标识在表面云图或平面云图上。通过 Annotation 特性页可以设置标注信息的字体尺寸、颜色、附加信息和位置，同时也可以确定是否在标注中显示物体名称、标量值、标注位置等信息。

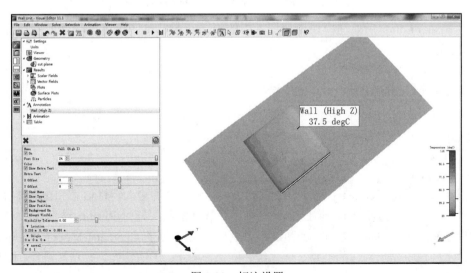

图 8-23　标注设置

8.2.7 动画

如图 8-24 所示，通过 Animation 设置页可以以动画形式观察平面云图、粒子流、等值面图和切平面。Num. of Frames 确定了一个动画周期内的帧数，Frames per sec 为每秒播放的动画帧数，Swing 选项可以使动画来回播放。

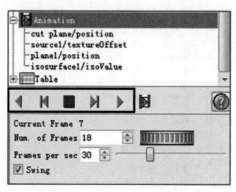

图 8-24　Animation 设置页

Animation 设置页中的播放控制键可以确定动画播放的方向和步进。

8.2.8 结果输出

如图 8-25 所示，通过 Visual Editor 后处理模块快捷图标中的 Output Snapshot 图标可以将图形显示区域保存为 jpg、bmp 和 png 格式的图片。

图 8-25　Output Snapshot 和 Output Movie 图标

通过 Visual Editor 后处理模块快捷图标中的 Output Movie 图标可以将创建的动画保存为 avi 格式的视频。

8.3　Visual Editor 表格后处理

8.3.1 结果数据类型

1. Geometry

如图 8-26 所示，Geometry 特性页中罗列了项目中物体的输入特性信息和仿真计算结果。其中输入特性信息通过 Geometric Details 显示，仿真计算结果通过 Results 显示。

勾选 Geometric Details 选项，如图 8-27 所示，单击右侧的 Geometry Model 页，可以在右侧数据显示区域中显示物体的类型、优先级、位置、尺寸、压缩特性、热功耗特性、局域化网格特性等信息。

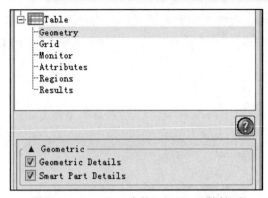

图 8-26　Geometry 中的 Geometric 特性页

Geometry Model | Object /Attribute

	Type	Level	X Position (m)	Y Position (m)	Z Position (m)	X Size (m)	Y Size (m)	Z Size (m)	Collapsed
Root Assembly	Assembly	0							
Unit	Assembly	1	0	0	0	0.27	0.27...	0.09...	NO
Plastic Cover	Assembly	2	0	0	0.046	0.25	0.25	0.035	NO
Cover	Enclosure	3	0	0	0	0.25	0.25	0.035	NO
Electronics	Assembly	2	0.018	0.018	0.053	0.214	0.214	0.01...	NO
Mother Board	Assembly	3	0	0	0	0.214	0.214	0.00...	NO
PCB	PCB	4	0	0	0	0.214	0.214	0.00...	NO
Comp1	Component	5	0.064	0.032	0.0016	0.036	0.036	0.008	NO
Comp2 and 3	Component	5	0.147	0.048	0.0016	0.06	0.02	0.005	NO

Heat/Area Specified (W/m^2)	Heat/Volume Specified (W/m^3)	Heat Specified (W)	Heat Applied (W)	Current (A)	Voltage (V)	Localized	Derating Factor
						ON	
		10	5				
		3	3				

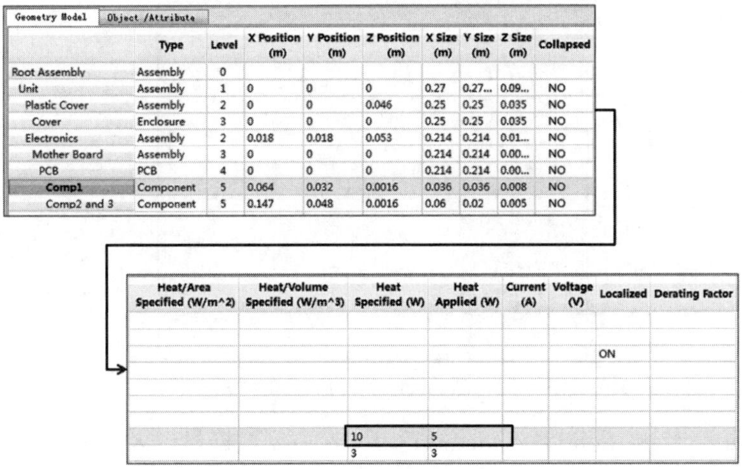

图 8-27　Geometry Model 输入特性信息

勾选 Smart Part Details 选项，则一些智能元件会显示更多的信息。例如，Enclosure 智能元件是由 6 个 Cuboid 组成的，在勾选 Smart Part Details 之后，在 Geometry Model 中会显示 Cuboid 的相关信息。

其中 Heat Specified（W）为项目中物体定义的热功耗，Heat Applied（W）为项目仿真时所采用的热功耗，即仿真结果所基于的热功耗。如图 8-27 所示，当一个项目仿真完成之后，仅仅修改了某个元件的热功耗，此时在 Geometry Model 中可以观察到 Heat Specified（W）和 Heat Applied（W）的差异。

如图 8-28 所示，勾选 Geometric Details 选项，单击右侧的 Object/Attribute 页，可以在右侧数据显示区域中显示物体所赋予的特性。

Geometry Model | Object /Attribute

	Material	Surface Finish	Resistance	Fluid	Ambient	Thermal	Source	Radiation	Grid Constraints
Root Assembly	-								
Unit	-								
Plastic Cover	Plastic	plastic							
Xo-Dir									box
Yo-Dir									box
Zo-Dir									boxx
Cover	(Plastic)	plastic				-		-	

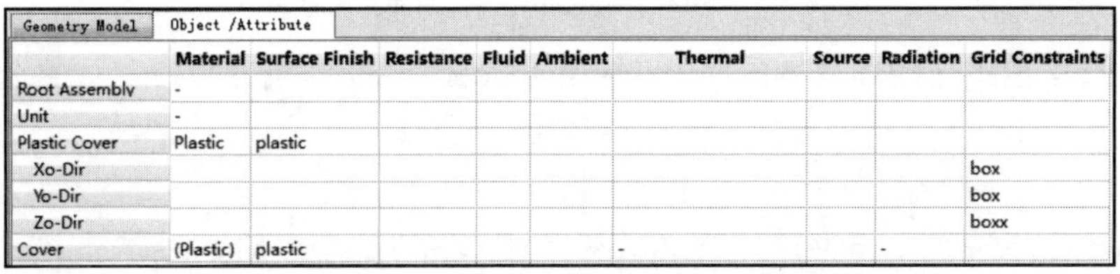

图 8-28　Object/Attribute 输入特性信息

如图 8-29 所示，Results 设置页中罗列了软件中的智能元件，根据需要可以勾选相关的智能元件，某些智能元件是由基础元件所构成的，则会出现 Smart Part Details 选项。

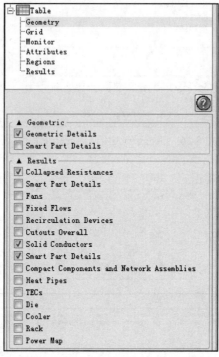

图 8-29　Geometry 中的 Results 设置页

如图 8-30 所示，勾选 Solid Conductors 之后，在右侧数据显示区域中单击 Solid Conductors Summary 设置页，可以查看物体与流体接触表面的最低和最高温度、与固体接触表面的最低和最高温度、通过热传导方式进入和导出的热量、通过对流换热方式进入和导出的热量、通过热辐射方式进入和导出的热量。

	Type	Min. S-F Surface Temperature (degC)	Max. S-F Surface Temperature (degC)	Min. S-S Surface Temperature (degC)	Max. S-S Surface Temperature (degC)
Root Assembly	Assembly	31.877	85.548	31.842	85.642
Unit	Assembly	31.877	85.548	31.842	85.642

Cond Heat In (W)	Cond Heat Out (W)	Cond Heat Net (W)	Conv Heat In (W)	Conv Heat Out (W)	Conv Heat Net (W)	Rad Heat In (W)	Rad Heat Out (W)	Rad Heat Net (W)	Total Heat Net (W)
54.8275	39.907	14.9205	14.6834	23.4911	-8.80767	2.92713	7.40944	-4.48231	1.63057
54.8275	39.907	14.9205	14.6834	23.4911	-8.80767	2.92713	7.40944	-4.48231	1.63057

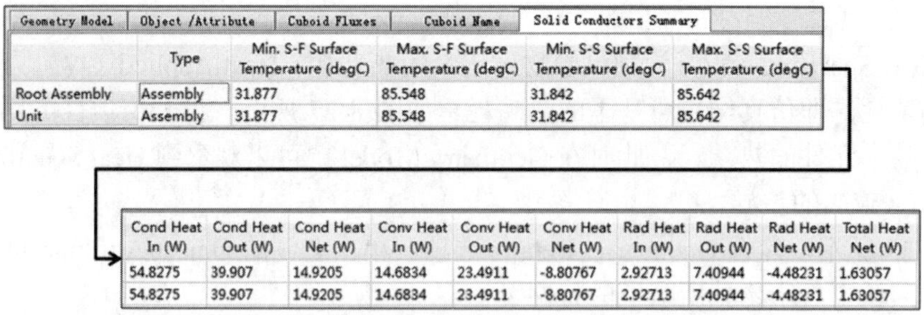

图 8-30　Solid Conductors Summary 设置页

软件后处理结果中提供了 Conv Heat Transfer Coefficient 结果参数，其计算公式为：

$$h=\frac{Q}{A\times(T_{Ref}-T_{Ave})}$$

Q：Conv Heat Net 的值（W）；A：S-F Area 的值（m^2）；T_{Ave}：Mean S-F Surface Temperature 的值（℃）；T_{Ref}：Model Setup 中 Default Ambient Temperature 的设置值（℃）。

Q 和 T_{Ref} 也可以通过 Heat Transfer Coefficient 设置框进行设置，如图 8-31 所示。如图 8-32 所示为 Cuboid Fluxes 仿真结果。

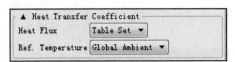

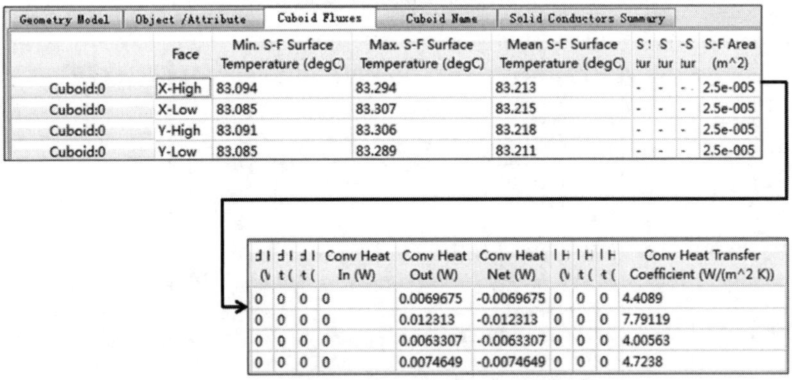

图 8-31　Heat Transfer Coefficient 设置框

	Face	Min. S-F Surface Temperature (degC)	Max. S-F Surface Temperature (degC)	Mean S-F Surface Temperature (degC)	S: tur	S tur	-S tur	S-F Area (m^2)
Cuboid:0	X-High	83.094	83.294	83.213	-	-	-	2.5e-005
Cuboid:0	X-Low	83.085	83.307	83.215	-	-	-	2.5e-005
Cuboid:0	Y-High	83.091	83.306	83.218	-	-	-	2.5e-005
Cuboid:0	Y-Low	83.085	83.289	83.211	-	-	-	2.5e-005

(\	t(	t(	Conv Heat In (W)	Conv Heat Out (W)	Conv Heat Net (W)	(\	t(	t(	Conv Heat Transfer Coefficient (W/(m^2 K))
0	0	0	0	0.0069675	-0.0069675	0	0	0	4.4089
0	0	0	0	0.012313	-0.012313	0	0	0	7.79119
0	0	0	0	0.0063307	-0.0063307	0	0	0	4.00563
0	0	0	0	0.0074649	-0.0074649	0	0	0	4.7238

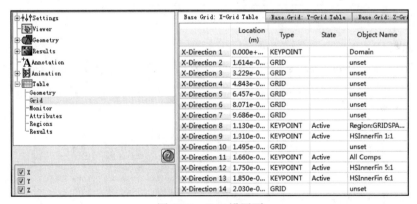

图 8-32　Cuboid Fluxes 仿真结果

2. Grid

如图 8-33 所示，通过 Grid 设置页可以查看网格所在的位置、类型、状态和创建网格的物体。

	Location (m)	Type	State	Object Name
X-Direction 1	0.000e+...	KEYPOINT		Domain
X-Direction 2	1.614e-0...	GRID		unset
X-Direction 3	3.229e-0...	GRID		unset
X-Direction 4	4.843e-0...	GRID		unset
X-Direction 5	6.457e-0...	GRID		unset
X-Direction 6	8.071e-0...	GRID		unset
X-Direction 7	9.686e-0...	GRID		unset
X-Direction 8	1.130e-0...	KEYPOINT	Active	Region:GRIDSPA...
X-Direction 9	1.310e-0...	KEYPOINT	Active	HSInnerFin 1:1
X-Direction 10	1.495e-0...	GRID		unset
X-Direction 11	1.660e-0...	KEYPOINT	Active	All Comps
X-Direction 12	1.750e-0...	KEYPOINT	Active	HSInnerFin 5:1
X-Direction 13	1.850e-0...	KEYPOINT	Active	HSInnerFin 6:1
X-Direction 14	2.030e-0...	GRID		unset

图 8-33　Grid 设置页

3. Monitor

如图 8-34 所示，通过 Monitor 设置页可以查看不同迭代步的监控参数值。

4. Attributes

如图 8-35 所示，通过 Attributes 设置页显示的数据内容与 Geometry 特性页的 Object/Attribute 类似。Attributes 特性页的优点是可以选择显示的特性。

5. Region

Region 的一个主要作用就是获取仿真结果参数，例如获取强迫冷却系统进出口的流量。关于 Region 的具体内容可以参考 4.13 节。

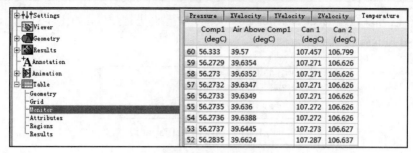

图 8-34　Monitor 设置页

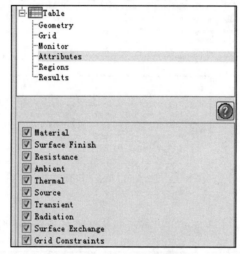

图 8-35　Attributes 设置页

6. Results

如图 8-36 所示，通过 Results 设置页可以以表格形式显示求解域或某一区域的标量结果。

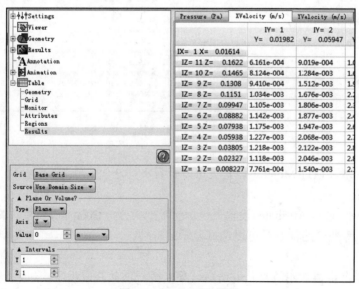

图 8-36　Results 设置页

8.3.2 数据结果输出

如图 8-37 所示，右击数据显示区域中的任意数据，弹出输出数据选项菜单。Copy Selected Data 表示复制所选数据和相应的列标与行标，Copy Selected Data(no headers)表示仅复制所选数据，Export Selected Data 表示以 CSV 或 txt 格式输出所选数据，Run Spreadsheet Application And Paste Selected Data 表示以 CSV 格式输出所选数据并启动 Excel，Export All Data 表示输出当前数据显示区域中显示的所有数据。

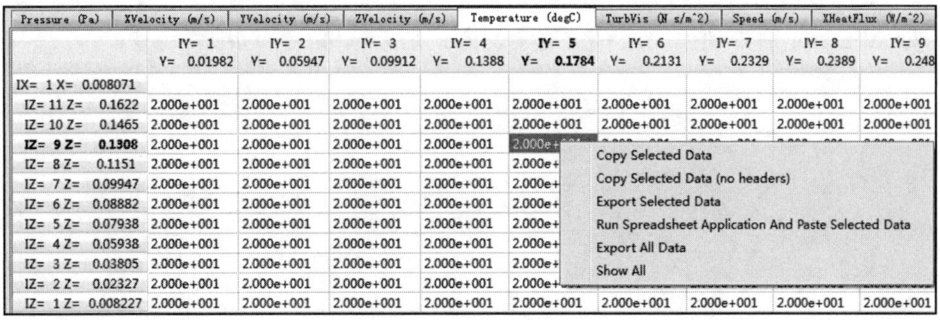

图 8-37　数据结果输出

8.3.3 自动创建结果报告

如图 8-38 所示，单击 Table 标签，通过选择 Report、Geometric 和 Results 中的输出项可以自动生成结果报告，其中包含了仿真项目的求解信息、输入特性信息和结果信息。单击 Generate Report 按钮创建结果报告。

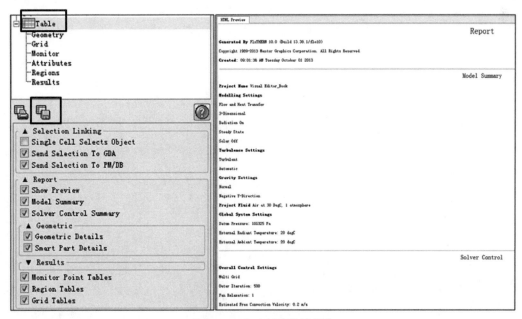

图 8-38　自动创建结果报告

8.4　小结

Visual Editor 后处理模块主要有图形后处理和表格后处理两种形式。

Visual Editor 后处理模块中鼠标有操作和拾取两种模式。对几何模型的观察视角进行操作时，鼠标处于操作模式；对数据和几何模型进行选择时，鼠标处于拾取模式。

Visual Editor 后处理模块中的图形后处理结果可以以 bmp、jpg、png 和 avi 格式输出，表格后处理结果可以以 txt 和 CSV 格式输出。

对 Visual Editor 后处理模块最有效的学习方式是尝试每一个选项和设置。

9

Command Center 优化模块

9.1 Command Center 优化模块介绍

9.1.1 Command Center 作用

根据定义的目标函数，Command Center 模块能进行项目的自动优化设计。其中实验设计（Design Of Experiment）功能可以有效地提升优化设计的效率。基于实验设计创建的方案，顺序优化（Sequential Optimization）和响应面优化（Response Surface Optimization）功能可以进一步进行方案优化设计。用户在确定如元件温度、散热器温度与重量等目标函数之后，软件在用户设定的输入变量变化范围内自动逐步寻找各可变设计参数如散热器几何尺寸、元件位置、材料物性和热功耗等的最优组合。Command Center 模块也可用于 PCB 板的器件布局优化、系统通风口位置及形状优化、模块及系统的流道设计、风扇选型及安装位置优化等各种方案的优化设计。此外，FloTHERM 11 基于 Command Center 模块增加了仿真模型校核功能，具体可以参考第 11 章。

9.1.2 Command Center 界面

如图 9-1 所示，Command Center 界面主要分为菜单栏、标签页、输入变量模型树、输入和输出变量过滤栏和输入变量设置区域。菜单栏的主要功能是创建方案和对创建的方案进一步操作等。标签页是 Command Center 通常使用所涉及的内容。仿真方案中所有元件的几何尺寸、结构和特性参数均可以作为输入变量，通过输入和输出变量过滤栏可以方便地定位输入变量和输出变量。输入变量模型树确定了需要进行优化的变量。输入变量设置区域确定了优化变量的变化范围或具体数值。

9.1.3 Command Center 使用流程

Command Center 的主要使用流程如图 9-2 所示，其中创建方案阶段可以采用 DOE 实验设计功能，方案优化设计阶段可以采用 SO 顺序优化或 RSO 响应面优化功能。

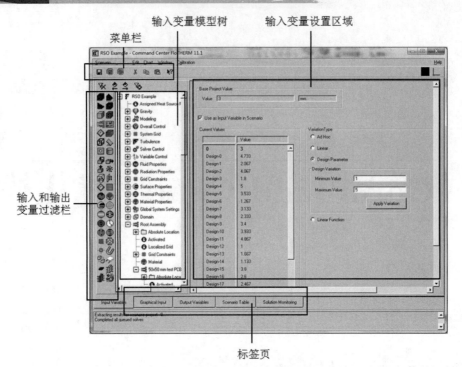

图 9-1　Command Center 界面

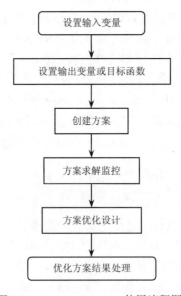

图 9-2　Command Center 使用流程图

9.2　输入变量

输入变量确定了方案中优化变量的变化范围或具体数值，变化范围或具体数值的输入方式分为数据输入和图形输入。

9.2.1 数据输入形式

数据输入形式可以通过 Command Center 的 Input Variable 标签页实现。如图 9-3 所示，Ad Hoc 选项允许用户直接输入变量值，通过 Append 按钮将输入的变量值作为之后创建方案的参数值。

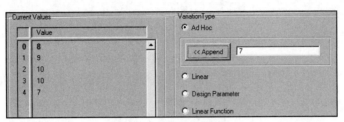

图 9-3 Ad Hoc 设置框

如图 9-4 所示，Linear 选项允许用户输入变量的变化步长和变量数目，其中 Step Size 设定了变量值的变化步长，Number of Positive Steps 和 Number of Negative Steps 确定了变量的数目。根据之前输入的 3 个参数以及原始变量值可以确定之后创建方案中的参数值。

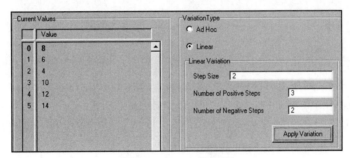

图 9-4 Linear 设置框

如图 9-5 所示，Design Parameter 选项确定了输入变量的变化范围，其中 Minimum Value 为输入变量的最小值，Maximum Value 为输入变量的最大值。采用 Design Parameter 变量类型，支持后期使用实验设计、顺序优化和响应面优化等方案优化设计功能。

如图 9-6 所示，Linear Function 选项允许输入变量与其他输入变量成线性关系变化。采用 Linear Function 变量类型，支持后期使用实验设计、顺序优化和响应面优化等方案优化设计功能。

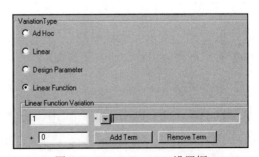

图 9-5 Design Parameter 设置框　　图 9-6 Linear Function 设置框

9.2.2 图形输入形式

图形输入形式可以通过 Graphical Input 标签页实现。通过鼠标拖拉物体至想要的位置。如图 9-7 所示，通过 Graphical Input 标签页将风扇 Z 向的定位尺寸作为输入变量值。

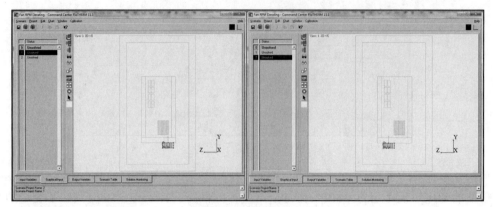

图 9-7 图形输入形式

9.3 输出变量

如图 9-8 所示，Output Variables 中确定了方案的监控值或目标函数。在输入变量模型树中选择需要输出的变量。如果选择 Monitor Variable for each Project in the Scenario，则输出变量作为监控值显示在优化方案结果中；如果选择 Include in Cost Function，则支持后期使用顺序优化和响应面优化方案设计功能；如果在 Cost Type 中选择 Linear，则需要设置 Cost Weighting；如果选择 Target，则还需要设置 Cost Target。

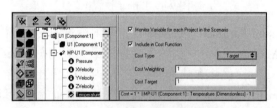

图 9-8 Output Variables 设置框

9.4 创建方案

软件根据输入变量的变量类型有 3 种创建方案的方法：默认创建方案、Multiply Input Variables 创建方案和实验设计创建方案。

9.4.1 默认创建方案

如图 9-9 所示，在 Scenario Table 中罗列了创建的方案。例如一个仿真项目有两个输入变量，这两个输入变量的 Variation Type 分别为 Linear 和 Ad Hoc，则默认情况下软件创建的方案如图 9-10 所示。

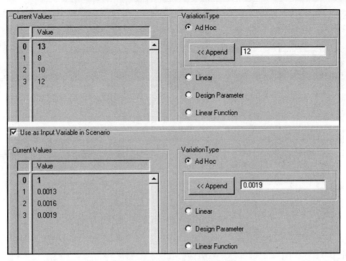

图 9-9　输入变量设置框

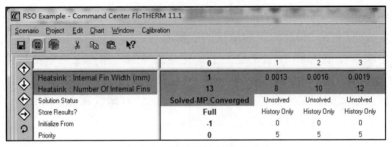

图 9-10　软件默认创建的方案

9.4.2　Multiply Input Variables 创建方案

通过 Edit→Multiply Input Variables 命令打开 Multiply Variables 设置框，如图 9-11 所示。选中 Input Variable Selection 中的输入变量，单击 图标将其传递至 Selected Variables 中，并且单击 Multiply 按钮创建新的方案。两个输入变量的参数值会相互组合，由于两个输入变量的参数值个数均为 4，故总计产生了 16 个方案，如图 9-12 所示。

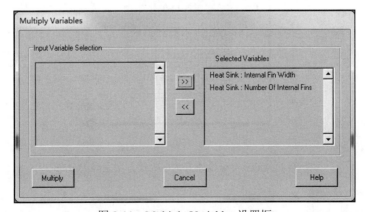

图 9-11　Multiply Variables 设置框

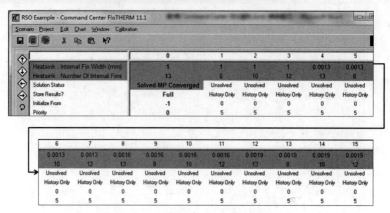

图 9-12 Multiply Variables 创建的方案

9.4.3 实验设计创建方案

1. 实验设计原理

DOE 是 Design Of Experiments 的缩写，即实验设计，其主要目的是通过较少次数的实验找到优质的输入变量组合，即目标函数最优的变量组合。

例如，两个输入变量 A 和 B 分别定义了其变化的范围，原则上两个变量可以有无数种变量组合。受限于计算资源和时间，在实际应用中无法对所有的组合方案进行仿真分析。DOE 实验设计可以根据定义的变量组合数目对这个二维空间进行最佳覆盖。如图 9-13 所示，10 个方案分布于两个输入变量组成的二维方案空间内。

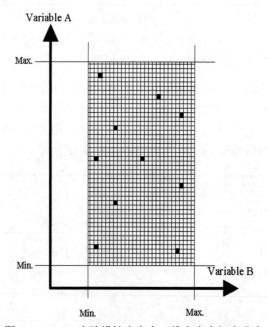

图 9-13 DOE 实验设计方案在二维方案空间中分布

2. 实验设计创建方案

如果需要通过实验设计创建方案，则输入变量需要采用 Design Parameter 或 Linear Function

变量类型。例如，一个仿真项目有两个输入变量，这两个输入变量的 Variation Type 为 Design Parameter。如图 9-14 所示，这两个输入变量的范围分别为 5~12 和 0.001~0.0018。

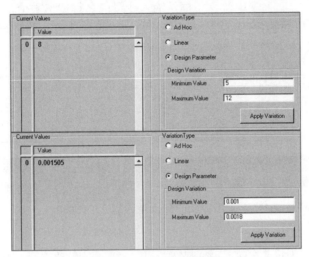

图 9-14　输入变量设置框

单击 Edit→Design Experiments 命令，在弹出的 Design Experiments 设置框（如图 9-15 所示）中设定 Number of Experiments to Design 的值，以确定通过 DOE 实验设计创建的方案数目，单击 Design 按钮创建方案，如图 9-16 所示。

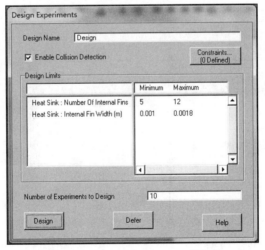

图 9-15　Design Experiments 设置框

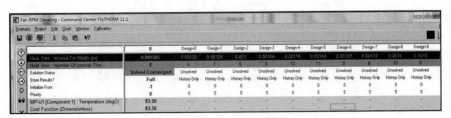

图 9-16　DOE 方式所创建的方案

9.4.4 方案列表

如图 9-17 所示，方案列表中蓝色条框是输入变量的名称或参数值，白色条框是求解设置和当前方案的求解状态，桃红色条框是输出变量的名称或参数值，其中变量值随求解过程随时更新。

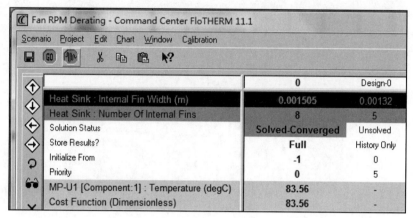

图 9-17 方案列表

如图 9-18 所示，右击方案的名称打开方案菜单，通过此菜单可以对创建的方案进行单独保存、停止求解、初始化和删除等操作。

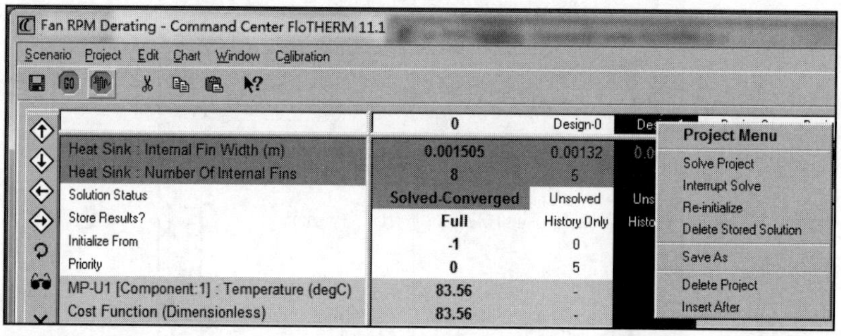

图 9-18 方案菜单

如图 9-19（左）所示，右击白色条框的 Store Results?，在弹出的菜单中有 None、Full 和 History Only 三个选项，None 表示不保存结果，Full 表示保存所有结果，History Only 表示仅保存参数残差值和监控参数的数据。

图 9-19 Store Results?和 Initialize From 选项

如图 9-19（右）所示，右击白色条框的 Initialize From，在弹出的菜单中有 All From Base

Project、All From No Project 和 All From Previous 三个选项。All From Base Project 表示所有方案的求解初始值为原始方案的结果值。如图 9-18 所示，被选中的方案名称为 Design-1，当其 Initialize From 设置为 All From Base Project 时，其采用原始 0 方案的计算结果作为求解初始值。All From No Project 表示所有方案的求解初始值采用方案的默认值。All From Previous 表示所有方案的求解初始值为前一个方案的结果值。

9.5 方案求解监控

通过 Edit→Solver Configuration 命令打开 Solver Configuration 设置框，如图 9-20 所示。在其中可以设置同时运行求解的方案数目。选择 Use Parallel Solver 选项后，可以设置并行求解的 CPU 个数。

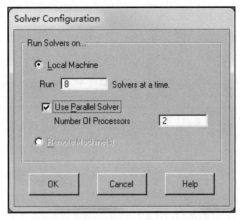

图 9-20 Solver Configuration 设置框

通过 Scenario→Solve All 命令对创建的方案进行求解计算。Status 分为 Solved、Solving 和 Queuing，Solved 表示方案已经求解完成，Solving 表示方案正在进行求解，Queuing 表示方案尚未求解。

通过选择窗口左侧不同的方案，可以观察其参数残差值和监控参数值，如图 9-21 所示。

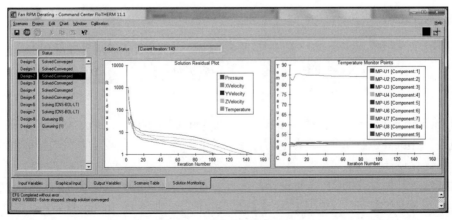

图 9-21 方案求解监控窗口

9.6　方案优化设计

通过 Scenario→Optimize 命令打开 Optimize Dialog 设置框，如图 9-22 所示。Optimization Type 中确定了优化设计的方法和优化的方案。如图 9-23 所示，Sequential From Best 表示基于之前 DOE 实验设计方案中目标函数最优的方案进行顺序优化；Sequential From User Specified 表示基于用户指定的方案进行顺序优化；Sequential From All 表示基于所有 DOE 实验设计创建的方案进行优化，此选项可能会造成较长的优化时间；Response Surface From All 表示基于 DOE 实验设计创建的所有方案结果进行响应面优化。

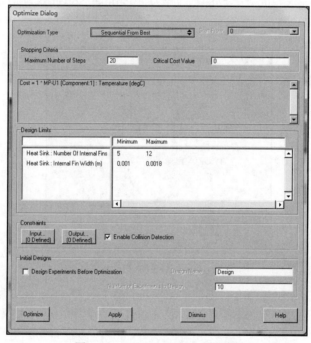

图 9-22　Optimize Dialog 设置框

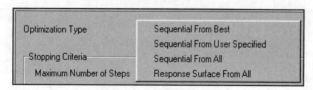

图 9-23　优化方法选择

Stopping Criteria 确定了优化终止的标准。Maximum Number of Steps 为创建的最大优化设计方案数目。Critical Cost Value 为设定的目标函数值，当某个优化设计方案的目标值满足此设定值时方案优化设计停止。

通常情况下，先进行 DOE 实验设计，然后采用顺序优化或响应面优化方法进行方案优化设计。如果在方案优化设计之前未进行 DOE 实验设计，则通过 Initial Designs 中的 Design Experiments Before Optimization 进行 DOE 实验设计参数设定。

9.6.1 顺序优化

基于输出变量的目标函数，DOE 创建的方案中会产生一个最优方案。如图 9-24 所示，顺序（SO）优化功能可以基于这一最优方案，在此方案的附近进一步寻找最优方案。顺序优化功能也可以基于任意 DOE 创建的方案或所有 DOE 创建的方案。

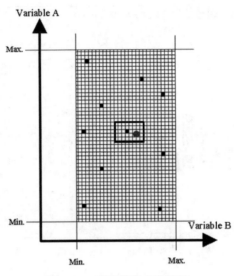

图 9-24 顺序优化方案设计

9.6.2 响应面优化

如图 9-25 所示，响应面（RSO）优化功能是将 DOE 创建方案的输入变量和目标函数通过数学的方法构建曲面，根据曲面确定输入变量范围内的最优方案。响应面优化功能所需要的时间远少于顺序优化功能。为了保证通过响应面功能得到最优方案的精度，建议每一个输入变量都创建 10~15 个 DOE 方案。如果通过响应面优化功能得到的最优方案误差大于 10%，则需要增加 DOE 创建的方案，并且再次进行响应面优化。

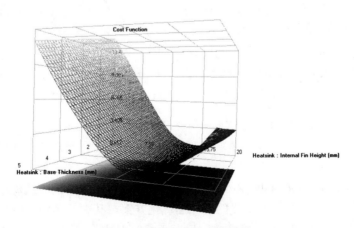

图 9-25 响应面优化方案设计

9.7 优化方案结果处理

通过 Chart→Cost Function vs Scenario 命令打开 Cost Function vs Scenario 设置框，如图 9-26 所示，在 Chart Type 页中可以选择图表显示的类型。

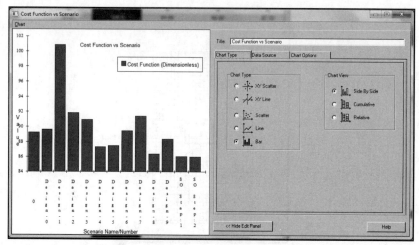

图 9-26　Cost Function vs Scenario 设置框

如图 9-27 所示，在 Data Source 页中可以设置 X 轴和 Y 轴的坐标参数值和参数值类型，在 Chart Options 页中可以对图表的显示内容进行选择。

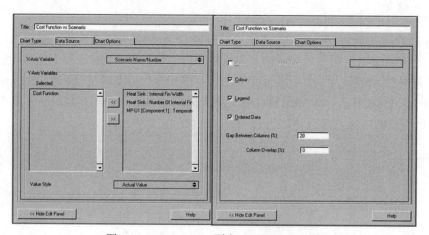

图 9-27　Data Source 页和 Chart Options 页

如果进行了响应面优化，可通过 Chart→3D RSO Results Reviewer 命令进行方案结果的观察，如图 9-28 所示。对于一个有两个输入变量的响应面优化方案，输入变量可以作为横轴，目标函数作为纵轴。

通过 Chart→2D RSO Results Reviewer 命令可以以二维图表的方式观察方案结果，如图 9-29 所示。对于一个有两个输入变量的响应面优化方案，其中一个输入变量作为横轴，另一个输入变量通过 Response Surface Viewer 窗口左上角的滑动条进行改变，目标函数作为纵轴。

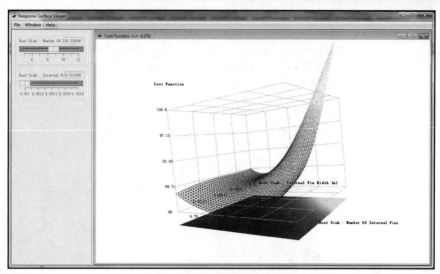

图 9-28　3D RSO Results Viewer

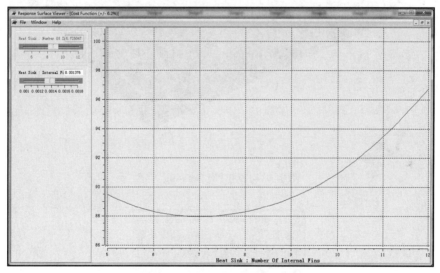

图 9-29　2D RSO Results Viewer

9.8　Command Center 优化实例

打开 FloTHERM 软件，单击 Project→New 命令，在弹出的 New Project 对话框（如图 9-30 所示）中选择 Application Examples 页中的 Fan RPM Derating，单击 OK 按钮，本实例基于此仿真项目进行 Command Center 模块功能介绍，如图 9-31 所示，主要研究风扇在 Z 轴方向的位置变化和散热器翅片变化对元件 U1 最高温度的影响。

通过软件主界面中的 Window→Launch Command Center 命令打开 Command Center 模块，通过 Scenario→Reset 命令清除之前所创建的方案。如图 9-32 所示，单击 Command Center 左上角的元件过滤图标，并在弹出的过滤栏中单击散热器和风扇图标。

图 9-30　New Project 对话框

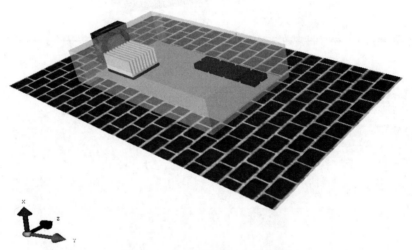

图 9-31　Fan RPM Derating 方案

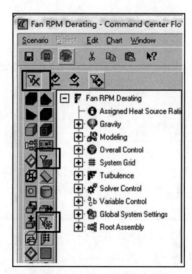

图 9-32　输入变量过滤

如图 9-33 所示，在 Input Variable 页中单击 Papst 405FH 下的 Z Location 并勾选右侧的 Use as Input Variable in Scenario 选项，在 Variation Type 中选择 Design Parameter，Minimum Value 和 Maximum Value 分别设为 0.07 和 0.13，单击 Apply Variation 按钮。

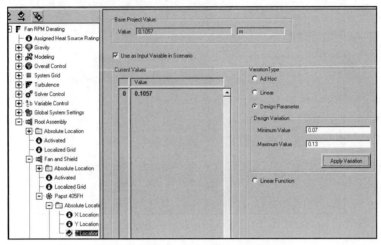

图 9-33　风扇 Z 轴方向位置参数设置

如图 9-34 所示，单击 Heat Sink 下的 Number Of Internal Fin 并勾选右侧的 Use as Input Variable in Scenario 选项，在 Variation Type 中选择 Design Parameter，Minimum Value 和 Maximum Value 分别设为 6 和 12，单击 Apply Variation 按钮。

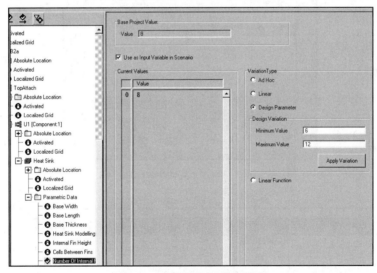

图 9-34　散热器翅片数目设置

如图 9-35 所示，在 Output Variable 页中单击监控点 U1[Component:1]并勾选右侧的 Show Children of Selected Node 选项；单击 U1[Component:1]下的 Temperature 并勾选右侧的 Monitor Variable for each Project in the Scenario 和 Include in Cost Function 选项。

通过 Edit→Design Experiments 命令打开 Design Experiments 设置框，如图 9-36 所示，在 Number of Experiments to Design 文本框中输入 20，单击 Design 按钮。

单击 Scenario Table 页，观察通过实验设计方法创建的 20 个方案，如图 9-37 所示。

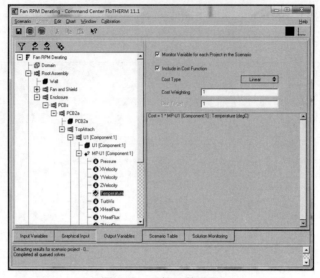

图 9-35 目标函数设置

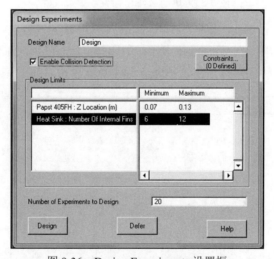

图 9-36 Design Experiments 设置框

	0	Design-0	Design-1	Design-2	Design-3	Design-4	Design-5	Design-6
Papst 405FH : Z Location (m)	0.1057	0.124	0.097	0.112	0.076	0.07	0.085	0.127
Heat Sink : Number Of Internal Fins	8	8	7	12	7	8	8	10
Solution Status	Solved-Converged	Unsolved	Unsolved	Unsolved	Unsolved	Unsolved	Unsolved	Unsolved
Store Results?	Full	History Only	History Only	History Only	History Only	History Only	History Only	History Only
Initialize From	-1	0	0	0	0	0	0	0
Priority	0	5	5	5	5	5	5	5
MP-U1 [Component:1] : Temperature (degC)	83.49	-	-	-	-	-	-	-
Cost Function (Dimensionless)	83.49	-	-	-	-	-	-	-

Design-7	Design-8	Design-9	Design-10	Design-11	Design-12	Design-13	Design-14	Design-15	Design-16	Design-17	Design-18	Design-19
0.13	0.118	0.103	0.115	0.1	0.109	0.088	0.121	0.073	0.094	0.082	0.079	0.091
6	7	10	9	11	6	6	11	12	9	11	10	12
Unsolved	Unsolved	Unsolved	Unsolved	Unsolved	Unsolved	Unsolved	Unsolved	Unsolved	Unsolved	Unsolved	Unsolved	Unsolved
History Only	History Only	History Only	History Only	History Only	History Only	History Only	History Only	History Only	History Only	History Only	History Only	History Only
0	0	0	0	0	0	0	0	0	0	0	0	0
5	5	5	5	5	5	5	5	5	5	5	5	5
-	-	-	-	-	-	-	-	-	-	-	-	-
-	-	-	-	-	-	-	-	-	-	-	-	-

图 9-37 DOE 创建的方案

通过 Scenario→Solve All 命令对实验设计创建的 20 个方案进行求解。

求解完成后，通过 Scenario→Optimize 命令打开 Optimize Dialog 设置框，如图 9-38 所示，在 Optimization Type 中选择 Response Surface From All，单击 Optimize 按钮。

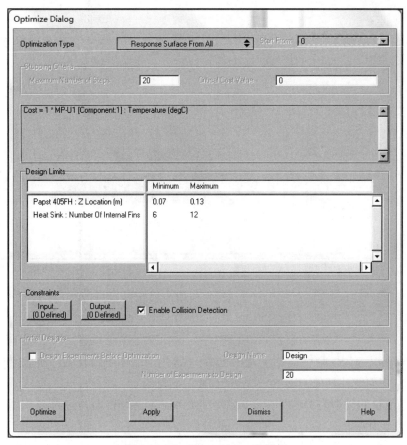

图 9-38　Optimize Dialog 设置框

单击 Scenario Table 页，显示响应面优化的方案结果，如图 9-39 所示，当风扇 Z 轴方向的 Location 值为 0.08009m、散热器内部翅片为 6 个时，U1 元件的最高温度为 81.86℃。

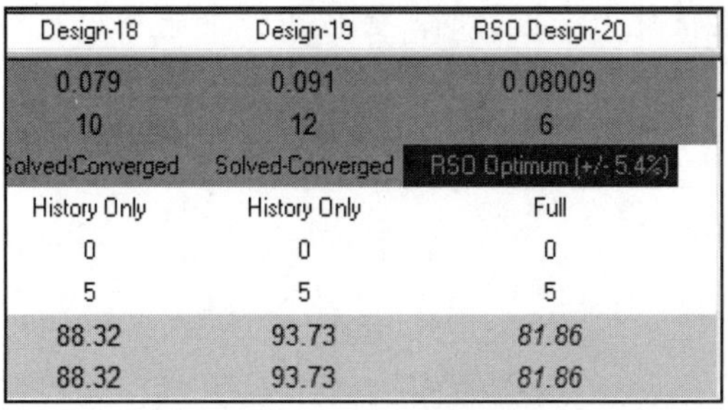

图 9-39　RSO 优化方案结果

通过 Chart→3D RSO Results Reviewer 命令观察响应面优化功能基于实验设计创建方案所构成的响应面，如图 9-40 所示。

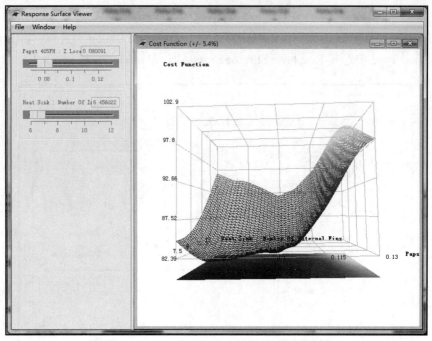

图 9-40　实验设计创建方案的响应面结果

9.9　小结

　　DOE 实验设计是 SO 顺序优化或 RSO 响应面优化功能使用的基础，所以在使用 SO 顺序优化或 RSO 响应面优化功能之前必须先进行 DOE 实验设计。

　　只有输入变量的类型为 Design Parameter 或 Linear Function 时，才可以采用 SO 顺序优化或 RSO 响应面优化功能。

　　如果需要采用 SO 顺序优化或 RSO 响应面优化功能，则必须激活 Output Variables 页中的 Include in Cost Function，即建立目标函数。

　　在采用 SO 顺序优化功能进行方案优化设计时，优化类型可以采用 Sequential From Best。优化类型 Sequential From All 可能会引起非常长的计算时间。

　　采用 RSO 响应面功能优化方案设计时，建议每一个输入变量都创建 10～15 个 DOE 设计实验方案，并且保证通过 RSO 响应面方法获得最优方案的误差在 10% 之内。

10 FloMCAD 接口模块

10.1 FloMCAD 接口模块介绍

10.1.1 FloMCAD 接口模块作用

FloMCAD 接口模块的主要作用是帮助工程师提高仿真项目的几何建模效率。其支持将主流机械设计软件 Pro/ENGINEER、CATIA 和 SolidWorks 所创建的零件或组件，以及 IGES、STL、SAT、STEP 和 DXF 等结构数据导入到 FloTHERM 软件中。FloMCAD 对导入的模型数据可以进行简化处理。由于结构模型中包含了很多倒角、拔模和打孔等结构工艺信息，在仿真分析中引入这些模型信息会耗费太多的计算资源，且对热仿真结果没有影响，所以通过 FloMCAD 接口模块可以去除这些对仿真分析没有必要的信息。

10.1.2 FloMCAD 接口模块界面介绍

如图 10-1 所示，FloMCAD 接口模块界面主要由菜单栏、命令快捷图标栏、几何模型树和几何显示区域等组成。菜单栏的主要功能是用于几何模型的打开、几何模型的简化和转化、视图视角的变换等操作，一些常用命令的图标位于命令快捷图标栏。几何模型树罗列了组成几何模型的所有部件。几何显示区域用于显示待处理或已处理的几何模型形体，可以直接在此处进行部件的选择。几何选择模式用于切换几何选择的形式，例如可以选择特征、点和线等。

10.1.3 FloMCAD 接口模块使用流程

如图 10-2 所示，通常 FloMCAD 接口模块在导入结构数据之后需要进行一定的简化，通过模块中的 Voxelize 和 Dissect Body 等命令可以对已经简化的模型进行转化。在结构数据转化完成之后，需要将这些数据传递给 FloTHERM。最后需要对导入到 FloTHERM 中的几何模型数据进行检查和参数设置。因为 FloMCAD 接口模块只是对几何形体数据进行简化和转化处理，所以需要进一步设置材料属性、热功耗等特性数据。

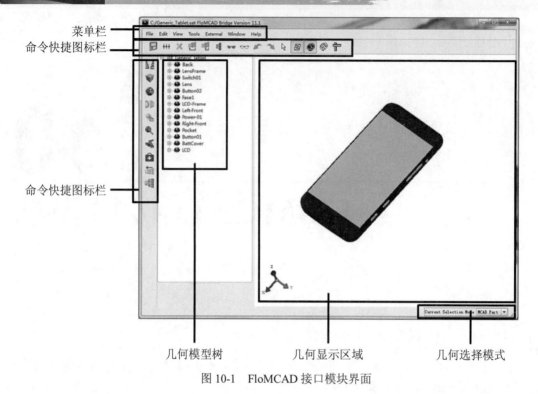

图 10-1　FloMCAD 接口模块界面

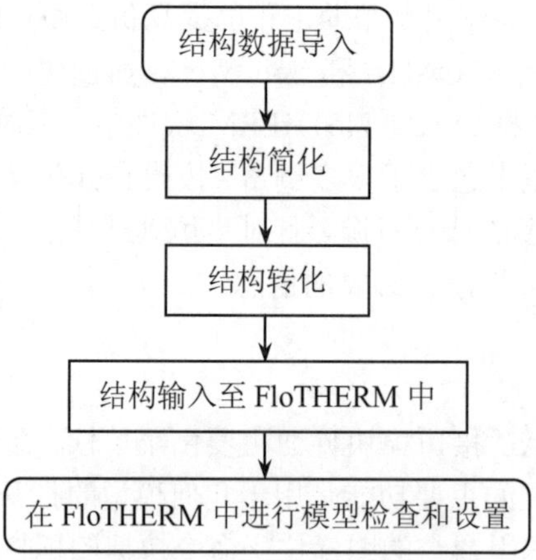

图 10-2　FloMCAD 接口模块使用流程

10.2　FloMCAD 接口模块主要功能命令

10.2.1　Local Simplify 命令

Local Simplify 命令用于对选择的面（Face）或特征（Feature）进行单独简化，如图 10-3 所示为 Local Simplify 命令对话框。

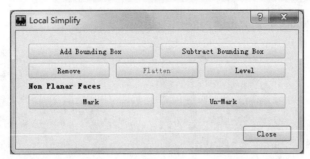

图 10-3　Local Simplify 命令对话框

如图 10-4 所示，Add Bounding Box 基于所选择的面或特征增加一个包络体。

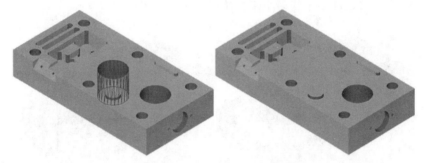

图 10-4　Add Bounding Box 命令的作用

如图 10-5 所示，Subtract Bounding Box 基于所选择的面或特征减去一个包络体。

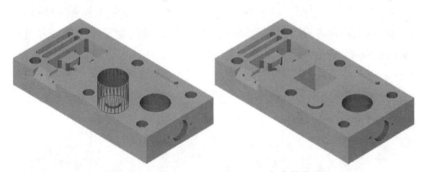

图 10-5　Subtract Bounding Box 命令的作用

如图 10-6 所示，Remove 用于去除所选择的面或特征。

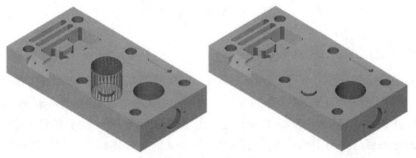

图 10-6　Remove 命令的作用

如图 10-7 所示，Flatten 用于将弧面转换为平面。

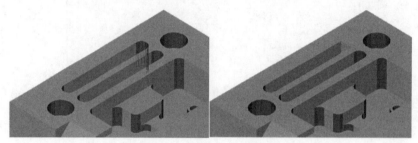

图 10-7　Flatten 命令的作用

如图 10-8 所示，Level 用于将多个平行平面处于同一平面中。

图 10-8　Level 命令的作用

Mark 命令用于标识一些曲面，以便在使用 Global Simplify 的 Remove Non Planar Faces 命令时可以不被简化。如图 10-9 所示，曲面在被 Mark 后，颜色会发生变化，并且在进行 Global Simplify 的 Remove Non Planar Faces 时不受影响。

图 10-9　Mark 命令的作用

10.2.2　Global Simplify 命令

Global Simplify 命令是一个自动对体（Body）或零件（Part）几何模型进行简化的过程。它可以被视为一系列 Local Simplify 命令的集合。如图 10-10 所示为 Global Simplify 命令对话框。

如图 10-11 所示，Remove Small Holes 选项用于去除一些小孔。小孔的体积上限值为 Small Hole Tolerance 的百分数与 Body 体积的乘积。当小孔的实际体积小于前述的体积上限值时，这些小孔都会被删除。

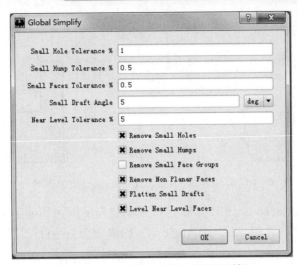

图 10-10 Global Simplify 设置对话框

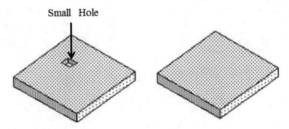

图 10-11 Remove Small Holes 选项的作用

如图 10-12 所示，Remove Small Humps 选项用于去除一些小凸起。小凸起的体积上限值为 Small Hump Tolerance 的百分数与 Body 体积的乘积。当小凸起的实际体积小于前述的体积上限值时，这些小凸起都会被删除。

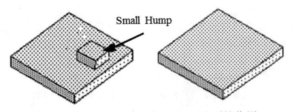

图 10-12 Remove Small Humps 选项的作用

如图 10-13 所示，Remove Small Face Groups 选项用于去除一个小面或相邻的一些小面。一个小面或相邻的一些小面形成的体积上限为 Small Faces Tolerance 的百分数与 Body 体积的乘积。当小面形成的体积小于前述的体积上限时，这些小面都会被删除。

图 10-13 Remove Small Face Groups 选项的作用

如图 10-14 所示，Remove Non Planer Faces 选项用于去除非平面表面。

图 10-14　Remove Non Planer Faces 选项的作用

如图 10-15 所示，Flatten Small Drafts 选项用于将与坐标轴非对齐的斜表面进行对齐。当斜表面与坐标轴的夹角小于 Small Draft Angle 时，斜表面会被进行一定的旋转，以保证表面与坐标轴对齐。

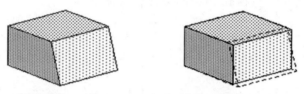

图 10-15　Flatten Small Drafts 选项的作用

如图 10-16 所示，Level Near Level Faces 选项用于将两个相距小距离的平面进行对齐。当 Body 的包络体对角线长度小于 Near Level Tolerance 时，相对而言面积小的面会被去除或提升。

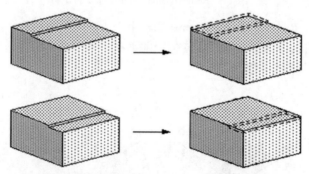

图 10-16　Level Near Level Faces 选项的作用

10.2.3　Dissect Body 命令

Dissect Body 命令是一个将当前几何模型转化为 FloTHERM 可用的一系列 Cuboids、Prisms、Cylinders 和 Sloping Blocks 的全自动过程。其首先将原始的 MCAD Body 分解为若干个 MCAD Body，然后将分解的 MCAD Body 转换为 FloTHERM 软件中的 Cuboids、Prisms、Cylinders 和 Sloping Blocks。如图 10-17 所示为 Dissect Body 命令对话框。

其中 Minimum Volume Tolerance 设置参数用于确定 Dissect Body 的最小体积，如果分解后 Body 的体积小于 Minimum Volume Tolerance%的值与原始 MCAD Body 的乘积，则分解后的 Body 会被删除。Empty Body Tolerance%和 Full Body Tolerance%通常情况下不需要做修改。

Prisms/Tets、Sloping Blocks 和 Cylinders 选项用于确定是否采用软件中的 Prisms/Tets、Sloping Blocks 和 Cylinders 来近似拟合 MCAD Body。

如图 10-18 所示为 Arc/Chord Ratio 的示意图，其中 Arc/Chord Ratio 值越接近 1，则曲面的近似拟合越精确。如果基于初始值 1.1 的曲面拟合较为粗糙，可以逐步尝试 1.05、1.025 和 1.01 等参数值。注意，Arc/Chord Ratio 设置参数仅对曲面的转化起作用。

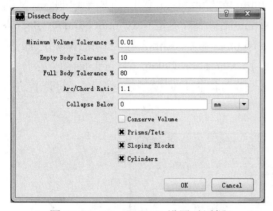

图 10-17　Dissect Body 设置对话框

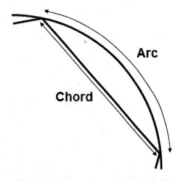

图 10-18　Arc 和 Chord 示意图

如图 10-19 所示为通过 Dissect Body 命令简化 MCAD Body。

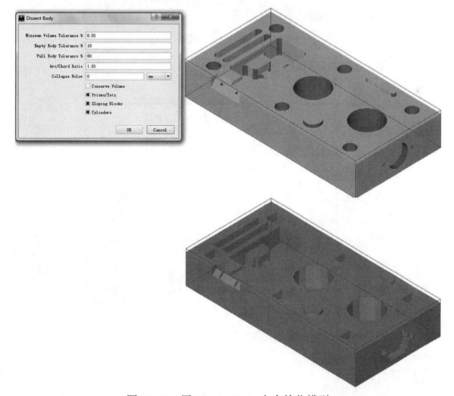

图 10-19　用 Dissect Body 命令简化模型

10.2.4 Voxelize 命令

Voxelize 命令可以采用 FloTHERM 中的 Cuboid 来近似拟合几何模型。如果 Dissect Body 命令无法对复杂几何模型进行分解，则可以尝试采用 Voxelize 命令进行。如图 10-20 所示为 Voxelize 命令对话框。其中 Define Mesh By 设置为 Minimum Number 时，通过 Minimum Number of Cells in X、Minimum Number of Cells in Y 和 Minimum Number of Cells in Z 来控制 X、Y 和 Z 方向的 Cuboid 数目；Define Mesh By 设置为 Maximum Size 时，通过 Maximum Number of Cells in X、Maximum Number of Cells in Y 和 Maximum Number of Cells in Z 控制几何模型分解的精度。Minimum Cell Size 控制了最小的 Cuboid 尺寸，2D Face Collapse Thickness 确定了 2D Collapse Cuboid 的默认厚度设置，Show Preview Mesh 可以在几何模型进行分解之前查看进行几何分解的网格。

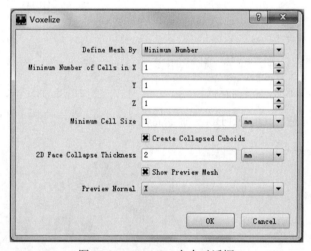

图 10-20 Voxelize 命令对话框

如图 10-21 所示为一个采用 Voxelize 进行分解的几何模型，当 Maximum Number of Cells 设置为 1mm 时原有的 MCAD Body 形体得到了很好的保留。

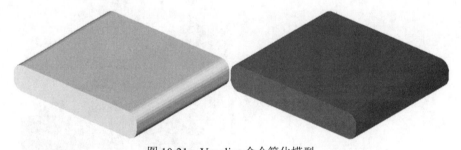

图 10-21 Voxelize 命令简化模型

10.2.5 Decompose 命令

Decompose（分解）命令是一个全自动的过程。在采用这一命令时，首先会进行 Global Simplification 操作，然后会进行 Dissect Body 操作。如图 10-22 所示为 Decompose 对话框，其中 Complexity Level 滑动条控制了 Global Simplification 和 Dissect Body 的精细程度。若勾选 Prisms、Cylinders 和 Sloping Blocks 选项，则最终分解完的几何模型可以由 FloTHERM 软件中的 Prisms、Cylinders 和 Sloping Blocks 组成。

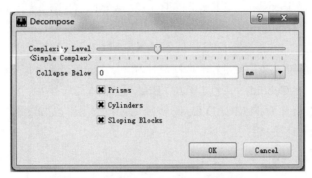

图 10-22　Decompose 命令对话框

Decompose 命令可以对任意的 Body（体）和 Prat（零件）进行操作。如果在进行 Decompose 命令操作之前不进行任何几何模型的选择，则整个几何模型会被进行 Decompose 操作。

如图 10-23 所示为未进行 Decompose 之前的几何模型，如图 10-24 所示为采用不同 Complexity Level 滑动条级别所得到的 FloTHERM 可用的几何模型。

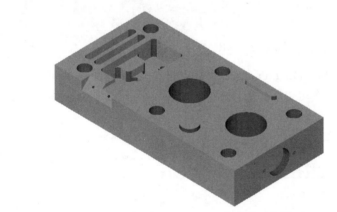

图 10-23　未进行 Decompose 之前的几何模型

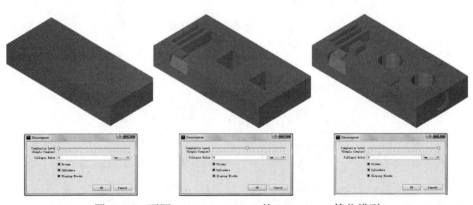

图 10-24　不同 Complexity Level 的 Decompose 简化模型

10.2.6　Single Object 命令

Single Object 命令用于将 Body、Part、Face 和 Feature 形成的包络体转换为 FloTHERM 软件中的 Cuboid、Prism、Resistance、Fan、PCB、Enclosure、Cylinder 或 Perforated Plate。

如图 10-25 所示，Bounding Cuboid 命令可以将原有的 MCAD Body 包络体转换为相同大小的 Cuboid；Average Cuboid 命令可以将原有的 MCAD Body 转换为相同体积的 Cuboid，并且 MCAD Body 包络体与转换后 Cuboid 的长宽比相同；Flat Cuboid 命令可以将原有的 MCAD Body 转换为相同体积的 Cuboid，并且 MCAD Body 包络体与转换后 Cuboid 的两条长边相同；Long Cuboid 命令可以将原有的 MCAD Body 转换为相同体积的 Cuboid，并且 MCAD Body 包络体与转换后 Cuboid 的长边相同。

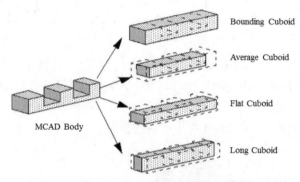

图 10-25　MCAD Body 转换为 Cuboid

如图 10-26 所示，Bounding Prism 命令可以将原有的 MCAD Body 转换为相同包络体的 Prism，Average Prism 命令可以将原有的 MCAD Body 转换为相同体积的 Prism。

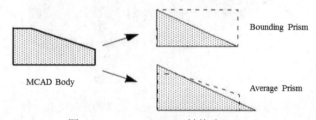

图 10-26　MCAD Body 转换为 Prism

如图 10-27 所示，Bounding Resistance 命令可以将 MCAD Body 的包络体转换为 Volume Resistance。

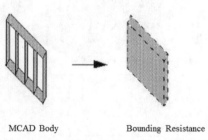

图 10-27　Bounding Resistance 命令的作用

如图 10-28 所示，Bounding Fan 命令可以将 MCAD Body 的包络体转换为 3D 12 个面的风扇、2D 风扇或 Rectangular 风扇。

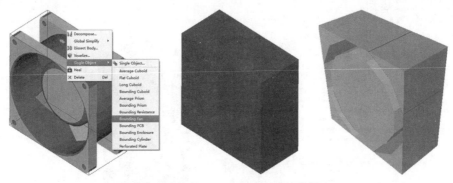

图 10-28　Bounding Fan 命令的作用

如图 10-29 所示，Bounding PCB 命令可以将 MCAD Body 的包络体转换为相同位置和包络体的 PCB 智能元件。

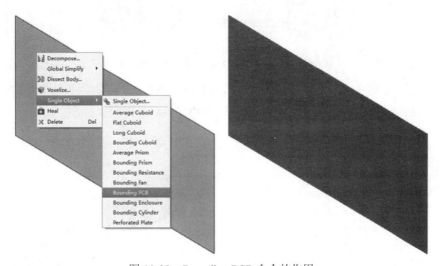

图 10-29　Bounding PCB 命令的作用

如图 10-30 所示，Bounding Enclosure 命令可以将 MCAD Body 的包络体转换为相同位置和包络体的 Enclosure 智能元件，其中 Enclosure 的壁面厚度为 2mm。

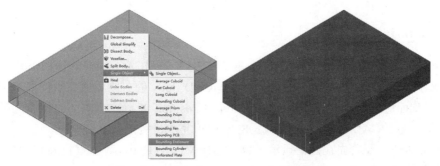

图 10-30　Bounding Enclosure 命令的作用

如图 10-31 所示，Bounding Cylinder 命令可以将 MCAD Body 转化为 Cylinder 智能元件，其中 Cylinder 的轴向长度等于 MCAD Body 包络体的最长边，Cylinder 的直径等于 MCAD Body 包络体的中间长度边长。

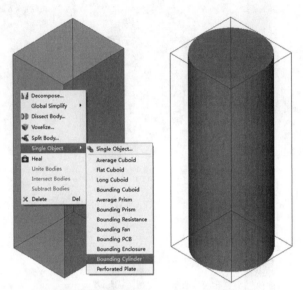

图 10-31　Bounding Cylinder 命令的作用

如图 10-32 所示，Perforated Plate 命令可以将 MCAD Body 转化为 Perforated Plate 智能元件，其中 Perforated Plate 的 Z 向坐标与 MCAD Body 的最短边平行。

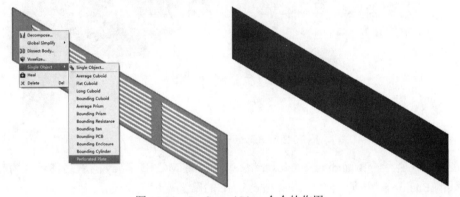

图 10-32　Perforated Plate 命令的作用

10.2.7　Split Body 命令

Split Body 命令用于将一个 MCAD Body 分割为多个 MCAD Body。如图 10-33 所示为 Split Body 命令对话框。其中 Select Face 用于确定 MCAD Body 的分割面所在的位置；Select Vertex 用于确定分割面通过的点，并且结合 Direction 和 Position X 确定分割面的具体位置；Slice 用于标识切割面与 MCAD Body 的相交线；Split 用于完成最终的分割命令。

如图 10-34 所示，首先在几何显示区域中选择 MCAD Body，使其红色高亮，然后打开 Split Body 命令对话框。

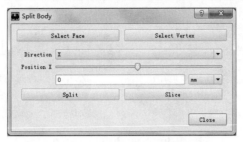

图 10-33　Split Body 命令对话框

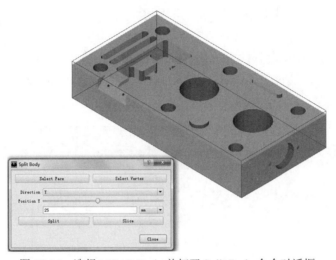

图 10-34　选择 MCAD Body 并打开 Split Body 命令对话框

如图 10-35 所示，单击 Split Body 对话框中的 Select Face 按钮，当鼠标呈十字状后单击 MCAD Body 的上表面，使 Direction 设为 Y，Position 的值为 50mm。分别单击 Split Body 对话框中的 Slice 和 Split 按钮。如图 10-36 所示为分割面与 MCAD Body 的相交线和分割后的 3 个 MCAD Body。

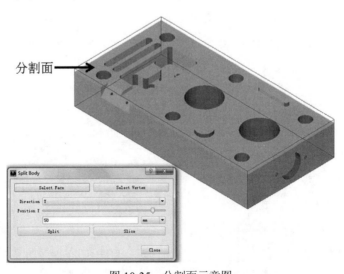

图 10-35　分割面示意图

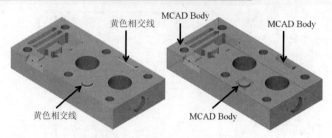

图 10-36　Split Body 命令的作用

10.3　FloMCAD 模块应用实例

打开 FloTHERM 软件，通过 Window→Launch→FloMCAD Bridge 命令打开 FloMCAD 窗口。如图 10-37 所示，通过 External→Import SAT 命令载入 Simulation Model\Chapter 10\ 2UPizzaBox.SAT 文件。

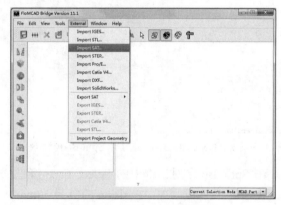

图 10-37　FloMCAD 模块窗口

如图 10-38 所示为 FloMCAD 模块中 2UPizzaBox 的几何模型（MCAD Body）。几何模型中的平面以青绿色显示，曲面以粉红色显示。

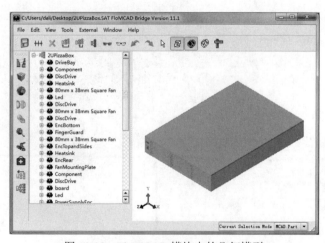

图 10-38　FloMCAD 模块中的几何模型

如图 10-39 所示,通过 F9 键确保鼠标处于拾取模式,并且 FloMCAD 窗口右下角的 Current Selection Mode 设为 MCAD Part 或 MCAD Body。选择 2UPizzaBOX 的外壳并右击,在弹出的快捷菜单中选择 Single Object-Bounding Enclosure 选项。如图 10-40 所示,2UPizzaBOX 的外壳采用 Enclosure 智能元件进行替代,并且其颜色转变为绿色。通过 Tools→Transfer Assembly 命令将 Enclosure 智能元件传递至 FloTHERM 主窗口。

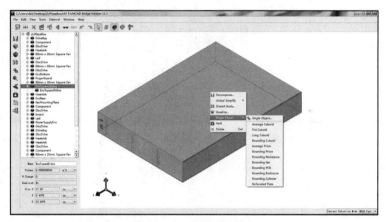

图 10-39　外壳进行转化

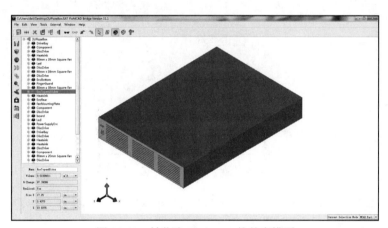

图 10-40　转化为 Enclosure 的外壳模型

如图 10-41 所示,通过鼠标中键滚轮放大几何显示区域,使 2UPizzaBOX 的背部格栅放大显示,并且将 Current Selection Mode 设为 Feature。选择底部孔的内表面使其红色高亮,然后按住 Ctrl 键的同时选择顶部孔的内表面并右击,在弹出的快捷菜单中选择 Single Object-Perforated Plate 选项。如图 10-42 所示,重复以上的过程,将另外两个格栅也转化为 Perforated Plate 智能元件。通过 Tools→Transfer Assembly 命令将 Perforated Plate 智能元件传递至 FloTHERM 主窗口。

如图 10-43 所示,通过鼠标中键滚轮放大几何显示区域,使 2UPizzaBOX 的背部格栅放大显示。选择左下角孔的内表面使其红色高亮,然后按住 Ctrl 键的同时选择右上角孔的内表面并右击,在弹出的快捷菜单中选择 Single Object-Perforated Plate 选项。如图 10-44 所示,通过 Tools→Transfer Assembly 命令将 Perforated Plate 智能元件传递至 FloTHERM 主窗口。

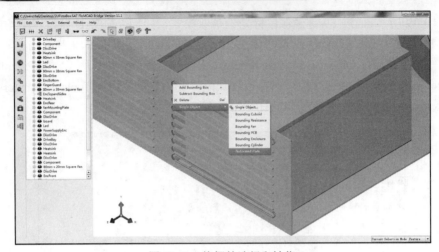

图 10-41 格栅的选择和转化

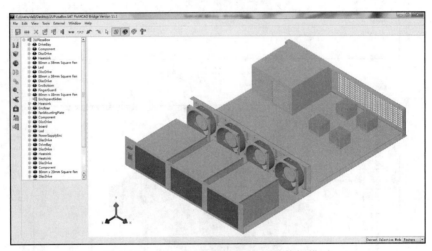

图 10-42 转化为 Perforated Plate 的格栅模型

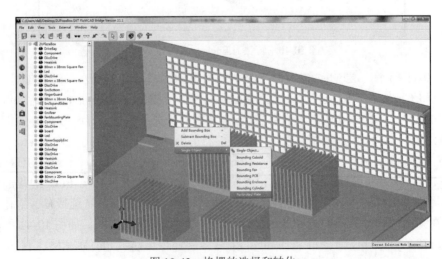

图 10-43 格栅的选择和转化

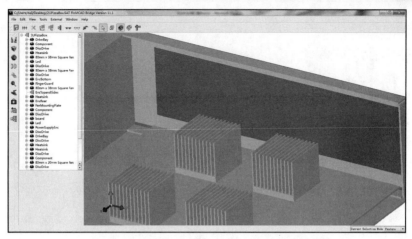

图 10-44 转化为 Perforated Plate 的格栅模型

如图 10-45 所示，采用与之前相同的方法将电源的出风格栅转换为 Perforated 智能元件。

将 Current Selection Mode 设置为 MCAD Body，采用与之前相同的方法将电源转化为 Enclosure 智能元件，如图 10-46 所示。通过 Tools→Transfer Assembly 命令将 Perforated Plate 和 Enclosure 智能元件传递至 FloTHERM 主窗口。注意此处将 Current Selection Mode 设置为 MCAD Body 的原因是电源几何模型是一个 Part，它由两个 Body 组成。

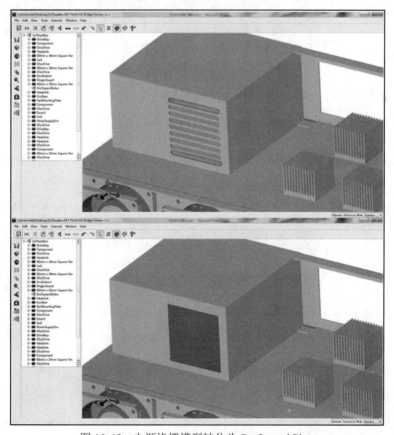

图 10-45 电源格栅模型转化为 Perforated Plate

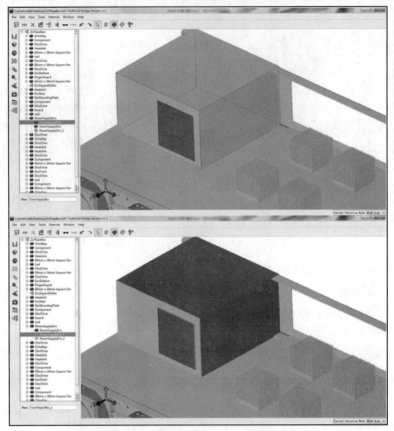

图 10-46　电源模型转换化为 Enclosure

通过 F9 键确保鼠标处于操作模式,将 2UPizzaBOX 进行旋转,如图 10-47 所示,放大显示 2UPizzaBOX 的前部。通过 F9 键确保鼠标处于拾取模式,并将 Current Selection Mode 设置为 Feature。选择电源风扇的入口格栅并右击,在弹出的快捷菜单中选择 Single Object-Perforated Plate 选项。通过 Tools→Transfer Assembly 命令将 Perforated Plate 智能元件传递至 FloTHERM 主窗口。

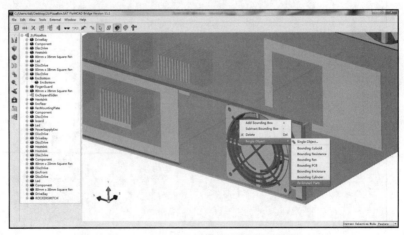

图 10-47　风扇入口格栅的选择和转化

将 Current Selection Mode 设置为 MCAD Part，如图 10-48 所示，选择电源风扇并右击，在弹出的快捷菜单中选择 Single Object-Bounding Fan 选项。通过 Tools→Transfer Assembly 命令将 Fan 智能元件传递至 FloTHERM 主窗口。

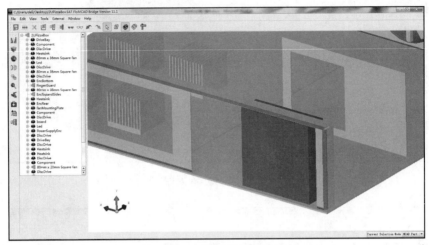

图 10-48　风扇模型转换化为 Fan

如图 10-49 所示，确保 Current Selection Mode 设置为 MCAD Part。通过 Ctrl 键同时选中 4 个风扇并右击，在弹出的快捷菜单中选择 Single Object-Bounding Fan 选项。通过 Tools→Transfer Assembly 命令将 Fan 智能元件传递至 FloTHERM 主窗口。

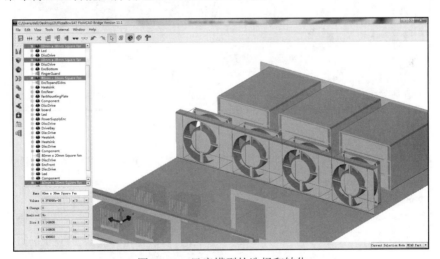

图 10-49　风扇模型的选择和转化

如图 10-50 所示，选择风扇支架并右击，在弹出的快捷菜单中选择 Bounding Cuboid 选项。通过 Tools→Transfer Assembly 命令将 Cuboid 传递至 FloTHERM 主窗口。

如图 10-51 所示，选择 2UPizzaBOX 的 PCB 并右击，在弹出的快捷菜单中选择 Bounding PCB 选项。通过 Tools→Transfer Assembly 命令将 PCB 智能元件传递至 FloTHERM 主窗口。

由于 FloTHERM 软件中可以方便地添加 HeatSinks 智能元件。如图 10-52 所示，此处通过 Ctrl 键同时选中 4 个散热器，并且采用 Edit→Delete 命令进行删除。

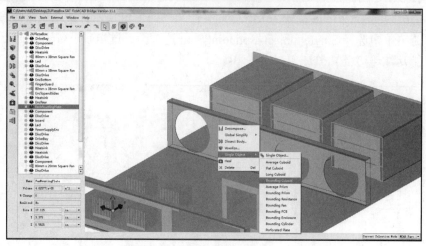

图 10-50　风扇支架的选择和转化

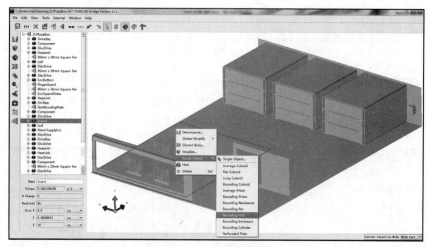

图 10-51　PCB 的选择和转化

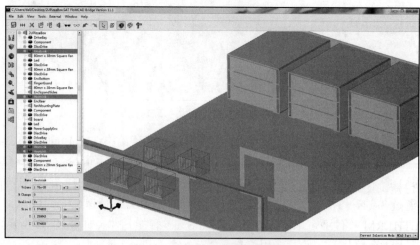

图 10-52　散热器的选择和删除

如图 10-53 所示，通过 Ctrl 键同时选中 4 个芯片并右击，在弹出的快捷菜单中选择 Bounding Cuboid 选项。通过 Tools→Transfer Assembly 命令将 Cuboid 传递至 FloTHERM 主窗口。

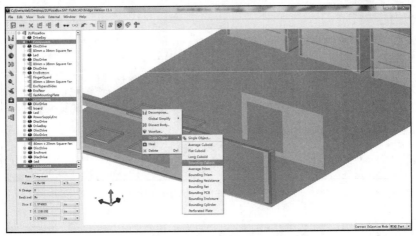

图 10-53　芯片的选择和转化

如图 10-54 所示，通过 Ctrl 键同时选中 3 个硬盘外壳及内部的 9 个硬盘。通过 Tools→Decompose 命令打开 Decompose 设置对话框，单击 OK 按钮，软件将会对 3 个硬盘外壳和 9 个硬盘进行分解，并且采用 Cuboid、Prisms、Cylinders 和 Sloping Blocks 进行转化。通过 Tools→Transfer Assembly 命令将转化后的模型传递至 FloTHERM 主窗口。至此，2UPizzaBOX 重要的几何模型信息已经导入到 FloTHERM 主界面中。

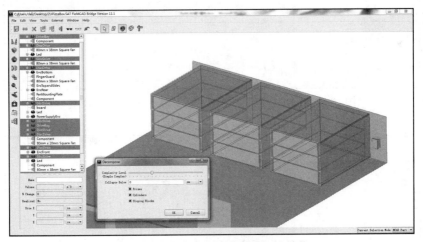

图 10-54　硬盘壳与硬盘的选择和转化

如图 10-55 所示，单击 File→Quit 命令，在弹出的 FloMCAD Bridge 对话框中单击 Discard 按钮，退出 FloMCAD 模块。

如图 10-56 所示为 FloTHERM 主界面中的 2UPizzaBOX 几何模型，通过 F4 和 F6 键可以展开和合并模型树。

通过 Window→Launch Visual Editor 命令打开 Visual Editor 后处理模块，按 W 键，如图 10-57 所示为线框形式显示的 2UPizzaBOX 几何模型。

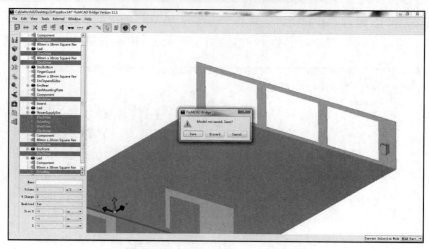

图 10-55　退出 FloMCAD 接口模块

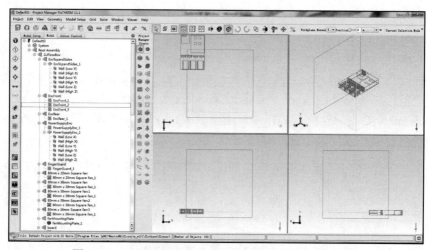

图 10-56　FloTHERM 主界面中的 2UPizzaBOX 几何模型

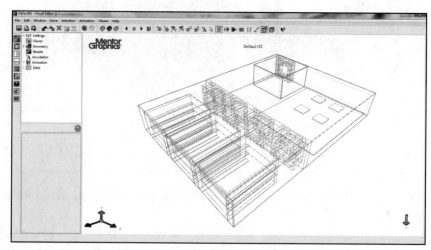

图 10-57　Visual Editor 后处理模块中的 2UPizzaBOX 几何模型

10.4　小结

　　FloMCAD 是 MCAD 数据与 FloTHERM 软件之间的几何数据处理模块。其中数据处理的命令主要分为简化和转化两大类。Local Simplify 和 Global Simplify 命令用于几何模型的简化，Voxelize 和 Dissect Body 命令用于将 MCAD 模型转化为 FloTHERM 仿真所能使用的模型。Decompose 命令是 Global Simplify 命令和 Dissect Body 命令的综合。Single Object 命令用于将 MCAD Body、MCAD Part、面或特征形成的包络体转换为 FloTHERM 软件中的智能元件。

11

FloTHERM 仿真模型校核

11.1　FloTHERM 仿真模型校核背景

T3ster 测试仪器可以测量封装元件在功率发生变化之后的结点热瞬态响应。如图 11-1 所示，当封装元件施加正常工作的功率 P_2 之后，元件内部结点温度会随时间发生变化。

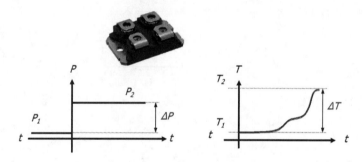

图 11-1　元件结点的热瞬态响应

如图 11-2 所示，通过一定的数学变化可以将元件结点随时间的变化曲线转换为元件结点与环境之间的结构函数（热阻和热容网络）。

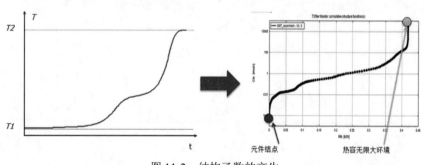

图 11-2　结构函数的产生

如图 11-3 所示，结构函数曲线的每一部分都可以与实际 IGBT 内部的不同结构相对应。

例如 Die Attach（粘结层）的材料热导率较低，且厚度很薄。Die Attach 较低的热导率在结构函数曲线上表征为较大的热阻，Die Attach 较薄的厚度在结构函数曲线上表征为较小的热容。

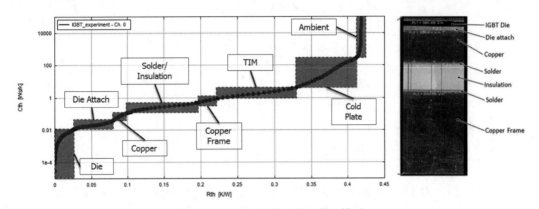

图 11-3　IGBT 结构函数和物理模型

与 T3ster 测试仪器类似，FloTHERM 软件也可以给 IGBT 仿真模型施加一个热功率，然后监控 IGBT 结温随时间变化曲线。此曲线经过数学变化之后，同样可以得到仿真模型中 IGBT 的结构函数特性曲线。如图 11-4 所示，由于 IGBT 仿真模型中材料的热导率、密度和比热参数与实际 IGBT 材料的参数存在差异，所以 T3ster 测量和 FloTHERM 仿真所得到的 IGBT 结温随时间变化曲线有所不同。

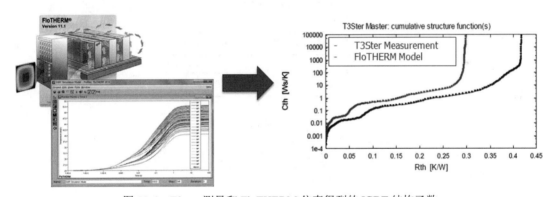

图 11-4　T3ster 测量和 FloTHERM 仿真得到的 IGBT 结构函数

如图 11-5 所示，当 T3ster 测量和 FloTHERM 仿真的 IGBT 结温未做校核时，两者的 IGBT 结温随时间变化曲线有一定的差异。当改变 Die Attach、Copper、Solder 等材料的参数或几何尺寸之后，两者的一致性有了很大提升。其中确定 IGBT 仿真模型中材料参数或几何尺寸的过程称为仿真模型校核。

　　FloTHERM 仿真模型校核的意义在于其可以精确计算元件结温随时间变化的过程。不仅可以准确得到任意时刻结点的温度，还可以得到任意时刻元件内部的温度场分布，这些信息有助于元件热特性的改进和计算其可靠性。

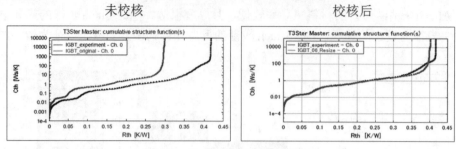

图 11-5　FloTHERM 仿真模型校核

11.2　FloTHERM 仿真模型校核

如图 11-6 所示为 FloTHERM 仿真模型校核的流程。在 FloTHERM 软件中尽可能创建与 T3ster 测试元件相同的仿真模型，尽可能确保仿真模型与测试元件几何模型尺寸的一致性；在仿真模型进行求解计算之后，将 T3ster 测试的数据导入到 FloTHERM 软件中；对比仿真和测试的相关曲线数据，确定需要进行校核的参数和范围；基于 FloTHERM 软件的优化设计模块 Command Center 进行仿真模型的校核，直至完成整个仿真模型的校核工作。

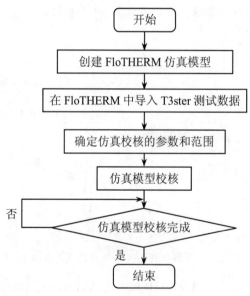

图 11-6　FloTHERM 仿真模型校核流程图

如图 11-7 所示为 Detailed Model Calibration 设置对话框。Import T3ster Measurement 用于导入 T3ster 的测试数据；Model Temperature to Calibrate 用于选择进行校核的结点温度；Design Limits 用于确定校核参数和变化范围；Calibration Setup Check 用于统一 T3ster 测试和仿真条件；Create Scenarios 用于创建校核的项目数量；Calibration 确定了校核的热阻范围；Scenario 用于选择显示的仿真项目；右侧上方的图表显示了仿真和 T3ster 测试的瞬态热阻抗 Zth 曲线，其中红色曲线为仿真结果，蓝色曲线为测试结果；右侧下方图片为仿真和 T3ster 测试的积分结构函数（实线）和微分结构函数（虚线）。

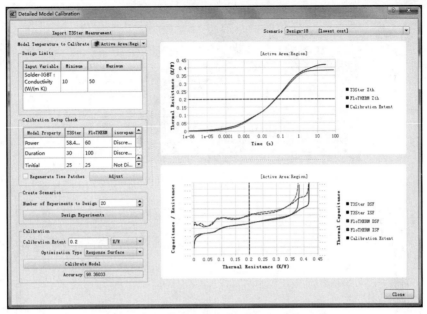

图 11-7　Detailed Model Calibration 设置对话框

11.3　FloTHERM 仿真模型校核实例

打开 FloTHERM 软件，单击 Project→Import Project→FloXML 命令，找到并打开 IGBT.xml 文件，如图 11-8 所示。

图 11-8　打开 IGBT.xml 文件

如图 11-9 所示，IGBT 主要由 Resin（树脂外壳）、Die、Solder（焊锡）、Substrate（基板）、Ceramic 和 Baseplate（金属底板）等组成。

单击 Solve→Re-initialize and solve 命令，对导入的 IGBT 仿真模型进行求解计算，如图 11-10 所示。

单击 Window→Launch Command Center 命令，在弹出的 Command Center 窗口中单击 Calibration Detailed Model Calibration，将 Model Temperature to Calibrate 设置为 Active Area:Region。如图 11-11 所示为 Detailed Model Calibration 对话框。

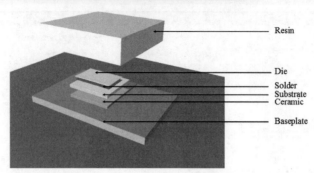

图 11-9　IGBT 结构分解图

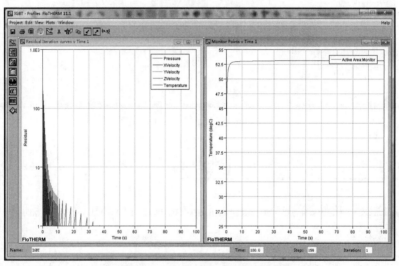

图 11-10　IGBT 仿真项目求解计算

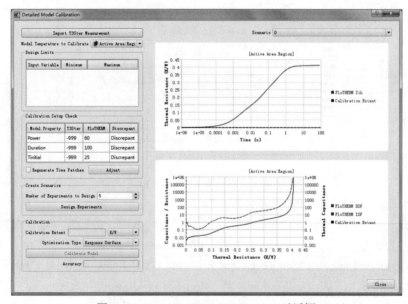

图 11-11　Detailed Model Calibration 对话框

单击 Import T3ster Measurement 按钮，找到 IGBT_experiment.flocalibration 文件，如图 11-12 所示，Detailed Model Calibration 对话框中导入了 IGBT T3ster 的测试数据。

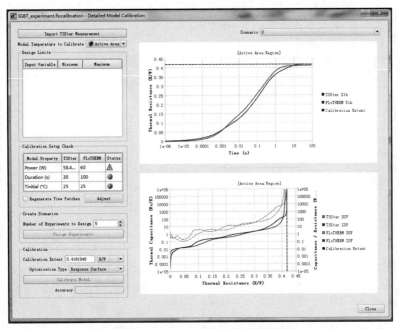

图 11-12　IGBT T3ster 的测试数据

定义需要进行仿真模型校核的参数，本实例中会对 Die Attach（粘结层）的材料进行校核。如图 11-13 所示，在 Command Center 窗口中单击 Material Properties→Solder-IGBT 下的 Conductivity，勾选右侧的 Use as Input Variable in Scenario 选项，选择 Design Parameters，并在 Minimum Value 和 Maximum Value 文本框中分别输入 10 和 50，单击 Apply Variation 按钮。

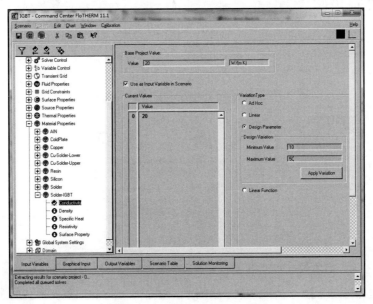

图 11-13　Command Center 窗口

返回到 Detailed Model Calibration 对话框，如图 11-14 所示为 Design Parameter 已经发生了变化。

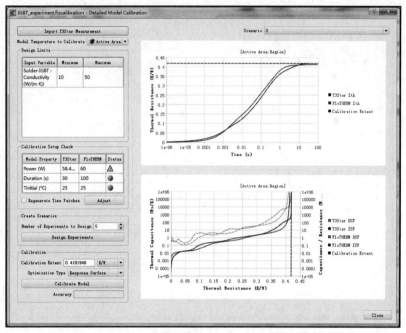

图 11-14　Detailed Model Calibration 对话框

如图 11-15 所示，在 Detailed Model Calibration 对话框的 Number of Experiment to Design 文本框中输入 20 并单击 Design Experiments 按钮，从而将设计实验的数目设置为 20。

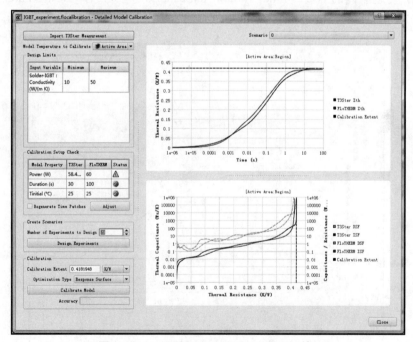

图 11-15　Detailed Model Calibration 对话框

如图 11-16 所示，查看 Command Center 窗口中的设计实验方案。

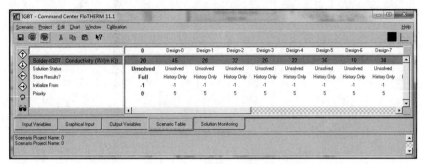

图 11-16　Command Center 窗口中的设计实验方案

定义仿真模型的校核范围。由于 IGBT 结构函数包括了结点与环境热流路径之间的热阻热容，通常情况下我们所关注的只是 IGBT 本体的热特性，而不进行环境的校核。如果 IGBT 的说明书中有 R_{JC} 的热阻值，则可以将此数值作为校核的范围。如图 11-17 所示，在 Calibration Extent 文本框中输入 0.2，并且确保 Optimization Type 设置为 Response Surface，单击 Calibrate Model 按钮。

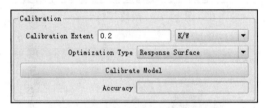

图 11-17　Calibration Extent 设置

如图 11-18 所示为 Command Center 的求解计算结果。

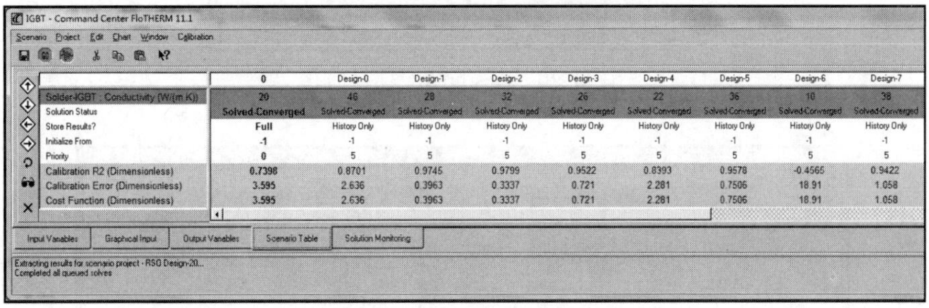

图 11-8　求解计算结果

如图 11-19 所示为最终校核结果，其中 Design-18 方案的仿真结果与测试结果一致性最好。

如图 11-20 所示，在 Command Center 窗口中右击 Design-18 方案，在弹出的快捷菜单中选择 Save As 选项将此方案保存为一个新的 FloTHERM 仿真项目，以便详细分析。

在 Command Center 窗口中单击 Chart→2D RSO Results Viewer，如图 11-21 所示为不同热导率对应的目标函数，如果目标函数的最小值位于变量值范围的边缘处，则需要进一步扩大变量值的范围。

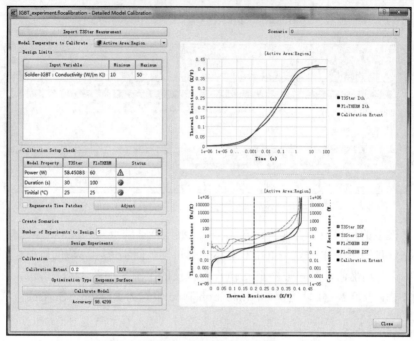

图 11-19　最终校核结果

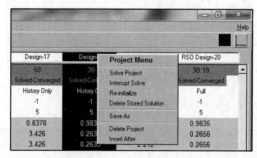

图 11-20　Design-18 项目另存

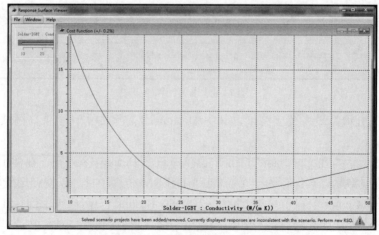

图 11-21　热导率与目标函数的 2D 响应面曲线

12

BGA 封装芯片热仿真实例

12.1 BGA 封装芯片背景

随着集成技术的进步、硅单芯片集成度的不断提高以及芯片热功耗的急剧上升，集成电路芯片对封装的要求更为严格。BGA（球栅阵列）封装技术以其具有更小的封装体积、优良的散热和电性能得到了广泛使用，一般会用于多功能、高功率、高性能的芯片封装，如 CPU、南北桥及其他高功率逻辑芯片。因为芯片的发热量相对较大，所以通常 BGA 封装的设计需要特别关注其散热性能，以便 BGA 封装芯片能够满足实际工况的散热要求。

12.2 BGA 封装芯片热设计目标

由于封装芯片的工作温度会影响其工作性能和寿命，封装芯片的实际工作温度又受到其热阻、热功耗和环境等因素的影响，所以相关协会组织制定了一系列的封装芯片热特性参数，用于评估和比较不同封装芯片的散热性能。常用的 BGA 封装芯片热特性参数有 R_{JA} 和 R_{JB} 热阻值。

R_{JA} 热阻值是在自然冷却的条件下考虑封装芯片与周围空气之间的热阻，其中包括热传导、热对流和热辐射 3 种传热方式；R_{JB} 热阻值则考虑封装芯片到电路板之间的热阻，封装芯片与电路板之间的传热方式以热传导为主。BGA 封装芯片一个很重要的热设计目标就是降低封装芯片的 R_{JA} 和 R_{JB} 热阻值。值得注意的是，R_{JA} 和 R_{JB} 都是在标准测试环境下得到的热阻值，对于实际应用环境中的 BGA 封装芯片仅能作为参考之用。

12.3 BGA 封装芯片散热机理

如图 12-1 所示，BGA 封装芯片主要由 Encapsulant、Die、Wire Bond、Solder Mask、Substrate 和 Solder Ball 等组成。

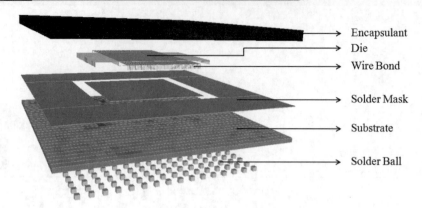

图 12-1　BGA 封装芯片的主要结构

Encapsulant 是芯片上部的封装材料，主要起固定、密封、保护芯片和增强电热性能的作用。

Die 主要由 Active Area、Die 和 Die Attach 三部分组成。Active Area 是热功耗产生的区域，Die 的材料一般为硅。

Wire Bond 主要用于芯片与封装内部电路之间的连接，材料一般为金或铝。

Solder Mask 是 Substrate 上方的阻焊层，一般情况下其热导率较低。

Substrate 是芯片封装的载体，为芯片提供电连接、保护、支撑和散热等功能，一般情况下由导电层和绝缘层构成。

Solder Ball 主要起封装芯片的机械连接和信号传输的作用，材料一般为焊锡。

BGA 封装芯片内部的热量传递以热传导为主。Active Area 产生的热功耗通过热传导方式进入到 Die 中。由于 Die 的热导率相对较高，所以在 Die 内部热传导引起的温差不大。但对于一些高功率或 Active Area 与 Die 面积比较小的芯片，Active Area 与 Die 之间会存在一定的热阻值。当热量进入到 Die 之后，会以热传导的方式通过 Die Attach 和 Solder Mask 层。在热量进入到 Substrate 之后，Substrate 内部的导电层会使热量扩散，最终通过 Solder Ball 将热量传递至封装外部的电路板。由于 Wire Bond 的材料为金属，通常情况下 Active Area 产生的热功耗也会有小部分通过 Wire Bond 进入到 Substrate 中。除非在 BGA 封装芯片 Encapsulant 外部设计专门的散热路径，否则通过 BGA 封装芯片 Encapsulant 散去的热量非常有限。

12.4　BGA 封装芯片热仿真概述

12.4.1　热仿真目标

通过仿真分析获取 BGA 封装芯片在 JEDEC 标准[12]测试环境下的 R_{JA} 和 R_{JB} 热阻值。

12.4.2　热仿真流程

BGA 封装芯片热仿真流程主要分为三个部分，首先是 BGA 封装芯片的建模，其次是 BGA 封装芯片的 R_{JA} 热阻值仿真，最后是 BGA 封装芯片的 R_{JB} 热阻值仿真。其中基于 JEDEC 标准的 R_{JA} 和 R_{JB} 仿真环境通过 FloTHERM PACK 在线工具自动创建。

12.4.3 热仿真所需信息

热仿真分析一般需要几何模型、热功耗、材料属性和温度 4 类基本参数信息。对本实例而言，需要以下信息：

- 几何模型：BGA 封装芯片所有组成部分的尺寸信息。
- 材料属性：BGA 封装芯片所有组成部分的材料信息。
- 热功耗：Die Active Area 的热功耗。
- 温度：环境温度和环境辐射温度。
- 测试环境：R_{JA} 和 R_{JB} 仿真环境。

BGA 封装芯片各组成部分的尺寸和材料的具体信息为：Encapsulant 的长宽尺寸为 19mm×19mm，厚度为 0.8mm，材料为 Epoxy Overmold（Typical），如图 12-2 所示。

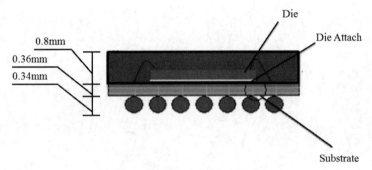

图 12-2　BGA 厚度方向尺寸

如图 12-3 所示，Die 的长宽尺寸为 6.3 mm×6.3mm，厚度为 0.3mm，材料为 Silicon。Die Attach 的长宽尺寸与 Die 相同，厚度为 0.025mm，材料热导率为 0.25W/(mK)。Die Active Area 的热功耗为 1W，符合标准[12]中的测试推荐值。

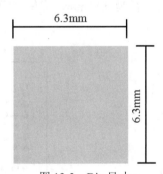

图 12-3　Die 尺寸

如图 12-4 所示，Wire Bond 的数量为 204，直径为 0.03mm，材料为纯金。

Substrate 的长宽尺寸为 19mm×19mm，厚度为 0.36mm。其中包含了两层导电层，导电层厚度为 0.018mm，如图 12-5 所示为导电层结构。两层导电层之间通过过孔连接。

如图 12-6 所示，Solder Mask 的长宽尺寸为 19mm×19mm，厚度为 0.05mm，中间蚀刻的宽度为 1.05mm，蚀刻区域距离 Solder Mask 边缘 4.3mm。Solder Mask 材料热导率为 0.25W/(mK)。

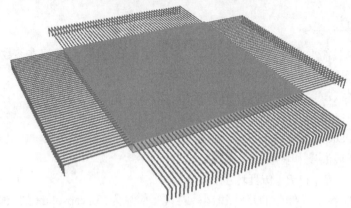

图 12-4 Wire Bond 结构

顶层导电层　　　　　　　　底层导电层

图 12-5 Substrate 内的导电层结构

如图 12-7 所示，Solder Ball 的直径为 0.51mm，球体之间的节距为 1mm，材料为锡铅。

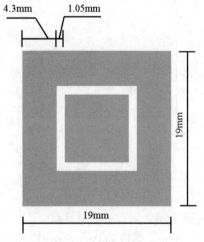

图 12-6 Solder Mask 尺寸

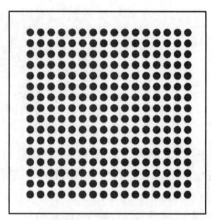

图 12-7 Solder Ball 分布

12.5 BGA 封装芯片热仿真

12.5.1 BGA 封装芯片建模

启动 FloTHERM 软件，建立 Project Name 为 BGA_Rja 的项目文件。通过 Edit→User Preferences 命令打开 User Preferences 设置对话框，将 Display Position in 设置为 Absolute Coordinates，如图 12-8 所示。采用 Absolute Coordinates 选项的优点是模型物体在不同的 Assembly 之间移动不会改变模型物体在仿真模型中的位置。

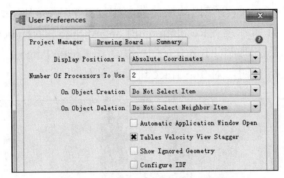

图 12-8　Display Position in 设置

1. Substrate 建模

Substrate 内部存在两层导电层，导电层中铜层的分布影响热量沿 Substrate 平面方向的传递。通过 FloTHERM 软件中的 FloEDA 模块可以精确处理 Substrate 内部导电层的结构。

在 Root Assembly 下建立 Name 为 Package 的 Assembly。

通过 Window→Launch FloEDA Bridge 命令打开 FloEDA Bridge 窗口。

删除 Layers 下两个 Name 为 Power or Ground 的层，将 Layers 下两个 Name 为 Single 的层分别更名为 Top Trace 和 Bottom Trace。

将 Name 为 Motherboard 的 PCB 更名为 Substrate。如图 12-9 所示设置 Substrate 特性参数。

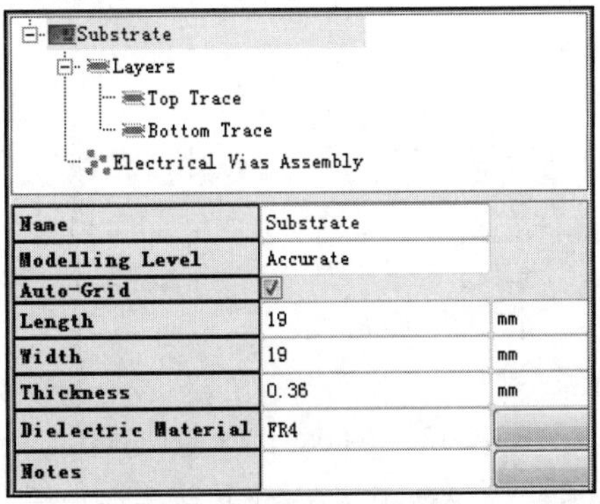

图 12-9　Substrate 特性参数

如图 12-10 所示，Top Trace 的 File Name 中载入 Simulation Model\ Chapter12\Top Trace.jpg 图片。

图 12-10　Top Trace 特性参数

右击 Layers 中的 Top Trace，在弹出的快捷菜单中选择 Process Layer 命令，打开 Layer Trace Processing 窗口。如图 12-11 所示设置 Resolution of Longest Side 和 Number of % Conductor Bands 参数，单击 Show 按钮查看处理前的 Top Trace 状况；单击 Create Patches 按钮，在弹出的 Number of object 对话框中单击 No 按钮，对 Top Trace 进行等效处理。

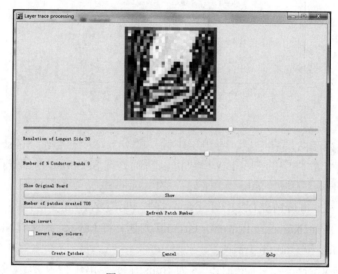

图 12-11　Top Trace 处理

如图 12-12 所示，Bottom Trace 的 File Name 中载入 Simulation Model\ Chapter12\Bottom Trace.jpg 图片。

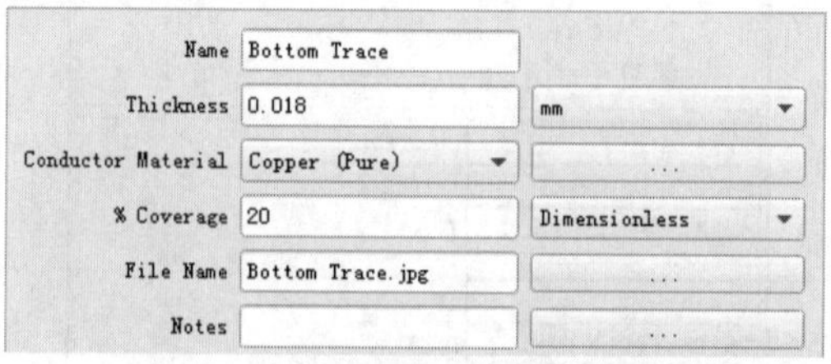

图 12-12　Bottom Trace 特性参数

右击 Layers 中的 Bottom Trace，在弹出的快捷菜单中选择 Process Layer 命令，打开 Layer Trace Processing 窗口。如图 12-13 所示设置 Resolution of Longest Side 和 Number of % Conductor

Bands 参数，单击 Show 按钮查看处理前的 Bottom Trace 状况；单击 Create Patches 按钮，在弹出的 Number of object 对话框中单击 No 按钮，对 Bottom Trace 进行等效处理。

图 12-13 Bottom Trace 处理

选中 Substrate 下的 Electrical Vias Assembly，单击左侧的 Create New Electrical Vias 图标创建 Electrical Vias，如图 12-14 所示设置其特性参数。

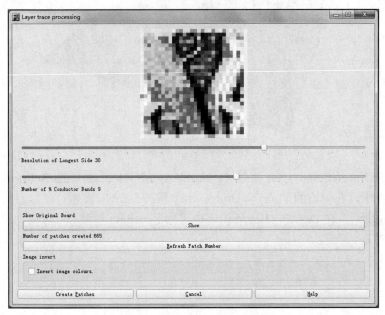

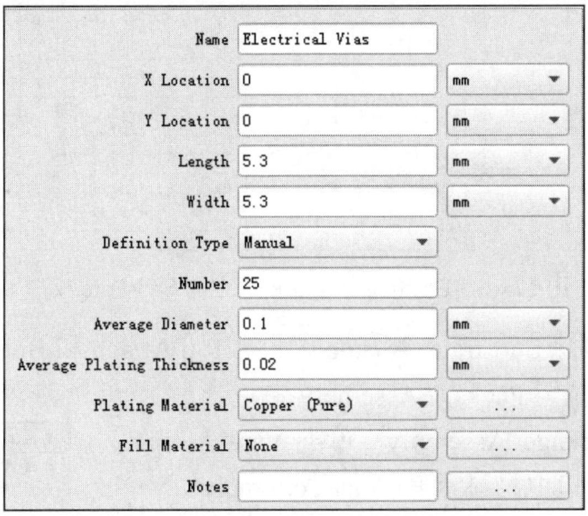

图 12-14 Electrical Vias 特性参数

通过 Edit→Align 命令使 Electrical Vias 与 Substrate 在 XY 平面中心对齐，其中 Substrate 位置不变。

说明：使 A 与 B 在 C 向正视图中心对齐，表示 A 为位置移动物体，B 物体的位置不变；使 A 与 B 重合，表示 A 为位置移动物体，B 物体的位置不变，后面类同。

通过 View→View From→3D 命令观察所建立的 Substrate 模型，如图 12-15 所示。

图 12-15　FloEDA 模块中的 Substrate 模型

通过 File→Transfer and Quit 命令将 FloEDA 窗口中所建立的 Substrate 模型导入到 FloTHERM 软件中，在弹出的 FloEDA Bridge 对话框中单击 No 按钮。

如图 12-16 所示，在 Drawing Board 窗口中观察 Substrate 模型。

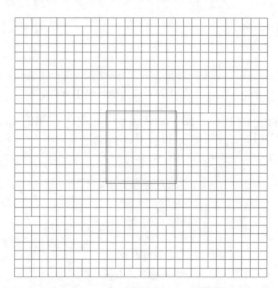

图 12-16　Drawing Board 窗口中的 Substrate 模型

如图 12-17 所示，删除 Substrate Assembly 下的 Top Attach 和 BottomAttach Assembly，并将 Substrate Assembly 拖拉至 Package Assembly 中。

选择模型树中的 Package Assembly，单击 View→Top 命令使 Drawing Board 窗口中只显示 Package Assembly。

2. Solder Ball 建模

如图 12-18 所示，Solder Ball 与 Substrate 的接触面为圆形，接触面的大小影响了热量在 Substrate 与 Solder Ball 之间的传递。

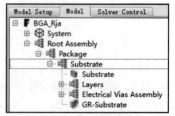

图 12-17　模型树

假设本实例中 Solder Ball 与 Substrate 的接触面是面积为 $0.1225mm^2$ 的圆，等效正方形的边长为 0.35mm，如图 12-19 所示。

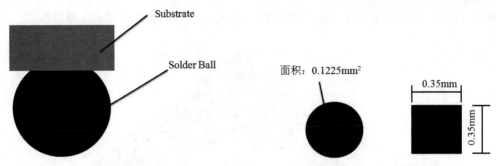

图 12-18　Solder Ball 与 Substrate 的接触面　　　　图 12-19　Solder Ball 简化横截面积

参考图 12-2 中的尺寸信息，所以 Solder Ball 可以简化为长宽尺寸为 0.35mm、高度尺寸为 0.34mm 的立方体。

在 Package Assembly 下建立 Name 为 Solder Ball 的 Assembly。

在 Solder Ball Assembly 下建立 Name 为 Solder Ball 1 的 Cuboid，如图 12-20 所示设置其特性参数。

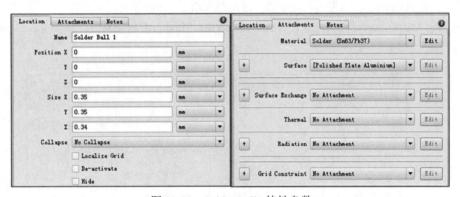

图 12-20　Solder Ball1 特性参数

通过 Edit→Pattern 命令使 Solder Ball 1 在 X 和 Y 方向进行阵列，如图 12-21 所示设置阵列参数。

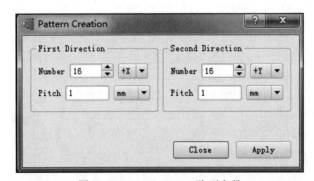

图 12-21　Solder Ball 1 阵列参数

通过 Geometry→Align 命令使 Solder Ball Assembly 与 Substrate Assembly 在 Z 向正视图中心对齐，Solder Ball Assembly 的 High Z 与 Substrate Assembly 的 Low Z 重合。

如图12-22所示为Visual Editor后处理模块中显示的Substrate和Solder Ball模型。

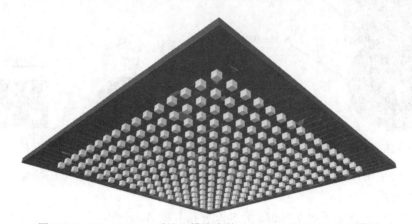

图12-22 Visual Editor后处理模块中的Substrate和Solder Ball模型

3. Solder Mask建模

在Package Assembly下建立Name为Solder Mask的Assembly。

在Solder Mask Assembly下建立Name为Solder Mask 1的Cuboid，如图12-23所示设置其特性参数。

图12-23 Solder Mask1特性参数

新建的Solder Mask Material材料特性如图12-24所示。

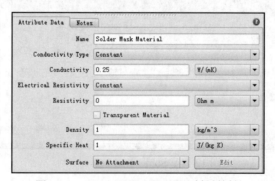

图12-24 Solder Mask Material材料特性

使Solder Mask1与Substrate Assembly在Z向正视图中心对齐，Solder Mask1的Low Z与

Substrate Assembly 的 High Z 重合。

选中 Solder Mask1，单击 Hole 图标，如图 12-25 所示设置 Hole 的特性参数。

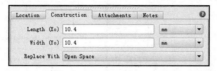

图 12-25　Hole 特性参数

使 Hole 与 Solder Mask1 在 Z 向正视图中心对齐，其中 Solder Mask1 位置不变。

在 Solder Mask Assembly 下建立 Name 为 Solder Mask 2 的 Cuboid，如图 12-26 所示设置其特性参数。

图 12-26　Solder Mask 2 特性参数

使 Solder Mask 2 与 Solder Mask1 在 Z 向正视图中心对齐，Solder Mask 2 的 High Z 与 Solder Mask 1 的 High Z 对齐。

4．Die 建模

如图 12-27 所示，Die 由 Active Area、Die 和 Die Attach 三部分组成，Active Area 是热功耗产生的区域。在进行建模时，在软件中可以采用 Collapsed Source 进行建模，并将热源方向指向 Die。

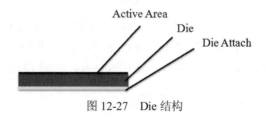

图 12-27　Die 结构

Die 的材料采用硅，由于硅材料的热导率受温度影响很大，所以需要将热导率设置为随温度变化。

在 Package Assembly 下建立 Name 为 Die 的 Assembly。

在 Die Assembly 下建立 Name 为 Die Attach 的 Cuboid，如图 12-28 所示设置其特性参数。

Die Attach Material 材料特性如图 12-29 所示。

使 Die Attach 与 Substrate Assembly 在 Z 向正视图中心对齐，Die Attach 的 Low Z 与 Solder Mask Assembly 的 High Z 重合。

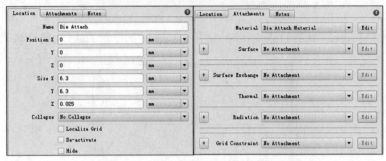

图 12-28　Die Attach 特性参数

图 12-29　Die Attach Material 材料特性

在 Die Assembly 下建立 Name 为 Die 的 Cuboid，如图 12-30 所示设置其特性参数。

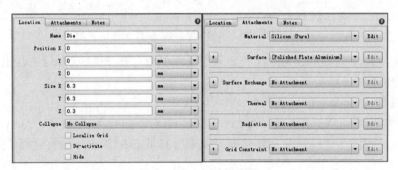

图 12-30　Die 特性参数

使 Die 与 Die Attach 在 Z 向正视图中心对齐，Die 的 Low Z 与 Die Attach 的 High Z 重合。选中 Die Assembly 下的 Die，单击 Monitor Point 图标，创建 Name 为 Die 的 Monitor Point。在 Die Assembly 下建立 Name 为 Die Source 的 Source，如图 12-31 所示设置其特性参数。

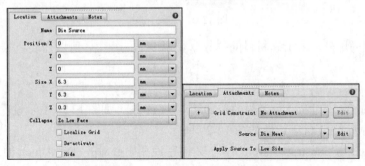

图 12-31　Die Source 特性参数

Name 为 Die Heat 的 Source 特性如图 12-32 所示。

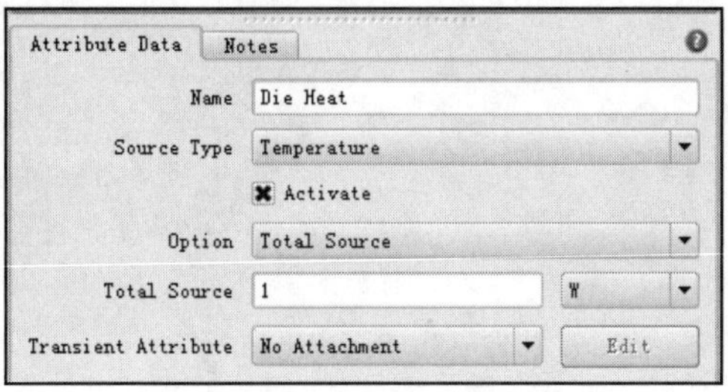

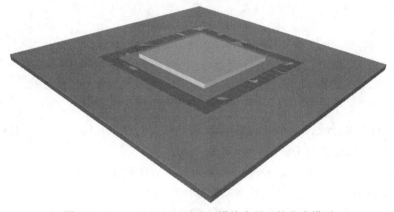

图 12-32   Die Heat 特性参数

使 Die Source 与 Die 在 Z 向正视图中心对齐，Die Source 的 Low Z 与 Die 的 High Z 重合。如图 12-33 所示为 Visual Editor 后处理模块中显示的仿真模型。

图 12-33   Visual Editor 后处理模块中显示的仿真模型

5．Wire Bond 建模

实际封装芯片中 Wire Bond 的形状是弯曲的，根据 Wire Bond 的实际长度进行简化，使其与坐标轴平行，如图 12-34 所示。

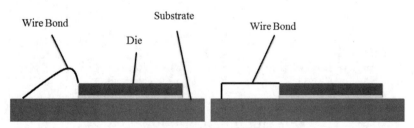

图 12-34   Wire Bond 简化

由于 Wire Bond 的数量很多，详细建模会耗费太多的计算资源，通过 8 个具有各向异性的 Cuboid 来简化 Wire Bond，如图 12-35 所示。

在 Package Assembly 下建立 Name 为 Wire Bond 的 Assembly。

在 Wire Bond Assembly 下建立 Name 为 WB_H_HY 和 WB_H_LY 的 Cuboid，其特性参数如图 12-36 所示。

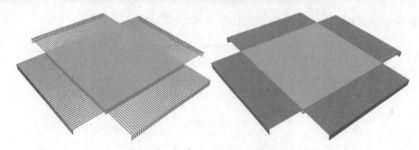

图 12-35　Wire Bond 简化

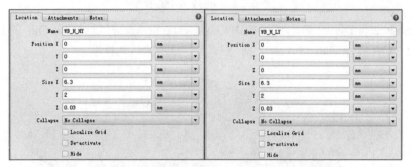

图 12-36　WB_H_HY 和 WB_H_LY 特性参数

使 WB_H_HY 的 Low X 与 Die 的 Low X 对齐，WB_H_HY 的 Low Y 与 Die 的 High Y 重合，WB_H_HY 的 High Z 与 Die 的 High Z 重合。

使 WB_H_LY 的 Low X 与 Die 的 Low X 对齐，WB_H_LY 的 High Y 与 Die 的 Low Y 重合，WB_H_LY 的 High Z 与 Die 的 High Z 重合。

在 Wire Bond Assembly 下建立 Name 为 WB_H_HX 和 WB_H_LX 的 Cuboid，其特性参数如图 12-37 所示。

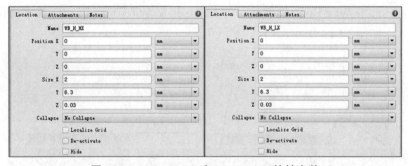

图 12-37　WB_H_HX 和 WB_H_LX 特性参数

使 WB_H_HX 的 Low X 与 Die 的 High X 重合，WB_H_HX 的 Low Y 与 Die 的 Low Y 对齐，WB_H_HX 的 High Z 与 Die 的 High Z 重合。

使 WB_H_LX 的 High X 与 Die 的 Low X 重合，WB_H_LX 的 Low Y 与 Die 的 Low Y 对齐，WB_H_LX 的 High Z 与 Die 的 High Z 重合。

在 Wire Bond Assembly 下建立 Name 为 WB_V_HY 和 WB_V_LY 的 Cuboid，其特性参数如图 12-38 所示。

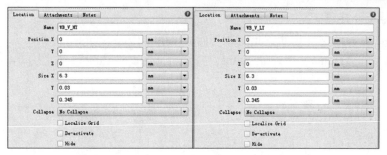

图 12-38　WB_V_HY 和 WB_V_LY 特性参数

使 WB_V_HY 的 Low X 与 WB_H_HY 的 Low X 对齐，WB_V_HY 的 High Y 与 WB_H_HY 的 High Y 重合，WB_V_HY 的 High Z 与 WB_H_HY 的 Low Z 重合。

使 WB_V_LY 的 Low X 与 WB_H_LY 的 Low X 对齐，WB_V_LY 的 Low Y 与 WB_H_LY 的 Low Y 重合，WB_V_LY 的 High Z 与 WB_H_LY 的 Low Z 重合。

在 Wire Bond Assembly 下建立 Name 为 WB_V_HX 和 WB_V_LX 的 Cuboid，其特性参数如图 12-39 所示。

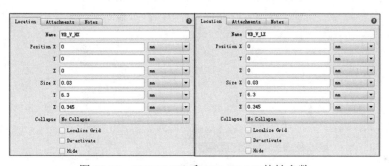

图 12-39　WB_V_HX 和 WB_V_LX 特性参数

使 WB_V_HX 的 High X 与 WB_H_HX 的 High X 重合，WB_V_HX 的 High Y 与 WB_H_HX 的 High Y 重合，WB_V_HX 的 High Z 与 WB_H_HX 的 Low Z 重合。

使 WB_V_LX 的 Low X 与 WB_H_LX 的 Low X 重合，WB_V_LX 的 High Y 与 WB_H_LX 的 High Y 重合，WB_V_LX 的 High Z 与 WB_H_LX 的 Low Z 重合。

将 WB_H_HX、WB_H_LX、WB_V_HX 和 WB_V_LX 的 Material 特性设置为 Wire Bond1。
将 WB_H_HY、WB_H_LY、WB_V_HY 和 WB_V_LY 的 Material 特性设置为 Wire Bond2。
Wire Bond 1 和 Wire Bond 2 的材料特性如图 12-40 所示。

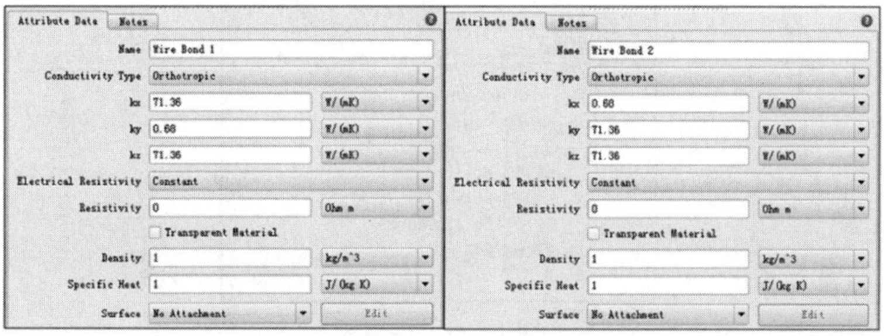

图 12-40　Wire Bond 1 和 Wire Bond 2 的材料特性

6. Encapsulant 建模

在 Package Assembly 下建立 Name 为 Encapsulant 的 Assembly。

在 Encapsulant Assembly 下建立 Name 为 Encapsulant 的 Cuboid，如图 12-41 所示设置其特性参数。

图 12-41　Encapsulant 特性参数

如图 12-42 所示设置 Encapsulant 的 Surface 和 Radiation 特性。

图 12-42　Encapslant 的 Surface 和 Radiation 特性

使 Encapsulant 与 Substrate Assembly 在 Z 向正视图中心对齐，Encapsulant 的 Low Z 与 Solder Mask Assembly 的 High Z 重合。

由于 Encapsulant 与 Die、Wire Bond 等有几何模型重叠，根据软件优先级规则，需要使 Die Assembly 和 Wire Bond Assembly 位于 Encapsulant Assembly 下方。通过 Geometry→Promote 命令将 Encapsulant Assembly 在模型树中的位置提升至 Die Assembly 和 Wire Bond Assembly 之前，如图 12-43 所示。

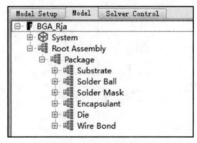

图 12-43　模型树

7. 保存 BGA 封装模型至数据库

按 F7 键展开软件数据库，右击 Library，在弹出的快捷菜单中选择 New Library 命令（如图 12-44 所示）创建 Name 为 David 的数据文件夹。

选中 David 数据文件夹，选中 Package Assembly 并右击，在弹出的快捷菜单中选择 Save To Selected Library 命令，如图 12-45 所示。

图 12-44 创建 David 数据文件夹

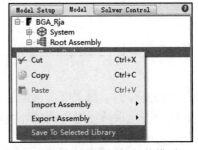

图 12-45 保存 BGA 封装模型

至此，BGA 封装芯片模型建立完成，将其保存至 FloTHERM 数据库中，之后可反复调用此模型。

通过 Project→Quit 命令退出 FloTHERM 软件。

12.5.2 BGA 封装芯片 R_{JA} 热阻热仿真

1. 建立 R_{JA} 测试环境

在浏览器地址栏中输入 www.FloPACK.com，打开 FloTHERM PACK 封装模型和测试环境在线创建页面，如图 12-46 所示。

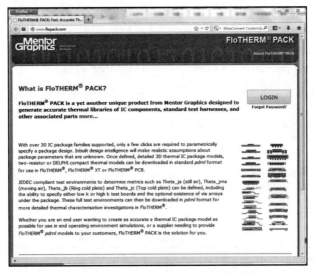

图 12-46 FloTHERM PACK 网站页面

输入 FloTHERM PACK 账号和口令，登录至模型创建页面，选择 JEDEC Test Environment，进入 JEDEC 标准测试环境创建页面。

如图12-47所示设置测试板参数,单击确认按钮进入测试板过孔设置页面。

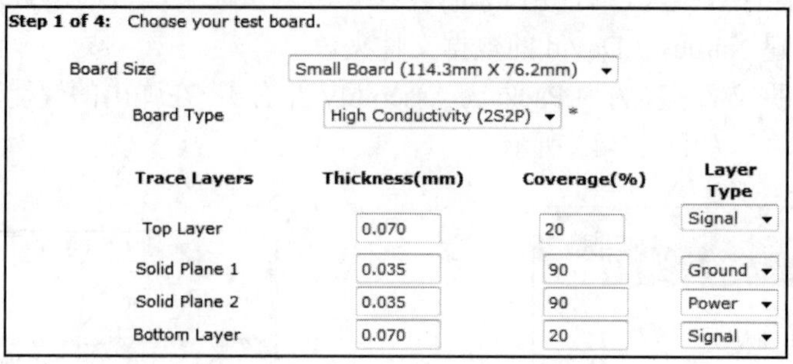

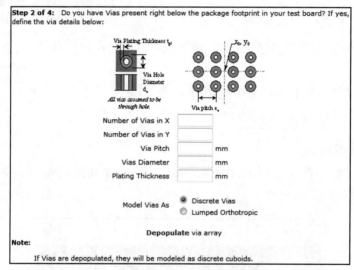

图12-47　测试板创建页面

由于本仿真实例中测试板内部无过孔设计,故测试板过孔创建页面中不作设置,如图12-48所示,直接单击确认按钮进入测试环境设置页面。

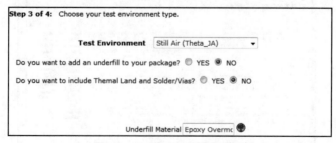

图12-48　测试板过孔创建页面

如图12-49所示设置测试环境,单击确认按钮进入R_{JA}测试环境网格设置页面。

图12-49　测试环境创建页面

如图12-50所示设置R_{JA}测试环境网格,单击Create Test Environment按钮将R_{JA}测试环境下载至本地计算机。

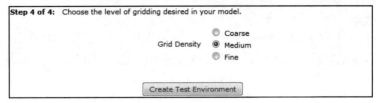

图 12-50　设置 R_{JA} 测试环境网格

启动 FloTHERM 软件，通过 Project→Import Project→PDML 命令将之前通过 FloTHERM PACK 创建的 R_{JA} 测试环境导入到软件中。

如图 12-51 所示，在 Visual Editor 后处理模块中查看 R_{JA} 测试环境。

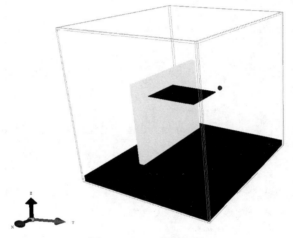

图 12-51　R_{JA} 测试环境

如果没有 FloTHERM PACK 账号和口令，可以将 Simulation Model\Chapter 12\Jedec_StillAirTest.pdml 模型文件导入到 FloTHERM 软件中。

选择软件主界面模型树中 Package On Board Assembly 下的 Testing Package Assembly，双击 David 数据文件夹下的 Package，将 BGA 模型载入到仿真项目中。

通过 Geometry→Align 命令使 Package Assembly 与 trace_1 在 Z 向正视图中心对齐，Package Assembly 的 Low Z 与 PCB Assembly 的 High Z 重合。

2. 设置求解域

由于 FloTHERM PACK 在创建 R_{JA} 测试环境的同时也设置了求解域尺寸，本例中采用默认的求解域特性参数，如图 12-52 所示。

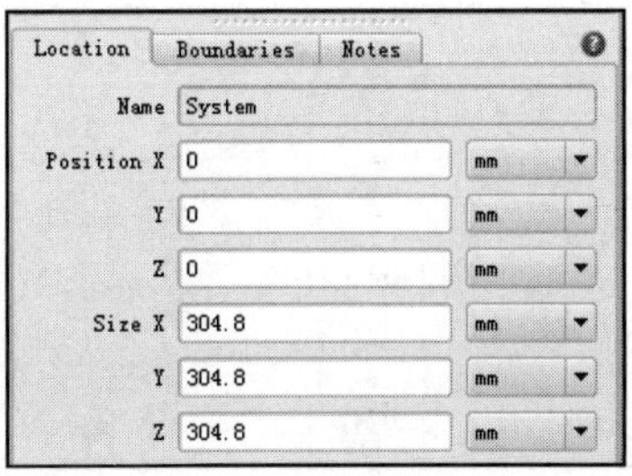

图 12-52　求解域特性参数

3. Model Setup

单击软件主界面中的 Model Setup 特性页，由于仿真 BGA 封装芯片在自然对流状态下的热阻，所以需要考虑辐射换热的影响，并且流体流态为层流。如图 12-53 所示设置 Model Setup 特性参数。

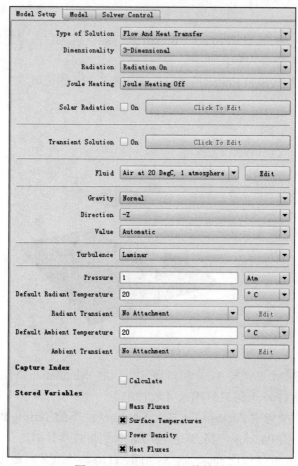

图 12-53　Model Setup 特性页

4. Local Grid

如图 12-54 所示设置 Package Assembly 特性参数，Package X&Y 和 Package Z 特性参数如图 12-55 所示。

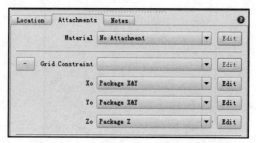

图 12-54　Package Assembly 特性参数

图 12-55 Package X&Y 和 Package Z 特性参数

如图 12-56 所示修改 pcb_keypoint 网格特性参数。

5. System Gird

通过 Grid→System Grid 命令打开 System Grid 设置框，如图 12-57 所示设置 System Grid 特性参数。

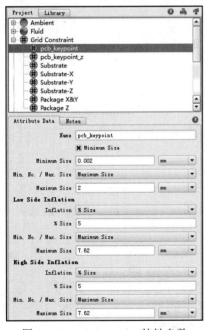

图 12-56 pcb_keypoint 特性参数

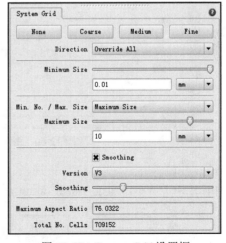

图 12-57 System Grid 设置框

6. Solver Control

单击软件主界面中的 Solver Control 特性页，如图 12-58 所示设置 Solver Control 参数。

7. Sanity Check

通过 Solve→Sanity Check 命令对建立的仿真模型进行检查，如图 12-59 所示查看弹出的 Message Window 对话框。

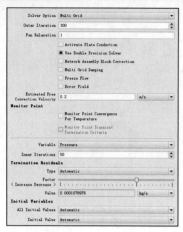

图 12-58　Solver Control 设置框

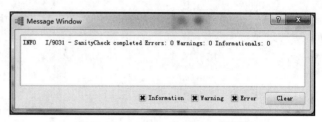

图 12-59　Message Window 对话框

8. Solve

通过 Solve→Re-Initialize and Solve 命令对项目 StillAirTest 进行求解计算，如图 12-60 所示为参数残差监控曲线和监控值。

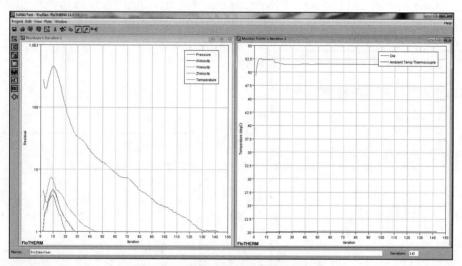

图 12-60　参数残差监控曲线和监控值

9. 仿真结果

如图 12-61 所示，通过 Visual Editor 后处理模块查看环境监控点和 Die 温度。

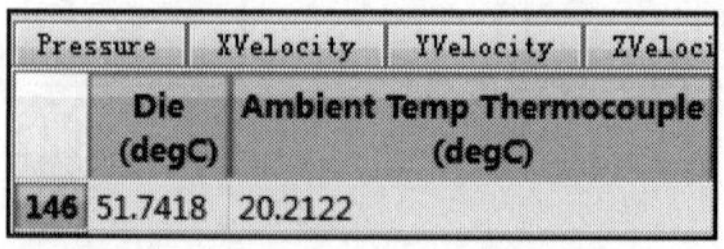

	Pressure	XVelocity	YVelocity	ZVeloci
	Die (degC)	Ambient Temp Thermocouple (degC)		
146	51.7418	20.2122		

图 12-61　环境监控点和 Die 温度

根据公式计算 R_{JA} 热阻值：

$$R_{JA} = \frac{T_J - T_A}{P} = \frac{51.7 - 20.2}{1} = 31.5 \qquad (12\text{-}1)$$

R_{JA}：封装结点至环境热阻（℃/W）；T_J：封装结点温度（℃）；T_A：环境温度（℃）；P：封装热功耗（W）。

所以 BGA 封装芯片在环境温度 20℃、热功耗为 1W 时，R_{JA} 热阻值为 31.5（℃/W）。

Simulation Model\Chapter 12\StillAirTest_D.pdml 文件为 BGA 封装芯片 R_{JA} 热阻仿真模型，可供参考。

12.5.3 BGA 封装芯片 R_{JB} 热阻热仿真

1. 建立 R_{JB} 测试环境

在浏览器地址栏中输入 www.FloPACK.com，打开 FloTHERM PACK 封装模型和测试环境在线创建页面，如图 12-62 所示。

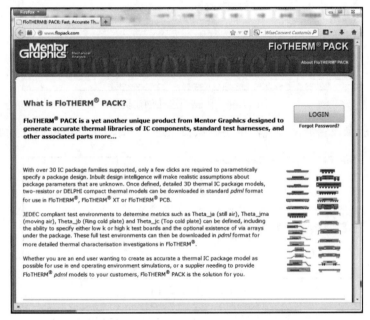

图 12-62　FloTHERM PACK 网站页面

输入 FloTHERM PACK 账号和口令，登录至模型创建页面，选择 JEDEC Test Environment，进入 JEDEC 标准测试环境创建页面。

如图 12-63 所示设置测试板参数，单击确认按钮进入测试板过孔设置页面。

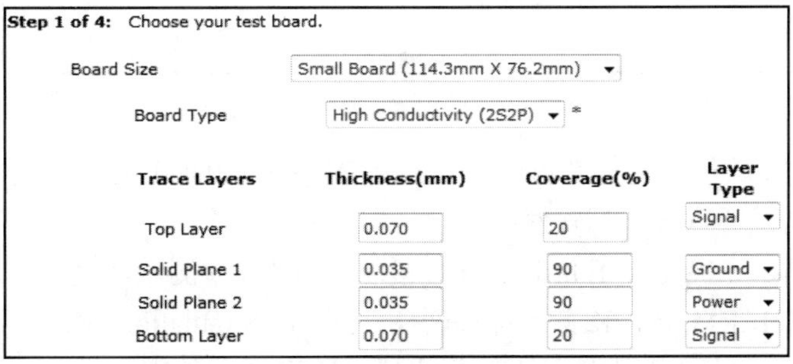

图 12-63　测试板创建页面

由于本仿真实例中测试板内部无过孔设计，故测试板过孔创建页面中不作设置，如图12-64所示，直接单击确认按钮进入测试环境设置页面。

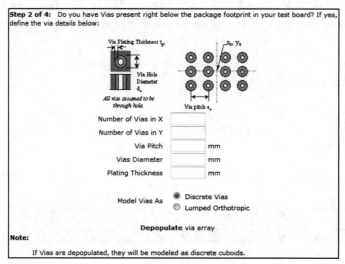

图12-64　测试板过孔创建页面

如图12-65所示设置测试环境，单击确认按钮进入 R_{JB} 测试环境网格设置页面。

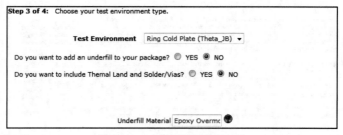

图12-65　测试环境创建页面

如图12-66所示设置 R_{JB} 测试环境网格，单击 Create Test Environment 按钮将 R_{JB} 测试环境下载至本地计算机。

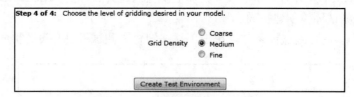

图12-66　设置 R_{JB} 测试环境网格

启动 FloTHERM 软件，通过 Project→Import Project→PDML 命令将之前通过 FloTHERM PACK 创建的 R_{JB} 测试环境导入到软件中。

如图12-67所示，在 Visual Editor 后处理模块中查看 R_{JB} 测试环境。

如果没有 FloTHERM PACK 账号和口令，可以将 Simulation Model\Chapter 12\ Jedec_JEDEC_JunctionToBoard.pdml 模型文件导入到 FloTHERM 软件中。

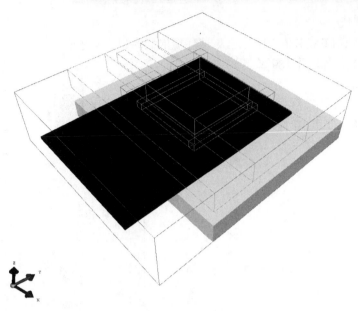

图 12-67　R_{JB} 测试环境

选择软件主界面模型树中 Package On Board Assembly 下的 Testing Package Assembly，双击 David 数据文件夹下的 Package，将 BGA 模型载入到仿真项目中。

通过 Geometry→Align 命令使 Package Assembly 与 trace_1 在 Z 向正视图中心对齐，Package Assembly 的 Low Z 与 trace_1 的 High Z 重合。

2. 设置 PCB 温度监控点

根据标准 12 中的建议，PCB 温度监控点在 Z 向正视图中距离 BGA 封装芯片的边缘 1mm，并布置于 PCB 的顶层导电层中。

选中 PCB Assembly 的 trace_1，单击 Monitor Point 图标，创建的 Monitor Point 位于 trace_1 的几何中心。

如图 12-68 所示，通过 Geometry→Align 和 Geometry→Move 命令使 Monitor Point 在 Z 向正视图中距离 BGA 封装芯片的边缘 1mm。

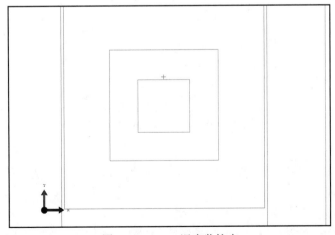

图 12-68　PCB 温度监控点

3. 设置求解域

由于 FloTHERM PACK 在创建 R_{JB} 测试环境的同时也设置了求解域尺寸，本例中采用默认的求解域特性参数，如图 12-69 所示。

4. Model Setup

单击软件主界面中的 Model Setup 特性页，由于仿真 BGA 封装芯片通过 PCB 板散热，所以只需要考虑热传导。如图 12-70 所示设置 Model Setup 特性参数。

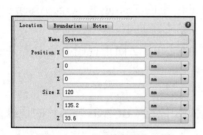

图 12-69　求解域特性参数

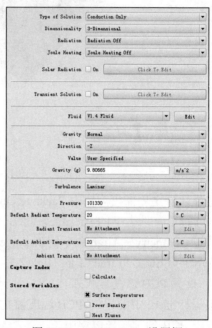

图 12-70　Model Setup 设置框

5. Local Grid

如图 12-71 所示设置 Package Assembly 特性参数，Package X&Y 和 Package Z 特性参数如图 12-72 所示。

图 12-71　Package Assembly 特性参数

6. System Gird

通过 Grid→System Grid 命令打开 System Grid 设置框，如图 12-73 所示设置 System Grid 特性参数。

7. Solver Control

单击软件主界面中的 Solver Control 特性页，如图 12-74 所示设置 Solver Control 参数。

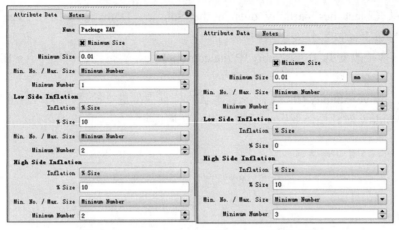

图 12-72　Package X&Y 和 Package Z 特性参数

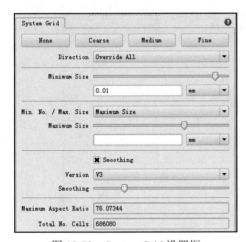

图 12-73　System Grid 设置框

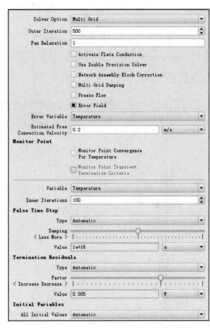

图 12-74　Solver Control 设置框

8. Sanity Check

通过 Solve→Sanity Check 命令对建立的仿真模型进行检查，如图 12-75 所示查看弹出的 Message Window 对话框。

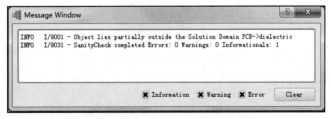

图 12-75　Message Window 对话框

提示信息 Object lies partially outside the Solution Domain PCB->dielectric 说明 PCB Assembly 下的 dielectric 部分处于求解域外部。

通过鼠标拖拉改变 PCB Assembly 中 dielectric 的 Low Y 位置，使其与 Air Block 的 Low Y 重合。

再次通过 Solve→Sanity Check 命令对建立的仿真模型进行检查，如图 12-76 所示查看弹出的 Message Window 对话框，此时对话框中没有任何提示、警告和错误信息。

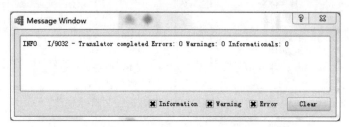

图 12-76　Message Window 对话框

9. Solve

通过 Solve→Solve 命令对项目 JEDEC_JunctionToBoard 进行求解计算，如图 12-77 所示为参数残差监控曲线和监控值。

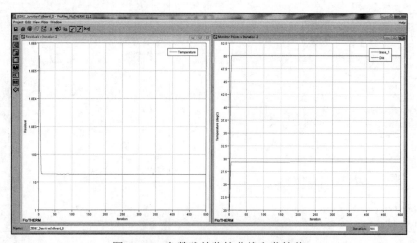

图 12-77　参数残差监控曲线和监控值

12. 仿真结果

如图 12-78 所示，通过 Visual Editor 后处理模块查看 PCB 监控点和 Die 温度。

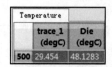

图 12-78　PCB 监控点和 Die 温度

根据公式计算 R_{JB} 热阻值：

$$R_{JB} = \frac{T_J - T_B}{P} = \frac{48.1 - 29.5}{1} = 18.6 \quad (12\text{-}2)$$

R_{JB}：封装结点至 PCB 热阻（℃/W）；T_J：封装结点温度（℃）；T_B：PCB 板温度（℃）；P：封装热功耗（W）。

所以 BGA 封装芯片在环境温度 20℃、热功耗为 1W 时，R_{JB} 热阻值为 18.6（℃/W）。

Simulation Model\Chapter 12\ JEDEC_JunctionToBoard_D 文件为 BGA 封装芯片 R_{JB} 热阻仿真模型，可供参考。

12.6　小结

BGA 封装芯片中的 Substrate 可以通过 FloEDA 模块进行建模。同时，Substrate 内部导电层和过孔可以被精确处理。

BGA 封装芯片的 Die 可以采用 Collapsed Source 进行建模，注意要将 Collapsed Source 的方向指向 Die Attach。

Wire Bond 的建模需要进行等效处理，将 Wire Bond 所在的区域简化为具有各向异性热导率的 Cuboid。

通过 FloTHERM PACK 可以快速建立符合 JEDEC 标准的热阻测试环境。

在 Simulation Model\Chapter 12 文件夹中包含了热仿真过程中所需的模型信息和最终的仿真模型。

13 户外通信机柜热仿真实例

13.1 户外通信机柜热设计背景

户外通信机柜是户外机柜的一种，直接暴露于自然环境中，由金属或非金属材料制成。户外通信机柜一般会放置于公路边、公园、楼顶、山区、平地等地方，其内部安装有基站设备、电源设备、蓄电池、温控设备、传输设备及其他配套设备，并且为这些设备的正常运行提供可靠的机械和环境保护。

由于户外通信机柜受太阳辐射以及内部设备耗散热量的作用，使得机柜内部温度有可能超出设备允许的范围，如果设备长时间在超负荷高温下运行，会引起设备内部元器件性能的下降，进而导致设备故障，影响整个系统的稳定性。因此，对户外通信机柜而言，如何控制机柜内部的温度成为户外通信机柜热设计的关键。

13.2 户外通信机柜冷却架构

户外通信机柜一般有两种冷却架构，当机柜的功率密度不高时，通常会采用自然冷却的方式；当机柜的功率密度较高时，需要采用强迫冷却方式。如图 13-1 所示，强迫冷却方式又可以分为 DAC（直通风）和 HEX（热交换器）。DAC 冷却方式结构简单，冷却效率高，但是对环境洁净度的要求较高；HEX 冷却方式结构复杂，冷却效率相对较低，适用于机柜周围环境恶劣的场合。

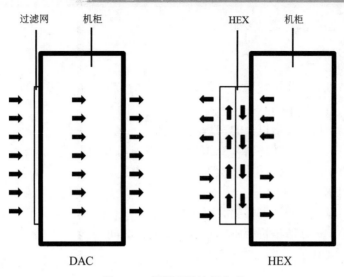

图 13-1　机柜强迫冷却方式

13.3　户外通信机柜热设计方法

户外通信机柜的热设计主要可以分为散热和隔热两个方面。

由于机柜内部充满了各种设备，其内部气流流道需要合理设计，避免形成气流短路、冷热气流混合等现象。一般可以通过安装挡板或导流板来降低机柜内部空气流动阻力，提高局部空气流动速度。

由于户外通信机柜放置于室外，所以要考虑太阳辐射和周围高温环境的影响。对于太阳辐射，一般可以通过在机柜外表面喷涂抗太阳辐射漆来减少机柜对太阳辐射热量的吸收。机柜周围高温环境的影响一般通过在机柜内表面安装隔热泡棉来解决。

13.4　户外通信机柜热仿真概述

13.4.1　热仿真目标

本实例的主要内容是评估户外通信机柜内部模块设备入口温度是否满足设计要求。

13.4.2　热仿真流程

户外通信机柜的仿真流程主要分为两个方面，首先是对 Shelf 模块进行简化，其次是户外通信机柜稳态仿真分析。

户外通信机柜内有一个 Shelf 模块，它包含了 11 块 PCB 板等部件。每一块 PCB 板上又有封装元件、电阻等电子器件。如果将所有这些电子器件进行建模和仿真，求解计算的时间会比较长，所以需要对 Shelf 模块进行简化，PCB 板上的电子器件采用 Resistance 和 Source 进行替代。

本实例中户外机柜采用具有 HEX 的强迫冷却方式。由于简化了 Shelf 模块，所以无法直接获取机柜内部重要元件的温度。通过仿真分析 Shelf 模块风扇进口处的空气温度，可以判断

PCB 上的元件温度是否满足设计要求。

13.4.3 热仿真所需信息

热仿真分析一般需要几何模型、热功耗、材料属性和温度 4 类参数。对本实例中的户外机柜热仿真而言，需要以下信息：

- 几何模型：户外通信机柜的 3D 数据文件。
- 材料属性：机柜、加热器、Shelf 模块等的材料属性。
- 风扇：Shelf 模块风扇和加热器风扇的特性参数。
- HEX：HEX 特性参数。
- 温度：环境温度和环境辐射温度。
- 太阳辐射：户外通信机柜所处的地理位置、时间。
- 热功耗：PCB 板上的元件热功耗。

13.5 户外通信机柜热仿真

13.5.1 Shelf 模块简化

启动 FloTHERM 软件，建立 Project Name 为 PCB_Simplification 的项目文件。通过 Edit→User Preferences 命令打开 User Preferences 设置对话框，将 Display Position in 设置为 Absolute Coordinates，如图 13-2 所示。采用 Absolute Coordinates 选项的优点是模型物体在不同的 Assembly 之间移动不会改变模型物体在仿真模型中的位置。

1. PCB 建模

如图 13-3 所示，在 Root Assembly 下建立 Name 为 PCB 的 Assembly。

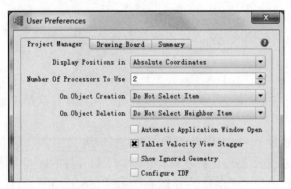

图 13-2 Display Position in 设置

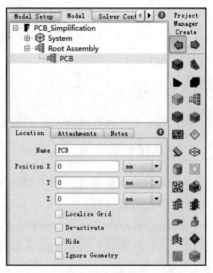

图 13-3 模型树

使智能元件栏处于 Project Manager Create 状态，在 PCB Assembly 下建立 Name 为 PCB1

的 PCB 智能元件，如图 13-4 所示设置其特性参数。

在 PCB Assembly 下建立 Name 为 PCB2 的 PCB 智能元件，如图 13-5 所示设置其特性参数。

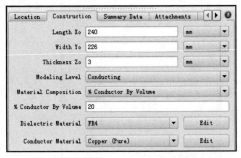

图 13-4　PCB1 特性参数

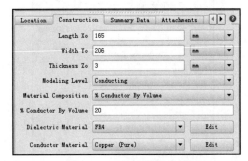

图 13-5　PCB2 特性参数

通过 Geometry→Align 和 Geometry→Move 命令使 PCB2 的 Low X 与 PCB1 的 High X 重合，PCB2 的 Low Y 与 PCB1 的 Low Y 对齐，PCB2 的 Low Z 与 PCB1 的 Low Z 对齐。

说明：使 A 的 Low X 与 B 的 Low X 对齐或重合，表示 A 为位置移动物体，B 物体的位置不变，后面类同。

如图 13-6 所示为 Visual Editor 后处理模块中的 PCB1 和 PCB2 模型。

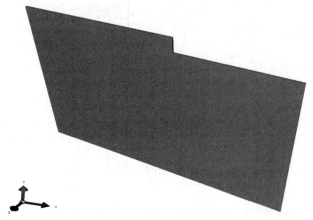

图 13-6　Visual Editor 后处理模块中的 PCB1 和 PCB2 模型

2．电阻建模

如图 13-7 所示，在 Root Assembly 下建立 Name 为 Resistor 的 Assembly。

在 Resistor Assembly 下建立 Name 为 Resistor1 的 Cuboid，如图 13-8 所示设置其特性参数。

通过 Geometry→Align 和 Geometry→Move 命令使 Resistor1 的 Low X 与 PCB1 的 Low X 相距 11mm，Resistor1 的 Low Y 与 PCB1 的 Low Y 相距 49mm，Resistor1 的 Low Z 与 PCB1 的 High Z 重合。

说明：使 A 的 Low X 与 B 的 Low X 相距 N mm，其中 N 为正值，表示 A 的 Low X 位于 B 的 Low X 的 X 正方向，如果 N 为负值，则 A 的 Low X 位于 B 的 Low X 的 X 负方向，后面类同。

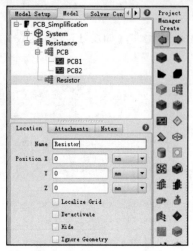

图 13-7　Resistor Assembly

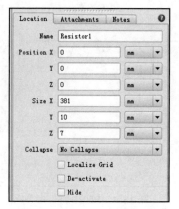

图 13-8　Resistor1 特性参数

通过 Edit→Pattern 命令使 Resistor1 在 Y 正方向进行阵列，如图 13-9 所示设置阵列参数。将通过阵列命令创建的 Resistor1:1 的 Name 设置为 Resistor2。

通过 Edit→Pattern 命令使 Resistor1 和 Resistor2 在 Y 正方向分别进行一次阵列，如图 13-10 所示设置阵列参数。

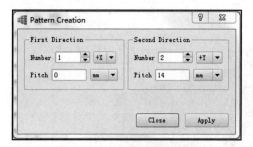

图 13-9　Resistor1 阵列参数

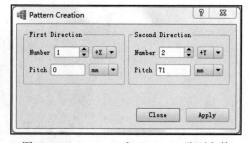

图 13-10　Resistor1 和 Resistor2 阵列参数

将通过阵列命令创建的 Resistor1:1 的 Name 设置为 Resistor3，Resistor2:1 的 Name 设置为 Resistor4。

如图 13-11 所示为 Drawing Board 窗口中的电阻模型。

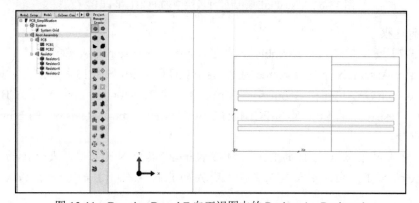

图 13-11　Drawing Board Z 向正视图中的 Resistor1～Resistor4

3. 电容建模

在 Root Assembly 下建立 Name 为 Cap 的 Assembly，在 Cap Assembly 下建立 Name 为 Cap1 的 Assembly。

在 Cap1 Assembly 下建立 Name 为 Capacitor1 的 Cuboid，如图 13-12 所示设置其特性参数。

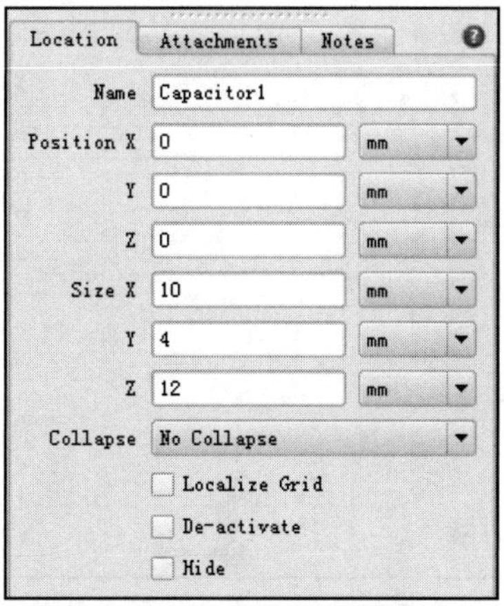

图 13-12　Capacitor1 特性参数

通过 Geometry→Align 和 Geometry→Move 命令使 Capacitor1 的 Low X 与 PCB1 的 Low X 相距 9mm，Capacitor1 的 Low Y 与 PCB1 的 Low Y 相距 107mm，Capacitor1 的 Low Z 与 PCB1 的 High Z 重合。

通过 Edit→Pattern 命令使 Capacitor1 在 X 正方向进行阵列，如图 13-13 所示设置阵列参数。

通过 Edit→Pattern 命令使 Cap1 Assembly 在 Y 负方向进行阵列，如图 13-14 所示设置阵列参数。

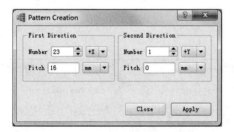

图 13-13　Capacitor1 阵列参数

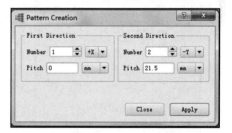

图 13-14　Cap1 Assembly 阵列参数

通过 Edit→Pattern 命令使 Cap1 Assembly 在 Y 正方向进行两次阵列，Pitch 的尺寸分别为 50mm 和 73mm。

将通过阵列命令创建的 Cap1:1 Assembly 的 Name 设置为 Cap2，Cap1:2 Assembly 的 Name 设置为 Cap3，Cap1:3 Assembly 的 Name 设置为 Cap4。

如图 13-15 所示为 Drawing Board 窗口中的电容模型。

4. 电感建模

在 Root Assembly 下建立 Name 为 Choke 的 Assembly，在 Choke Assembly 下建立 Name 为 Choke1 的 Assembly。

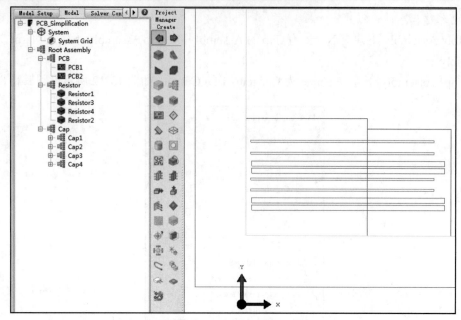

图 13-15　Drawing Board Z 向正视图中的 Cap1～Cap4

在 Choke1 Assembly 下建立 Name 为 Choke1 的 Cuboid，如图 13-16 所示设置其特性参数。

通过 Geometry→Move 命令使 Choke1 的 Low X 与 PCB1 的 Low X 相距 27mm，Choke1 的 Low Y 与 PCB1 的 Low Y 相距 90.5mm，Choke1 的 Low Z 与 PCB1 的 High Z 重合。

说明：当有名称同为 A 的 Cuboid 和 Assembly 时，选择 A 表示选择 Cuboid，选择 A Assembly 表示选择名称为 A 的 Assembly，后面类同。

通过 Edit→Pattern 命令使 Choke1 在 X 正方向进行阵列，如图 13-17 所示设置阵列参数。

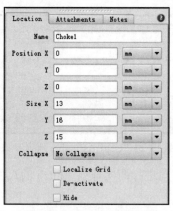
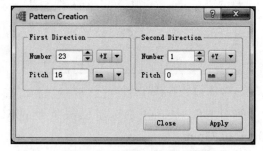

图 13-16　Choke1 特性参数　　　　图 13-17　Choke1 阵列参数

通过 Edit→Pattern 命令使 Choke1 Assembly 在 Y 正方向进行两次阵列，Pitch 的尺寸分别为 72mm 和 95mm。

将通过阵列命令创建的 Choke1:1 Assembly 的 Name 设置为 Choke2，将 Choke1:2 Assembly 的 Name 设置为 Choke3。

如图 13-18 所示为 Drawing Board 窗口中的电感模型。

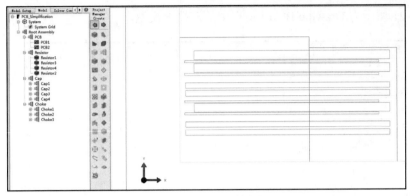

图 13-18　Drawing Board Z 向正视图中的 Choke1～Choke3

5. 连接器建模

在 Root Assembly 下建立 Name 为 Connector 的 Assembly，在 Connector Assembly 下建立 Name 为 Connector1 的 Assembly。

在 Connector1 Assembly 下建立 Name 为 Connector1 的 Cuboid，如图 13-19 所示设置其特性参数。

通过 Geometry→Align 和 Geometry→Move 命令使 Connector1 的 Low X 与 PCB1 的 Low X 相距 23mm，Connector1 的 Low Y 与 PCB1 的 Low Y 重合，Connector1 的 Low Z 与 PCB1 的 High Z 重合。

在 Connector1 Assembly 下建立 Name 为 Connector2 的 Cuboid，如图 13-20 所示设置其特性参数。

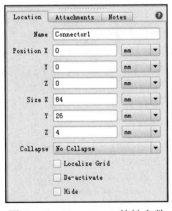

图 13-19　Connector1 特性参数

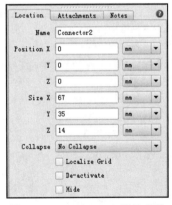

图 13-20　Connector2 特性参数

通过 Geometry→Align 和 Geometry→Move 命令使 Connector2 的 Low X 与 PCB1 的 Low X 相距 32mm，Connector2 的 Low Y 与 PCB1 的 Low Y 相距 -9mm，Connector2 的 Low Z 与 Connector1 的 High Z 重合。

通过 Edit→Pattern 命令使 Connector1 Assembly 在 X 正方向进行两次阵列，Pitch 的尺寸分别为 120mm 和 275mm。

将通过阵列命令创建的 Connector1:1 Assembly 的 Name 设置为 Connector2，将 Connector1:2 Assembly 的 Name 设置为 Connector3。

如图 13-21 所示为 Drawing Board 窗口中的连接器模型。

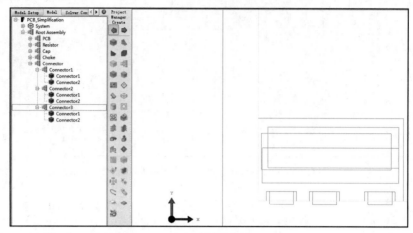

图 13-21　Drawing Board Z 向正视图中的 Connector1～Connector3

6. 挡板建模

在 Root Assembly 下建立 Name 为 Baffle 的 Assembly，在 Baffle Assembly 下建立 Name 为 Baffle1 的 Cuboid，如图 13-22 所示设置其特性参数。

通过 Geometry→Align 和 Geometry→Move 命令使 Baffle1 的 Low X 与 PCB1 的 Low X 重合，Baffle1 的 Low Y 与 PCB1 的 Low Y 重合，Baffle1 的 Low Z 与 Connector2 的 High Z 重合。

在 Baffle Assembly 下建立 Name 为 Baffle2 的 Cuboid，如图 13-23 所示设置其特性参数。注意，Baffle2 的 Collapse 设置为 Yo Low Face。

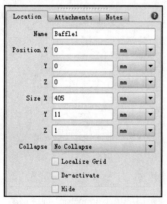

图 13-22　Baffle1 特性参数

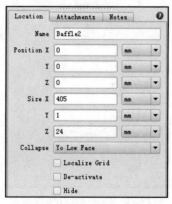

图 13-23　Baffle2 特性参数

通过 Geometry→Align 和 Geometry→Move 命令使 Baffle2 的 Low X 与 PCB1 的 Low X 重合，Baffle2 的 Low Y 与 PCB1 的 Low Y 重合，Baffle2 的 High Z 与 Connector2 的 High Z 重合。

在 Baffle Assembly 下建立 Name 为 Baffle3 的 Cuboid，如图 13-24 所示设置其特性参数。注意，Baffle3 的 Collapse 设置为 Zo Low Face。

通过 Geometry→Align 和 Geometry→Move 命令使 Baffl3 的 Low X 与 PCB1 的 Low X 重合，Baffle3 的 Low Y 与 PCB1 的 Low Y 重合。在 Drawing Board 的 X 向正视图中，Baffle3 的

Low Y 端点与 Baffle2 的 Low Z 端点重合。

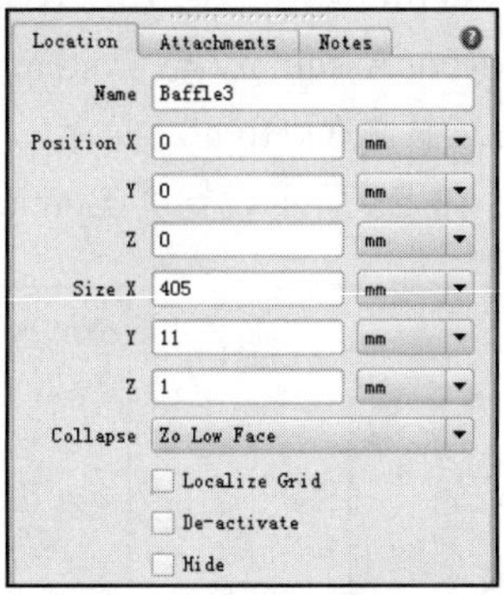

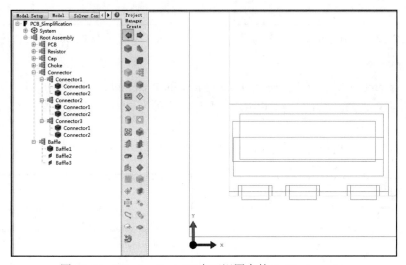

图 13-24　Baffle3 特性参数

如图 13-25 所示为 Drawing Board 窗口中的挡板模型。

图 13-25　Drawing Board Z 向正视图中的 Baffle Assembly

如图 13-26 所示为 Visual Editor 后处理模块中显示的几何模型。

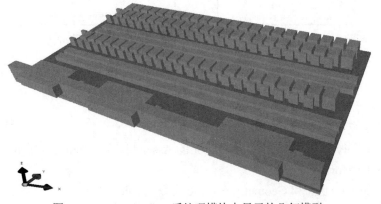

图 13-26　Visual Editor 后处理模块中显示的几何模型

7. 设置求解域

选择软件主界面模型树中的 System，如图 13-27 所示设置求解域 Location 特性参数。

通过 Geometry→Align 命令使 Root Assembly 与 System 求解域在 Z 向正视图中心对齐，使 Root Assembly 的 High Z 与 System 求解域的 High Z 重合。

选择模型树中的 System，如图 13-28 所示设置其 Boundaries 特性参数。

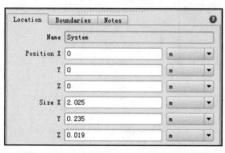

图 13-27 求解域 Location 特性参数

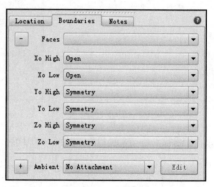

图 13-28 求解域 Boundaries 特性参数

8. 固定流建模

在 Root Assembly 下建立 Name 为 Fixed Flow 的 Assembly，在 Fixed Flow Assembly 下建立 Name 为 Fixed Flow 的 Fixed Flow 智能元件，如图 13-29 所示设置其 Construction 特性参数。

如图 13-30 所示为 Fix Flow 的 Ambient 特性参数。

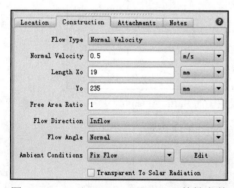

图 13-29 Fixed Flow Construction 特性参数

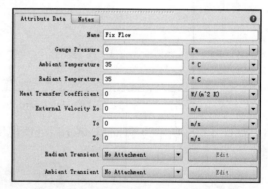

图 13-30 Fix Flow 的 Ambient 特性参数

如图 13-31 所示，通过 Geometry→Rotate Counterclockwise 和 Geometry→Align 命令使 Fixed Flow 位于 System 的 Low X 位置，Fixed Flow 与 System 在 X 向正视图中心对齐，其流动方向指向 PCB。

9. 监控点建模

在 Root Assembly 下建立 Name 为 Monitor 的 Assembly，在 Monitor Assembly 下建立 Name 为 Inlet Monitor 的 Monitor。

通过 Geometry→Align 和 Geometry→Move 命令使 Inlet Monitor 与 System 的 Low X 相距 1mm，并且 Inlet Monitor 与 System 在 X 向正视图中心对齐。

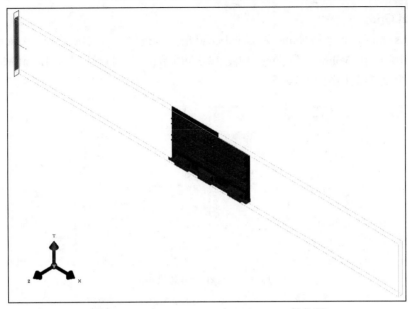

图 13-31　Drawing Board 中 Fixed Flow 的位置

在 Monitor Assembly 下建立 Name 为 Outlet Monitor 的 Monitor。

通过 Geometry→Align 和 Geometry→Move 命令使 Outlet Monitor 与 System 的 High X 相距-1mm，并且 Outlet Monitor 与 System 在 X 向正视图中心对齐。

10. Model Setup

选择主界面中的 Model Setup 特性页，由于只需要得到 PCB 的流阻特性曲线，故将 Type of Solution 设置为 Flow Only。如图 13-32 所示设置 Model Setup 参数。

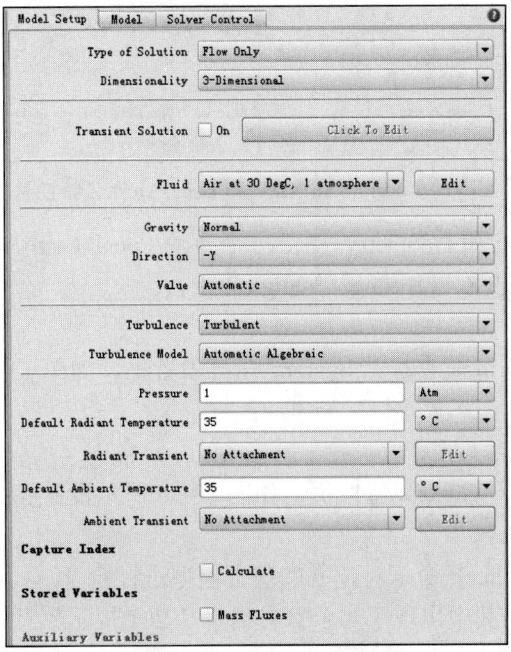

图 13-32　Model Setup 设置框

11. Local Grid

在 Root Assembly 下建立 Name 为 Local Grid 的 Assembly，在 Local Grid Assembly 下建立 Name 为 Local Grid 的 Volume Region，如图 13-33 所示设置其特性参数，Local Mesh X&Y 和 Local Mesh Z 特性参数如图 13-34 所示。

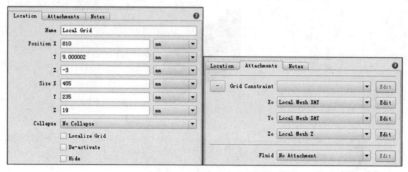

图 13-33　Local Grid 特性参数

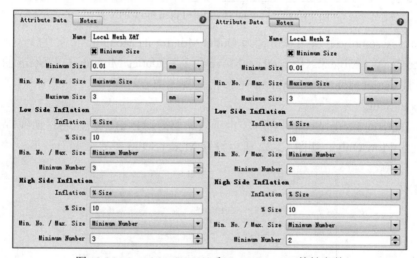

图 13-34　Local Mesh X&Y 和 Local Mesh Z 特性参数

通过 Geometry→Align 和 Geometry→Move 命令使 Local Grid 与 System 在 Z 向正视图中心对齐，Local Grid 的 High Z 与 System 的 High Z 重合。

12. System Grid

通过 Grid→System Grid 命令打开 System Grid 设置框，如图 13-35 所示设置 System Grid 特性参数。

13. Solver Control

选择主界面中的 Solver Control 特性页，如图 13-36 所示设置 Solver Control 参数。

14. Sanity Check

通过 Solve→Sanity Check 命令对建立的仿真模型进行检查，如图 13-37 所示查看弹出的 Message Window 对话框，其中出现了 4 个警告信息和 2 个提示信息。

图 13-35　System Grid 设置框

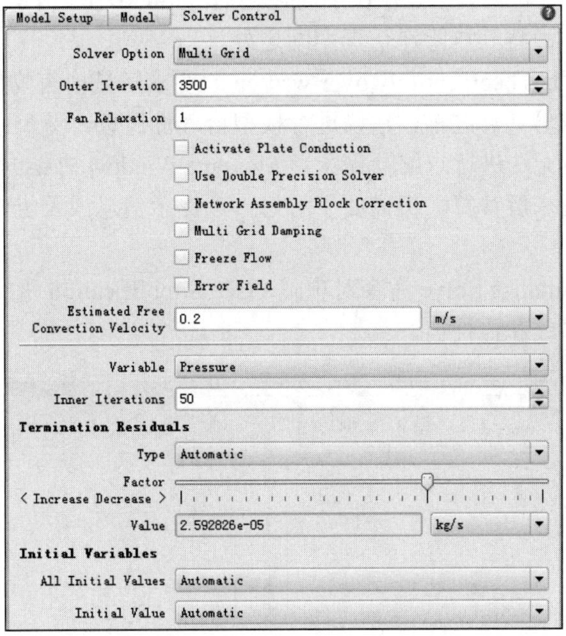

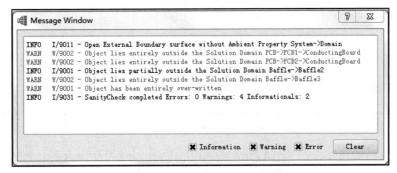

图 13-36　Solver Control 特性页

图 13-37　Message Window 对话框

提示信息：Open External Boundary surface without Ambient Property System->Domain 表明求解域存在边界状态为 Open 的面，但未赋予 Ambient 特性。此时，软件采用 Model Setup 特性页中的 Pressure、Default Ambient Temperature 作为 Open 面的边界条件。对于此仿真分析，该提示信息可以忽略。

警告信息：Object lies entirely outside the Solution Domain PCB->PCB1->ConductingBoard 和 Object lies entirely outside the Solution Domain PCB->PCB2->ConductingBoard 表明 PCB1 和 PCB2 完全位于求解域外部。由于 PCB 简化模型需要获得 PCB 上部电子器件引起的流体流动压力损失，所以将 PCB 排除在求解域之外。

提示信息：Object lies partially outside the Solution Domain Baffle->Baffle2 表明 Baffle2 部分位于求解域外部。由于 Baffle2 也会存在于简化之后的 Shelf 模块中，所以此处无需考虑其对流体流动损失的影响，故将其排除在仿真空间之外。

警告信息：Object lies entirely outside the Solution Domain Baffle->Baffle3 表明 Baffle3 完全位于求解域外部。由于 Baffle3 也会存在于简化之后的 Shelf 模块中，所以此处无需考虑其对流体流动损失的影响，故将其排除在仿真空间之外。

警告信息：Object has been entirely over-written 表明求解域内有物体被完全覆盖。

在进行仿真项目求解计算之前，建议进行模型合理性检查。当 Message Window 对话框中出现错误信息时，软件无法进行求解计算；当 Message Window 对话框中出现提示信息或警告信息时，软件可以进行求解计算，但需要了解每一项提示信息或警告信息产生的原因。

15. Solve

通过 Solve→Re-Initialize Solve 命令对项目 PCB_Simplification 进行求解计算。如图 13-38 所示为参数残差监控曲线和监控值。

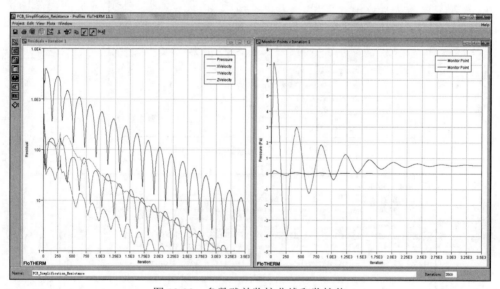

图 13-38　参数残差监控曲线和监控值

由仿真计算结果可知，在 Fixed Flow 的 Normal Velocity 为 0.5m/s 时，PCB 在空气流动方向的前后压力差为 0.551Pa。

如图 13-39 所示，将 Fixed Flow 的 Normal Velocity 分别设置为 1m/s、2m/s、3m/s 和 4m/s，计算每一种 Fixed Flow 流速下 PCB 板前后的压力差。

如图 13-40 所示，将仿真计算得到的结果保存到 TXT 文本中，其中第一列为 Fixed Flow 的流速（m/s），第二列为 PCB 板前后的压力损失（Pa）。

第13章 户外通信机柜热仿真实例

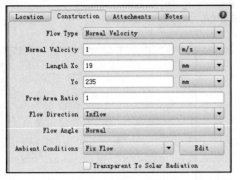

图 13-39 Fixed Flow 的 Normal Velocity 设置

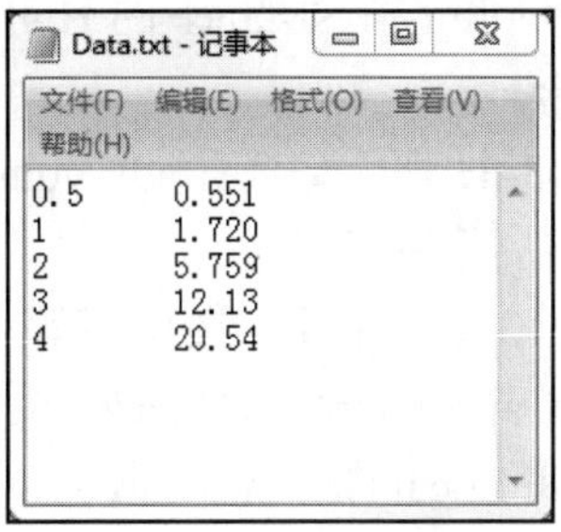

图 13-40 仿真结果数据

16. PCB 上方电子器件简化阻尼建模

在浏览器地址栏中输入 http://webparts.mentor.com/flotherm/support/webparts.jsp 打开 Webparts 智能元件在线生成工具，选择其中的 Advanced Resistance Generate 进入高级阻尼创建界面，如图 13-41 所示。

如图 13-42 所示进行参数设置并将之前创建的 Data.txt 进行上传，单击页面下方的 Generate 按钮将创建的阻尼模型（adv-volume-resistance）下载至本地计算机。

图 13-41 Webparts 智能元件在线生成工具

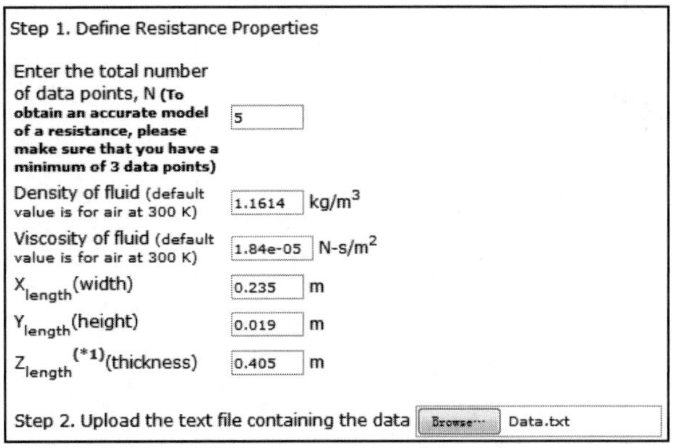

图 13-42 高级阻尼创建页面

17. PCB 简化模型创建

打开 PCB_Simplification 项目文件。选中 Root Assembly 并右击，通过 Project→Import Assembly→PDML 命令载入 Name 为 AdvancedResistance 的 Volume Resistance，当弹出 Grid Changed 对话框时选择 Continue using the existing project。

通过 Geometry→Rotate Clockwise 命令使 adv-volume-resistance 在 Z 向正视图中顺时针旋转 90°，使 adv-volume-resistance 在 Y 向正视图中顺时针旋转 90°。

357

通过 Geometry→Align 命令使 adv-volume-resistance 与 System 求解域在 Z 向正视图中心对齐，使 adv-volume-resistance 的 High Y 与 System 的 High Z 重合。

如图 13-43 所示，查看 adv-volume-resistance 的 Resistance 特性参数。

如图 13-44 所示，选中模型树中的 Resistor Assembly、Cap Assembly、Chock assembly、Connector Assembly 和 Local Grid Assembly。单击 Geometry→De-active 命令并勾选 Location 特性页中的 Ignore Geometry 选项。由于物体在 De-active 之后，其不参与仿真计算，但其几何形体依旧会创建网格。勾选 Ignore Geometry 选项之后，物体的几何形体不会创建网格。

图 13-43　adv-volume-resistance 特性参数

将 Fixed Flow 的 Normal Velocity 分别设置为 0.5m/s、1m/s、2m/s、3m/s 和 4m/s，计算每一种 Fixed Flow 流速下 PCB 板前后的压力损失，确定 PCB 简化模型与详细模型的流体流动阻力损失相一致。

如图 13-45 所示，选中模型树中的 Fixed Flow 和 Monitor Assembly，单击 Geometry→De-active 命令并勾选 Location 特性页中的 Ignore Geometry 选项。

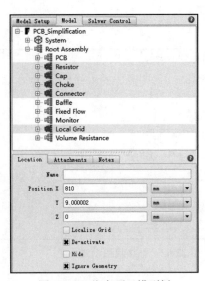

图 13-44　仿真项目模型树

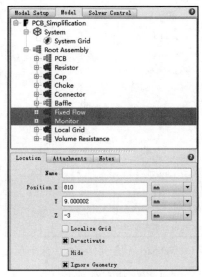

图 13-45　仿真项目模型树

将 Root Assembly 的 Name 设置为 PCB Module。

18．保存 PCB 简化模型至数据库

按 F7 键展开软件数据库，右击 Library，在弹出的快捷菜单中选择 New Library 命令（如图 13-46 所示），创建 Name 为 David 的数据文件夹。

选择 David 数据文件夹，选中 PCB Module Assembly 并右击，在弹出的快捷菜单中选择 Save To Selected Library 命令，如图 13-47 所示。

图 13-46　创建 David 数据文件夹

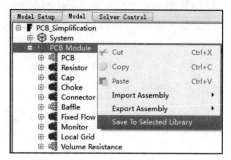

图 13-47　保存 PCB 简化模型

至此，PCB 简化模型建立完成，将其保存到 FloTHERM 数据库中，然后即可反复调用。建立 Project Name 为 Shelf_Simplication_Model 的项目文件。

19. Power 建模

在 Root Assembly 下建立 Name 为 Shelf 的 Assembly，在 Shelf Assembly 下建立 Name 为 Power 的 Assembly，在 Power Assembly 下建立 Name 为 Power 的 Cuboid，如图 13-48 所示设置其特性参数。

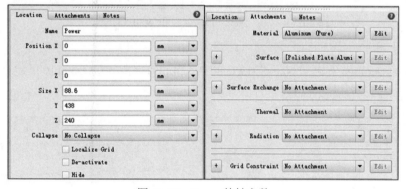

图 13-48　Power 特性参数

20. Enclosure 建模

在 Shelf Assembly 下建立 Name 为 Construction 的 Assembly，在 Construction Assembly 下建立 Name 为 Enclosure 的 Assembly，在 Enclosure Assembly 下建立 Name 为 Enclosure 的 Enclosure 智能元件，如图 13-49 所示设置其特性参数。

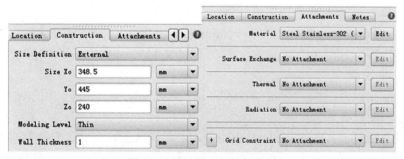

图 13-49　Enclosure 特性参数

通过 Geometry→Align 和 Geometry→Move 命令使 Enclosure 的 Low X 与 Power 的 High X 重合，使 Enclosure 的 High Y 与 Power 的 High Y 对齐，使 Enclosure 的 High Z 与 Power 的 High Z 对齐。

如图 13-50 所示，选中 Enclosure 的 Wall（Low Y）和 Wall（High Y），取消选中其 Construction 特性页中的 Side Exists 选项。

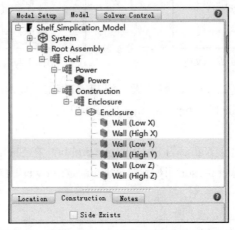

图 13-50　选中 Wall（Low X）和 Wall（High X）

21. PC 建模

在 Shelf Assembly 下建立 Name 为 PC 的 Assembly，在 PC Assembly 下建立 Name 为 PC 的 Cuboid，如图 13-51 所示设置其特性参数。

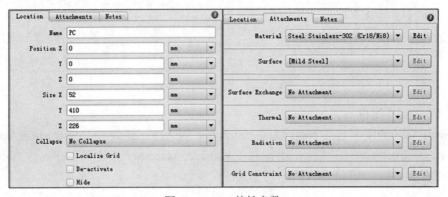

图 13-51　PC 特性参数

通过 Geometry→Align 和 Geometry→Move 命令使 PC 的 Low X 与 Power 的 High X 重合，PC 的 High Y 与 Power 的 High Y 对齐，PC 的 High Z 与 Power 的 High Z 对齐。

22. Module 建模

在 Shelf Assembly 下建立 Name 为 Module 的 Assembly，将 Library 中的 PCB Module 载入到 Module Assembly。

选中 PCB Module 中的 adv-volume-resistance，单击 Source 智能元件图标可以快速创建一个与 adv-volume-resistance 相同尺寸和位置的 Source。如图 13-52 所示，创建 Name 为 52.56W

的 Source 特性并赋予 Source 智能元件。

通过 Geometry→Counter Rotate Clockwise 命令使 PCB Module Assembly 在 Z 向正视图中逆时针旋转 90°，使 PCB Module Assembly 在 Y 向正视图中逆时针旋转 90°。

通过 Geometry→Align 命令使 PCB Module Assembly 的 High X 与 PC 的 High Y 对齐，PCB Module Assembly 的 Low Y 与 Enclosure 的 Low Z 对齐，PCB Module Assembly 的 Low Z 与 PC 的 High X 重合。

通过 Edit→Pattern 命令使 PCB Module 在 X 正方向进行阵列，如图 13-53 所示设置阵列参数。

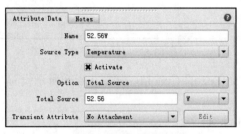 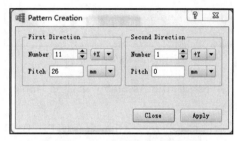

图 13-52　Source 特性参数　　　　　　图 13-53　PCB Module 阵列参数

23. 风扇挡板建模

在 Shelf Assembly 下建立 Name 为 Fan 的 Assembly，在 Fan Assembly 下建立 Name 为 Fan Baffle 的 Assembly，在 Fan Baffle Assembly 下建立 Name 为 Fan Baffle1 的 Cuboid，如图 13-54 所示设置其特性参数。

通过 Geometry→Align 和 Geometry→Move 命令使 Fan Baffle1 的 Low X 与 Enclosure 的 Low X 重合，Fan Baffle1 的 Low Y 与 Power 的 Low Y 对齐，Fan Baffle1 的 Low Z 与 Enclosure 的 Low Z 对齐。

选中 Fan Baffle1，单击 Hole 图标，如图 13-55 所示设置 Hole 的特性。其中 R8989 阻尼特性如图 13-56 所示，此阻尼特性模拟风扇入风口格栅的效应。

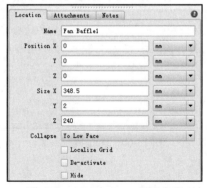 

图 13-54　Fan Baffle1 特性参数　　　　　　图 13-55　Hole 特性参数

在 Drawing Board 的 Y 向正视图中，通过 Geometry→Align 和 Geometry→Move 命令使 Hole 的 Low X 与 Fan Baffle1 的 Low X 相距 57mm，Fan Baffle1 的 Low Z 与 Fan Baffle1 的 Low Z 相距 21mm。

通过 Edit→Pattern 命令使 Hole 在 X 和 Z 正方向进行阵列，如图 13-57 所示设置阵列参数。

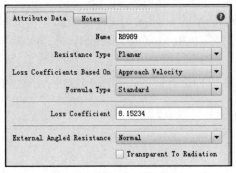

图 13-56　R8989 阻尼特性

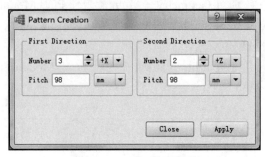

图 13-57　Hole 阵列参数

在 Fan Baffle Assembly 下建立 Name 为 Fan Baffle2 的 Cuboid，如图 13-58 所示设置其特性参数。

通过 Geometry→Align 命令使 Fan Baffle2 的 High X 与 Fan Baffle1 的 High X 重合，Fan Baffle2 的 Low Z 与 Fan Baffle1 的 Low Z 对齐，Fan Baffle2 的 Low Y 与 PC 的 Low Y 对齐。

选中 Fan Baffle2，单击 Hole 图标，如图 13-59 所示设置 Hole 的特性。

通过 Geometry→Align 命令使 Fan Baffle2 和 Fan Baffle1 中的两个 Hole 在 Y 向正视图中心对齐，其中 Fan Baffle1 的 Hole 位置不变。

通过 Edit→Pattern 命令使 Hole 在 X 和 Z 正方向进行阵列，如图 13-60 所示设置阵列参数。

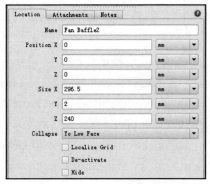

图 13-58　Fan Baffle2 特性参数

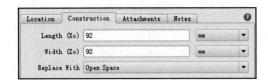

图 13-59　Hole 特性参数

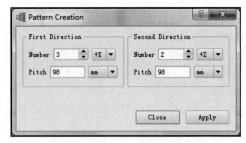

图 13-60　Hole 阵列参数

24. 风扇建模

在 Fan Assembly 下建立 Name 为 Fan Geometry 的 Assembly，在 Fan Geometry Assembly 下建立 Name 为 Fan 的 Fan 智能元件，其特性参数如图 13-61 所示。如图 13-62 所示为风扇特性曲线参数。需要先将 Flow Specification 设置为 Non-Linear Fan 后才可以将 Fan Model 设置为 3D 8 Facet 4 Hub。

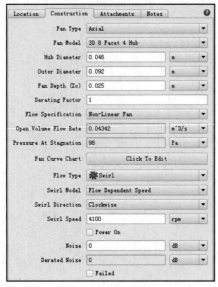

图 13-61　Fan 特性参数

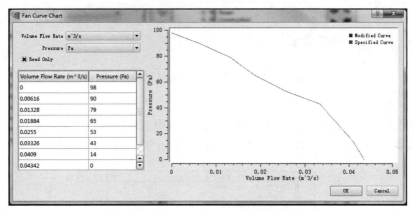

图 13-62　风扇特性曲线参数

通过 Geometry→Align 和 Geometry→Rotate Clockwise 命令使 Fan 与 Fan Baffle 2 的 Hole 在 Y 向正视图中心对齐，Fan 的 High Z 与 Fan Baffle2 的 Low Y 重合。

通过 Edit→Pattern 命令使 Fan 在 X 和 Z 正方向进行阵列，如图 13-63 所示设置阵列参数。

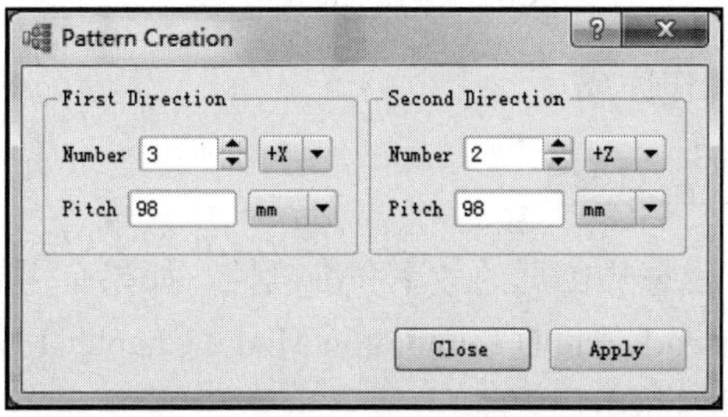

图 13-63　Fan 阵列参数

如图 13-64 所示为 Drawing Board 中 Shelf 模块的模型。

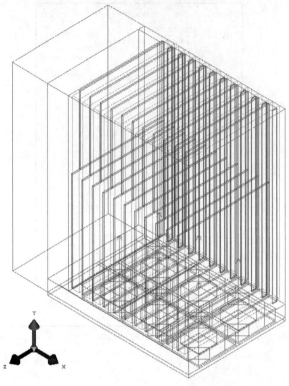

图 13-64　Drawing Board 中 Shelf 模块的模型

25. 保存 Shelf 简化模型

按 F7 键展开软件数据库，选中 David 文件夹，选中 Shelf Assembly 并右击，在弹出的快捷菜单中选择 Save To Selected Library 命令，如图 13-65 所示。

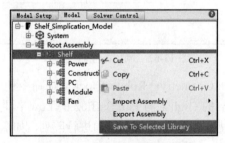

图 13-65　保存 Shelf 简化模型

至此，Shelf 模型简化工作完成。

13.5.2　户外通信机柜稳态热仿真分析

为了提高户外通信机柜稳态热仿真的效率和准确性，如果有需要可以先将户外通信机柜的热仿真模型文件 Telecomm_steady.pdml（Simulation Model\Chapter 13 文件夹）导入到 FloTHERM 软件中，熟悉仿真模型的结构和布局。

1. 建立仿真模型

启动 FloTHERM 软件，建立 Project Name 为 Telecomm_Steady 的项目文件。

（1）机柜建模。

在 Root Assembly 下建立 Name 为 Cabinet 的 Assembly，在 Cabinet Assembly 下建立 Name 为 Cabinet 的 Enclosure 智能元件，如图 13-66 所示设置其特性参数。

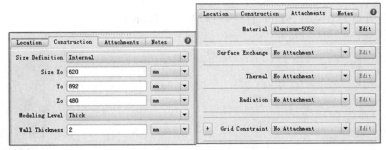

图 13-66　Enclosure 特性参数

选中 Cabinet Wall（High Z），单击 Hole 图标，如图 13-67 所示设置 Hole 的特性参数。

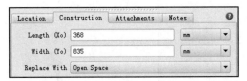

图 13-67　Hole 特性参数

通过 Geometry→Align 命令使 Hole 与 Cabinet 在 Z 向正视图中沿 X 轴方向中心对齐，通过 Geometry→Move 命令使 Hole 的 High Y 与 Cabinet 的 High Y 相距-17.5mm。

如图 13-68 所示为 Drawing Board 中显示的机柜模型。

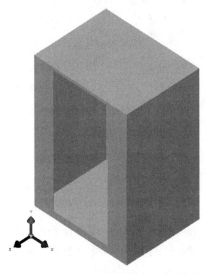

图 13-68　Drawing Board 中的机柜模型

（2）隔热棉建模。

在 Root Assembly 下建立 Name 为 Foam 的 Assembly，在 Foam Assembly 下建立 Name 为

Foam1 的 Cuboid，如图 13-69 所示设置其特性参数。

通过 Geometry→Align 和 Geometry→Move 命令使 Foam1 的 High Y 与 Cabinet 的 High Y 相距-2mm，Foam1 的 High X 与 Cabinet 的 High X 相距-2mm，Foam1 的 Low Z 与 Cabinet 的 Low Z 相距 2mm。

如图 13-70 所示为 Visual Editor 后处理模块中的 Foam1 模型。

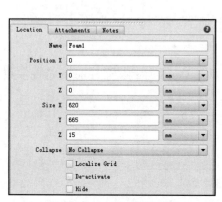
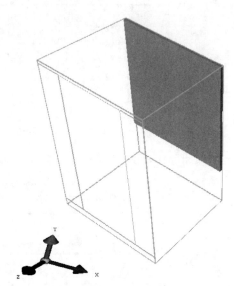

图 13-69　Foam1 特性参数　　　　图 13-70　Visual Editor 后处理模块中的 Foam1 模型

在 Foam Assembly 下建立 Name 为 Foam2 的 Cuboid，如图 13-71 所示设置其特性参数。

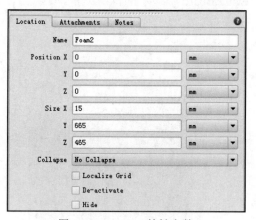

图 13-71　Foam2 特性参数

通过 Geometry→Align 和 Geometry→Move 命令使 Foam2 的 High Y 与 Cabinet 的 High Y 相距-2mm，Foam2 的 Low X 与 Cabinet 的 Low X 相距 2mm，Foam2 的 Low Z 与 Foam1 的 High Z 重合。

通过 Edit→Pattern 命令使 Foam2 在 X 方向进行阵列，如图 13-72 所示设置阵列参数。

将通过阵列命令创建的 Foam2:1 的 Name 设置为 Foam3。

选中 Foam Assembly，如图 13-73 所示设置其 Material 特性（Materials\Resins）。

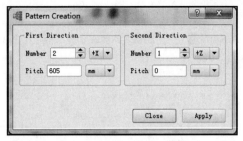 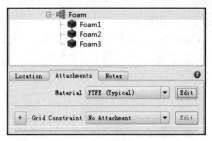

图 13-72　Foam2 阵列参数　　　　　图 13-73　Foam Assembly 特性参数

如图 13-74 所示为 Visual Editor 后处理模块中的 Foam1、Foam2 和 Foam3 模型。

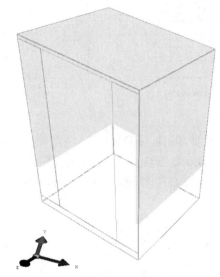

图 13-74　Visual Editor 后处理模块中的 Foam1、Foam2 和 Foam3 模型

（3）机柜门建模。

在 Cabinet Assembly 下建立 Name 为 Door 的 Assembly，在 Door Assembly 下建立 Name 为 Door 的 Enclosure 智能元件，如图 13-75 所示设置其特性参数。

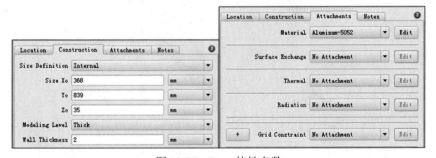

图 13-75　Door 特性参数

通过 Geometry→Align 命令使 Door 与 Cabinet Wall（High Z）的 Hole 在 Z 向正视图中心对齐，Door 的 Low Z 与 Cabinet 的 High Z 重合。

如图 13-76 所示，选中 Door 的 Wall（Low Y）、Wall（High Y）和 Wall（Low Z），取消选

中其 Construction 特性页中的 Side Exists 选项。

在 Cabinet Assembly 下建立 Name 为 Block 的 Assembly，在 Block Assembly 下建立 Name 为 Block 的 Cuboid，如图 13-77 所示设置其特性参数。

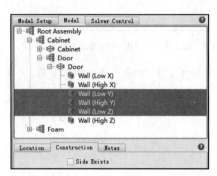
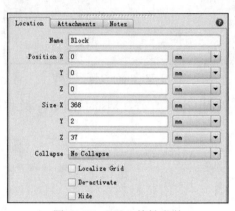

图 13-76　选中 Wall（Low Y）、Wall（High Y）和 Wall（Low Z）

图 13-77　Block 特性参数

通过 Geometry→Align 命令使 Block 与 Door 在 Y 向正视图的 X 方向中心对齐，Block 的 Low Z 与 Door 的 Low Z 重合，Block 与 Door 在 Z 向正视图的 Y 方向中心对齐。

如图 13-78 所示为 Visual Editor 后处理模块中的 Door 和 Block 模型。

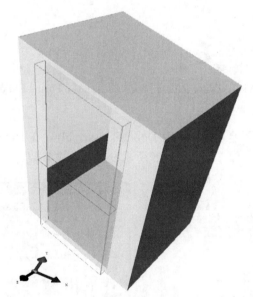

图 13-78　Visual Editor 后处理模块中的 Door 和 Block 模型

（4）机柜顶建模。

在 Cabinet Assembly 下建立 Name 为 Roof 的 Assembly，在 Roof Assembly 下建立 Name 为 Roof 的 Enclosure 智能元件，如图 13-79 所示设置其特性参数。

通过 Geometry→Align 命令使 Roof 与 Cabinet 在 Y 向正视图中心对齐，Roof 的 Low Y 与 Cabinet 的 High Y 重合。

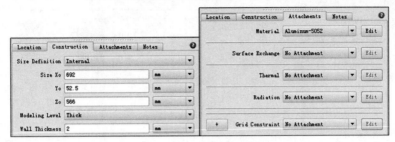

图 13-79　Roof 特性参数

如图 13-80 所示，选中 Roof 的 Wall（Low Y），取消选中其 Construction 特性页中的 Side Exists 选项。

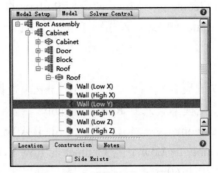

图 13-80　选中 Wall（Low Y）

如图 13-81 所示为 Visual Editor 后处理模块中的 Roof 模型。

图 13-81　Visual Editor 后处理模块中的 Roof 模型

（5）电池建模。

在 Root Assembly 下建立 Name 为 Battery 的 Assembly，在 Battery Assembly 下建立 Name 为 Battery 的 Cuboid，如图 13-82 所示设置其特性参数。

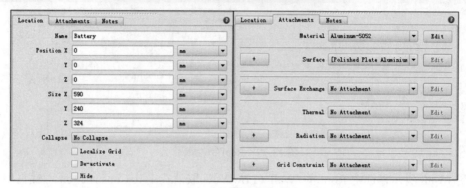

图 13-82　Battery 特性参数

通过 Geometry→Align 和 Geometry→Move 命令使 Battery 的 Low Y 与 Cabinet 的 Low Y 重合，Battery 的 Low Z 与 Cabinet 的 Low Z 相距 15mm，Battery 与 Cabinet 在 Z 向正视图 X 方向中心对齐。

（6）Shelf 建模。

选中 Root Assembly，按 F7 键展开软件数据库，双击 Library 数据库 David 文件夹中的 Shelf，将 Library 数据库中的 Shelf 简化模型载入到 Root Assembly。

通过 Geometry→Align 和 Geometry→Move 命令使 Shelf Assembly 的 Low X 与 Cabinet 的 Low X 相距 70mm，Shelf Assembly 的 Low Y 与 Cabinet 的 Low Y 相距 370mm，Shelf Assembly 的 Low Z 与 Cabinet 的 Low Z 相距 60mm。

如图 13-83 所示为 Visual Editor 后处理模块中的 Shelf 模型。

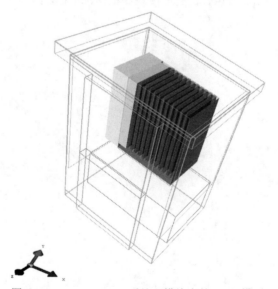

图 13-83　Visual Editor 后处理模块中的 Shelf 模型

（7）加热器建模。

在 Root Assembly 下建立 Name 为 Heater 的 Assembly，在 Heater Assembly 下建立 Name 为 Heater 的 Enclosure 智能元件，如图 13-84 所示设置其特性参数（Materials\Resins\Polystyrene （Typical））。

通过 Geometry→Align 和 Geometry→Move 命令使 Heater 的 Low Y 与 Shelf Assembly 的 Low Y 重合，Heater 的 Low Z 与 Shelf Assembly 的 Low Z 相距 65mm，Heater 的 Low X 与 Shelf Assembly 的 High X 相距 5mm。

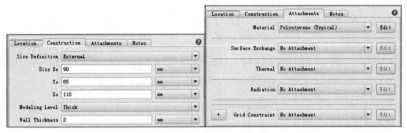

图 13-84　Heater 特性参数

如图 13-85 所示，选中 Heater 的 Wall（High Y），取消选中其 Construction 特性页中的 Side Exists 选项。

选中 Heater Wall（Low Y），单击 Hole 图标，如图 13-86 所示设置其特性参数。

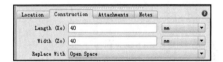

图 13-85　选中 Wall（High Y）　　　　　　　图 13-86　Hole 特性参数

通过 Geometry→Align 命令使 Hole 与 Heater 在 Y 向正视图中心对齐。

在 Heater Assembly 下建立 Name 为 Heat 的 Source，如图 13-87 所示设置其特性参数。

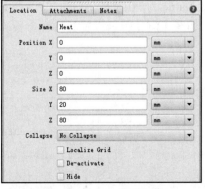

图 13-87　Heat 特性参数

通过 Geometry→Align 和 Geometry→Move 命令使 Heat 的 Low Y 与 Heater 的 Low Y 相距

55mm，Heat 与 Heater 在 Y 向正视图中心对齐。

选中 Heater Assembly，双击 Library 数据库 Fans/Axial/Delta 文件夹中的 PFB0412EHN-B，将 Library 数据库中的 PFB0412EHN-B 风扇模型载入到 Heater Assembly 中。

通过 Geometry→Rotation Clockwise 和 Geometry→Align 命令使 PFB0412EHN-B 的 Low Z 与 Heater 的 Low Y 重合，PFB0412EHN-B 与 Heater 在 Y 向正视图中心对齐，风扇出风方向为 Y 正方向。

如图 13-88 所示，选中 PFB0412EHN-B，勾选其 Construction 特性页中的 Failed 选项。

如图 13-89 所示为 Visual Editor 后处理模块中的 Heater 模型。

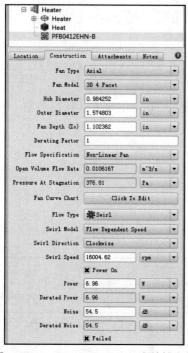
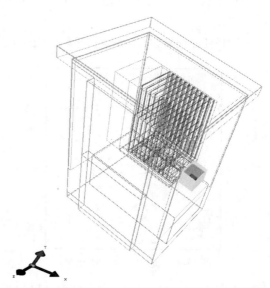

图 13-88　PFB0412EHN-B 风扇特性参数　　　图 13-89　Visual Editor 后处理模块中的 Heater 模型

（8）HEX 建模。

在 Root Assembly 下建立 Name 为 HEX 的 Assembly，在 HEX Assembly 下建立 Name 为 HEX 的 Enclosure 智能元件，如图 13-90 所示设置其特性参数。

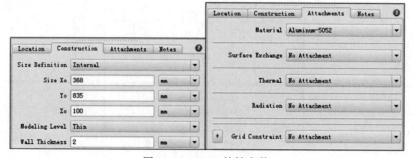

图 13-90　HEX 特性参数

通过 Geometry→Align 命令使 HEX 与 Cabinet Wall（HighZ）Hole 在 Z 向正视图中心对齐，HEX 的 High Z 与 Cabinet 的 High Z 重合。

如图 13-91 所示，选中 HEX 的 Wall（High Z），单击 Hole 图标，创建 Name 为 External Fan Inlet 的 Hole，如图 13-92 所示设置其特性参数。

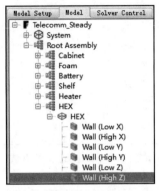

图 13-91　选中 Wall（High Z）

通过 Geometry→Align 命令使 External Fan Inlet 与 HEX 在 Z 向正视图 X 轴方向中心对齐，External Fan Inlet 的 Low Y 与 HEX 的 Low Y 相距 72mm。

选中 HEX 的 Wall（High Z），单击 Hole 图标，创建 Name 为 External Fan Outlet 的 Hole，如图 13-93 所示设置其特性参数。

 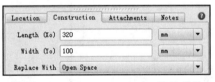

图 13-92　External Fan Inlet 特性参数　　　图 13-93　External Fan Outlet 特性参数

通过 Geometry→Align 命令使 External Fan Outlet 与 HEX 在 Z 向正视图 X 轴方向中心对齐，External Fan outlet 的 Low Y 与 HEX 的 Low Y 相距 560mm。

选中 HEX 的 Wall（Low Z），单击 Hole 图标，创建 Name 为 Internal Fan Inlet 的 Hole，如图 13-94 所示设置其特性参数。

通过 Geometry→Align 命令使 Internal Fan Inlet 与 HEX 在 Z 向正视图 X 轴方向中心对齐，Internal Fan Inlet 的 Low Y 与 HEX 的 Low Y 相距 608mm。

选中 HEX 的 Wall（Low Z），单击 Hole 图标，创建 Name 为 Internal Fan Outlet 的 Hole，如图 13-95 所示设置其特性参数。

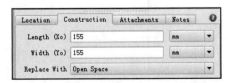 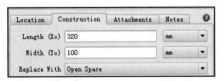

图 13-94　Internal Fan Inlet 特性参数　　　图 13-95　Internal Fan Outlet 特性参数

通过 Geometry→Align 命令使 Internal Fan Outlet 与 HEX 在 Z 向正视图 X 轴方向中心对齐，

Internal Fan Outlet 的 Low Y 与 HEX 的 Low Y 相距 175mm。

在 HEX Assembly 下建立 Name 为 Baffle 的 Assembly，在 Baffle Assembly 下建立 Name 为 Baffle1 的 Cuboid，如图 13-96 所示设置其特性参数。

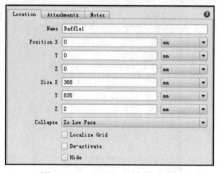

图 13-96　Baffle1 特性参数

通过 Geometry→Align 命令使 Baffle1 与 HEX 在 Z 向正视图中心对齐，Baffle1 与 HEX 在 X 向正视图中心对齐。

在 Baffle Assembly 下建立 Name 为 Baffle2 的 Cuboid，如图 13-97 所示设置其特性参数。

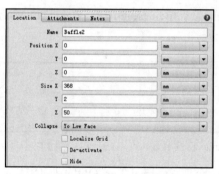

图 13-97　Baffle2 特性参数

通过 Geometry→Align 命令使 Baffle2 与 HEX 在 Z 向正视图 X 轴方向中心对齐，Baffle2 的 Low Y 与 HEX 的 Low Y 相距 660mm，Baffle2 的 High Z 与 HEX 的 High Z 重合。

在 Baffle Assembly 下建立 Name 为 Baffle3 的 Cuboid，如图 13-98 所示设置其特性参数。

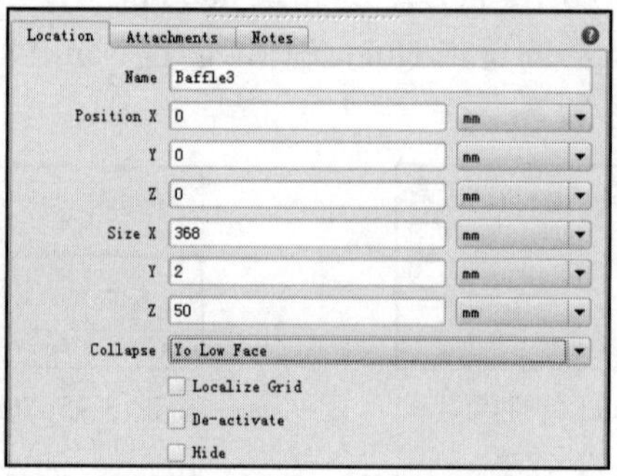

图 13-98　Baffle3 特性参数

通过 Geometry→Align 命令使 Baffle3 与 HEX 在 Z 向正视图 X 轴方向中心对齐，Baffle3 的 Low Y 与 HEX 的 Low Y 相距 175mm，Baffle3 的 Low Z 与 HEX 的 Low Z 重合。

如图 13-99 所示为 Visual Editor 后处理模块中 HEX 的外形结构模型。

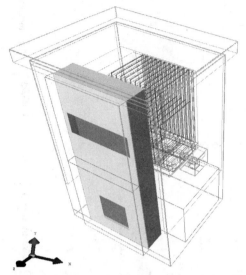

图 13-99　Visual Editor 后处理模块中 HEX 的外形结构模型

在 HEX Assembly 下建立 Name 为 Fin 的 Assembly，在 Fin Assembly 下建立 Name 为 Internal Fin 的 Resistance，如图 13-100 所示设置其特性参数。

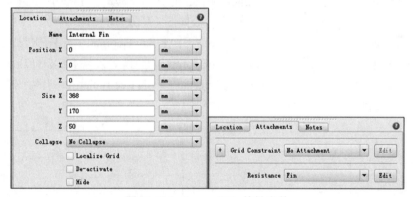

图 13-100　Internal Fin 特性参数

如图 13-101 所示为 Fin 特性参数。

通过 Geometry→Align 和 Geometry→Move 命令使 Internal Fin 与 HEX 在 Z 向正视图 X 轴方向中心对齐，Internal Fin 的 Low Y 与 HEX 的 Low Y 相距 417.5mm，Internal Fin 的 Low Z 与 HEX 的 Low Z 重合。

在 Fin Assembly 下建立 Name 为 Outer Fin 的 Resistance，如图 13-102 所示设置其特性参数。

通过 Geometry→Align 和 Geometry→Move 命令使 Outer Fin 与 HEX 在 Z 向正视图 X 轴方向中心对齐，Outer Fin 的 Low Y 与 HEX 的 Low Y 相距 247.5mm，Outer Fin 的 High Z 与 HEX 的 High Z 重合。

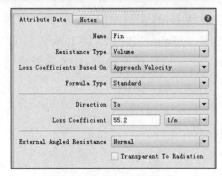

图 13-101　Fin 特性参数

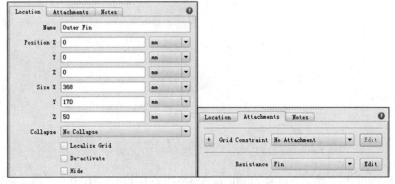

图 13-102　Outer Fin 特性参数

在 HEX Assembly 下建立 Name 为 Internal Fan 的 Assembly，在 Internal Fan Assembly 下建立 Name 为 Fan Geometry 的 Cuboid，其特性参数如图 13-103 所示。

通过 Geometry→Align 和 Geometry→Move 命令使 Fan Geometry 与 HEX Wall（Low Z）的 Internal Fan Inlet 在 Z 向正视图中心对齐，Fan Geometry 的 Low Z 与 HEX 的 Low Z 重合。

在 Internal Fan Assembly 下建立 Name 为 Internal Fan 的 Recirculation 智能元件，如图 13-104 所示设置其特性参数。

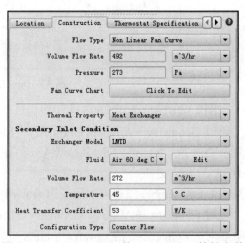

图 13-103　Fan Geometry 特性参数　　图 13-104　Internal Fan 的 Construction 特性参数

如图 13-105 所示为 Fan Curve Chart 对话框。

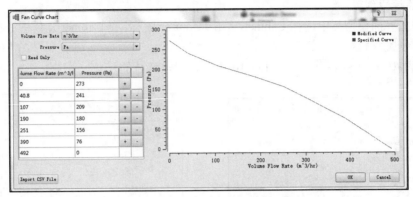

图 13-105　Fan Curve Chart 对话框

如图 13-106 所示设置 Extract 特性参数。

图 13-106　Extract 特性参数

通过 Geometry→Align 命令使 Extract 与 Fan Geometry 在 Z 向正视图中心对齐，Extract 的 Low Z 与 Fan Geometry 的 Low Z 重合。

在 Internal Fan Recirculation 下共创建 4 个 Supply，如图 13-107 所示设置 Supply 的特性参数。

通过 Geometry→Align 和 Geometry→Move 命令使 4 个 Supply 与 Fan Geometry 的 Low X、Low Y、High X 和 High Y 四个面重合。

选中 Internal Fan Assembly，通过 Edit→Pattern 命令进行阵列，如图 13-108 所示设置阵列参数。

图 13-107　Supply 特性参数

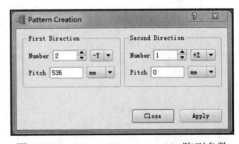

图 13-108　Internal Fan Assembly 阵列参数

将通过阵列创建的 Internal Fan:1 Assembly 的 Name 设置为 External Fan，将 External Fan Assembly 下 Internal Fan 的 Name 设置为 External Fan。

通过 Geometry→Clockwise 命令使 External Fan Assembly 绕 Y 轴旋转 180°，通过 Geometry→Align 命令使 External Fan Assembly 的 Low Z 与 HEX 的 High Z 重合。

如图 13-109 所示，设置 External Fan 的 Construction 页中的特性参数。由于仿真过程中

HEX 外循环对户外机柜影响较小，所以此处设置外循环进出口有 10℃温升。

（9）监控点建模。

在软件主界面模型树中选择 Cabinet，单击 Monitor 图标，在 Cabinet 几何中心创建监控点。

（10）设置求解域。

选中模型树中的 System，如图 13-110 所示设置求解域的尺寸。

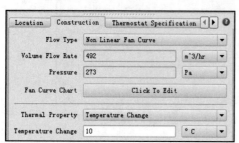

图 13-109　External Fan 的 Construction 特性参数

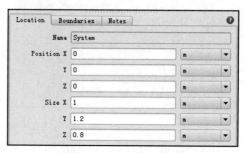

图 13-110　求解域尺寸设置

通过 Geometry→Align 命令使 Root Assembly 与 System 求解域在 X、Y 和 Z 三个方向中心对齐，其中 System 求解域的位置不变。

（11）Model Setup。

单击软件主界面中的 Model Setup 特性页。本实例中户外通信机柜位于南半球，根据其地理特性设置太阳辐射参数，勾选 Configure Solar 选项，如图 13-111 所示设置 Solar Configuration 参数。Model Setup 中的其他特性参数如图 13-112 所示进行设置。

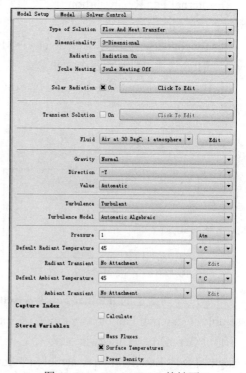

图 13-111　Solar Configuration 特性参数　　　　图 13-112　Model Setup 特性页

2. 网格划分

（1）Local Grid。

如图 13-113 所示，Shelf 模块中的 PCB 模块与风扇在 Y 方向的距离只有 5mm。为了能够创建 PCB 模块和风扇各自的局域化网格，此处的网格膨胀应该避免相交。

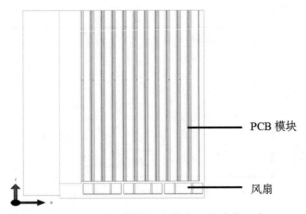

图 13-113　PCB 模块与风扇在 Y 方向的距离

如图 13-114 所示设置 Shelf Assembly 下 Module Assembly 的特性参数，Module X&Z 和 Module Y 特性参数如图 13-115 所示。注意 Module Y 特性中 Low Side Inflation 的 Inflation 设置为 Size。

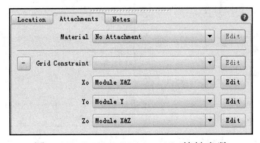

图 13-114　Module Assembly 特性参数

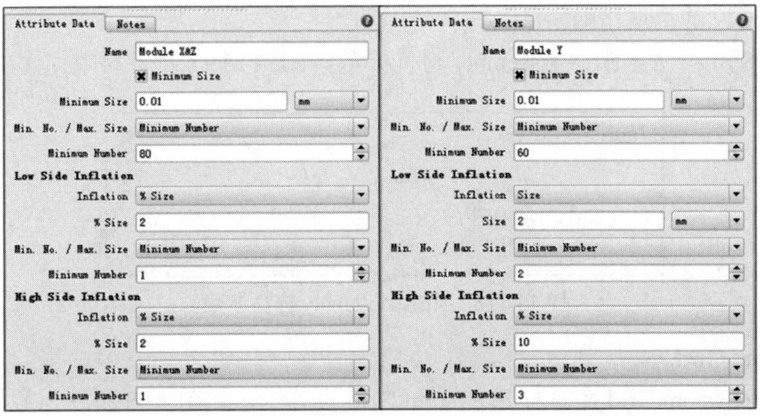

图 13-115　Module X&Z 和 Module Y 特性参数

在模型树中选择 Module Assembly，通过 Grid→Toggle Localize Grid 命令创建 Module Assembly 的局域化网格。

如图 13-116 所示设置 Fan Geometry Assembly 特性参数，Fan Geometry X&Z 和 Fan Geometry Y 特性参数如图 13-117 所示。注意 Fan Geometry Y 特性中 High Side Inflation 的 Inflation 设置为 Size。

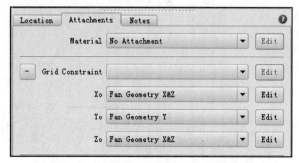

图 13-116　Fan Geometry Assembly 特性参数

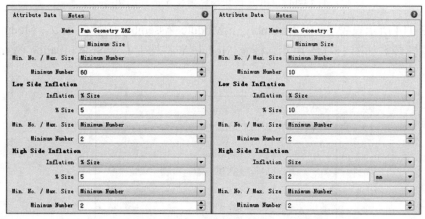

图 13-117　Fan Geometry X&Z 和 Fan Geometry Y 特性参数

在模型树中选择 Fan Geometry Assembly，通过 Grid→Toggle Localize Grid 命令创建 Fan Geometry Assembly 的局域化网格。

如图 13-118 所示设置 HEX Assembly 特性参数，HEX Mesh 特性参数如图 13-119 所示。

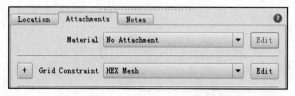

图 13-118　HEX Assembly 特性参数

（2）System Gird。

通过 Grid→System Grid 命令打开 System Grid 设置框，如图 13-120 所示设置 System Grid 参数。

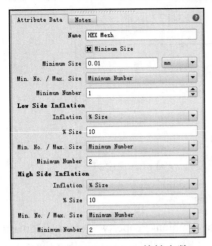

图 13-119 HEX Mesh 特性参数

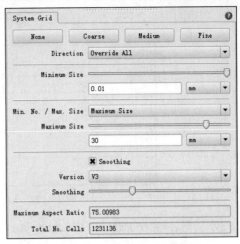

图 13-120 System Grid 设置框

3. 求解计算

（1）Solver Control。

在软件主界面中单击 Solver Control 特性页，如图 13-121 所示设置 Solver Control 参数，其中 X Velocity、Y Velocity、Z Velocity 和 Temperature 的 Damping 滑动条拖拉至右侧。

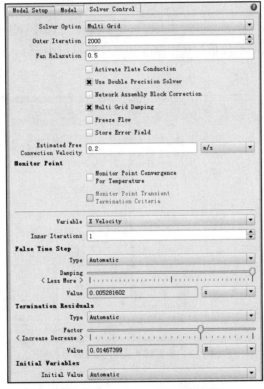

图 13-121 Solver Control 特性页

（2）Sanity Check。

通过 Solve→Sanity Check 命令对建立的仿真模型进行检查，查看弹出的 Message Window

对话框，其中出现 1 个警告信息和 1 个提示信息，如图 13-122 所示。

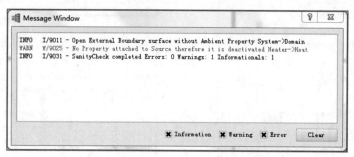

图 13-122 Message Window 对话框

提示信息：Open External Boundary surface without Ambient Property System->Domain 表明求解域存在边界状态为 Open 的面，但未赋予 Ambient 特性。此时，软件采用 Model Setup 特性页中的 Pressure、Default Ambient Temperature 作为 Open 面的边界条件。对于此仿真分析，该提示信息可以忽略。

警告信息：No Property attached to Source therefore it is deactivated Heater->Source 表明 Heater Assembly 的 Source 未赋予任何 Source 特性，所以 Source 未被激活。对于此仿真分析，该警告信息可以忽略。

（3）Solve。

通过 Solve→Initialize Solve 命令对 Telecomm_Steady 仿真项目进行求解计算。如图 13-123 所示为参数残差监控曲线和监控值，其中温度和速度残差值小于 5，温度监控点稳定。本实例中不再进行残差值调整。

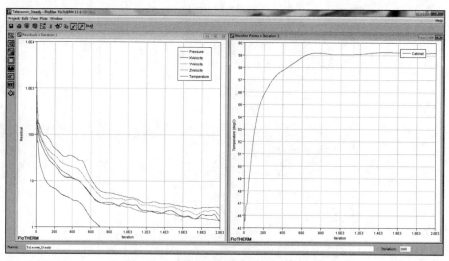

图 13-123 参数残差监控曲线和监控值

4. 结果分析

如图 13-124 所示为 Visual Editor 后处理模块中的切面速度矢量云图。

如图 13-125 所示，通过 Visual Editor 后处理模块查看风扇入口温度，其中风扇最高入口温度为 59.2℃，小于设计要求 65℃。

第13章　户外通信机柜热仿真实例

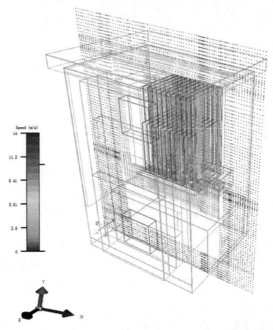

图 13-124　Visual Editor 后处理模块中的切面速度矢量云图

Fans	Context	Volume Flow (m^3/s)	Mass Flow (kg/s)	Heat Flow (W)	Flow Direction	Mean Temperature (degC)	Static Pressure (Pa)
Fan	INTERNAL	0.021997	0.025548	343.51	Positive	58.379	59.312
Fan:1	INTERNAL	0.021823	0.025346	346.21	Positive	58.592	59.624
Fan:2	INTERNAL	0.021571	0.025053	354.22	Positive	59.069	60.079
Fan:3	INTERNAL	0.021523	0.024997	341.59	Positive	58.598	60.166
Fan:4	INTERNAL	0.02131	0.02475	343.57	Positive	58.813	60.549
Fan:5	INTERNAL	0.021234	0.024661	376.4	Positive	60.187	60.687

图 13-125　Visual Editor 后处理模块中的风扇入口温度

13.6　小结

包含多个 PCB 板的 Shelf 模型进行简化之后可以有效地降低仿真计算规模，为后期快速地进行户外通信机柜方案优化设计提供可能。

对户外通信机柜必须考虑太阳辐射的影响，太阳辐射的强度依据户外通信机柜所处的地理位置。

基于 HEX 供应商提供的特性数据进行 HEX 建模，避免建立复杂的翅片几何模型。

在进行户外通信机柜建模仿真过程中，几何建模遵循的思路可以简单归纳为先大后小，先尺寸后定位。先大后小表示先建立仿真项目中大的物体，如机柜外壳等；之后再建立仿真项目中小的物体，如模块、Battery 等。这样模块和 Battery 等小的物体可以统一参照机柜这一大的物体。先尺寸后定位表示建立仿真项目中的物体时，首先正确设置其几何尺寸参数，然后通过 Align、Move 等命令确定其与参照物体的相对位置。

14

数据中心热仿真实例

14.1 数据中心热设计背景

随着近年来信息科技的不断发展,数据中心的热负荷密度呈现不断增长的趋势。此外,随着数据中心内部设备功率密度的增加,为高功率设备制冷的难度也在不断增加。所以,如何进行数据中心的热环境设计成为数据中心设计的一项重要内容。并且,为了降低数据中心高额的运维成本,数据中心的管理者也急切渴望减少机房制冷及相关运维系统的能源消耗。

14.2 数据中心热设计挑战

目前,数据中心热设计的挑战主要有以下 3 个方面:数据中心内部温度的控制、气流组织的管理和制冷系统效率的提高。

数据中心内部温度的控制主要是指采用各种方法使设备的入口气流温度维持在标准要求的范围之内,从而确保设备能够处于正常的工作环境中。由于数据中心内部结构的复杂性,其内部温度往往会呈现出各种不均匀性,例如单个设备入口气流温度的不均匀性、机柜沿水平方向气流温度的不均匀性、机柜沿垂直方向气流温度的不均匀性、架高地板下部空间内气流温度的不均匀性等。这些都成为实现数据中心内部温度合理控制需要解决的主要问题。

气流组织的管理主要是指通过对数据中心内部空气流动状况和路径的设计,达到制冷量的合理分配和利用,满足数据中心内部设备的散热要求。气流组织管理的目的是为数据中心内部温度控制服务,它是实现合理数据中心温度控制的一种手段和方法。理想的气流组织形式是数据中心内冷热气流完全隔离,并且所有的冷气流均用于机柜设备的冷却。目前,数据中心主要的气流组织管理问题有送风路径上的冷气流泄漏、数据中心内冷热气流混合、送风冷气流与机柜设备要求不匹配和空调送风冷气流短路等。

制冷系统效率的提高主要是指根据实际需求合理地生产和配送制冷量,从而达到节约制冷能耗的目的。从数据中心制冷的角度出发,实际的数据中心往往运行在一个动态的环境中。

例如，数据中心外部气候环境的变化、数据中心内部机柜设备热负荷的变化、工作负载在不同设备间的迁移等。如果需要满足数据中心制冷量动态变化的要求，就需要解决各种关于制冷能耗生产和利用的问题，例如制冷系统负荷分配的合理性、制冷系统与设备能耗的平衡、制冷系统静态制冷与设备动态热负荷的矛盾、制冷系统的智能控制等。在满足数据中心内部温度控制的前提下，数据中心管理者可以通过提高制冷系统的效率来大幅降低数据中心的能耗，实现降低数据中心运维成本和节能减排的目的。

所以，关于数据中心热设计面临的挑战可以概括为：温度控制是目标，气流管理是手段，节约能耗是要求。

14.3 数据中心热设计目标

数据中心热设计的主要目标是在保证机柜设备入口气流温度满足设计要求的前提下，尽可能提高制冷系统的效率。参考文献[13]是美国 ASHRAE 组织推出的数据中心热设计指南。到目前为止 ASHRAE 组织已经推出了此标准的 2004、2008 和 2011 三个版本。其中 2004 版指南的主要侧重点在于如何满足机柜设备入口气流温度，2008 版指南的侧重点在于如何使数据中心内的机柜设备可靠工作以及数据中心更高效率地运行，2011 版指南对数据中心的等级分类进行了重新定义。更为详细的数据中心分类可以使设计人员更为准确地设计数据中心的热环境，提高数据中心制冷系统的冷却效率。2011 版指南将数据中心分为 A1、A2、A3、A4、B 和 C 六个等级。表 14-1 所示为不同数据中心等级对应的推荐和最大允许机柜设备入口气流温度范围。

表 14-1 数据中心等级对应的设备入口温度范围

数据中心等级	推荐机柜设备入口温度范围（℃）	最大允许机柜设备入口温度范围（℃）
A1	18～27	15～32
A2	18～27	10～35
A3	18～27	5～40
A4	18～27	5～45
B	NA	5～35
C	NA	5～40

14.4 数据中心冷却架构

数据中心冷却架构的不同，其实质是数据中心内部气流分配管理的不同。通常情况下，数据中心内部气流分配有以下 3 种基本方案：自然送回风、精确送回风和气流限制送回风[14]。

自然送回风气流分配方案是利用房间的墙体、天花板、地板对送回风气流进行限制，此送回风气流分配方案可能导致冷热气流严重混合。

精确送回风气流分配方案是通过机械装置直接将送回风气流控制在机柜进出风口 3m 以内的距离。

气流限制送回风气流分配方案是指机柜的送回风气流被完全封闭并隔离，以此消除冷热气流的混合。此种气流分配方案具有较高的制冷系统冷却效率。

由于这 3 种形式中的任何一种都可以作为送风方案或回风方案，因此就形成了 9 种可能的气流分配方案。

图 14-1 所示为自然送风与不同回风方案的气流分配方案。自然送回风方案成本低、安装简单，但是制冷系统冷却效率低，不推荐在数据中心中使用。自然送风和精确回风方案同样具有成本低和安装简单的特点，其冷却效率高于自然送回风方案，但一般情况下也不推荐在数据中心中使用。自然送风和气流限制回风方案具有很高的冷却效率，由于冷热气流不会混合，所以送风温度可以预测。

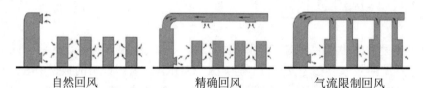

自然回风　　　　　精确回风　　　　气流限制回风

图 14-1　自然送风与不同回风方案的气流分配方案

图 14-2 所示为精确送风与不同回风方案的气流分配方案。精确送风与自然回风方案适用于机柜功率密度相对恒定的数据中心，对于新建数据中心一般不推荐使用。精确送风和精确回风是目前使用比较普遍的一种气流分配方案，因为此气流分配方案较之自然送回风方案更为节能，并且送风温度也较自然送回风方案更可预测。精确送风和气流限制回风方案冷却效率高，允许空调具有较高的送风温度。

自然回风　　　　　精确回风　　　　气流限制回风

图 14-2　精确送风与不同回风方案的气流分配方案

图 14-3 所示为气流限制送风与不同回风方案的气流分配方案。气流限制送风和自然回风方案具有较高的冷却效率，并且送风温度可以预测。气流限制送风和精确回风方案同样具有较高的冷却效率，同时送风温度预测也很方便。精确气流限制送回风的缺点是空调风扇的负载较大，由此对比前两种方案制冷系统效率稍低。

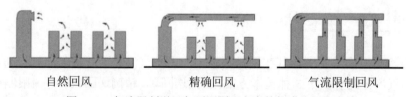

自然回风　　　　　精确回风　　　　气流限制回风

图 14-3　气流限制送风与不同回风方案的气流分配方案

除此之外，如图 14-4 和图 14-5 所示，数据中心也会采用一些特殊的机柜设备冷却方式。但这些冷却方式主要起辅助作用，用于局部强化冷气流通道或机柜内部的制冷，适用于局部高功率密度的区域。

第 14 章 数据中心热仿真实例

后部风扇冷却　　　　　　　底部风扇冷却

图 14-4　风扇冷却机柜

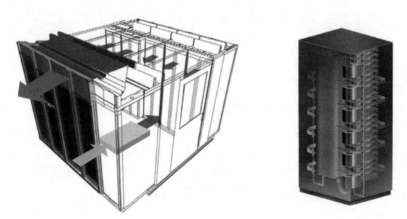

图 14-5　行间空调和机柜内部冷却方案

14.5　数据中心热仿真概述

14.5.1　数据中心介绍

如图 14-6 所示，本实例中的数据中心由 IT 机房和空调机房组成。空调机房中有 4 台空调，其中两台为备用空调。空调上部为进风面，下部为送风面。空调下部送出的冷气流通过高架地板下部空间进入到 IT 机房。IT 机房有 8 列机柜，相邻两列机柜为一组，每组机柜中间为通风地板。空调送出的冷气流经过通风地板进入到 IT 机房，机柜吸入冷气流用于冷却内部发热设备，最后机柜排至 IT 机房的热空气返回到空调机房中。

14.5.2　热仿真目标

本实例数据中心热仿真的主要目标是判断机柜设备入口温度是否满足设计要求和数据中

心空调设备的运行状况。

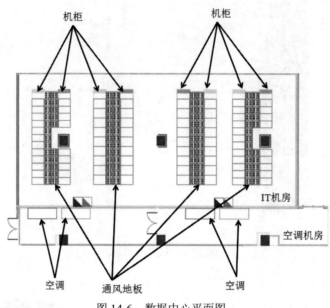

图 14-6　数据中心平面图

14.5.3　热仿真流程

本实例热仿真流程主要分为建立模型、网格划分、求解和后处理 4 个步骤。在建立模型步骤中，通过软件 FloMCAD 模块导入数据中心的 DXF 文件，对数据中心内部的墙体、地板、天花板、空调等模型进行几何建模和定位。基于软件支持 XML 文本的功能，在 Excel 中用 Visual Basic 进行机柜 XML 文本模型的建立，然后直接导入到软件中。在网格划分步骤中，通过 FloTHERM 10.0 的 Ignore Geometry 功能可以快速提升网格质量。

14.5.4　热仿真所需信息

热仿真一般需要几何模型、热功耗、材料属性和温度 4 类参数。对本实例中的数据中心热仿真而言，需要以下信息：
- 几何布局：数据中心的 DXF 数据文件。
- 材料属性：数据中心墙体、地板和天花板等的材料信息。
- 热功耗：机柜热功耗。
- 温度：环境温度。
- 制冷设备（空调）：结构尺寸和工作特性参数。

14.6　数据中心热仿真

为了提高数据中心热仿真的效率和准确性，可以先将数据中心的热仿真模型文件 Data_Center.pdml（Simulation Model\Chapter 14 文件夹）导入到 FloTHERM 软件中，熟悉仿真模型的结构和布局。

14.6.1 建立仿真模型

启动 FloTHERM 软件，建立 Project Name 为 Data_Center 的项目文件。通过 Edit→User Preferences 命令打开 User Preferences 设置对话框，将 Display Position in 设置为 Absolute Coordinates，如图 14-7 所示。采用 Absolute Coordinates 选项的优点是模型物体在不同的 Assembly 之间移动不会改变模型物体在仿真模型中的位置。

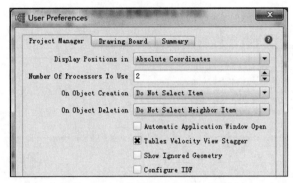

图 14-7　Display Position in 设置

1. Data Center 模型 DXF 格式数据导入

通过 Window→Launch FloMCAD Bridge 命令启动 FloMCAD 模块窗口。

在 FloMCAD 模块窗口中，单击 External→Import DXF 命令，选择机柜安装位置图.dxf 文件（Simulation Model\ Chapter14），单击"打开"按钮，在 FloMCAD 模块窗口中打开"机柜安装位置图"DXF 格式文件，如图 14-8 所示。

图 14-8　打开 Data Center DXF 格式文件

如图 14-9 所示，在弹出的 Input File has no Units Definition 对话框中选择长度单位，这里选择 mm 作为长度单位，单击 OK 按钮。

如图 14-10 所示，在弹出的 FloMCAD Bridge Monitor 对话框中单击 Interrupt 按钮，确认 DXF 文件导入完成。

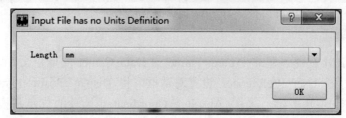

图 14-9　Input File has no Units Definition 对话框

图 14-10　FloMCAD Bridge Monitor 对话框

如图 14-11 所示，按 Z 键切换至 Z 向正视图，并在 FloMCAD 模块窗口右下角的 Current Selection Mode 中选择 Edge。

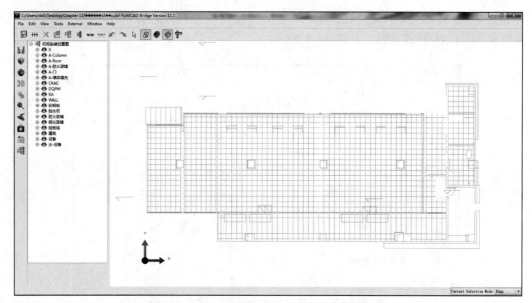

图 14-11　Data Center 在 FloMCAD 中的平面图

如图 14-12 所示，单击左侧模型树中的 A-floor 并按 Delete 键删除，在弹出的 FloMCAD Bridge Monitor 对话框中单击 Close 按钮。

如图 14-13 所示，在 FloMCAD 模块窗口中选择 IT 机房墙体内侧的两条边线，注意在 Current Selection Mode 中选择 Edge（通过 F9 键切换鼠标模式）。

图 14-12　模型树

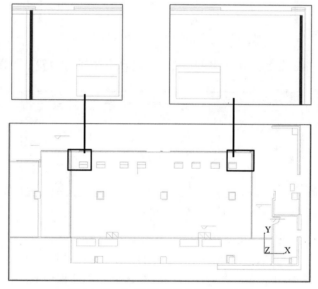

图 14-13　IT 机房墙体内侧边线选择

单击 Tools→Extrude 命令,在弹出的 Extrude 对话框中进行设置,如图 14-14 所示。

图 14-14　Extrude 对话框

单击 Apply 按钮,再单击 Close 按钮退出 Extrude 对话框。

如图 14-15 所示,在 FloMCAD 模块窗口中选择空调机房墙体内侧的两条边线,注意在

Current Selection Mode 中选择 Edge。

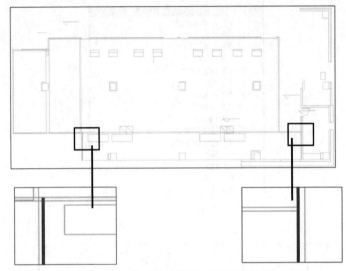

图 14-15　空调机房墙体内侧边线选择

单击 Tools→Extrude 命令，在弹出的 Extrude 对话框中进行设置，如图 14-16 所示。

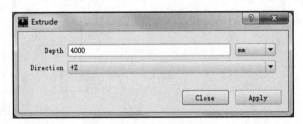

图 14-16　Extrude 对话框

单击 Apply 按钮，再单击 Close 按钮退出 Extrude 对话框。

如图 14-17 所示，在 FloMCAD 模块窗口中通过鼠标拖拉框选 8 个列头机柜，这些机柜可以用于后期其他机柜建模的定位。注意，这些机柜选择时需要保证 Current Selection Mode 为 Edge。

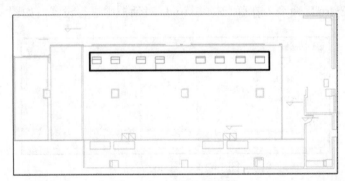

图 14-17　列头机柜选择

单击 Tools→Extrude 命令，在弹出的 Extrude 对话框中进行设置，如图 14-18 所示。

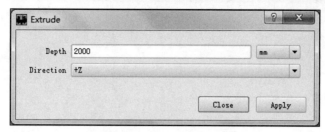

图 14-18　Extrude 对话框

单击 Apply 按钮，再单击 Close 按钮退出 Extrude 对话框。

如图 14-19 所示，在 FloMCAD 模块窗口中通过鼠标拖拉框选房间内的 3 个柱子。注意，这些柱子选择时需要保证 Current Selection Mode 为 Edge。

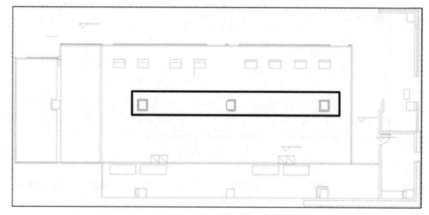

图 14-19　柱子选择

单击 Tools→Extrude 命令，在弹出的 Extrude 对话框中进行设置，如图 14-20 所示。

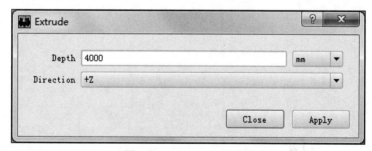

图 14-20　Extrude 对话框

单击 Apply 按钮，再单击 Close 按钮退出 Extrude 对话框。

如图 14-21 所示，在 FloMCAD 模块窗口中通过鼠标拖拉框选空调机房内的 4 台空调。注意，这些空调选择时需要保证 Current Selection Mode 为 Edge。

单击 Tools→Extrude 命令，在弹出的 Extrude 对话框中进行设置，如图 14-22 所示。

单击 Apply 按钮，再单击 Close 按钮退出 Extrude 对话框。

按 F9 键将鼠标切换至操作模式，在 FloMCAD 窗口中旋转"机柜安装位置图"模型，查看模型变化，如图 14-23 所示。

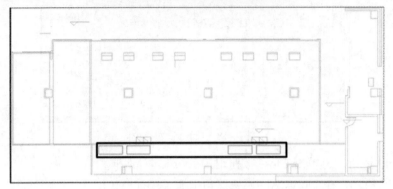

图 14-21 空调选择

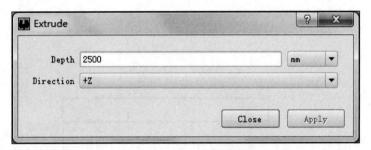

图 14-22 Extrude 对话框

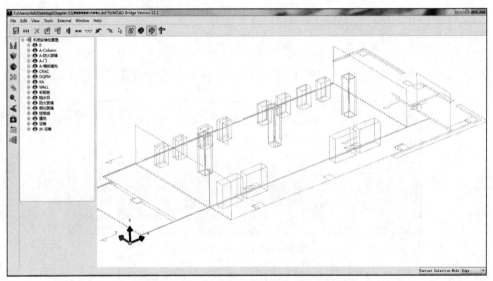

图 14-23 Data Center 在 FloMCAD 中的模型

按 F9 键将鼠标切换至拾取模式，按 Z 键切换至 Z 向正视图，将 Current Selection Mode 设置为 MCAD Body，在 FloMCAD 模块窗口中通过鼠标拖拉框选 8 个列头机柜和 3 个柱子，如图 14-24 所示。

单击 Tools→Dissect Body 命令打开 Dissect Body 对话框，如图 14-25 所示，采用默认设置，单击 OK 按钮。

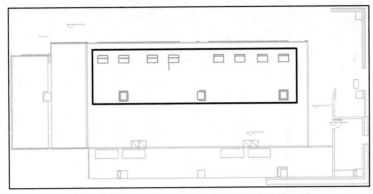

图 14-24　列头机柜和柱子选择

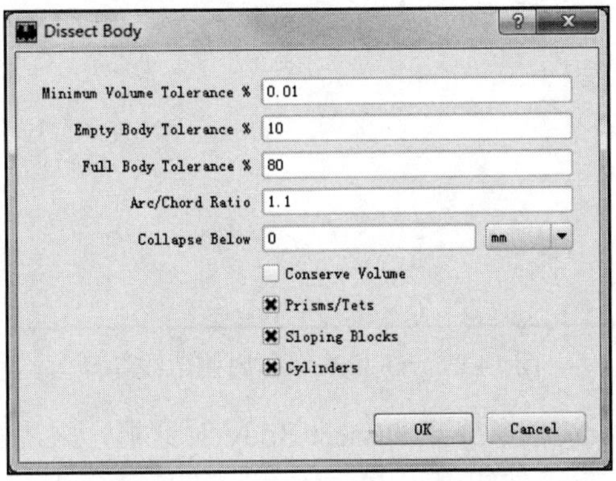

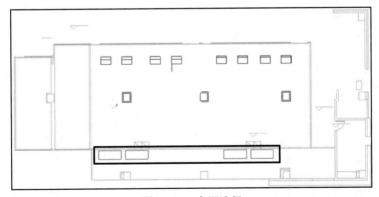

图 14-25　Dissect Body 对话框

在软件完成操作后，单击 Close 按钮退出 FloMCAD Bridge Monitor 对话框。

将 Current Selection Mode 设置为 MCAD Body。如图 14-26 所示，在 FloMCAD 模块窗口中通过鼠标拖拉框选 4 台空调。

图 14-26　空调选择

单击 Tools→Dissect Body 命令打开 Dissect Body 对话框，采用默认设置，单击 OK 按钮。在软件完成操作后，单击 Close 按钮退出 FloMCAD Bridge Monitor 对话框。

将 Current Selection Mode 设置为 MCAD Body。如图 14-27 所示，在 FloMCAD 模块窗口中选择 IT 机房的内侧墙体边线。

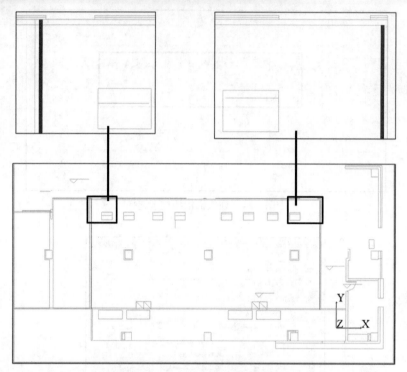

图 14-27　IT 机房墙体内侧边线选择

单击 Tools→Dissect Body 命令打开 Dissect Body 对话框，采用默认设置，单击 OK 按钮。在软件完成操作后，单击 Close 按钮退出 FloMCAD Bridge Monitor 对话框。

将 Current Selection Mode 设置为 MCAD Body。如图 14-28 所示，在 FloMCAD 模块窗口中选择空调机房的内侧墙体边线。

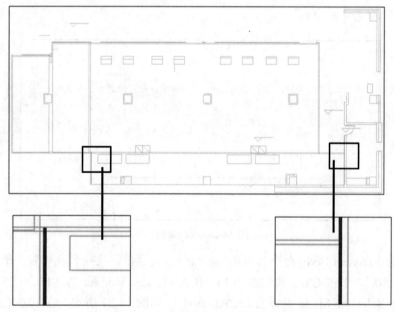

图 14-28　空调机房墙体内侧边线选择

单击 Tools→Dissect Body 命令打开 Dissect Body 对话框，采用默认设置，单击 OK 按钮。在软件完成操作后，单击 Close 按钮退出 FloMCAD Bridge Monitor 对话框。

此时，列头机柜、空调、柱子和墙体均已转换为 FloTHERM Cuboid 模型。单击 Tools→Transfer Assembly 命令，将上述模型导入到 FloTHERM 软件主界面窗口中。

通过 FloMCAD 模块窗口中的 File→Quit 命令退出 FloMCAD 模块。如图 14-29 所示，在弹出的模型是否保存对话框中单击 Discard 按钮。

图 14-29　模型保存对话框

在软件的模型树中，将"机柜安装位置图"Assembly 的 Name 设置为 Data Center。选中 Data Center Assembly，通过 View→Top 命令将 Data Center 进行提升，通过 View→Expand All 命令将 Data Center Assembly 完全展开。

如图 14-30 所示，在 Drawing Board 窗口中查看导入的 Data Center 几何模型。

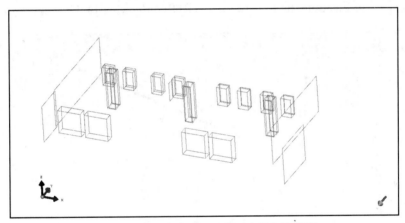

图 14-30　Drawing Board 窗口中导入的模型

如图 14-31 所示，设置"挡水坝_1"的 Collapse 特性为 Xo High Face。

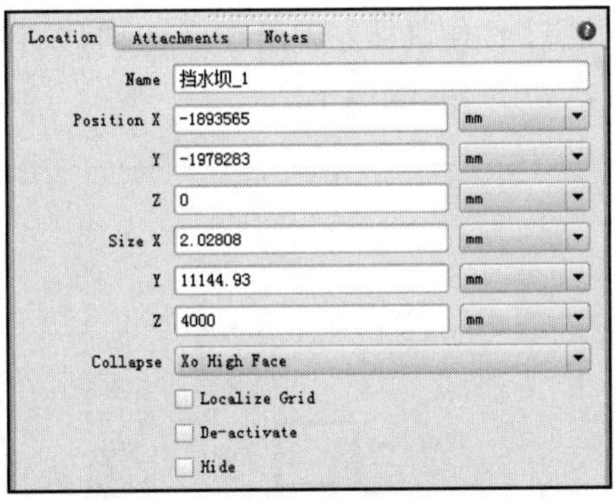

图 14-31　挡水坝_1 特性参数

如图 14-32 所示，设置"挡水坝_2"的 Collapse 特性为 Xo Low Face。
如图 14-33 所示，设置"彩钢板_14"的 Collapse 特性为 Xo Low Face。

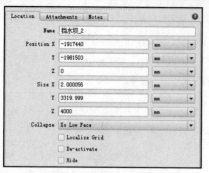
图 14-32 挡水坝_2 特性参数

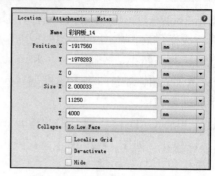
图 14-33 彩钢板_14 特性参数

2. IT 机房和空调机房建模

在 Data Center Assembly 下建立 Name 为 IT Room 的 Assembly。将智能元件栏设置为 Drawing Board Create 状态，激活 Drawing Board 中的 Z 向正视图。选中 IT Room Assembly，单击 Enclosure 智能元件，按住鼠标左键并拖拉，起点为"挡水坝_1"的 High Y 端点，终点为"彩钢板_14"的 Low Y 端点，并将 Enclosure 的 Name 设置为 IT_Room，如图 14-34 所示。

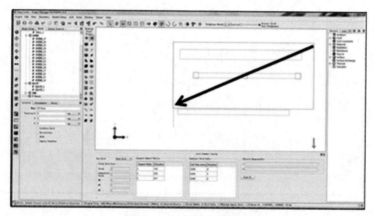
图 14-34 创建 IT 机房

在模型树中选中 IT_Room，在 Drawing Board 窗口 Z 向正视图中将鼠标置于 Low Y 中心红点使鼠标呈改变物体尺寸状态，按住鼠标左键沿 Y 正方向移动使 IT_Room 的 Low Y 与"挡水坝_2"的 High Y 端点重合，如图 14-35 所示。

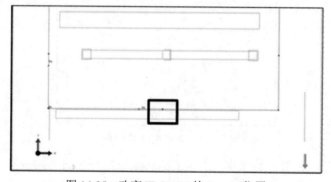
图 14-35 改变 IT_Room 的 Low Y 位置

如图 14-36 所示设置 IT_Room 的特性参数，如图 14-37 所示设置 Wall Material 特性参数。

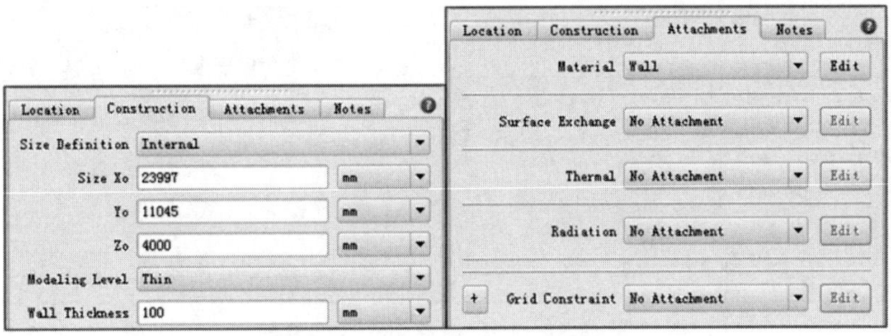

图 14-36　IT_Room 特性参数

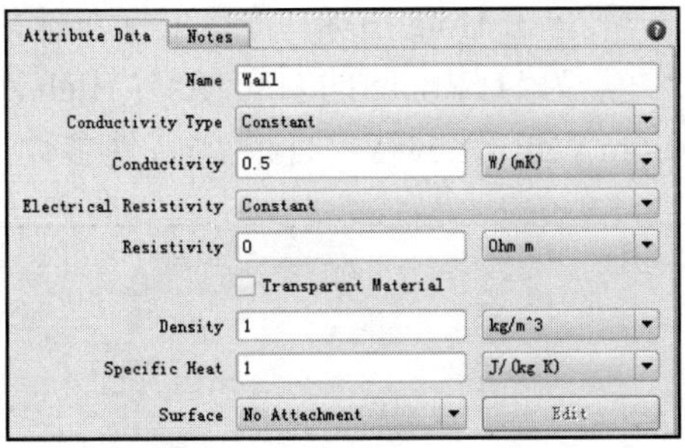

图 14-37　Wall 特性参数

按 X 键激活 Drawing Board 中的 X 向正视图，确保 IT_Room 的 Low Z 与 WALL_1 的 Low Z 对齐。

按 Z 键返回到 Drawing Board 的 Z 向正视图。在 Data Center Assembly 下建立 Name 为 CRAC Room 的 Assembly。将智能元件栏设置为 Drawing Board Create 状态，激活 Drawing Board 中的 Z 向正视图。选中 CRAC Room Assembly，单击 Enclosure 智能元件，按住鼠标左键并拖拉，起点为 Wall_1 的 Low Y 端点，终点为"挡水坝_2"的 High Y 端点，并将 Enclosure 的 Name 设置为 CRAC_Room，如图 14-38 所示。

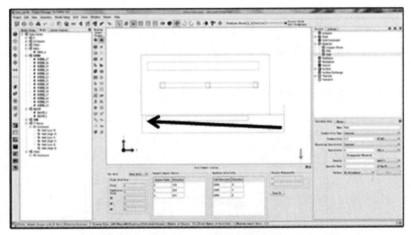

图 14-38　创建空调机房

如图 14-39 所示设置 CRAC_Room 的特性参数。

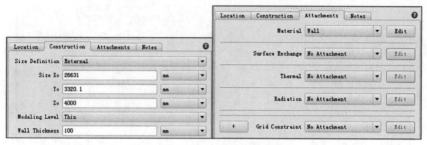

图 14-39　CRAC_Room 特性参数

将智能元件栏设置为 Drawing Board Create 状态，激活 Drawing Board 中的 Y 向正视图。选择 IT_Room 的 Wall（Low Y），单击 Hole 图标，按住鼠标左键并拖拉，起点为 CRAC_Room 的 Low Z 与 Low X 的交点，终点为 IT_Room 的 High X 与 High Z 的交点。

如图 14-40 所示为 IT_Room Wall（Low Y）Hole 的特性参数。

图 14-40　IT Room Wall（Low Y）Hole 特性参数

通过 Geometry→Align 命令使 Hole 的 Low Z 与 IT_Room 的 Low Z 重合。

如图 14-41 所示，通过 Edit→Pattern 命令使 IT_Room Wall（Low Y）的 Hole 沿 Z 轴正方向进行阵列，阵列距离为 2500mm。

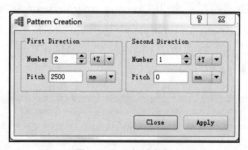

图 14-41　阵列参数

如图 14-42 所示设置 IT_Room Wall（Low Y）Hole:1 的特性参数。

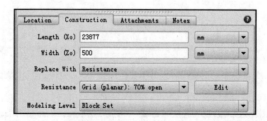

图 14-42　IT Room Wall（Low Y）Hole:1 特性参数

选择 CRAC_Room 的 Wall（High Y），单击 Hole 图标，按住鼠标左键并拖拉，起点为 CRAC_Room 的 Low Z 与 Low X 的交点，终点为 IT_Room 的 High X 与 High Z 的交点。

如图 14-43 所示为 CRAC_Room Wall（High Y）Hole 的特性参数。

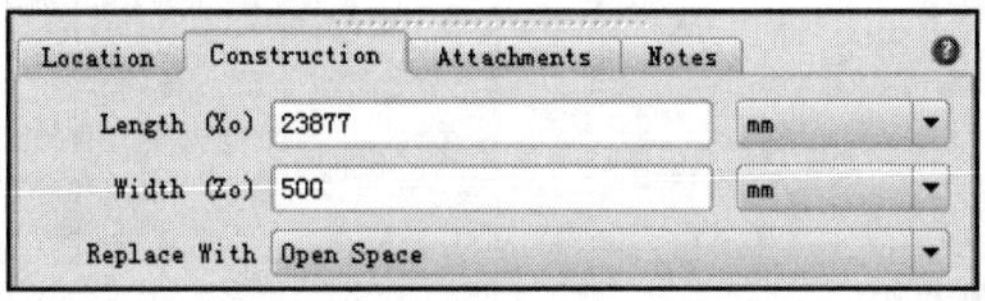

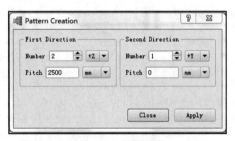

图 14-43　CRAC_Room Wall（High Y）Hole 特性参数

通过 Geometry→Align 命令使 Hole 的 Low Z 与 CRAC_Room 的 Low Z 重合。

如图 14-44 所示，通过 Edit→Pattern 命令使 CRAC_Room Wall（High Y）的 Hole 沿 Z 轴正方向进行阵列，阵列距离为 2500mm。

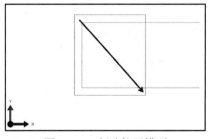

图 14-44　阵列参数

选择模型树中的"挡水坝"Assembly 和 Wall Assembly，按 Delete 键删除。

3. 柱子建模

在 Data Center Assembly 下建立 Name 为 Pillar 的 Assembly。将智能元件栏设置为 Drawing Board Create 状态，激活 Drawing Board 中的 Z 向正视图。选中 Pillar Assembly，单击 Cuboid 图标，按住鼠标左键并拖拉，起点为"彩钢板_8"的 High Y 端点，终点为"彩钢板_10"的 Low Y 端点，如图 14-45 所示。

图 14-45　创建柱子模型

将 Cuboid 的 Name 设置为 Pillar1，如图 14-46 所示设置 Pillar1 的特性参数，如图 14-47 所示设置 Cement 的特性参数。

通过 Geometry→Align 命令使 Pillar1 的 Low Z 与 IT_Room 的 Low Z 重合。

通过 Edit→Copy 和 Edit→Paste 命令在 Pillar Assembly 下创建 Pillar 2 和 Pillar 3，Pillar2 和 Pillar 3 具有与 Pillar1 相同的特性参数。

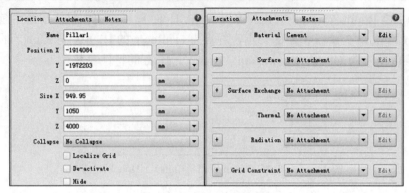

图 14-46　Pillar1 特性参数

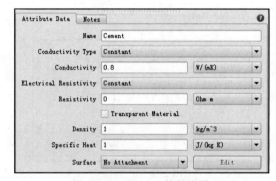

图 14-47　Cement 特性参数

通过 Geometry→Align 命令使 Pillar2 的 High X 与 "彩钢板_6" 在 Z 向正视图中重合。
通过 Geometry→Align 命令使 Pillar3 的 High X 与 "彩钢板_3" 在 Z 向正视图中重合。
删除模型树中的 "彩钢板" Assembly、A-Column Assembly 和 0 Assembly。

4. IT 机房天花板建模

在 Data Center Assembly 下建立 Name 为 Ceiling 的 Assembly。将智能元件栏设置为 Drawing Board Create 状态,激活 Drawing Board 中的 Z 向正视图。选中 Ceiling Assembly,单击 Collapsed Cuboid 图标,按住鼠标左键并拖拉,起点为 IT_Room 的 Low Y 与 Low X 的交点,终点为 IT_Room 的 High Y 与 High X 的交点,如图 14-48 所示。

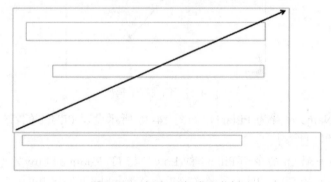

图 14-48　创建 IT 机房天花板

将 Collapsed Cuboid 的 Name 设置为 IT Room Ceiling，如图 14-49 所示设置 IT Room Ceiling 的特性参数，如图 14-50 所示设置 Ceiling 的特性参数。

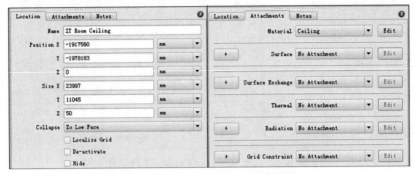

图 14-49　IT Room Ceiling 特性参数

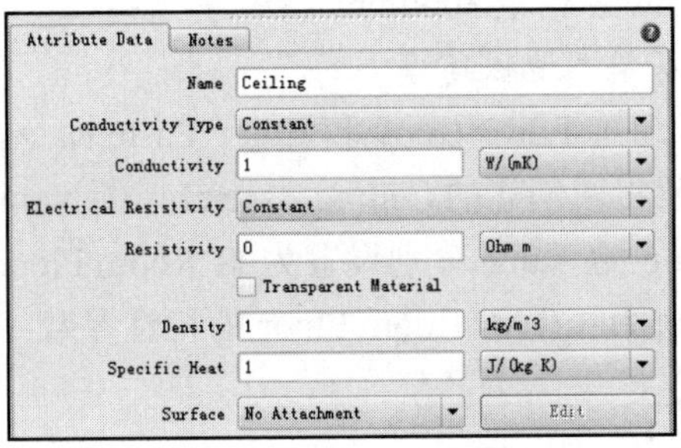

图 14-50　Ceiling 特性参数

按 X 键激活 Drawing Board 中的 X 向正视图，通过 Geometry→Move 命令使 IT Room Ceiling 与 IT_Room 的 Low Z 相距 3000mm。

5. CRAC 机房天花板建模

将智能元件栏设置为 Drawing Board Create 状态，激活 Drawing Board 中的 Z 向正视图。选中 Ceiling Assembly，单击 Collapsed Cuboid 图标，按住鼠标左键并拖拉，起点为 CRAC_Room 的 Low Y 与 Low X 的交点，终点为 CRAC_Room 的 High Y 与 High X 的交点，如图 14-51 所示。

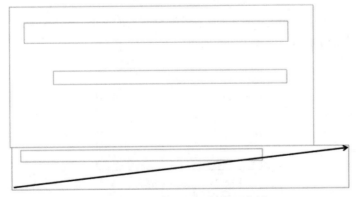

图 14-51　创建 CRAC 机房天花板

将 Collapsed_Cuboid 的 Name 设置为 CRAC Room Ceiling，如图 14-52 所示设置 CRAC

Room Ceiling 的特性参数。

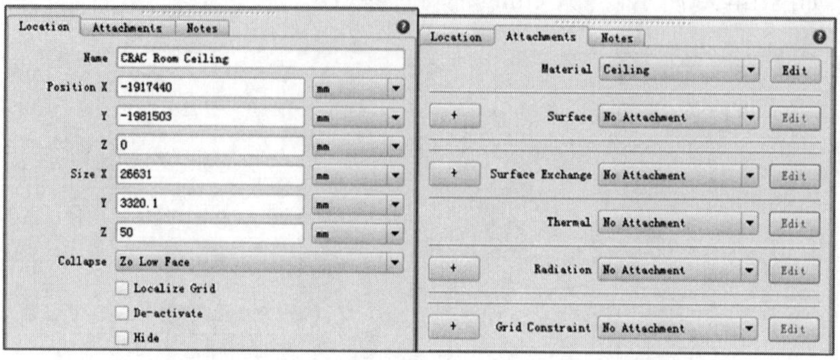

图 14-52 CRAC Room Ceiling 特性参数

按 X 键激活 Drawing Board 中的 X 向正视图，通过 Geometry→Move 命令使 CRAC Room Ceiling 与 CRAC_Room 的 Low Z 相距 3000mm。

6. IT 机房和 CRAC 机房架高地板建模

选中 Ceiling Assembly，通过 Edit→Copy 和 Edit→Paste 命令在 Data Center Assembly 下创建一个新的 Ceiling Assembly。将新创建的 Ceiling Assembly 的 Name 设置为 Floor，其中 IT Room Ceiling 和 CRAC Room Ceiling 的 Name 分别设置为 IT Room Floor 和 CRAC Room Floor。如图 14-53 所示设置 IT Room Floor 和 CRAC Room Floor 的特性参数。

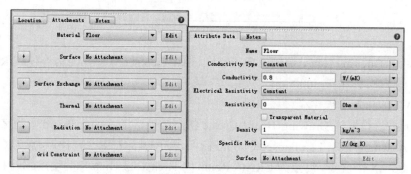

图 14-53 IT Room Floor 和 CRAC Room Floor 特性参数

按 X 键激活 Drawing Board 中的 X 向正视图，通过 Geometry→Move 命令使 Floor Assembly 在 Z 轴负方向移动 2500mm，如图 14-54 所示。

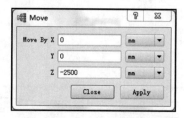

图 14-54 Move 对话框设置

在 Floor Assembly 下建立 Name 为 Plate 的 Assembly。将智能元件栏设置为 Drawing Board Create 状态，激活 Drawing Board 中的 Y 向正视图。选中 Plate Assembly，单击 Collapsed Cuboid

图标，按住鼠标左键并拖拉，起点为 IT Room 的 High X 与 Low Z 的交点，终点为 IT_Room Floor 的 Low X 端点，将 Cuboid 的 Name 设置为 Plate1，如图 14-55 所示。

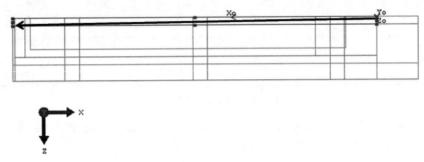

图 14-55　创建 Plate1

按 Z 键激活 Drawing Board 中的 Z 向正视图，由于 Plate1 的坐标与坐标系原点重合，而 Floor Assembly 的坐标远离坐标系原点，所以先通过鼠标+Shift 键将 Plate1 拖拉至 Data Center Assembly 附近。通过 Geometry→Align 和 Geometry→Move 命令使 Plate1 与 IT_Room 的 Low Y 相距 9480mm。

将智能元件栏设置为 Drawing Board Create 状态，激活 Drawing Board 中的 X 向正视图。选中 Plate Assembly，单击 Collapsed Cuboid 图标，按住鼠标左键并拖拉，起点为 CRAC_Room 的 Low Y 与 Low Z 的交点，终点为 Plate1 的 High Z 端点，将 Cuboid 的 Name 设置为 Plate2，如图 14-56 所示。

按 Z 键激活 Drawing Board 中的 Z 向正视图，由于 Plate2 的坐标与坐标系原点重合，而 Floor Assembly 的坐标远离坐标系原点，所以先通过鼠标+Shift 键将 Plate2 拖拉至 Data Center Assembly 附近。通过 Geometry→Align 和 Geometry→Move 命令使 Plate2 与 IT_Room 的 Low X 相距 9950mm。

通过 Edit→Pattern 命令使 Plate2 在 X 轴正方向进行两次阵列，阵列距离分别为 3800mm 和 12000mm。将通过阵列命令创建的 Plate2:1 的 Name 设置为 Plate3，Plate2:2 的 Name 设置为 Plate4。

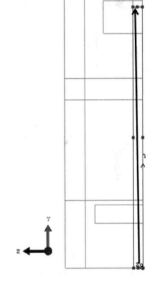

图 14-56　创建 Plate2

7. XML 机柜建模

由于数据中心内机柜数量较多，为了提高机柜建模效率，本实例中的机柜模型采用 Excel 中用 Visual Basic 编写的 XML 文本创建。

打开 Rack.xlsm 文件（Simulation Model\Chapter14），机柜 XML 文本创建主要分为数据输入和 Visual Basic 程序两个组成部分。如图 14-57 所示，Sheet1 中的 A1:G2 单元格区域为机柜相应的参数名称与数据。其中 A2 单元格为所创建机柜的名称，B2 单元格为机柜热功耗，C2 单元格为机柜进出口温升，D2~F2 单元格为机柜高度、宽度和深度尺寸，G2 单元格为机柜 XML 文本保存路径。

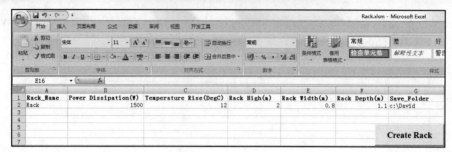

图 14-57　Rack.xlsm 文档

通过"开发工具"→Visual Basic 命令打开 Microsoft Visual Basic 窗口，如图 14-58 所示，其中模块 1 中包括了创建机柜 XML 文本的主程序和相关子程序。

图 14-58　Microsoft Visual Basic 窗口

每一列机柜的列头柜热功耗较小，如图 14-59 所示设置单元格参数，单击 Create Rack 按钮。

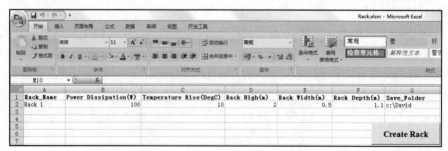

图 14-59　列头柜 Rack 1 特性参数

采用相同的方法，如图 14-60 和图 14-61 所示分别创建 Rack 2 和 Rack 3 机柜模型。

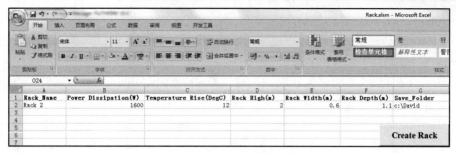

图 14-60　Rack 2 特性参数

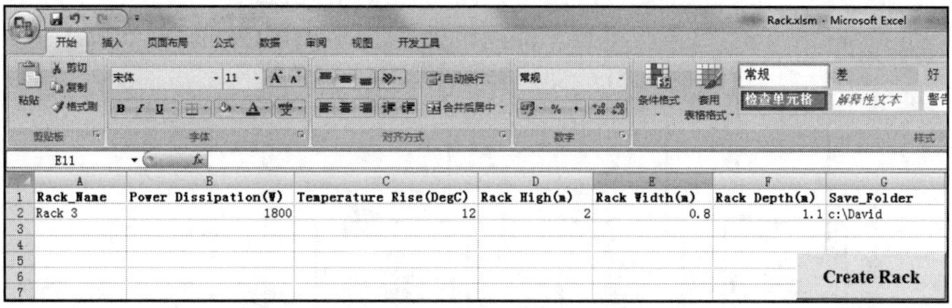

图 14-61　Rack 3 特性参数

在 Data Center Assembly 下建立 Name 为 Rack 的 Assembly，在 Rack Assembly 下建立 Name 为 Rack Row1 的 Assembly。

选中 Rack Row1 Assembly 并右击，在弹出的快捷菜单中选择 Import Assembly→FloXML 命令，在弹出的对话框中找到 Rack 1 文件，单击"打开"按钮将 Rack 1 模型导入到 FloTHERM 软件中，如图 14-62 所示。

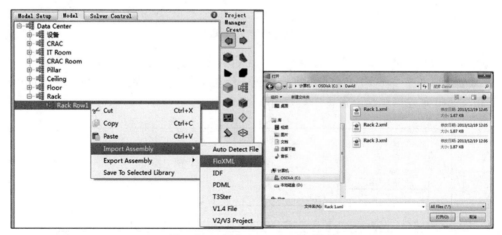

图 14-62　导入 Rack 1 XML 模型

由于 Rack 1 Assembly 的坐标与坐标系原点重合，而 Data Center Assembly 的坐标远离坐标系原点，所以先在 Drawing Board 的 Z 向和 X 向正视图中将 Rack 1 Assembly 拖拉至 Data Center Assembly 附近。

激活 Drawing Board 中的 Z 向正视图，通过 Geometry→Rotate Counter Clockwise 命令使

Rack 1 Assembly 沿 Z 轴逆时针旋转 90°。

激活 Drawing Board 中的 Y 向正视图，通过 Geometry→Rotate Clockwise 命令使 Rack 1 Assembly 沿 Y 轴顺时针旋转 90°。

激活 Drawing Board 中的 Z 向正视图，通过 Geometry→Align 命令使 Rack 1 Assembly 的 Low X 与设备 Assembly 下"设备_74"的 Low Y 对齐。

激活 Drawing Board 中的 Y 向正视图，通过 Geometry→Align 命令使 Rack 1 Assembly 的 Low Z 与设备 Assembly 下"设备_74"的 High X 重合，通过 Geometry→Align 命令使 Rack 1 Assembly 的 High Y 与 IT Room Floor 在 Y 向正视图中重合。

如图 14-63 所示，在 IT 机房中共有 8 列机柜，相邻两列机柜可视为一组。相邻两列机柜之间有两块 600mm×600mm 的通风地板，即同组机柜之间相距 1200mm。

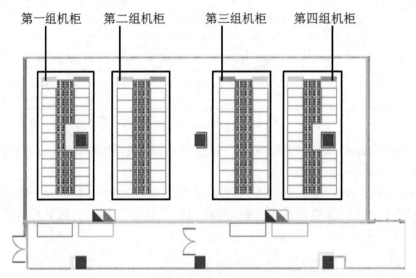

图 14-63　机柜示意图

通过 Geometry→Measure 命令可以测得每组机柜之间的距离，供后续机柜建模使用。如图 14-64 所示，第二组、第三组和第四组机柜与第一组机柜的距离分别为 5400mm、12600mm 和 17400mm。测量完成后删除"设备"Assembly。

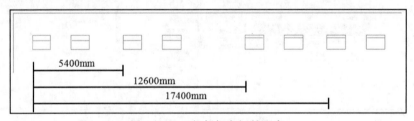

图 14-64　4 组机柜之间的距离

通过 Edit→Pattern 命令将 Rack Row1 进行阵列，共进行 7 次阵列，阵列距离分别为 2300mm、5400mm、7700mm、12600mm、14900mm、17400mm 和 19700mm，创建其他各列机柜的列头柜。如图 14-65 所示沿着 X 轴正向将通过 Pattern 命令创建的 Assembly 依次更名为 Rack Row2～Rack Row8。

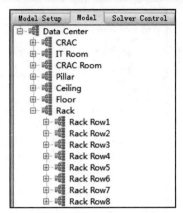

图 14-65　各列机柜的列头柜

由于相邻两列机柜和中间的送风地板组成一个冷通道，所以相邻两列机柜的进风面相对布置。在 Drawing Board 中激活 Z 向正视图，通过 Geometry→Rotate Clockwise 命令使 Rack Row2、Rack Row4、Rack Row6 和 Rack Row 8 逐一顺时针旋转 180°。

Rack1 为每一列机柜的列头柜，8 列机柜都有一台 Rack 1 机柜。

第一列、第二列、第七列和第八列除了每列有一台 Rack 1 之外，其他的机柜均为 Rack 2。由于数据中心内部柱子的原因，第二列和第八列只有 9 台 Rack 2 机柜，第一列和第七列有 12 台 Rack 2 机柜。Rack 2 机柜热功耗为 1600W，进出口空气温升 12℃，机柜高度、宽度和深度分别为 2000mm、600mm 和 1100mm。机柜与机柜相邻布置，所以阵列的距离为 600mm。

第三列、第四列、第五列和第六列除了每列有一台 Rack 1 之外，每一列其他 9 台机柜均为 Rack 3。Rack 3 机柜热功耗为 1800W，进出口空气温升 12℃，机柜高度、宽度和深度分别为 2000mm、800mm 和 1100mm。机柜与机柜相邻布置，所以阵列的距离为 800mm。

如图 14-66 所示，通过分别右击 Rack Row1～Rack Row8 并选择 Import Assembly→FloXML 命令将 Rack 2 和 Rack 3 导入到 FloTHERM 软件中。通过 Geometry→Align 和 Geometry→Rotate Clockwise 命令进行 Rack 2 和 Rack 3 机柜定位，通过 Edit→Pattern 命令对 Rack 2 和 Rack 3 进行阵列。

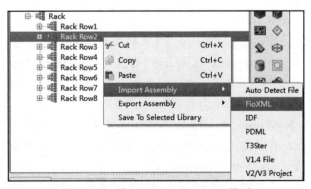

图 14-66　导入 Rack 2 和 Rack 3 模型

如图 14-67 所示在模型树中检查机柜模型，如图 14-68 所示在 Visual Editor 后处理模块中检查相邻机柜入风口是否相对。

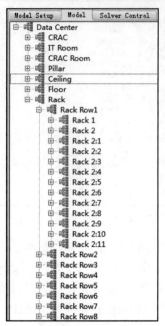

图 14-67　模型树

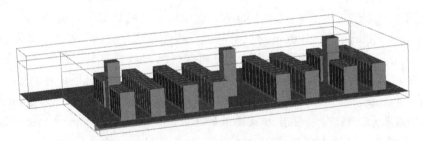

图 14-68　Visual Editor 后处理模块中的机柜模型

其中第二列和第八列机柜与房间柱子有重合，所以需要删除这两列机柜中的 Rack 2:4、Rack 2:5 和 Rack 2:6 机柜。

8. 空调建模

在 Data Center Assembly 下建立 Name 为 CRAC1 的 Assembly。选中 CRAC1 Assembly，通过 Window→Show Project Attributes→Library 命令打开 FloTHERM 数据库，双击 80kW-Supply Not Turned 模型，选中模型树 80kW-Supply Not Turned 中的 Supply 和 Return 监控点，按 Delete 键删除，如图 14-69 所示。

由于 80kW-Supply Not Turned Assembly 的坐标与坐标系原点重合，而 Data Center Assembly 的坐标远离坐标系原点，所以先在 Drawing Board 的 Z 向和 X 向正视图中将 80kW-Supply Not Turned Assembly 拖拉至 Data Center Assembly 附近。

激活 Drawing Board 中的 X 向正视图，通过 Geometry→Rotate Counterclockwise 命令使 80kW-Supply Not Turned Assembly 逆时针旋转 90°。

激活 Drawing Board 中的 Z 向正视图，通过 Geometry→Rotate Counterclockwise 命令使 80kW-Supply Not Turned Assembly 逆时针旋转 90°。

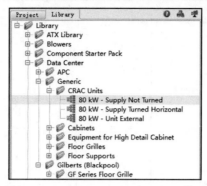

图 14-69　80kW-Supply Not Turned 模型

通过 Geometry→Align 命令使 80kW-Supply Not Turned Assembly 的 Low X 与 CRAC Assembly 下的 CRAC_8 在 Z 向正视图中对齐,使 80kW-Supply Not Turned Assembly 的 High Z 与 CRAC_9 在 Z 向正视图中重合。

激活 Drawing Board 中的 X 向正视图,使 80kW-Supply Not Turned Assembly 的 Low Y 与 Floor_Assembly 下的 IT_Room Floor 在 X 向正视图中重合。

通过 Edit→Pattern 命令使 CRAC1 在 X 轴正方向进行 3 次阵列,阵列距离分别为 2950mm、13670mm 和 16620mm。

将通过阵列创建的 CRAC1:1、CRAC1:2 和 CRAC1:3 Assembly 的 Name 分别设置为 CRAC2、CRAC3 和 CRAC4。

如图 14-70 所示,删除 CRAC Assembly 下所有的 Collapse Cuboid,将 CRAC1、CRAC2、CRAC3 和 CRAC4 Assembly 拖拉至 CRAC Assembly 下。

选中 Floor Assembly 下的 CRAC Room Floor,将智能元件栏设置为 Drawing Board Create 状态,激活 Drawing Board 中的 Z 向正视图。单击 Hole 图标,按住鼠标左键并拖拉,起点为 CRAC1 Assembly 的右下角,终点为 CRAC1 Assembly 的左上角。

如图 14-71 所示,采用同样的方法,在 CRAC Room Floor 上创建与 CRAC2、CRAC3 和 CRAC4 Assembly 相对应的 Hole。

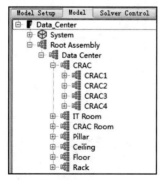　　　　　

图 14-70　模型树中的 CRAC Assembly　　　图 14-71　模型树中的 CRAC Room Floor

由于本实例 4 台空调中有两台为备用空调,如图 14-72 所示,所以选择 CRAC1 和 CRAC4 Assembly 下的 Cooler 智能元件,通过 Geometry→De-Active 命令使其不参与仿真计算。

如图 14-73 所示设置 CRAC2 和 CRAC3 的 Cooler 特性参数。

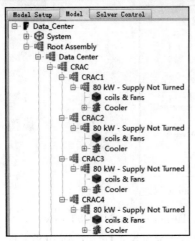
图 14-72　模型树

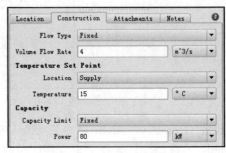
图 14-73　Cooler 特性参数

9. 通风地板建模

将智能元件栏设置为 Drawing Board Create 状态，激活 Drawing Board 中的 Z 向正视图。选中 Floor Assembly 下的 IT Room Floor，单击 Hole 图标，按住鼠标左键并拖拉，起点为 Rack Row2 Assembly 的 High X 与 Low Y 的交点，终点为 Rack Row1 Assembly 的 High X 与 Low Y 的交点，如图 14-74 所示。

采用相同的方法，在 Rack Row3 和 Rack Row4 之间、Rack Row5 和 Rack Row6 之间、Rack Row7 和 Rack Row8 之间创建 Hole。

如图 14-75 所示，沿 X 正方向将建立的 4 个 Hole 依次更名为 Hole 1～Hole 4。

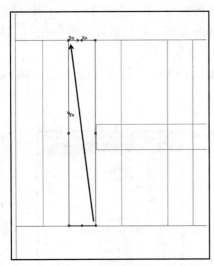
图 14-74　创建 IT 机房通风地板

图 14-75　模型树

选中 Floor Assembly，建立 Name 为 Tile 的 Assembly。选中 Tile Assembly，将智能元件栏设置为 Drawing Board Create 状态，激活 Drawing Board 中的 Z 向正视图。单击 Perforated Plate 图标，按住鼠标左键并拖拉，起点为 Hole 1 的 Low X 和 Low Y 的交点，终点为 Hole 1 的 High X 和 High Y 的交点。

通过 Goemtry→Align 命令使 Perforated Plate 智能元件在 X 向正视图中与 IT Room Floor 重合。

采用相同的方法，在 Rack Row3 和 Rack Row4 之间、Rack Row5 和 Rack Row6 之间、Rack Row7 和 Rack Row8 之间创建 Perforated Plate，如图 14-76 所示设置 4 个 Perforated Plate 智能元件的特性参数。

图 14-76　Perforated Plate 特性参数

选中 Floor Assembly，建立 Name 为 Baffle 的 Cuboid，如图 14-77 所示设置其特性参数。其中 Position X、Y 和 Z 可以与图 14-77 中存在差异。

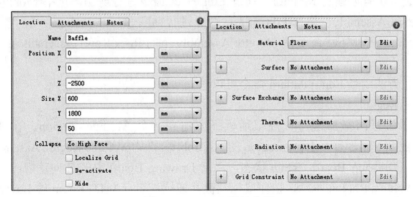

图 14-77　Baffle 特性参数

由于 Baffle 的坐标与坐标系原点重合，而 Floor Assembly 的坐标远离坐标系原点，所以先在 Drawing Board 的 Z 向和 X 向正视图中将 Baffle 拖拉至 Data Center Assembly 附近。

激活 Drawing Board 中的 Z 向正视图，通过 Geometry→Align 命令使 Baffle 的 High X 与 IT Room Floor 下 Hole 1 的 High X 重合，Baffle 的 Low Y 与 IT Room Floor 下 Hole 1 的 Low Y 相距 2900mm。

激活 Drawing Board 中的 X 向正视图，通过 Geometry→Align 命令使 Baffle 与 IT Room Floor 重合。

选中 Floor Assembly 下的 Baffle，通过 Edit→Pattern 命令使其在 X 轴正方向进行一次阵列，阵列距离为 17400mm。

10. 机柜入口温度监控点建模

如图 14-78 所示为每一个机柜入口设置监控点，监控点位于机柜高度和宽度方向的中心，距离机柜入口 50mm。

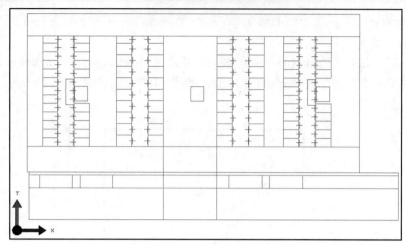

图 14-78　机柜入口温度监控点

选择 Rack Assembly 和 Rack Row1 Assembly 下所有的 Rack（Cuboid），单击智能元件栏中的 Monitor 图标，在 Rack（Cuboid）的中心创建 Monitor。

在 Data Center Assembly 下建立 Monitor Assembly，在 Monitor Assembly 下建立 Rack Row1 Assembly。选中所有创建的 Monitor，通过 Edit→Cut 命令进行剪切。选中 Monitor Assembly 下的 Rack Row1 Assembly，通过 Edit→Paste 命令进行粘贴。

通过 Geometry→Move 命令使 Monitor Assembly 下的 Rack Row1 Assembly 在 X 正方向移动 600mm。

通过上述方法或者 Edit→Pattern 命令可以建立其他各列机柜的监控点。

11. 创建 Region

为了便于进行网格加密，在高架地板下方建立一个 Volume Region。在 Data Center Assembly 下建立 Name 为 Volume Region 的 Assembly。选中 Volume Region Assembly，将智能元件栏设置为 Drawing Board Create 状态，激活 Drawing Board 中的 Z 向正视图。如图 14-79 所示，单击 Volume Region 图标，按住鼠标左键并拖拉，起点为 IT_Room 的 Low X 和 High Y 的交点，终点为 CRAC_Room 的 High X 和 Low Y 的交点。

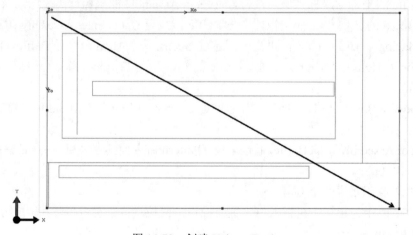

图 14-79　创建 Volume Region

如图 14-80 所示设置 Region 特性参数。

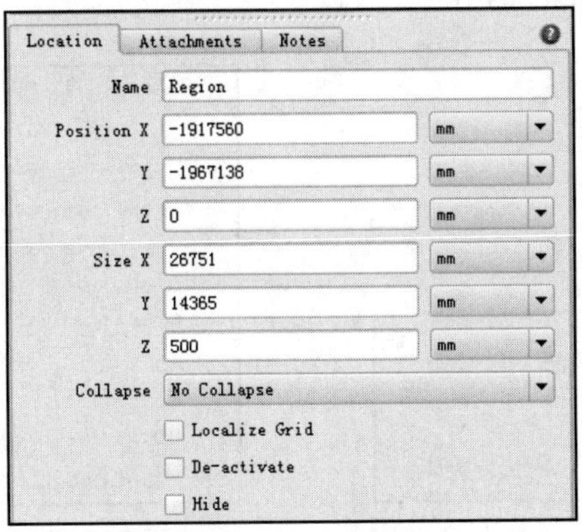

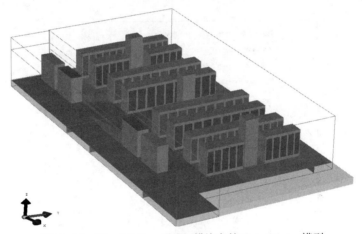

图 14-80　Region 特性参数

激活 Drawing Board 中的 X 向正视图，通过 Geometry→Align 命令使 Region 的 Low Z 与 IT_Room 的 Low Z 重合。

至此，Data Center 的几何建模完成，如图 14-81 所示在 Visual Editor 后处理模块中查看模型。

图 14-81　Visual Editor 后处理模块中的 Data Center 模型

12. 设置求解域

如图 14-82 所示设置求解域的 Location 特性参数，通过 Geometry→Align 命令使 Data Center Assembly 与求解域在 X、Y 和 Z 三个方向中心对齐。

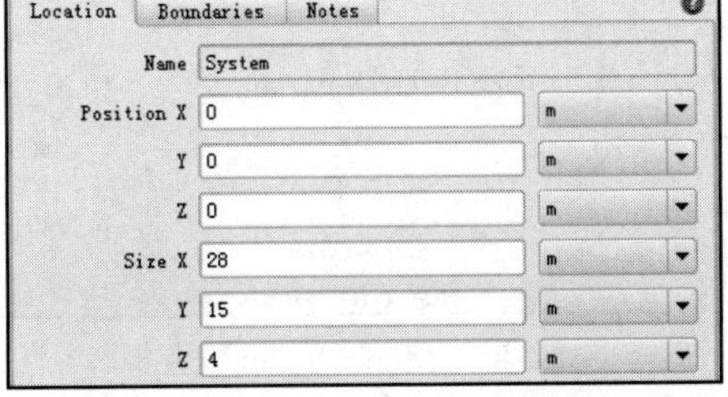

图 14-82　求解域 Location 特性参数

由于数据中心外部环境温度为 25℃，如图 14-83 所示设置求解域的 Boundaries 特性参数，Ambient 25 DegC 特性参数如图 14-84 所示。

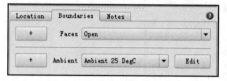

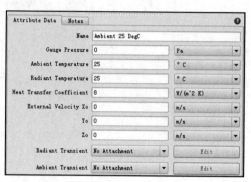

图 14-83　求解域 Boundaries 特性参数　　　　图 14-84　Ambient 25 DegC 特性参数

13. Model Setup

设置 Model Setup 特性参数，其中 Turbulence Model 建议采用 LVEL K-Epsilon。由于空气在 25℃和 30℃时的特性参数非常接近，所以直接采用默认的 Fluid 设置。其他 Model Setup 参数设置如图 14-85 所示。

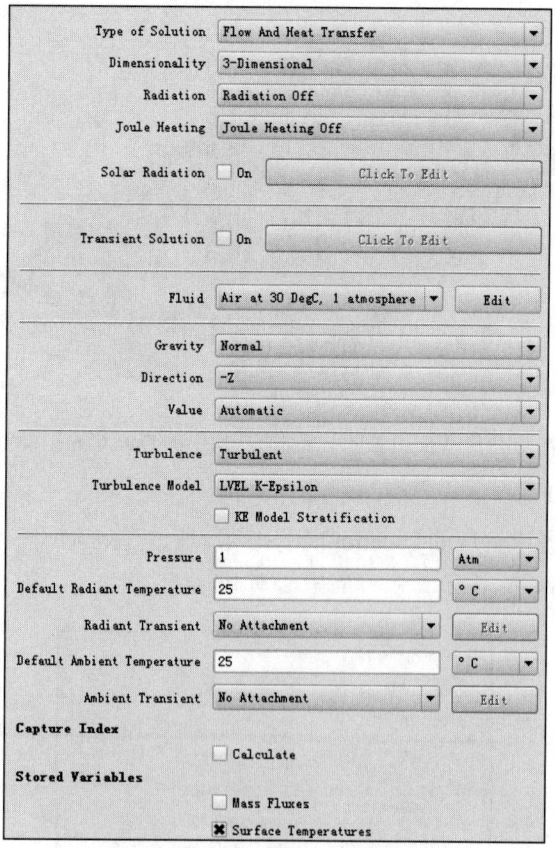

图 14-85　Model Setup 设置框

14.6.2 网格划分

注：本节内容仅供参考。

本实例中的模型几何尺寸较大，在使用鼠标拖拉进行建模时，如果出现物体捕捉（Snap to Object）引起细小网格，则可以通过下面的方法提高系统网格质量。

在软件主界面中通过 Grid→Grid Summary 命令打开 Grid Summary Dialog 对话框，如图 14-86 所示，在其中查看最小网格尺寸和最大网格尺寸比等信息，发现最大网格尺寸的数值已经超出了合理范围，产生的原因主要是求解域内存在非常细小的网格。

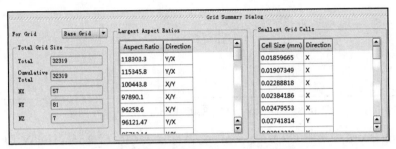

图 14-86　Grid Summary Dialog 对话框

如图 14-87 所示，在模型树中选择 CRAC、Pillar、Ceiling、Floor、Rack、Monitor 和 Volume Region Assembly，并勾选特性页中的 Ignore Geometry 选项。这些 Assembly 在 Drawing Board 中不显示几何形体，所以也不会创建物体的 Keypoint 网格。具有 Ignore Geometry 特性的 Assembly 以红色高亮显示。通过 Edit→User Preferences 命令打开对话框中的 Show Ignore Geometry 选项可以调整具有 Ignore Geometry 特性的 Assembly 的显示方式。

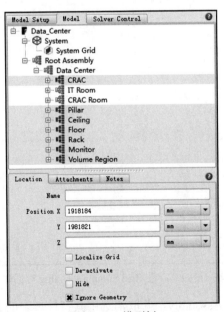

图 14-87　模型树

再次查看 Grid Summary Dialog 对话框，此时显示求解域内最小的网格出现在 X 方向。激活 Drawing Board 中的 Z 向正视图，按 G 键在 Drawing Board 窗口中放大模型。如图 14-88 所示，查看 X 方向网格状况，发现 IT_Room 的 Hole 和 CRAC_Room 在 X 方向存在细微的重叠，同时 IT_Room 与 CRAC_Room 在 Y 方向也存在细微的重叠。

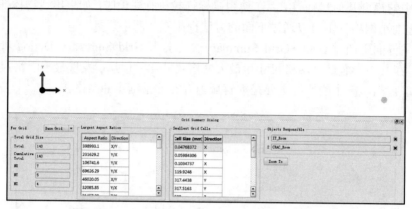

图 14-88　IT_Room 和 CRAC_Room 引起的细小网格

在 Drawing Board 中选中 CRAC_Room，将鼠标置于 CRAC_Room HighY 边线的中点，在鼠标呈现改变几何尺寸的状态后在 Y 方向移动 CRAC_Room High Y 的位置，使其与 IT_Room 的 Low Y 重合。

通过 Geometry→Align 命令消除 IT_Room Hole 和 CRAC_Room 在 X 方向的细微重叠。完成操作后在 Grid Summary Dialog 中查看最小网格尺寸等信息，如图 14-89 所示。

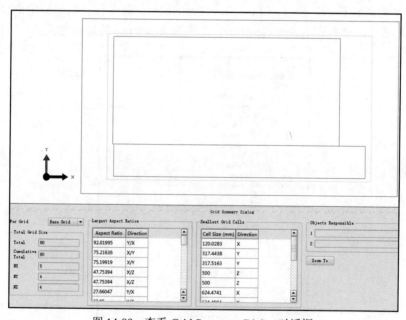

图 14-89　查看 Grid Summary Dialog 对话框

在模型树中选择 CRAC Assembly，并取消选中其特性页中的 Ignore Geometry 选项。如图 14-90 所示查看 Grid Summary Dialog 对话框，此时 Grid Summary Dialog 中显示求解域内没有特别细小的网格。

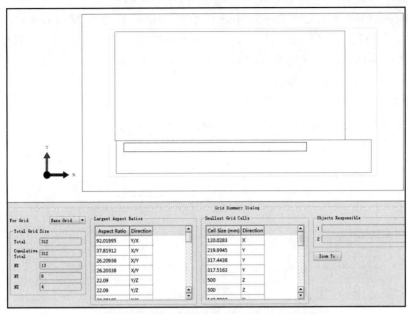

图 14-90　查看 Grid Summary Dialog 对话框

采用类似的方法，依次取消选中其他 Assembly 的 Ignore Geometry 选项。如果存在细小网格，可以通过移动物体或者改变物体边界线的方法来去除细小网格。对于 200 多平方米的数据中心而言，通常情况下几毫米的物体几何尺寸改变或调整不会对仿真结果造成影响。

如图 14-91 所示，经过仿真模型的细微调整后，求解域内的最小网格尺寸约为 20mm，网格的最大尺寸比在 150 以内，这为之后良好的网格划分提供了可能。

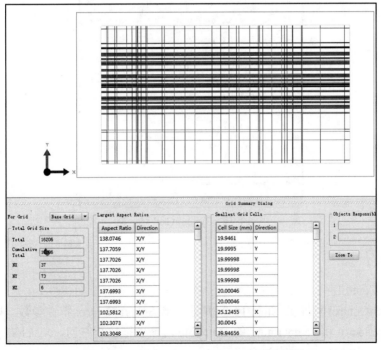

图 14-91　查看 Grid Summary Dialog 对话框

其中 IT Room Floor 和 CRAC Room Floor 上均有 Hole 模型，在调整 IT Room Floor 和 CRAC Room Floor 的尺寸时会影响 Hole 的位置，造成细小网格的出现。在进行网格调整时，如果有需要可以删除 IT Room Floor 和 CRAC Room Floor 上的 Hole，在网格调整完成后，根据空调或通风地板的尺寸进行 Hole 建模。

1. Local Grid

如图 14-92 所示设置 Region 和 Region Grid 特性参数。

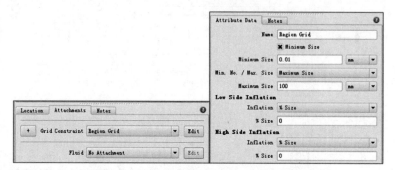

图 14-92　Region 和 Region Grid 特性参数

在模型树中选择 Region，单击 Grid→Toggle Localize Grid 命令为 Region 创建局域化网格。

2. System Gird

通过 Grid→System Grid 命令打开 System Grid 对话框，如图 14-93 所示设置 System Grid 特性参数。

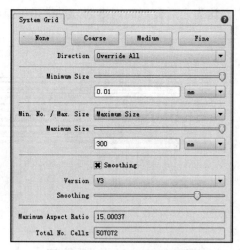

图 14-93　System Grid 对话框

14.6.3　求解计算

1. Solver Control

单击 Solver Control 特性页，如图 14-94 所示设置 Solver Control 特性参数。其中 X Velocity、Y Velocity、Z Velocity 和 Temperature 的 Damping 滑动条拖拉至右侧，X Velocity、Y Velocity、Z Velocity 的 Inner Iterations 设置为 10。

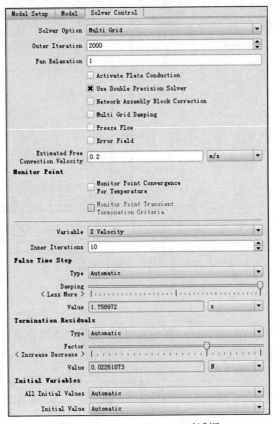

图 14-94　Solver Control 对话框

2. Sanity Check

通过 Solve→Sanity Check 命令对建立的仿真模型进行检查。如图 14-95 所示，查看弹出的 Message Window 对话框，其中的两个警告信息是由 IT Room Wall（Low Y）和 CRAC Room Wall（High Y）所引起的，在本实例中可以忽略。

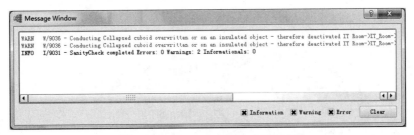

图 14-95　Message Window 对话框

3. Solve

通过 Solve→Solve 命令对项目 Data Center 进行求解计算。如图 14-96 所示为残差监控曲线和参数监控值，其中温度和速度残差值小于 2，温度监控点稳定。本实例中不再进行残差值调整。

由图 14-96 可以看出，机柜的入口温度在 17℃～26℃之间。根据参考文献[13]可知，这属于可接受范围之内。

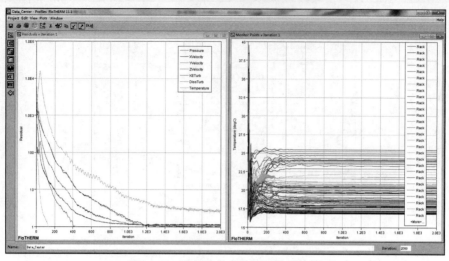

图 14-96 残差监控曲线和参数监控值

14.6.4 结果分析

如图 14-97 所示,通过 Visual Editor 后处理模块查看空调的仿真结果,其中两台空调的制冷量为 132521W,这与整个数据中心内机柜的热功耗值 132800W 非常接近。

Cooler		Total Mass Flow (kg/s)	Supply Volume Flow (m^3/s)	Supply Heat Flow (W)	Supply Flow Direction	Supply Mean Temperature (degC)	Extract Volume Flow (m^3/s)	Extract Heat Flow (W)	Extract Flow Direction	Extract Mean Temperature (degC)	Extract Max Temperature (degC)	Heat Added (W)
(Cooler)												
	(Extract)											
	(Supply)											
Cooler		4.6456	4	0		15	4	65795		29.092	30.2	-65795
	Extract	-	-	-		-	4	65795	Negative Out...	29.092	30.2	-65795
	Supply	-	4	0	Negative Inw...	15	-	-		-	-	0
Cooler		4.6456	4	0		15	4	66726		29.292	30.107	-66726
	Extract	-	-	-		-	4	66726	Negative Out...	29.292	30.107	-66726
	Supply	-	4	0	Negative Inw...	15	-	-		-	-	0
(Cooler)												
	(Extract)											
	(Supply)											

图 14-97 空调仿真结果

如图 14-98 所示为 Visual Editor 后处理模块中的空气流动迹线。

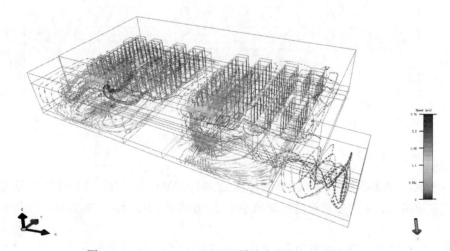

图 14-98 Visual Editor 后处理模块中的空气流动迹线

14.7　小结

　　DXF 格式是建筑行业常用的格式，通过 FloTHERM 的 FloMCAD 模块可以快速地将 DXF 模型数据导入到 FloTHERM 软件中，便于几何模型的建模和定位。

　　通过软件的 Drawing Board 窗口可以采用鼠标拖拉的方式快速建立模型几何形体，这种所见即所得的建模方式可大幅提高建模效率。

　　对于需要重复建模的物体，可以采用软件的 XML 数据导入功能，通过 Visual Basic 等程序设计语言编写 XML 格式文本，直接导入到 FloTHERM 软件中。

　　在进行网格划分时，基于软件的 Ignore Geometry 功能可以逐步显示物体的网格，有助于用户识别细小网格所在的位置，便于进行网格质量的改进。

15 智能手机热仿真实例

15.1 智能手机热设计背景

智能手机是指像个人计算机一样，具有独立的操作系统、独立的运行空间，可以由用户自行安装软件、游戏、导航等第三方服务商提供的程序，并可以通过移动通信网络来实现无线网络接入手机类型的总称。它已经为人们越来越多地使用，成为生活中最不可或缺的电子设备。智能手机具有应用环境独特和应用功能多样的特点，由此对系统的安全和散热有着特殊的要求。同时，周边环境的温湿度条件也是影响智能手机散热的另一个重要因素。

智能手机的热设计，既要考虑系统内部器件的过热失效问题，又要考虑系统表面的人体热舒适性问题。首先，由于人们对电子设备小巧便携的要求，智能手机的尺寸通常在单手可握的范围内，因此提供给热设计的空间有限。其次，自然对流散热作为智能手机目前最适用的散热方法，其有限的散热能力限制了智能手机的散热表现。最后，智能手机更迭快速和热功率密度不断增加都对智能手机热设计提出了新的挑战。

15.2 智能手机热设计目标

智能手机的热设计目标主要是满足手机表面温度和内部器件最高温度的限制。如表 15-1 所示为特定环境下手机表面的热设计标准。图 15-1 所示为智能手机表面区域定义。通常手机正面上方 1/3 区域为人耳部位，手机正面下方 2/3 区域为人脸部位。通话场景下的手机背面为手持部位，非通话场景下的整机表面为手持部位。

表 15-1 智能手机表面热设计标准（环境温度 25℃）

表面材质及场景	最高温度（℃）部位	人耳部位	人脸部位	手持部位
金属	通话场景	37	40	42
	娱乐场景	NA	NA	42

续表

最高温度（℃） 表面材质及场景	部位	人耳部位	人脸部位	手持部位
非金属 （塑料、橡胶）	通话场景	40	45	45
	娱乐场景	NA	NA	45
玻璃、陶瓷	通话场景	40	45	45
	娱乐场景	NA	NA	45

图 15-1　手机表面区域定义

15.3　智能手机冷却架构

如图 15-2 所示，智能手机通常由前壳、PCBA、金属中框、屏幕总成、电池、电池中框和后壳等部件组成。PCBA 是指 PCB 板以及焊接在板上的元件，包括高热功耗元件处理器、射频芯片、充电芯片、USB 接口、耳机接口、SIM 卡槽和屏蔽盖等。金属中框是整个手机的结构主干，主要起结构强化和散热作用，一般以镁铝合金为主要材质。屏幕总成是显示屏和触摸屏的组合体，是手机散热的重要途径。电池作为手机系统的重要结构件，占据了较大的整机空间。由于高温对电池的使用寿命影响极大，通常对电池做特殊的温度保护处理（常为隔热），以满足电池的工作要求。电池中框具有固定电池舱位、保护 PCBA 和增强整机结构强度等作用。后壳是整机散热的另外一个重要途径，电池中框的热量通过热传导方式传递至后壳，最终后壳上的热量以自然对流和热辐射的方式散失到周围环境中。

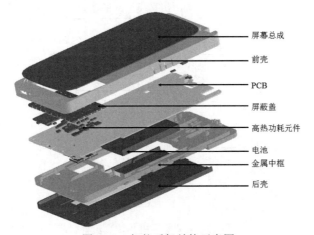

图 15-2　智能手机结构示意图

智能手机的主要发热源是封装于 PCB 板上的高热功耗元件，主要有处理器、射频芯片和充电芯片等。这些高热功耗元件的绝大部分热量是通过 PCB 板向外围传递的，因此良好的 PCB 器件布局和铜层设计极为重要。金属中框也具有良好的传热能力，其可以将 PCB 上高热功耗元件的热量向整个手机铺开，再通过屏幕和后壳将热量传递至整机表面，最后将热量散失到周围环境中。

15.4　智能手机热仿真概述

智能手机的热仿真工作通常在系统方案确定前完成，通过进行智能手机热仿真分析工作预先判断智能手机系统在不同场景应用时的散热性能，从而把控智能手机设计方案的散热风险，为产品的热设计工作提供可靠保障。

15.4.1　热仿真目标

通过热仿真模拟典型热功耗场景下的智能手机散热性能，判断其是否满足热设计要求，是热仿真工作的重要目标。智能手机在不同场景下有特定的温升标准，如表 15-1 所示，通过仿真预先掌握手机系统的散热风险，必要时通过改进结构设计、引入散热材料等措施优化散热性能。

15.4.2　热仿真流程

如图 15-3 所示为智能手机的热仿真流程。

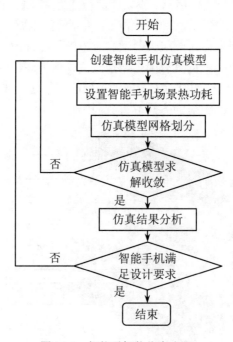

图 15-3　智能手机热仿真流程

15.4.3 热仿真所需信息

热仿真分析一般需要几何模型、材料属性、元件热功耗、元件热阻值和温度 5 类基本参数信息。对于本实例而言，需要以下信息：

- 几何模型：智能手机整机的几何堆叠图，包括所有组件及几何尺寸。
- 材料属性：智能手机整机所有组件的材料信息。
- 元件热功耗：各元件模块 Processor、PMU、Memory、RF、2/3/4/GPA、BT/WIFI/GPS、Charge、Camera、LCD 的场景热功耗。
- 元件热阻值：各元件模块 Processor、PMU 等。
- 温度：环境温度和环境辐射温度。

15.5 智能手机热仿真

15.5.1 建立仿真模型

启动 FloTHERM 软件，建立 Project Name 为 Smartphone 的项目文件。通过 Edit→Preferences 命令打开 User Preferences 对话框，如图 15-4 所示，将 Display Position in 设置为 Absolute Coordinates。采用 Absolute Coordinates 选项的优点是模型物体在不同的 Assembly 之间移动不会改变模型物体在仿真模型中的位置。

1. 外壳建模

智能手机的外壳一般分为 A 框、B 框和 C 框。由于实际外壳的几何模型较为复杂，包括了比较多的曲面、孔和凸起等几何特征。这些几何特征对智能手机的散热影响很小，但会产生较高的仿真资源要求，所以在进行外壳建模时需要进行一定的简化。

在 Root Assembly 下建立 Name 为 Shell 的 Assembly。在 Shell Assembly 下建立 Name 为 A Shell 的 Assembly，在 A Shell Assembly 下建立 Name 为 Top1 的 Cuboid，如图 15-5 所示设置其特性参数。

图 15-4 Display Position in 设置

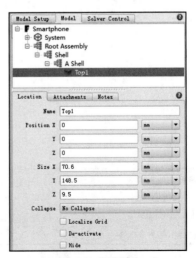

图 15-5 模型树

选中 Top1，单击 Hole 图标，在其上建立 Name 为 Hole1 的智能元件，如图 15-6 所示设置其特性参数。

通过 Geometry→Align 命令使 Hole1 和 Top1 在 Z 向正视图中中心对齐。

在 A Shell Assembly 下建立 Name 为 Top2 的 Cuboid，如图 15-7 所示设置其特性参数。

图 15-6　Hole1 特性参数

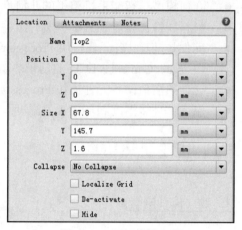

图 15-7　Top2 特性参数

选中 Top2，单击 Hole 图标，在其上建立 Name 为 Hole1 的智能元件，如图 15-8 所示设置其特性参数。

通过 Geometry→Align 和 Geometry→Move 命令使 Hole1 的 Low X 与 Top2 的 Low X 相距 8.9mm，Hole1 的 Low Y 与 Top2 的 Low Y 相距 8.7mm。

说明：使 A 的 Low X 与 B 的 Low X 相距 N mm，其中 N 为正值，表示 A 的 Low X 位于 B 的 Low X 的 X 正方向，如果 N 为负值，则 A 的 Low X 位于 B 的 Low X 的 X 负方向，后面类同。

通过 Geometry→Align 和 Geometry→Move 命令使 Top2 和 Top1 在 Z 向正视图中中心对齐，Top2 的 Low Z 与 Top1 的 Low Z 相距 5.8mm。

在 A Shell Assembly 下建立 Name 为 Top3 的 Cuboid，如图 15-9 所示设置其特性参数。

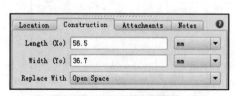

图 15-8　Hole1 特性参数

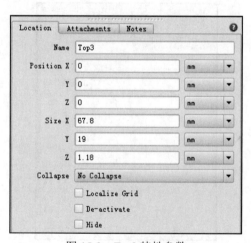

图 15-9　Top3 特性参数

通过 Geometry→Align 和 Geometry→Move 命令使 Top3 和 Top1 在 Z 向正视图中沿 X 轴中心对齐，Top3 的 High Y 与 Top1 的 High Y 相距-1.4mm，Top3 的 Low Z 与 Top2 的 High Z 重合。

在 A Shell Assembly 下建立 Name 为 Top4 的 Cuboid，如图 15-10 所示设置其特性参数。

通过 Geometry→Align 和 Geometry→Move 命令使 Top4 和 Top1 在 Z 向正视图中沿 X 轴中心对齐，Top4 的 High Y 与 Top1 的 High Y 相距-1.4mm，Top4 的 Low Z 与 Top3 的 High Z 重合。

在 A Shell Assembly 下建立 Name 为 Top5 的 Cuboid，如图 15-11 所示设置其特性参数。

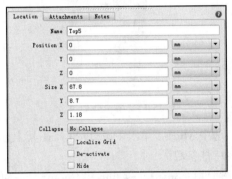

图 15-10　Top4 特性参数　　　　　图 15-11　Top5 特性参数

通过 Geometry→Align 和 Geometry→Move 命令使 Top5 和 Top1 在 Z 向正视图中沿 X 轴中心对齐，Top5 的 Low Y 与 Top1 的 Low Y 相距 1.4mm，Top5 的 Low Z 与 Top2 的 High Z 重合。

在 A Shell Assembly 下建立 Name 为 Top6 的 Cuboid，如图 15-12 所示设置其特性参数。

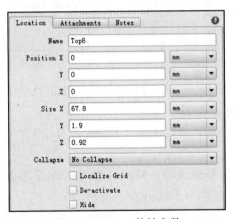

图 15-12　Top6 特性参数

通过 Geometry→Align 和 Geometry→Move 命令使 Top6 和 Top1 在 Z 向正视图中沿 X 轴中心对齐，Top6 的 Low Y 与 Top1 的 Low Y 相距 1.4mm，Top6 的 Low Z 与 Top5 的 High Z 重合。

如图 15-13 所示为 Visual Editor 后处理模块中的手机外壳 A 框。

在 Shell Assembly 下建立 Name 为 B Shell 的 Assembly，在 B Shell Assembly 下建立 Name 为 Mid1 的 Cuboid，如图 15-14 所示设置其特性参数。

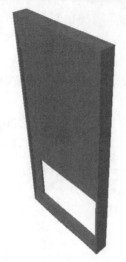

图 15-13　手机外壳 A 框

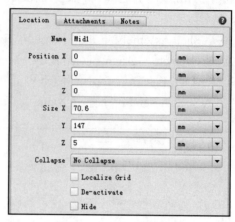

图 15-14　Mid1 特性参数

选中 Mid1，单击 Hole 图标，在其上建立 Name 为 Hole1 的智能元件，如图 15-15 所示设置其特性参数。

通过 Geometry→Align 和 Geometry→Move 命令使 Hole1 的 Low X 与 Mid1 的 Low X 重合，Hole1 的 Low Y 与 Mid1 的 Low Y 重合。

选中 Mid1，单击 Hole 图标，在其上建立 Name 为 Hole2 的智能元件，如图 15-16 所示设置其特性参数。

图 15-15　Hole1 特性参数

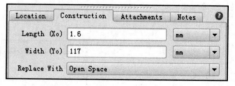

图 15-16　Hole2 特性参数

通过 Geometry→Align 和 Geometry→Move 命令使 Hole2 的 High X 与 Mid1 的 High X 重合，Hole2 的 Low Y 与 Mid1 的 Low Y 重合。

选中 Mid1，单击 Hole 图标，在其上建立 Name 为 Hole3 的智能元件，如图 15-17 所示设置其特性参数。

通过 Geometry→Align 和 Geometry→Move 命令使 Hole3 与 Mid1 在 Z 向正视图中沿 X 轴中心对齐，Hole3 的 Low Y 与 Mid1 的 Low Y 相距 1.2mm。

选中 Mid1，单击 Hole 图标，在其上建立 Name 为 Hole4 的智能元件，如图 15-18 所示设置其特性参数。

图 15-17　Hole3 特性参数

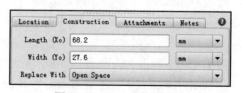

图 15-18　Hole4 特性参数

通过 Geometry→Align 和 Geometry→Move 命令使 Hole4 与 Mid1 在 Z 向正视图中沿 X 轴中心对齐，Hole4 的 High Y 与 Mid1 的 High Y 相距-1.2mm。

在 B Shell Assembly 下建立 Name 为 Mid2 的 Cuboid，如图 15-19 所示设置其特性参数。

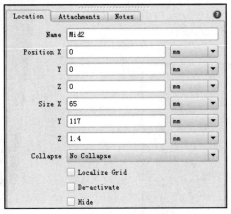

图 15-19　Mid2 特性参数

选中 Mid2，单击 Hole 图标，在其上建立 Name 为 Hole1 的智能元件，如图 15-20 所示设置其特性参数。

通过 Geometry→Align 和 Geometry→Move 命令使 Hole1 的 Low X 与 Mid2 的 Low X 相距 6.8mm，Hole1 的 Low Y 与 Mid2 的 Low Y 相距 44mm。

选中 Mid2，单击 Hole 图标，在其上建立 Name 为 Hole2 的智能元件，如图 15-21 所示设置其特性参数。

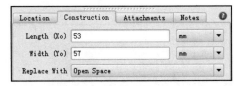

图 15-20　Hole1 特性参数

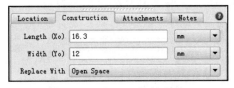

图 15-21　Hole2 特性参数

通过 Geometry→Align 和 Geometry→Move 命令使 Hole2 的 Low X 与 Hole1 的 Low X 对齐，Hole2 的 High Y 与 Hole1 的 Low Y 重合。

通过 Geometry→Align 和 Geometry→Move 命令使 Mid2 与 Mid1 在 Z 向正视图中沿 X 轴中心对齐，Mid2 的 Low Y 与 Mid1 的 Low Y 相距 1.2mm，Mid2 的 Low Z 与 Mid1 的 Low Z 重合。

在 B Shell Assembly 下建立 Name 为 Mid3 的 Cuboid，如图 15-22 所示设置其特性参数。

通过 Geometry→Align 和 Geometry→Move 命令使 Mid3 与 Mid1 在 Z 向正视图中沿 X 轴中心对齐，Mid3 的 High Y 与 Mid1 的 High Y 重合，Mid3 的 High Z 与 Mid1 的 Low Z 重合。

如图 15-23 所示为 Visual Editor 后处理模块中的手机外壳 B 框（在只显示 B 框时，可以通过 F12 键隐藏 A 框）。

通过 Geometry→Align 和 Geometry→Move 命令使 B Shell Assembly 与 A Shell Assembly 在 Z 向正视图中沿 X 轴中心对齐，B Shell Assembly 的 High Y 与 A Shell Assembly 的 High Y 重合，B Shell Assembly 的 High Z 与 A Shell 的 High Z 相距-6.88mm。

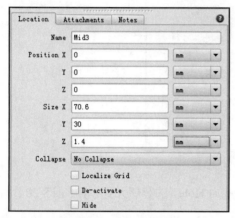

图 15-22　Mid3 特性参数

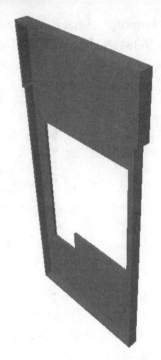

图 15-23　手机外壳 B 框

在 Shell Assembly 下建立 Name 为 C Shell 的 Assembly，在 C Shell Assembly 下建立 Name 为 Bot1 的 Enclosure，如图 15-24 所示设置其特性参数。

如图 15-25 所示，选中 Bot1 的 Wall（High Y）和 Wall（High Z），在其 Construction 特性页中取消对 Side Exists 选项的选择。

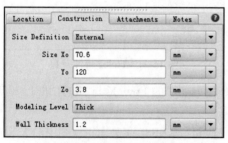

图 15-24　Bot1 特性参数

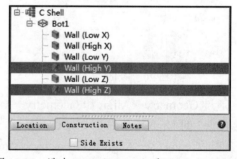

图 15-25　选中 Wall（High Y）和 Wall（High Z）

如图 15-26 所示为 Visual Editor 后处理模块中的手机外壳 C 框。

通过 Geometry→Align 和 Geometry→Move 命令使 C Shell Assembly 与 A Shell Assembly 在 Z 向正视图中沿 X 轴中心对齐，C Shell Assembly 的 Low Y 与 A Shell Assembly 的 Low Y 重合，C Shell Assembly 的 Low Z 与 B ShellAssembly 的 Low Z 重合。

如图 15-27 所示设置 Shell Assembly 的特性参数，如图 15-28 所示为 PC 1414 的 Material 和 PC 1414 Sur 的 Surface 特性参数。

如图 15-29 所示为 Visual Editor 后处理模块中的手机外壳线框图。

图 15-26　手机外壳 C 框

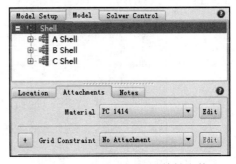

图 15-27　Shell Assembly 特性参数

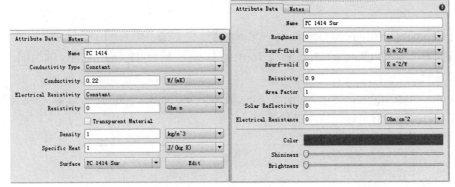

图 15-28　PC 1414 的 Material 和 PC 1414 Sur 的 Surface 特性参数

图 15-29　手机外壳线框图

2. 屏幕建模

在 Root Assembly 下建立 Name 为 Screen 的 Assembly。

在 Screen Assembly 下建立 Name 为 Glass 的 Cuboid，如图 15-30 所示设置其特性参数（Materials-Others-Glass（Typical））。

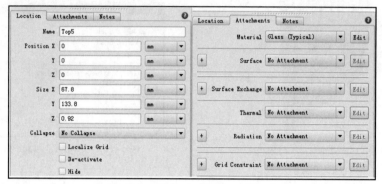

图 15-30　Glass 特性参数

通过 Geometry→Align 和 Geometry→Move 命令使 Glass 与 A Shell Assembly 在 Z 向正视图中沿 X 轴中心对齐，Glass 的 High Y 与 Top1 的 High Y 相距-11.4mm，Glass 的 High Z 与 Top1 的 High Z 重合。

在 Screen Assembly 下建立 Name 为 TouchPAD 的 Cuboid，如图 15-31 所示设置其特性参数，如图 15-32 所示为 TouchPAD 材料特性。

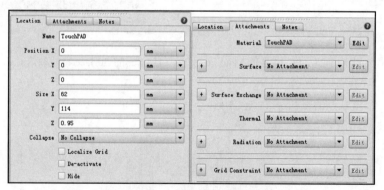

图 15-31　TouchPAD 特性参数

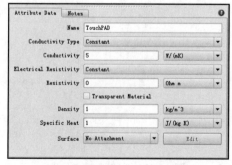

图 15-32　TouchPAD 材料特性

通过 Geometry→Align 和 Geometry→Move 命令使 TouchPAD 与 A Shell Assembly 在 Z 向正视图中沿 X 轴中心对齐，TouchPAD 的 High Y 与 Top1 的 High Y 相距-22mm，TouchPAD 的 Low Z 与 Top2 的 High Z 重合。

在 Screen Assembly 下建立 Name 为 LCD 的 Source，如图 15-33 所示设置其特性参数。

图 15-33　LCD 特性参数

通过 Geometry→Align 和 Geometry→Move 命令使 LCD 与 TouchPAD 在 Z 向正视图中沿 X 轴中心对齐，LCD 的 High Y 与 TouchPAD 的 Low Y 重合，LCD 的 Low Z 与 Top2 的 High Z 重合。

如图 15-35 所示为 Visual Editor 后处理模块中的手机屏幕和外壳模型。

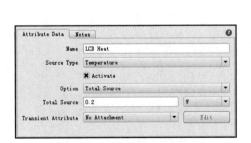

图 15-34　LCD Heat 特性参数　　　　图 15-35　手机屏幕和外壳模型

3．电池建模

在 Root Assembly 下建立 Name 为 Battery 的 Assembly，在 Battery Assembly 下建立 Name 为 Battery 的 Cuboid，如图 15-36 所示设置其特性参数，如图 15-37 所示为 Battery 材料特性。

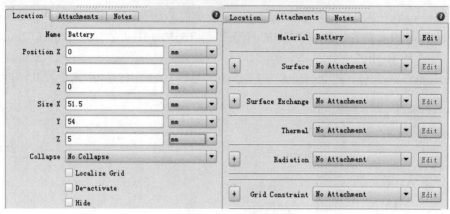

图 15-36 Battery 特性参数

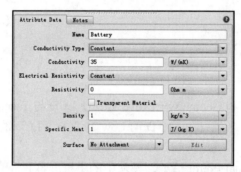

图 15-37 Battery 材料特性

通过 Geometry→Align 和 Geometry→Move 命令使 Battery 的 Low X 与 Shell Assembly 的 Low X 相距 10.8mm，Battery 的 High Y 与 Shell Assembly 的 High Y 相距-45.35mm，Battery 的 Low Z 与 Shell Assembly 的 LowZ 相距 0.9mm。

4. PCB 建模

在 Root Assembly 下建立 Name 为 PCB 的 Assembly，在 PCB Assembly 下建立 Name 为 PCB 的 Cuboid，如图 15-38 所示设置其特性参数。

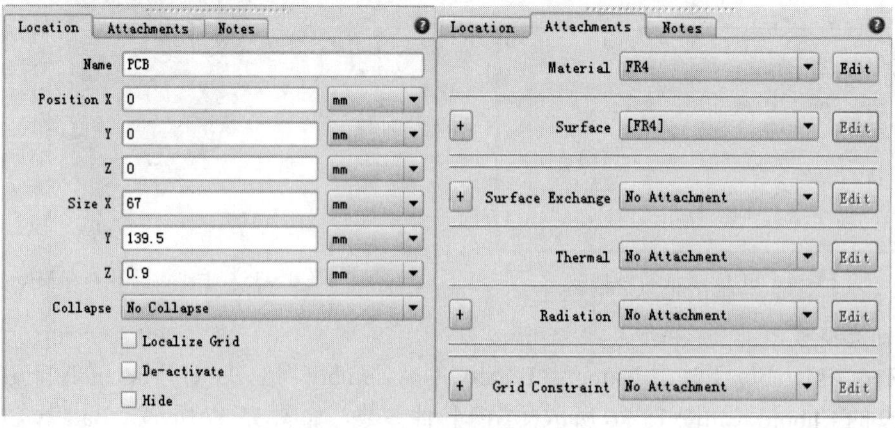

图 15-38 PCB 特性参数

选中 PCB，单击 Hole 图标，在其上建立 Name 为 Hole1 的智能元件，如图 15-39 所示设置其特性参数。

通过 Geometry→Align 和 Geometry→Move 命令使 Hole1 的 High Y 与 PCB 的 High Y 重合，Hole1 的 Low X 与 PCB 的 Low X 相距 26.95mm。

选中 PCB，单击 Hole 图标，在其上建立 Name 为 Hole2 的智能元件，如图 15-40 所示设置其特性参数。

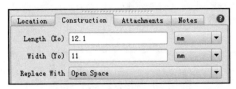

图 15-39　Hole1 特性参数

图 15-40　Hole2 特性参数

通过 Geometry→Align 和 Geometry→Move 命令使 Hole2 的 High Y 与 PCB 的 High Y 重合，Hole2 的 Low X 与 PCB 的 Low X 相距 54mm。

选中 PCB，单击 Hole 图标，在其上建立 Name 为 Hole3 的智能元件，如图 15-41 所示设置其特性参数。

通过 Geometry→Align 和 Geometry→Move 命令使 Hole3 的 High X 与 PCB 的 High X 重合，Hole3 的 Low Y 与 PCB 的 Low Y 相距 24mm。

通过 Geometry→Copy 和 Geometry→Paste 命令对 PCB 进行复制和粘贴，如图 15-42 所示在 PCB Assembly 下建立 Name 为 L:1 的 Cuboid 并设置其特性参数（L1 与 PCB 的 Zo 尺寸不同）。

图 15-41　Hole3 特性参数

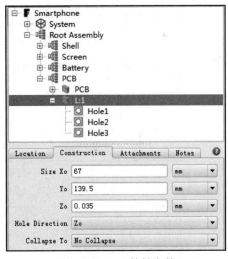

图 15-42　L:1 特性参数

通过 Geometry→Align 和 Geometry→Move 命令使 L:1 与 PCB 在 Z 向正视图中心对齐，L:1 的 High Z 与 PCB 的 High Z 重合。

如图 15-43 所示，通过 Edit→Pattern 命令使 L:1 沿 Z 轴负方向进行阵列，阵列距离为 0.1mm。

如图 15-44 所示为 PCB 及内部铜层模型和模型树，其中 L:1~L:5 的材料特性参数如图 15-45 所示，L:6~L:9 的材料特性参数如图 15-46 所示。

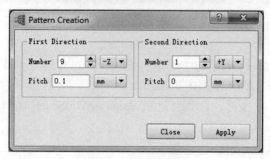

图 15-43　阵列参数

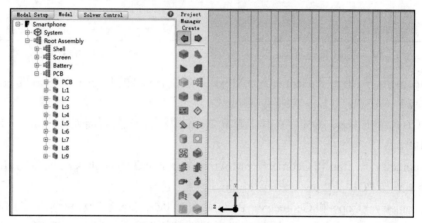

图 15-44　PCB 及内部铜层

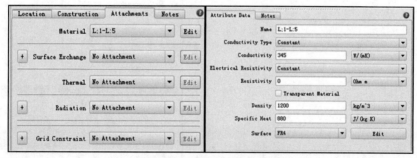

图 15-45　L:1～L:5 材料特性

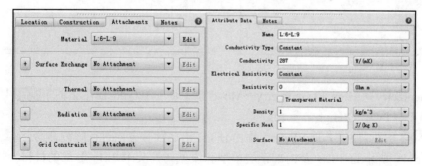

图 15-46　L:6～L:9 材料特性

通过 Geometry→Align 和 Geometry→Move 命令使 PCB Assembly 与 Shell Assembly 在 Z 向正视图中沿 X 轴中心对齐，PCB Assembly 的 High Y 与 Shell Assembly 的 High Y 相距-7.4mm，PCB Assembly 的 Low Z 与 Battery Assembly 的 High Z 重合。

如图 15-47 所示为 Visual Editor 后处理模块中的手机外壳和内部 PCB 模型。

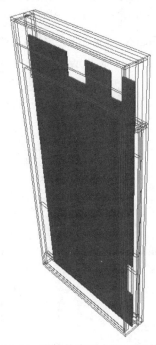

图 15-47　手机外壳和内部 PCB 模型

5. 元件建模

在 Root Assembly 下建立 Name 为 Chipsets 的 Assembly，在 Chipsets Assembly 下建立 Name 为 Top 的 Assembly，在 Top Assembly 下建立 Name 为 A 的 Compact Component，如图 15-48 和图 15-49 所示设置其特性参数（Surface-Non-Metals-Typical Plastic Package）。

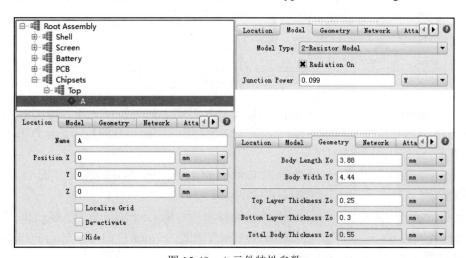

图 15-48　A 元件特性参数

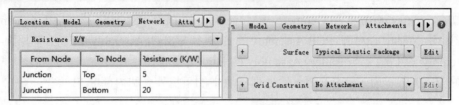

图 15-49 A 元件特性参数

通过 Geometry→Align 和 Geometry→Move 命令使 A 的 Low X 与 PCB Assembly 的 Low X 相距 32mm，A 的 Low Y 与 PCB Assembly 的 Low Y 相距 11.5mm，A 的 Low Z 与 PCB Assembly 的 High Z 重合。

在 Top Assembly 下建立 Name 为 B 的 Compact Component，如图 15-50 和图 15-51 所示设置其特性参数。

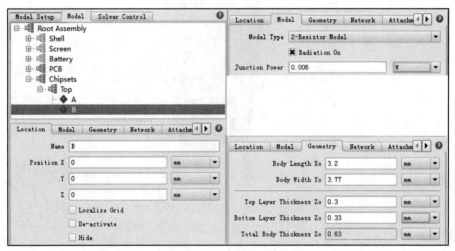

图 15-50 B 元件特性参数

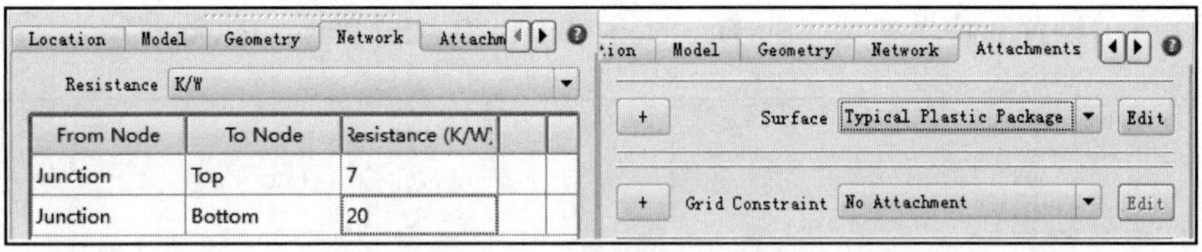

图 15-51 B 元件特性参数

通过 Geometry→Align 和 Geometry→Move 命令使 B 的 Low X 与 PCB Assembly 的 Low X 相距 30.2mm，B 的 Low Y 与 PCB Assembly 的 Low Y 相距 31.5mm，B 的 Low Z 与 PCB Assembly 的 High Z 重合。

在 Top Assembly 下建立 Name 为 C 的 Compact Component，如图 15-52 和图 15-53 所示设置其特性参数。

通过 Geometry→Align 和 Geometry→Move 命令使 C 的 Low X 与 PCB Assembly 的 Low X 相距 6.2mm，C 的 Low Y 与 PCB Assembly 的 Low Y 相距 9.7mm，C 的 Low Z 与 PCB Assembly 的 High Z 重合。

第 15 章 智能手机热仿真实例

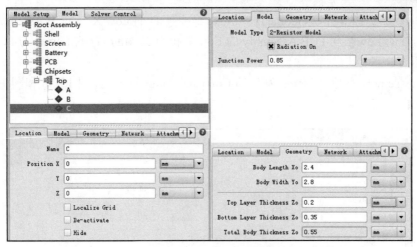

图 15-52　C 元件特性参数

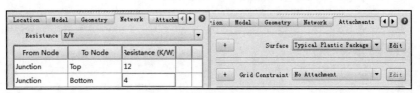

图 15-53　C 元件特性参数

在 Top Assembly 下建立 Name 为 D 的 Compact Component，如图 15-54 和图 15-55 所示设置其特性参数。

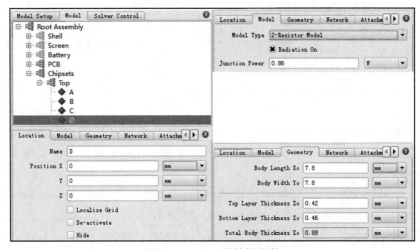

图 15-54　D 元件特性参数

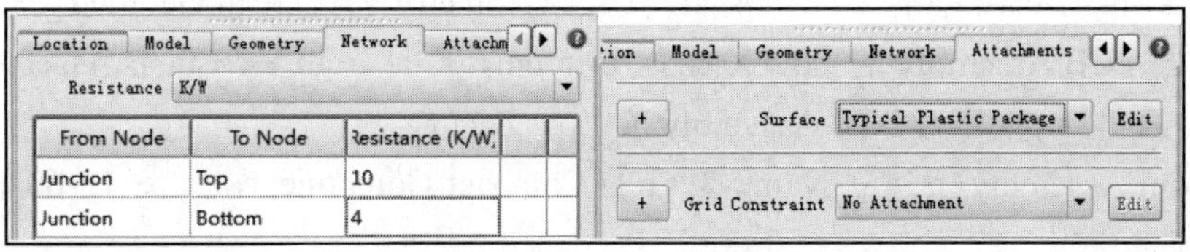

图 15-55　D 元件特性参数

441

通过 Geometry→Align 和 Geometry→Move 命令使 D 的 Low X 与 PCB Assembly 的 Low X 相距 33mm，D 的 Low Y 与 PCB Assembly 的 Low Y 相距 22.4mm，D 的 Low Z 与 PCB Assembly 的 High Z 重合。

在 Top Assembly 下建立 Name 为 E 的 Compact Component，如图 15-56 和图 15-57 所示设置其特性参数。

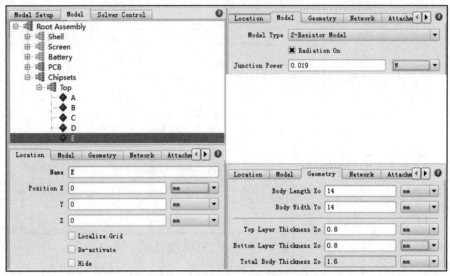

图 15-56　E 元件特性参数

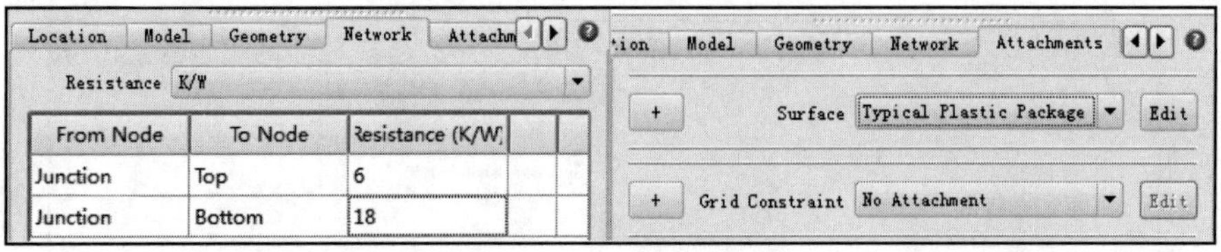

图 15-57　E 元件特性参数

通过 Geometry→Align 和 Geometry→Move 命令使 E 的 Low X 与 PCB Assembly 的 Low X 相距 11mm，E 的 Low Y 与 PCB Assembly 的 Low Y 相距 21.3mm，E 的 Low Z 与 PCB Assembly 的 High Z 重合。

在 Chipsets Assembly 下建立 Name 为 Bottom 的 Assembly，在 Bottom Assembly 下建立 Name 为 F 的 Compact Component，如图 15-58 和图 15-59 所示设置其特性参数。

激活 Drawing Board 中的 X 向正视图，通过 Geometry→Rotate Counter Clockwise 命令使 F 沿 X 轴逆时针旋转 180°（之后可保证 F 元件的 Bottom 面与 PCB 贴合）。

激活 Drawing Board 中的 Z 向正视图，通过 Geometry→Align 和 Geometry→Move 命令使 F 的 Low X 与 PCB Assembly 的 Low X 相距 19.5mm，F 的 High Y 与 PCB Assembly 的 Low Y 相距 9.3mm，F 的 Low Z 与 PCB Assembly 的 Low Z 重合。

在 Bottom Assembly 下建立 Name 为 G 的 Compact Component，如图 15-60 和图 15-61 所示设置其特性参数。

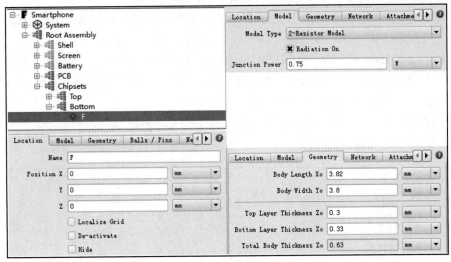

图 15-58　F 元件特性参数

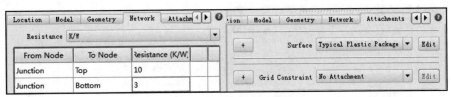

图 15-59　F 元件特性参数

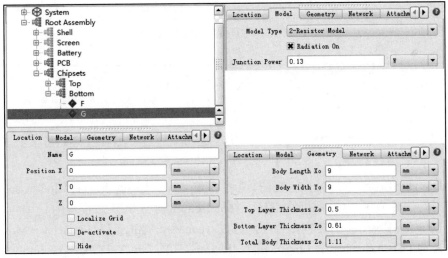

图 15-60　G 元件特性参数

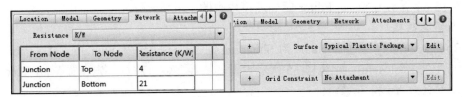

图 15-61　G 元件特性参数

激活 Drawing Board 中的 X 向正视图，通过 Geometry→Rotate Counter Clockwise 命令使 G 沿 X 轴逆时针旋转 180°（之后可保证 G 元件的 Bottom 面与 PCB 贴合）。

激活 Drawing Board 中的 Z 向正视图，通过 Geometry→Align 和 Geometry→Move 命令使 G 的 Low X 与 PCB Assembly 的 Low X 相距 36.6mm，G 的 Low Y 与 PCB Assembly 的 High Y 相距 13.4mm，G 的 Low Z 与 PCB Assembly 的 Low Z 重合。

在 Bottom Assembly 下建立 Name 为 H 的 Compact Component，如图 15-62 和图 15-63 所示设置其特性参数。

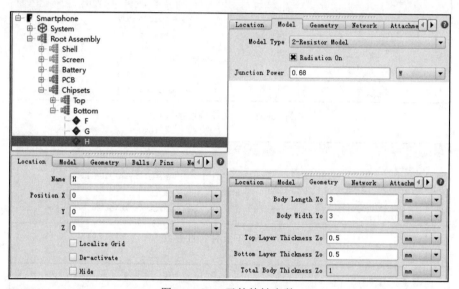

图 15-62　H 元件特性参数

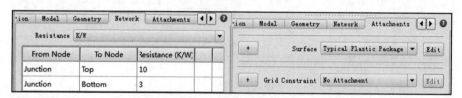

图 15-63　H 元件特性参数

激活 Drawing Board 中的 X 向正视图，通过 Geometry→Rotate Counter Clockwise 命令使 H 沿 X 轴逆时针旋转 180°（之后可保证 H 元件的 Bottom 面与 PCB 贴合）。

激活 Drawing Board 中的 Z 向正视图，通过 Geometry→Align 和 Geometry→Move 命令使 H 的 Low X 与 PCB Assembly 的 Low X 相距 48.8mm，H 的 Low Y 与 PCB Assembly 的 High Y 相距 16.1mm，H 的 Low Z 与 PCB Assembly 的 Low Z 重合。

如图 15-64 所示为 Visual Editor 后处理模块中的手机和元件模型。

6. 屏蔽盖建模

在 Root Assembly 下建立 Name 为 Shielding 的 Assembly，在 Shielding Assembly 下建立 Name 为 S-1 的 Enclosure，如图 15-65 所示设置其特性参数（注意：先设置 Wall Thickness 为 0.1，再设置 Xo、Yo 和 Zo 参数）。

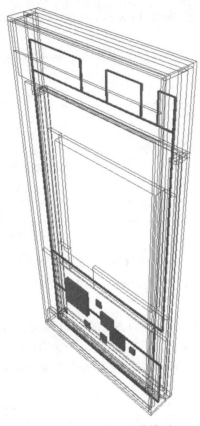

图 15-64　手机和元件模型

如图 15-66 所示，选中 S-1 的 Wall（Low Z），在其 Construction 特性页中取消对 Side Exists 选项的选择。

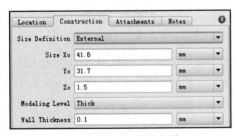

图 15-65　S-1 特性参数

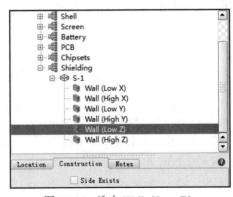

图 15-66　选中 Wall（Low Z）

通过 Geometry→Align 和 Geometry→Move 命令使 S-1 的 Low X 与 PCB Assembly 的 Low X 相距 4.4mm，S-1 的 Low Y 与 PCB Assembly 的 Low Y 相距 6.6mm，S-1 的 Low Z 与 PCB Assembly 的 High Z 相距 0.3mm。

在 Shielding Assembly 下建立 Name 为 S-2 的 Enclosure，如图 15-67 所示设置其特性参数（注意：先设置 Wall Thickness 为 0.1，再设置 Xo、Yo 和 Zo 参数）。

如图 15-68 所示，选中 S-2 的 Wall（Low Z），在其 Construction 特性页中取消对 Side Exists 选项的选择。

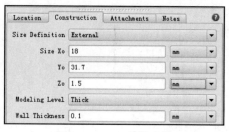

图 15-67　S-2 特性参数

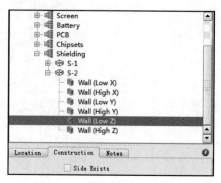

图 15-68　选中 Wall（Low Z）

通过 Geometry→Align 和 Geometry→Move 命令使 S-2 的 Low X 与 PCB Assembly 的 Low X 相距 46.5mm，S-2 的 Low Y 与 PCB Assembly 的 Low Y 相距 6.6mm，S-2 的 Low Z 与 PCB Assembly 的 High Z 相距 0.3mm。

在 Shielding Assembly 下建立 Name 为 S-3 的 Enclosure，如图 15-69 所示设置其特性参数（注意：先设置 Wall Thickness 为 0.1，再设置 Xo、Yo 和 Zo 参数）。

如图 15-70 所示，选中 S-3 的 Wall（High Z），在其 Construction 特性页中取消对 Side Exists 选项的选择。

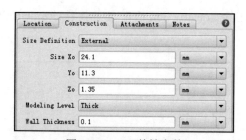

图 15-69　S-3 特性参数

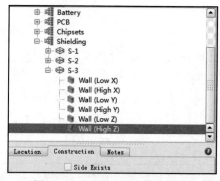

图 15-70　选中 Wall（High Z）

通过 Geometry→Align 和 Geometry→Move 命令使 S-3 的 Low X 与 PCB Assembly 的 Low X 相距 3.7mm，S-3 的 Low Y 与 PCB Assembly 的 Low Y 相距 6.6mm，S-3 的 High Z 与 PCB Assembly 的 Low Z 相距 -0.3mm。

在 Shielding Assembly 下建立 Name 为 S-4 的 Enclosure，如图 15-71 所示设置其特性参数（注意：先设置 Wall Thickness 为 0.1，再设置 Xo、Yo 和 Zo 参数）。

如图 15-72 所示，选中 S-4 的 Wall（High Z），在其 Construction 特性页中取消对 Side Exists 选项的选择。

通过 Geometry→Align 和 Geometry→Move 命令使 S-4 的 Low X 与 PCB Assembly 的 Low X 相距 33mm，S-4 的 Low Y 与 PCB Assembly 的 Low Y 相距 6.6mm，S-4 的 High Z 与 PCB Assembly 的 Low Z 相距 -0.3mm。

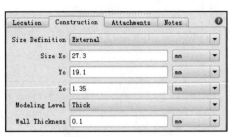

图 15-71　S-4 特性参数

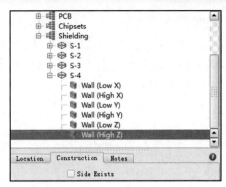

图 15-72　选中 Wall（High Z）

如图 15-73 所示，设置 S-1～S-4 的特性参数。

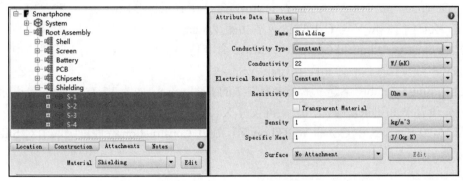

图 15-73　S-1～S-4 特性参数

在 Shielding Assembly 下建立 Name 为 C-1 的 Enclosure，如图 15-74 所示设置其特性参数（注意：先设置 Wall Thickness 为 0.2，再设置 Xo、Yo 和 Zo 参数）。

如图 15-75 所示，选中 C-1 的 Wall（Low Z），在其 Construction 特性页中取消对 Side Exists 选项的选择。

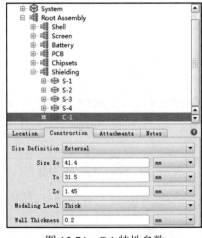

图 15-74　C-1 特性参数

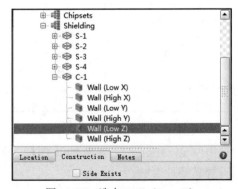

图 15-75　选中 Wall（Low Z）

选中 Wall（High Z），单击 Hole 图标，在其上建立 Name 为 Hole1 的智能元件，如图 15-76

所示设置其特性参数。

通过 Geometry→Align 和 Geometry→Move 命令使 Hole1 的 Low X 与 C-1 的 Low X 相距 1.5mm，Hole1 的 Low Y 与 C-1 的 Low Y 相距 1.6mm。

选中 Wall（High Z），单击 Hole 图标，在其上建立 Name 为 Hole2 的智能元件，如图 15-77 所示设置其特性参数。

图 15-76　Hole1 特性参数

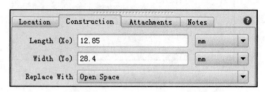

图 15-77　Hole2 特性参数

通过 Geometry→Align 和 Geometry→Move 命令使 Hole2 的 Low X 与 C-1 的 Low X 相距 26.95mm，Hole1 的 Low Y 与 C-1 的 Low Y 相距 1.6mm。

通过 Geometry→Align 和 Geometry→Move 命令使 C-1 与 S-1 在 Z 向正视图中中心对齐，C-1 的 Low Z 与 S-1 的 Low Z 相距-0.1mm。

在 Shielding Assembly 下建立 Name 为 C-2 的 Enclosure，如图 15-78 所示设置其特性参数（注意：先设置 Wall Thickness 为 0.2，再设置 Xo、Yo 和 Zo 参数）。

如图 15-79 所示，选中 C-2 的 Wall（Low Z），在其 Construction 特性页中取消对 Side Exists 选项的选择。

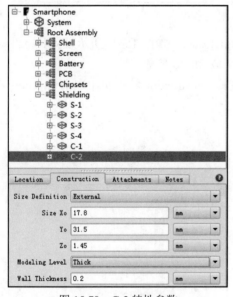

图 15-78　C-2 特性参数

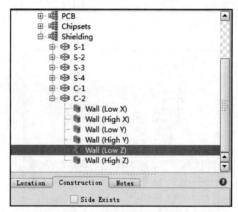

图 15-79　选中 Wall（Low Z）

选中 Wall（High Z），单击 Hole 图标，在其上建立 Name 为 Hole1 的智能元件，如图 15-80 所示设置其特性参数。

通过 Geometry→Align 和 Geometry→Move 命令使 Hole1 的 Low X 与 C-2 的 Low X 相距 8.6mm，Hole1 的 Low Y 与 C-2 的 Low Y 相距 1.45mm。

选中 Wall（High Z），单击 Hole 图标，在其上建立 Name 为 Hole2 的智能元件，如图 15-81 所示设置其特性参数。

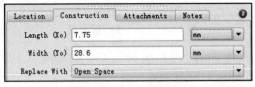

图 15-80　Hole1 特性参数　　　　　　　　图 15-81　Hole2 特性参数

通过 Geometry→Align 和 Geometry→Move 命令使 Hole2 的 Low X 与 C-2 的 Low X 相距 1.45mm，Hole2 的 Low Y 与 C-2 的 Low Y 相距 1.45mm。

通过 Geometry→Align 和 Geometry→Move 命令使 C-2 与 S-2 在 Z 向正视图中心对齐，C-2 的 Low Z 与 S-2 的 Low Z 相距-0.1mm。

在 Shielding Assembly 下建立 Name 为 C-3 的 Enclosure，如图 15-82 所示设置其特性参数（注意：先设置 Wall Thickness 为 0.2，再设置 Xo、Yo 和 Zo 参数）。

如图 15-83 所示，选中 C-3 的 Wall（High Z），在其 Construction 特性页中取消对 Side Exists 选项的选择。

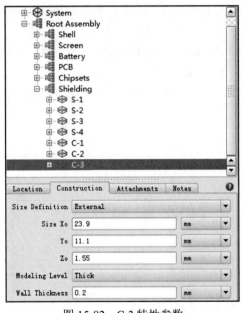

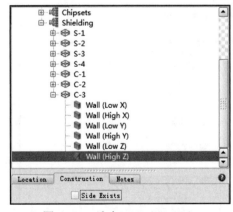

图 15-82　C-3 特性参数　　　　　　　　图 15-83　选中 Wall（High Z）

选中 Wall（Low Z），单击 Hole 图标，在其上建立 Name 为 Hole1 的智能元件，如图 15-84 所示设置其特性参数。

通过 Geometry→Align 和 Geometry→Move 命令使 Hole1 的 Low X 与 C-3 的 Low X 相距 1.45mm，Hole1 的 Low Y 与 C-3 的 Low Y 相距 1.45mm。

选中 Wall（Low Z），单击 Hole 图标，在其上建立 Name 为 Hole2 的智能元件，如图 15-85 所示设置其特性参数。

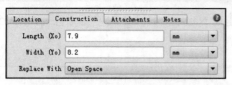 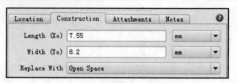

图 15-84　Hole1 特性参数　　　　　图 15-85　Hole2 特性参数

通过 Geometry→Align 和 Geometry→Move 命令使 Hole2 的 Low X 与 C-3 的 Low X 相距 14.9mm，Hole2 的 Low Y 与 C-3 的 Low Y 相距 1.45mm。

选中 Wall（Low Z），单击 Hole 图标，在其上建立 Name 为 Hole3 的智能元件，如图 15-86 所示设置其特性参数。

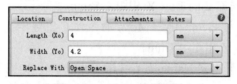

图 15-86　Hole3 特性参数

通过 Geometry→Align 和 Geometry→Move 命令使 Hole3 的 Low X 与 C-3 的 Low X 相距 10.9mm，Hole3 的 Low Y 与 C-3 的 Low Y 相距 5.45mm。

通过 Geometry→Align 和 Geometry→Move 命令使 C-3 与 S-3 在 Z 向正视图中中心对齐，C-3 的 High Z 与 S-3 的 High Z 相距 0.3mm。

在 Shielding Assembly 下建立 Name 为 C-4 的 Enclosure，如图 15-87 所示设置其特性参数（注意：先设置 Wall Thickness 为 0.2，再设置 Xo、Yo 和 Zo 参数）。

如图 15-88 所示，选中 C-4 的 Wall（High Z），在其 Construction 特性页中取消对 Side Exists 选项的选择。

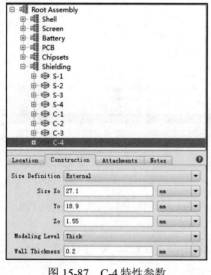 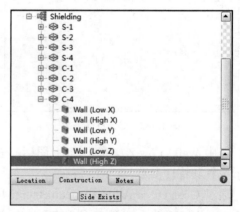

图 15-87　C-4 特性参数　　　　　图 15-88　选中 Wall（High Z）

选中 Wall（Low Z），单击 Hole 图标，在其上建立 Name 为 Hole1 的智能元件，如图 15-89 所示设置其特性参数。

通过 Geometry→Align 和 Geometry→Move 命令使 Hole1 的 Low X 与 C-4 的 Low X 相距 17.15mm，Hole1 的 Low Y 与 C-4 的 Low Y 相距 9.1mm。

选中 Wall（Low Z），单击 Hole 图标，在其上建立 Name 为 Hole2 的智能元件，如图 15-90 所示设置其特性参数。

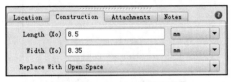
图 15-89　Hole1 特性参数

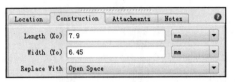
图 15-90　Hole2 特性参数

通过 Geometry→Align 和 Geometry→Move 命令使 Hole2 的 Low X 与 C-4 的 Low X 相距 17.75mm，Hole2 的 Low Y 与 C-4 的 Low Y 相距 1.45mm。

选中 Wall（Low Z），单击 Hole 图标，在其上建立 Name 为 Hole3 的智能元件，如图 15-91 所示设置其特性参数。

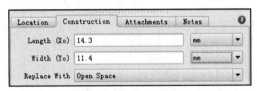
图 15-91　Hole3 特性参数

通过 Geometry→Align 和 Geometry→Move 命令使 Hole3 的 Low X 与 C-4 的 Low X 相距 1.45mm，Hole3 的 Low Y 与 C-4 的 Low Y 相距 6mm。

通过 Geometry→Align 和 Geometry→Move 命令使 C-4 与 S-4 在 Z 向正视图中心对齐，C-4 的 High Z 与 S-4 的 High Z 相距 0.3mm。

如图 15-92 所示设置 C-1～C-4 的特性参数。

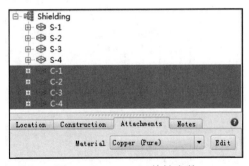
图 15-92　C1～C4 特性参数

如图 15-93 所示为 Visual Editor 后处理模块中的手机和屏蔽盖。

7. 求解域设置

选中模型树中的 System，如图 15-94 所示设置求解域尺寸。

通过 Geometry→Align 和 Geometry→Move 命令使 Root Assembly 与 System 求解域在 Y 正向视图中心对齐，Root Assembly 的 Low Y 与 System 的 Low Y 相距 60mm。

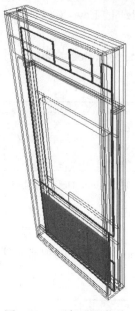

图 15-93　手机和屏蔽盖

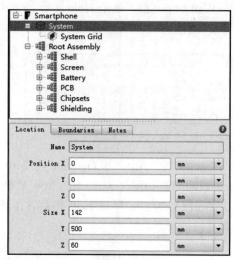

图 15-94　求解域尺寸

8. Model Setup

单击软件主界面中的 Model Setup 特性页，如图 15-95 所示。本实例中智能手机需要考虑热辐射散热影响，并且采用层流（Laminar）模型。

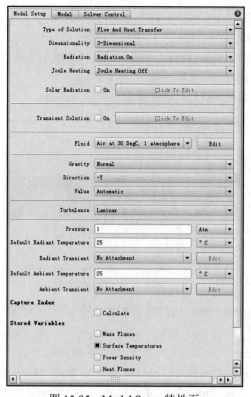

图 15-95　Model Setup 特性页

9. 辐射特性设置

如图 15-96 所示，设置 A Shell Assembly 下的 Top1-Top6、B Shell Assembly 下的 Mid1-Mid3 和 C Shell Assembly 下的 Bot1 的 Radiation 特性参数。

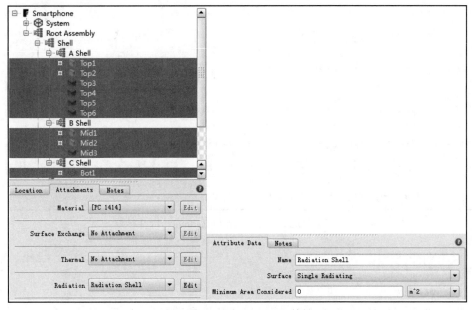

图 15-96　外壳 Radiation 特性

如图 15-97 所示设置 PCB 的 Radiation 特性参数。

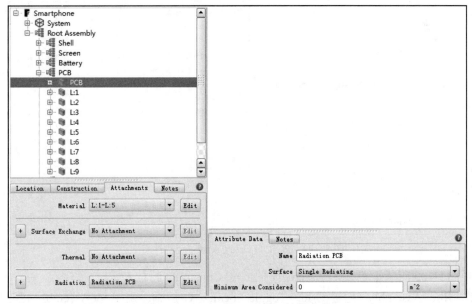

图 15-97　PCB 的 Radiation 特性参数

如图 15-98 所示设置 Glass 的 Surface 和 Radiation 特性参数。

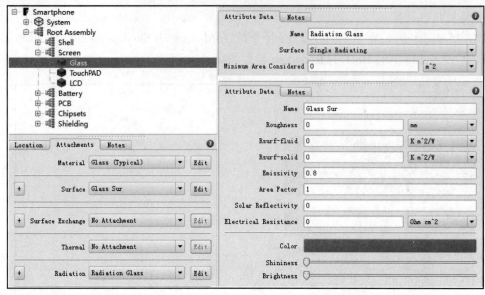

图 15-98　Glass 的 Surface 和 Radiation 特性参数

15.5.2　网格划分

1. Local Grid

如图 15-99 所示设置 PCB 的 Grid Constraint 特性参数。

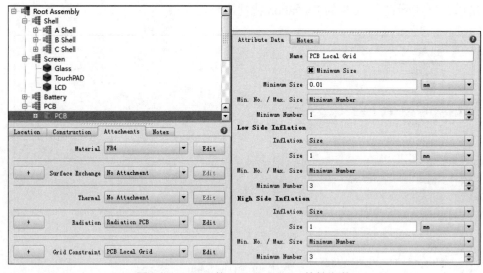

图 15-99　PCB 的 Grid Constraint 特性参数

如图 15-100 所示设置 Root Assembly 的 Grid Constraint 特性参数。

选中 Root Assembly，通过 Grid→Toggle Localize Grid 命令对 Root Assembly 进行网格局域化。

2. System Grid

通过 Grid→System Grid 命令打开 System Grid 对话框，进行如图 15-101 所示的设置。

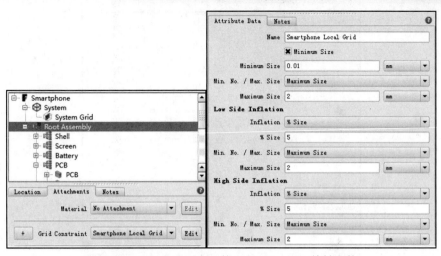

图 15-100　Root Assembly 的 Grid Constraint 特性参数

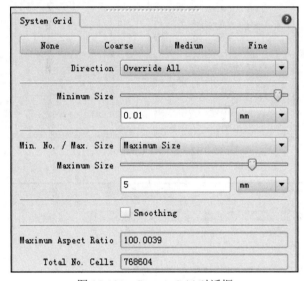

图 15-101　System Grid 对话框

15.5.3　求解计算

1. Solver Control

在软件主界面中单击 Solver Control 特性页，如图 15-102 所示设置 Solver Control 参数。

2. Sanity Check

通过 Solve→Sanity Check 命令对建立的仿真模型进行检查，查看弹出的 Message Window 对话框，其中出现 1 个提示信息，如图 15-103 所示。

提示信息：Open External Boundary surface without Ambient Property System->Domain 表明求解域存在边界状态为 Open 的面，但未赋予 Ambient 特性。此时，软件采用 Model Setup 特性页中的 Pressure、Default Ambient Temperature 作为 Open 面的边界条件。对于此仿真分析，该提示信息可以忽略。

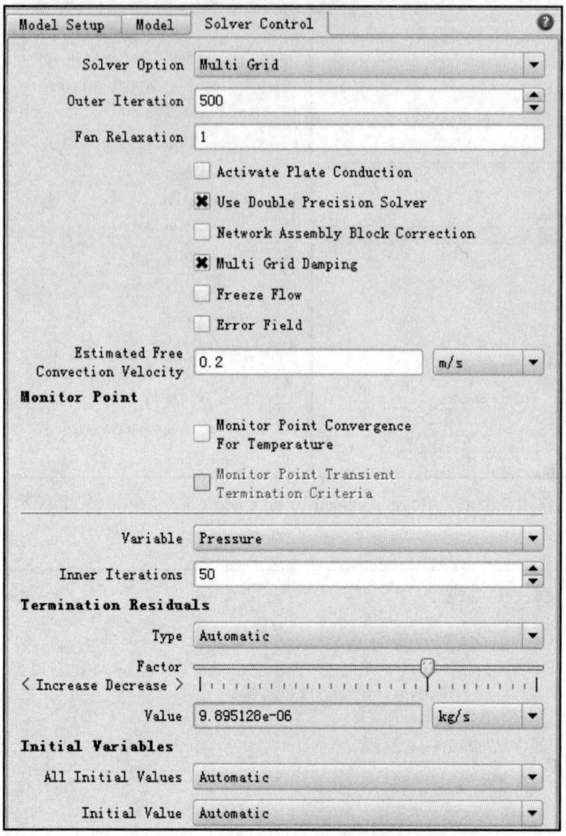

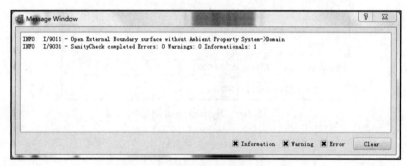

图 15-102　Solver Control 特性页

图 15-103　Message Window 对话框

3. Solve

通过 Solve→Initialize Solve 命令对 Smartphone 仿真项目进行求解计算，如图 15-104 所示为参数残差监控曲线和监控值。

15.5.4　结果分析

如图 15-105 所示为 Visual Editor 后处理模块中的智能手机表面温度云图。参考表 15-1 可以确定手机的表面温度已经非常接近表面热设计标准（非金属通话场景），可以采用一定的措施进行智能手机表面温度的均温。

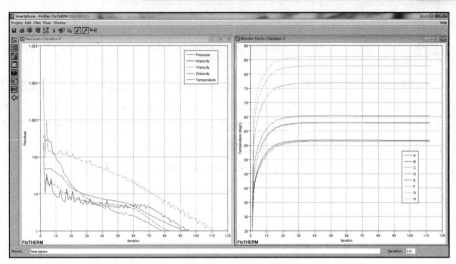

图 15-104　参数残差监控曲线和监控值

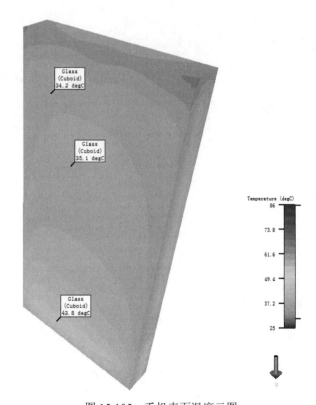

图 15-105　手机表面温度云图

如图 15-106 所示为元件结点温度，其均在设计要求范围之内。

	A (degC)	B (degC)	C (degC)	D (degC)	E (degC)	F (degC)	G (degC)	H (degC)
112	62.9071	56.7571	76.8246	65.2808	56.4034	82.8011	62.667	85.9919

图 15-106　元件结点温度

15.6　小结

　　智能手机的热设计不仅需要控制元件结点温度，而且需要考虑智能手机表面的用户体验。智能手机结构复杂，在建立仿真模型时需要进行一定的简化，包括智能手机外壳、触摸屏和 PCB 等部件的简化。在进行仿真分析时需要考虑热辐射的影响，如果有条件也可以将 PCB 板的内部铜层信息导入到 FloTHERM 软件中，精确评估 PCB 板对元件散热的影响。除此之外，由于元件的热功耗对智能手机的温度有决定性的影响，所以应进行准确评估。

16

服务器热仿真实例

16.1 服务器热设计背景

服务器是具有较高计算能力,能通过网络提供给多用户使用的计算机。其构成与普通计算机没有太大差别,主要由处理器、内存、风扇、电源和硬盘等构成,如图 16-1 所示。但是由于其特殊的应用场合,因此在处理能力、可靠性和可扩展性方面会有更高的要求。通俗地讲,服务器就是功能更强大、性能更好、更安全可靠的计算机。

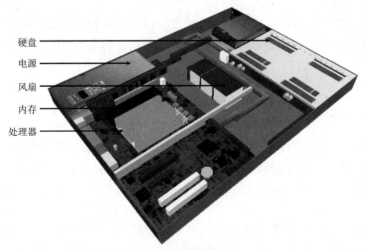

图 16-1 服务器的内部结构

根据外形的区别,服务器一般可分为机架式服务器、刀片式服务器、塔式服务器和机柜式服务器等几种。其中塔式服务器和普通家用计算机类似,只是外形尺寸通常会大许多。机架式服务器根据高度不同有 1U(1U=44.45mm)、2U 和 4U 等规格。

受服务器内部各元件热功耗的影响,各元件均有超过允许最高温度的可能。类似处理器等元件具有较大的热功耗，存在较大的过热风险。而类似电池等热功耗较小的元件会受其他高热功耗元件的影响，同样存在出现高温的风险。如果不能把各元件的温度控制在允许的最高范围以内，轻则死机，重则烧毁元件。而且能源问题一直困扰着现代人类，同许多其他电子产品一样低能耗成为衡量服务器性能优劣的重要指标。因此，进行合理有效的热设计成为了服务器研发过程中最为关键的步骤。

16.2　服务器热设计挑战

虽然从技术方面来说，目前服务器已经非常成熟，但是热设计过程中依然会面临诸多挑战，主要有以下几个方面：

（1）随着服务器性能的不断提升，其内部发热元件的热功耗及内部空间的密集程度越来越高。热功耗的增加意味着需要更多的散热元件，而元件密集程度增加又会占用散热部件的空间，因此必须不断地提升散热部件的性能。

（2）用户对服务器的可扩展性要求越来越高，因此热设计过程中需要考虑所有可扩展设备的散热需求。

（3）服务器的运行成本越来越高，因此用户对服务器的能耗要求越来越高。这就需要热设计工作者不仅要保证各元件不超过允许的最高温度，还要通过合理的热设计尽可能降低系统的整体功耗。

（4）越来越严苛的运行环境：高环温、高海拔等。

（5）对噪音的要求越来越高。服务器中的噪音主要来自风扇，通常包括两种：一种是风扇高速运转产生的噪音，另一种是风扇运转不稳定产生的噪音。通过合理的热设计，前者可以降低，后者可以消除。

（6）由于服务器对稳定性要求极高，因此会有很多冗余设计，这就需要其在某些元件失效的情况下依然能正常工作。对热设计人员来说，最为重要的是当有风扇失效时如何保证服务器正常工作。

16.3　服务器热设计目标

服务器热设计目标主要有以下3个方面：元件结点温度、系统能耗和噪音。

每个元件都有其限定的工作温度范围，不管哪个元件超过限定值都会造成服务器的一系列问题，因此服务器热设计首先必须确保所有的元件在任何条件下都运行在其限定的温度范围以内。

能耗也是衡量服务器优劣的重要指标。一方面随着元件温度的升高，其热功耗会有所上升，因此从能耗角度来讲也应该降低元件的温度；另一方面，要降低元件温度，就意味着需要提高散热风扇的转速，风扇能耗即随之大幅升高。因此，如何合理地实时调整服务器的运行状态以降低服务器系统的能耗是服务器热设计的另一个重要目标。

散热风扇在工作过程中会产生巨大的噪音，如何尽可能地降低风扇转速并维持相对稳定的转速以达到减小噪音的目的也是摆在热设计人员面前的难题。

16.4 服务器冷却架构

目前服务器普遍采用的是强制对流散热方式，高热功耗元件的热量通过热传导的方式进入到金属散热器中，风扇驱使空气快速掠过散热器表面，以对流换热的方式将散热器上的热量带走，因此风扇是整个系统最为关键的散热部件，其性能的优劣直接决定了服务器热性能的优劣；而对处理器等高热功耗元件，通常会给其增加额外的散热器；此外，为了合理地安排气流走向，有时也需要增加一些挡板。

服务器内部密集的空间内布置了大量的发热元件，单靠自然对流已无法满足散热需求。而风扇就像服务器的心脏将新鲜空气源源不断地输送到服务器的各个"器官"，以冷却这些"器官"。在服务器的热设计中，如何选用合适的风扇是首先要解决的问题。合理地选用风扇不仅要考虑风扇本身的特性参数，还要考虑所应用系统的特性参数。

对于一些功耗较大的元件，需要增加额外的散热器以增加其散热面积。在散热器的设计中，需要从两方面入手：一方面是减小散热器本体的接触热阻和导热热阻，另一方面是减小散热器翅片的对流换热热阻。前者的影响因素有导热界面材料、散热器的安装方式和散热器的材料等，后者的影响因素有翅片形状和面积等。

在某个元件热功耗特别高，已有的风扇已经无法满足其散热需求的情况下，可以考虑利用挡板将更多的气流引向它；当某个元件孤身置于远离风扇区域时，可以考虑利用风扇挡板引入气流；当风扇周围某片区域阻力特别小，甚至引起风扇回流的时候，也可以考虑利用风扇挡板加以矫正。在热设计中，合理地布置挡板也是非常重要的手段，有时一片挡板能产生意想不到的散热效果。

16.5 服务器热仿真概述

16.5.1 热仿真背景

在服务器设计方案研发初期，由于还没有服务器的产品样机，无法通过测试的方式评估服务器的散热性能，因此借助热仿真手段可以快速、有效地掌握整个服务器的散热性能，并据此改进服务器的散热方案。由于实际测试中难以得到元件的结点温度，因此对于某些规格书只限定结点温度的元件来说，热仿真也是掌握其结点温度的重要手段。此外，在某些场合热仿真具有测试所无法比拟的优点，例如通过热仿真可以快速优化系统中散热器的形状和性能。

16.5.2 热仿真目标

本热仿真实例的主要内容是评估某服务器内部各元件结点温度是否符合设计要求。

16.5.3 热仿真流程

服务器热仿真流程主要分两个步骤，首先是对整个服务器系统建模，其次是对该模型进行稳态仿真计算。

16.5.4 热仿真所需信息

热仿真分析一般需要系统几何模型、元件热功耗、材料属性和环境条件 4 类基本参数信息。对于本实例而言，需要以下信息：
- 系统几何模型：服务器的 3D 数据文件。
- 材料属性：机箱、CPU、硬盘、内存等的材料属性。
- 风扇：系统所用风扇的特性参数。
- 环境条件：环境温度和压力。
- 元件热功耗：系统内部各重要元件的热功耗。

16.6 服务器热仿真

16.6.1 建立仿真模型

启动 FloTHERM 软件，建立 Project Name 为 Server 的项目文件。通过 Edit→Preferences 命令打开 User Preferences 对话框，如图 16-2 所示，将 Display Position in 设置为 Absolute Coordinates。采用 Absolute Coordinates 选项的优点是模型物体在不同的 Assembly 之间移动不会改变模型物体在仿真模型中的位置。

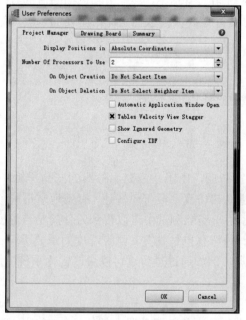

图 16-2　Display Position in 设置

1. 机箱建模

如图 16-3 所示，在 Root Assembly 下建立 Name 为 Enclosure 的 Assembly。

在 Enclosure Assembly 下建立 Name 为 Enclosure 的 Enclosure 智能元件，如图 16-4 所示设置其特性参数。

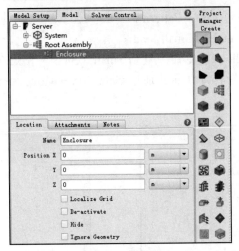

图 16-3　模型树

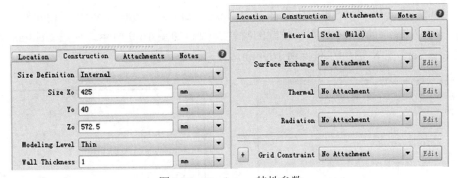

图 16-4　Enclosure 特性参数

选中 Enclosure 的 Wall（High Y），单击 Hole 图标，在其上建立 Name 为 Small Vent:1 的 Hole 智能元件，如图 16-5 所示设置其特性参数。

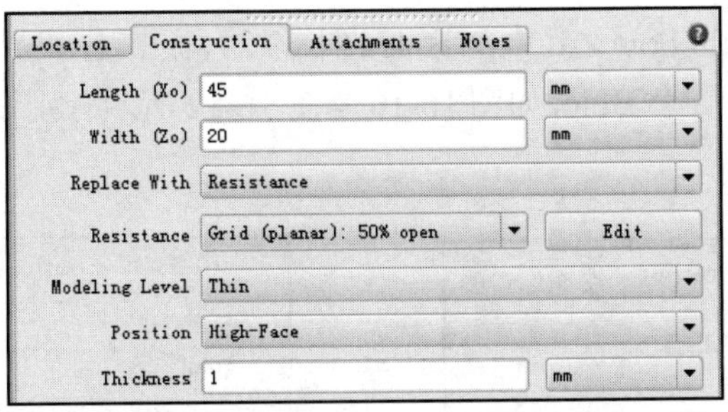

图 16-5　Small Vent:1 特性参数

通过 Geometry→Move 命令使 Small Vent:1 的 Low X 与 Enclosure 的 Low X 相距 46mm，Small Vent:1 的 Low Z 与 Enclosure 的 Low Z 相距 35mm。

说明：使 A 的 Low X 与 B 的 Low X 相距 Nmm，其中 N 为正值，表示 A 的 Low X 位于 B 的 Low X 的 X 正方向，如果 N 为负值，则 A 的 Low X 位于 B 的 Low X 的 X 负方向，后面类同。

选中 Small Vent:1，通过 Edit→Pattern 命令使其在 X 正方向进行阵列，如图 16-6 所示设置阵列参数，创建 Small Vent:2 和 Small Vent:3。

通过 Edit→Copy 和 Edit→Paste 命令复制 Small Vent:3 并粘贴在 Wall（High Y）下，修改 Name 为 Small Vent:4。如图 16-7 所示，通过 Geometry→Move 命令使 Small Vent:4 在 Z 轴正方向移动 498mm。

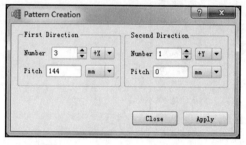

图 16-6　Small Vent:1 阵列参数

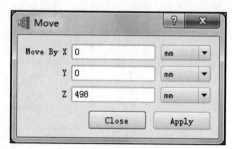

图 16-7　Move 对话框设置

通过 Edit→Copy 和 Edit→Paste 命令复制 Small Vent:4 并粘贴在 Wall（High Y）下，修改 Name 为 Large Vent，如图 16-8 所示设置的特性参数。如图 16-9 所示，通过 Geometry→Move 命令使 Large Vent 在 X 轴负方向移动 169mm。

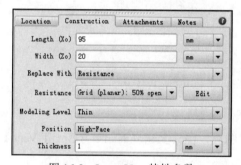

图 16-8　Large Vent 特性参数

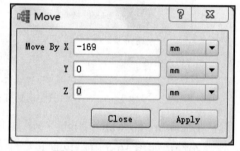

图 16-9　Move 对话框设置

选中 Enclosure 的 Wall(Low Z)，单击 Hole 图标 3 次，在其上建立 Name 分别为 HDD Hole、DVD Hole 和 FDD Hole 的 3 个 Hole，如图 16-10 至图 16-12 所示分别设置 HDD Hole、DVD Hole 和 FDD Hole 的特性参数。

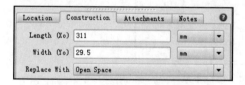

图 16-10　HDD Hole 特性参数

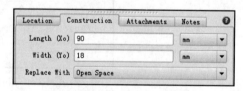

图 16-11　DVD Hole 特性参数

通过 Geometry→Align 命令使 HDD Hole 的 High X 与 Enclosure 的 High X 重合，HDD Hole 的 Low Y 与 Enclosure 的 Low Y 重合。

通过 Geometry→Move 命令使 DVD Hole 在 X 轴正方向移动 17mm，在 Y 轴正方向移动 20mm，如图 16-13 所示。

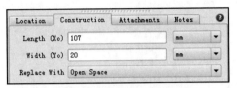 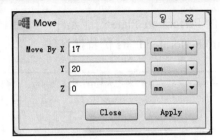

图 16-12　FDD Hole 特性参数　　　　图 16-13　Move 对话框设置

选中 Enclosure 的 Wall(High Z)，单击 Hole 图标 3 次，在其上建立 Name 分别为 PSU Hole、CPU Hole 和 Card Hole 的 3 个 Hole，如图 16-14 至图 16-16 所示，分别设置 PSU Hole、CPU Hole 和 Card Hole 的特性参数。

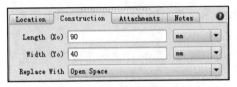 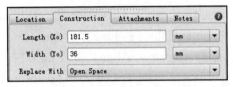

图 16-14　PSU Hole 特性参数　　　　图 16-15　CPU Hole 特性参数

通过 Geometry→Move 命令使 CPU Hole 在 X 轴正方向移动 116mm，在 Y 轴正方向移动 4mm，如图 16-17 所示。

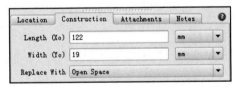 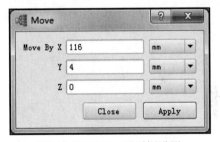

图 16-16　Card Hole 特性参数　　　　图 16-17　Move 对话框设置

通过 Geometry→Move 命令使 Card Hole 在 X 轴正方向移动 297.5mm，在 Y 轴正方向移动 4mm，如图 16-18 所示。

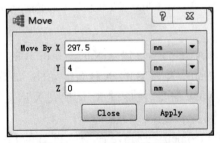

图 16-18　Move 对话框设置

在 Enclosure Assembly 下建立 Name 为 Perforated Plate 的 Assembly。

在 Perforated Plate Assembly 下分别建立 Name 为 CPU Perforated Plate 和 Card Perforated

Plate 的 Perforated Plate 智能元件，如图 16-19 和图 16-20 所示分别设置 CPU Perforated Plate 和 Card Perforated Plate 的特性参数。

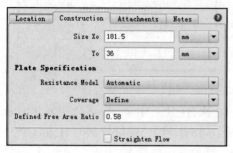 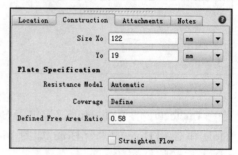

图 16-19　CPU Perforated Plate 特性参数　　　图 16-20　Card Perforated Plate 特性参数

通过 Geometry→Align 命令使 CPU Perforated Plate 和 CPU Hole 在 Z 向正视图中心对齐，CPU Perforated Plate 的 Low Z 和 Enclosure 的 High Z 对齐。

通过 Geometry→Align 命令使 Card Perforated Plate 和 Card Hole 在 Z 向正视图中心对齐，Card Perforated Plate 的 Low Z 和 Enclosure 的 High Z 对齐。

如图 16-21 所示为 Visual Editor 后处理模块中的 Enclosure 模型。

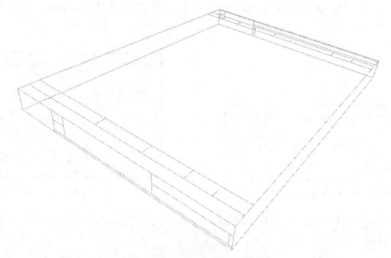

图 16-21　Visual Editor 后处理模块中的 Enclosure 模型

2. 主板建模

如图 16-22 所示，在 Root Assembly 下建立 Name 为 PCB 的 Assembly。

在 PCB Assembly 下建立 Name 为 PCB 的 PCB 智能元件，如图 16-23 所示设置其特性参数。

通过 Viewer→Positive X View 命令（快捷键 X）切换到 X 向正视图，通过 Geometry→Rotate Clockwise 命令使 PCB 顺时针旋转 90°。

通过 Geometry→Align 和 Geometry→Move 命令使 PCB 的 Low Z 和 Enclosure 的 Low Y 相距 2mm，PCB 的 Low Y 和 Enclosure 的 High Z 重合，PCB 的 High X 和 Enclosure 的 High X 相距 -9mm。

在 PCB Assembly 下建立 Name 为 CPU 的 Assembly。

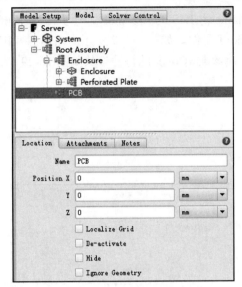

图 16-22　模型树

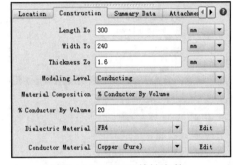

图 16-23　PCB 特性参数

在 CPU Assembly 下建立 Name 为 Substrate 的 Cuboid 智能元件，如图 16-24 所示设置其特性参数。

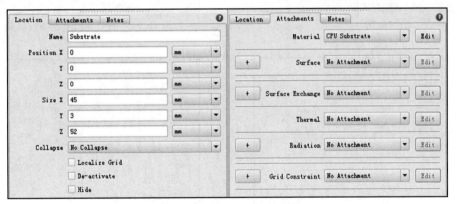

图 16-24　Substrate 特性参数

如图 16-25 所示设置 CPU Substrate 材料特性。

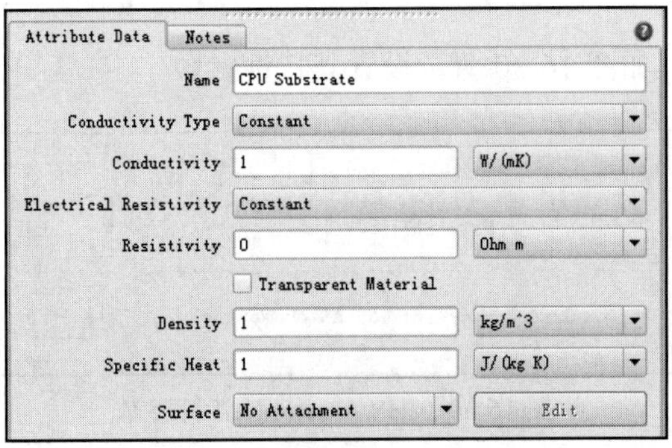

图 16-25　CPU Substrate 材料特性

如图 16-26 所示，在 CPU Assembly 下建立 Name 为 IHS 的 Assembly。在 IHS Assembly 下建立 Name 为 IHS1～IHS4 和 Cover 的 5 个 Cuboid 元件。如图 16-27 所示为 IHS1 和 IHS3 的特性参数，如图 16-28 所示为 IHS2 和 IHS4 的特性参数，Cover 的特性参数如图 16-29 所示。

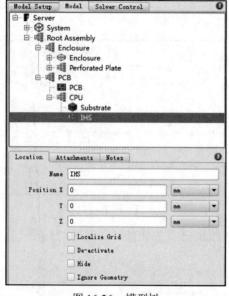

图 16-26　模型树

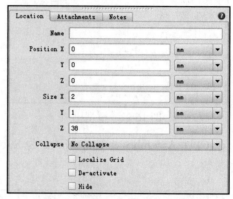

图 16-27　IHS1 和 IHS3 特性参数

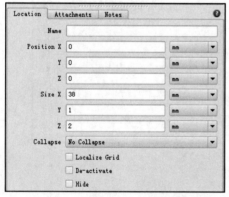

图 16-28　IHS2 和 IHS4 特性参数

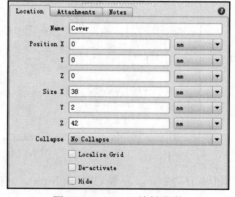

图 16-29　Cover 特性参数

选中 IHS Assembly，如图 16-30 所示设置其特性参数。

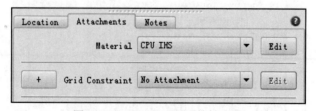

图 16-30　IHS Assembly 特性参数

如图 16-31 所示为 CPU IHS 材料特性。

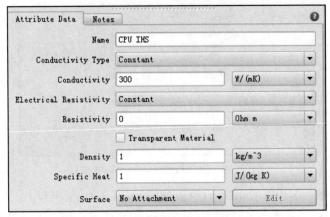

图 16-31　CPU IHS 材料属性

通过 Geometry→Align 和 Geometry→Move 命令使 IHS1 与 Cover 在 Y 向正视图中沿 Z 轴中心对齐，IHS1 的 Low X 和 Cover 的 Low X 对齐，IHS1 的 Low Y 和 Substrate 的 High Y 重合。

通过 Geometry→Align 和 Geometry→Move 命令使 IHS3 与 Cover 在 Y 向正视图中沿 Z 轴中心对齐，IHS1 的 HighX 和 Cover 的 HighX 对齐，IHS1 的 Low Y 和 Substrate 的 High Y 重合。

通过 Geometry→Align 和 Geometry→Move 命令使 IHS2 的 Low X 和 Cover 的 Low X 对齐，IHS2 的 Low Z 和 Cover 的 Low Z 对齐，IHS2 的 Low Y 和 Substrate 的 High Y 重合。

通过 Geometry→Align 和 Geometry→Move 命令使 IHS4 的 Low X 和 Cover 的 Low X 对齐，IHS4 的 HighZ 和 Cover 的 HighZ 对齐，IHS4 的 Low Y 和 Substrate 的 High Y 重合。

通过 Geometry→Align 命令使 IHS Assembly 和 Substrate 在 Y 向正视图中中心对齐。

通过 Geometry→Move 命令使 Cover 的 Low Y 和 IHS1 的 High Y 重合。

在 CPU Assembly 下建立 Name 为 Power 的 Assembly。在 Power Assembly 下建立 Name 为 CPU Power 的 Source 元件，如图 16-32 所示设置其特性参数。

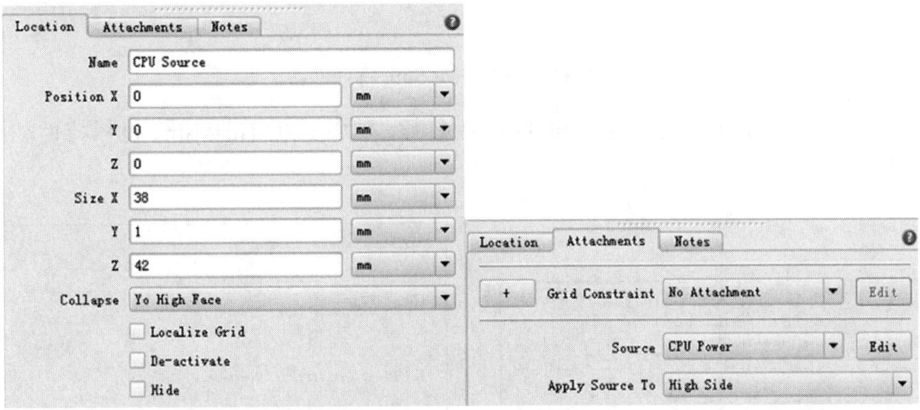

图 16-32　CPU Power 特性参数

如图 16-33 所示为 CPU Power Source 特性参数。

通过 Geometry→Align 命令使 CPU Power 的 Low Y 和 Cover 的 Low Y 对齐，CPU Power 和 Cover 在 Y 向正视图中中心对齐。

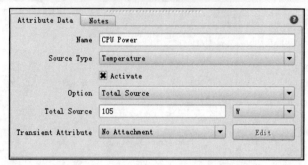

图 16-33　CPU Power Source 特性参数

在 Power Assembly 下建立 Name 为 CPU Tc 的 Monitor Point 元件。

通过 Geometry→Align 命令使 CPU Tc 和 Cover 在 Y 向正视图中心对齐，CPU Tc 和 Cover 的 High Y 相距-0.2mm。

通过 Geometry→Move 命令使 CPU Assembly 的 Low X 和 Enclosure 的 Low X 相距 192.5mm，CPU Assembly 的 Low Y 和 Enclosure 的 Low Y 相距 3.6mm，CPU Assembly 的 Low Z 和 Enclosure 的 Low Z 相距 423mm。

在 CPU Assembly 下建立 Name 为 Heat Sink 的 Assembly。在 Heat Sink Assembly 下建立 Name 为 CPU Heat Sink 的 Heat Sink 智能元件，如图 16-34 所示设置其特性参数。

图 16-34　CPU Heat Sink 特性参数

如图 16-35 所示设置 CPU Heat Sink 的特性参数，其中 CPU Heat Sink 材料特性如图 16-36 所示。

图 16-35　CPU Heat Sink 特性参数

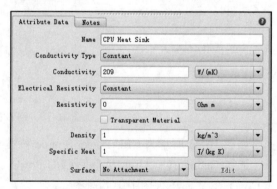

图 16-36　CPU Heat Sink 材料特性

通过 Viewer→Positive X View 命令（快捷键 X）切换到 X 向正视图，通过 Geometry→Rotate Clockwise 命令使 CPU Heat Sink 顺时针旋转 90°。

通过 Geometry→Align 和 Geometry→Move 命令使 CPU Heat Sink 的 Low Z 和 IHS Assembly 的 High Y 重合。

通过 Viewer→Positive Y View 命令（快捷键 Y）切换到 Y 向正视图，通过 Geometry→Rotate Clockwise 命令使 CPU Heat Sink 顺时针旋转 90°。

通过 Geometry→Align 命令使 CPU Heat Sink 和 Substrate 在 Y 向正视图中心对齐。

如图 16-37 所示为 Visual Editor 后处理模块中的几何模型。

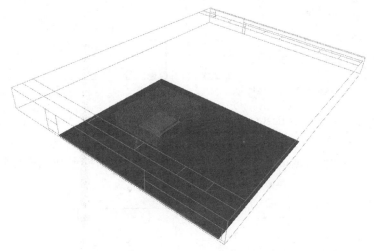

图 16-37　Visual Editor 后处理模块中的几何模型

在 PCB Assembly 下建立 Name 为 DIMM 的 Assembly。

在 DIMM Assembly 下建立 Name 为 DIMM:1 的 Assembly。

在 DIMM:1 Assembly 下建立 Name 为 DIMM PCB 的 Cuboid 元件，如图 16-38 所示设置其特性参数。

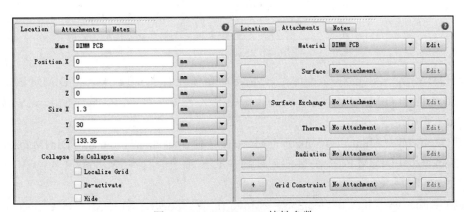

图 16-38　DIMM PCB 特性参数

如图 16-39 所示设置 DIMM PCB 材料特性。

在 DIMM:1 Assembly 下建立 Name 为 Socket 的 Assembly。

在 Socket Assembly 下建立 Name 为 Socket1 的 Cuboid 智能元件，如图 16-40 所示设置其特性参数。

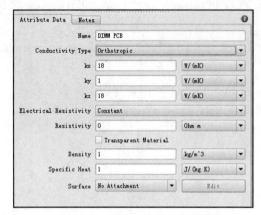
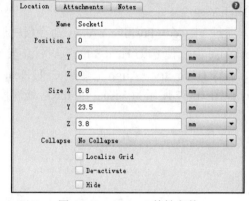

图 16-39　DIMM PCB 材料特性　　　　　　图 16-40　Socket1 特性参数

通过 Edit→Copy 和 Edit→Paste 命令复制 Socket1 并粘贴在 Socket Assembly 下，修改 Name 为 Socket2。

在 Socket Assembly 下建立 Name 为 Socket3 的 Cuboid 元件，如图 16-41 所示设置其特性参数。

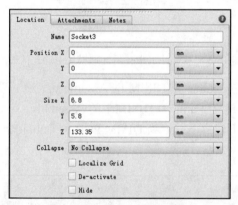

图 16-41　Socket3 特性参数

通过 Geometry→Align 和 Geometry→Move 命令使 Socket1 的 Low Z 和 DIMM PCB 的 Low Z 对齐，Socket1 和 DIMM PCB 在 Y 向正视图中沿 X 轴中心对齐，Socket1 的 Low Y 和 DIMM PCB 的 Low Y 相距-3.5mm。

通过 Geometry→Align 和 Geometry→Move 命令使 Socket2 的 High Z 和 DIMM PCB 的 High Z 对齐，Socket2 和 DIMM PCB 在 Y 向正视图中沿 X 轴中心对齐，Socket2 的 Low Y 和 DIMM PCB 的 Low Y 相距-3.5mm。

通过 Geometry→Align 和 Geometry→Move 命令使 Socket3 和 DIMM PCB 在 Y 向正视图中中心对齐，Socket3 的 Low Y 和 DIMM PCB 的 Low Y 相距-3.5mm。

在 DIMM:1 Assembly 下建立 Name 为 Heater 的 Assembly，在 Heater Assembly 下建立 Name 为 Left 的 Assembly，在 Left Assembly 下建立 Name 为 Top 的 Assembly。

在 Top Assembly 下建立 Name 为 Heater:1 的 Cuboid 元件，如图 16-42 所示设置其特性参数。

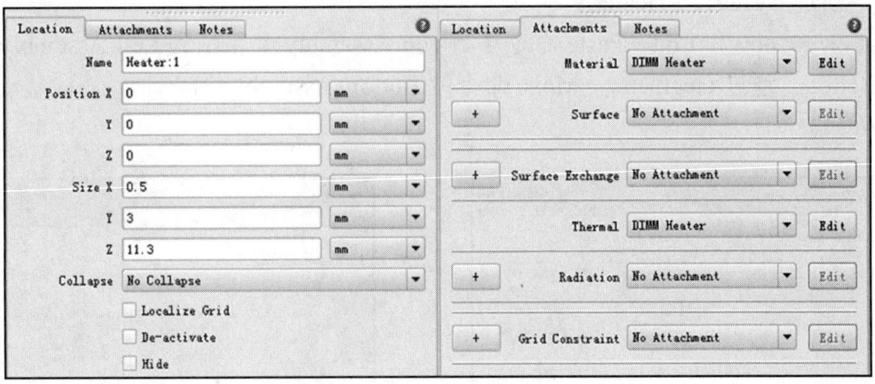

图 16-42　Heater:1 特性参数

如图 16-43 所示为 DIMM Heater 材料特性和 Thermal 特性。

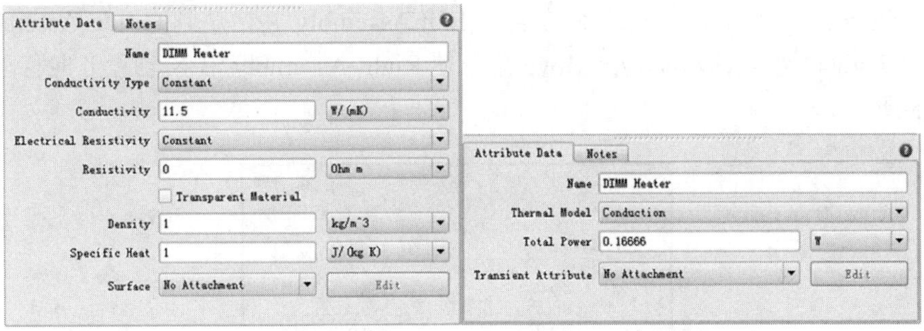

图 16-43　DIMM Heater 材料特性和 Thermal 特性

通过 Geometry→Align 和 Geometry→Move 命令使 Heater:1 的 High X 和 DIMM PCB 的 Low X 重合，Heater:1 的 Low Y 和 DIMM PCB 的 Low Y 相距 17mm，Heater:1 的 Low Z 和 DIMM PCB 的 Low Z 相距 5mm。

选中 Heater:1，通过 Edit→Pattern 命令使其在 Z 轴正方向进行阵列，如图 16-44 所示设置阵列参数，创建 Heater:2～Heater:5。

通过 Edit→Copy 和 Edit→Paste 命令复制 Heater:5 并粘贴到 Top Assembly 下，修改 Name 为 Heater:6。通过 Geometry→Move 命令使 Heater:6 沿 Z 轴正方向移动 19.6mm，如图 16-45 所示。

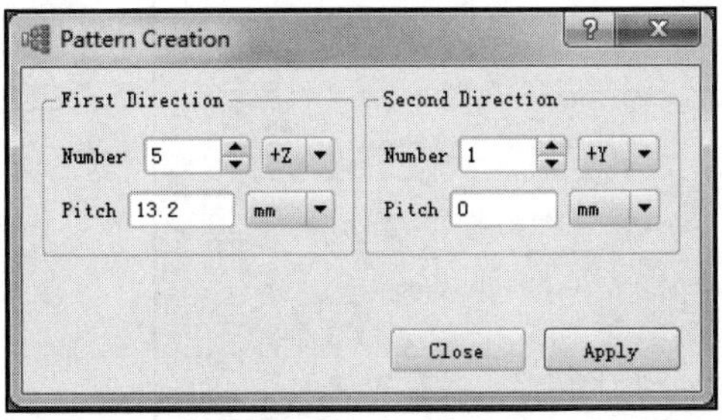

图 16-44　Heate:1 阵列参数 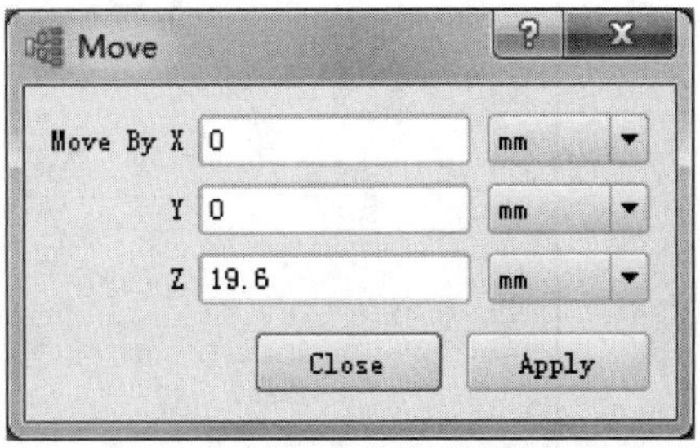　　　　图 16-45　Move 对话框设置

选中 Heater:6，通过 Edit→Pattern 命令使其在 Z 轴正方向进行阵列，如图 16-46 所示设置阵列参数，创建 Heater:7~Heater:9。

通过 Edit→Copy 和 Edit→Paste 命令复制 Top Assembly 并粘贴到 Left Assembly 下，修改 Name 为 Bottom。通过 Geometry→Move 命令使 Bottom Assembly 沿 Y 轴负方向移动 7mm，如图 16-47 所示。

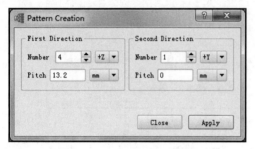
图 16-46　Heate:6 阵列参数

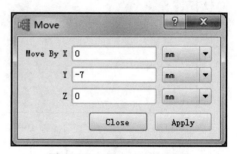
图 16-47　Move 对话框设置

通过 Edit→Copy 和 Edit→Paste 命令复制 Left Assembly 并粘贴到 Heater Assembly 下，修改 Name 为 Right。通过 Geometry→Move 命令使 Right Assembly 沿 X 轴正方向移动 1.8mm，如图 16-48 所示。

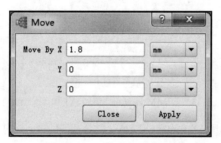
图 16-48　Move 对话框设置

在 DIMM:1 Assembly 下建立 Name 为 Case 的 Assembly，在 Case Assembly 下建立 Name 为 Left Case 的 Assembly。

在 Left Case Assembly 下建立 Name 为 DRAM:1 的 Cuboid 元件，如图 16-49 所示设置其特性参数。

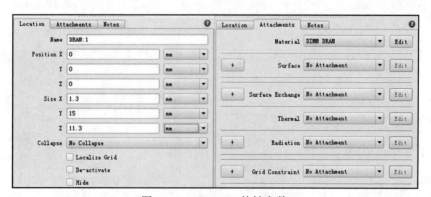
图 16-49　DRAM:1 特性参数

如图 16-50 所示为 DIMM DRAM 的材料特性。

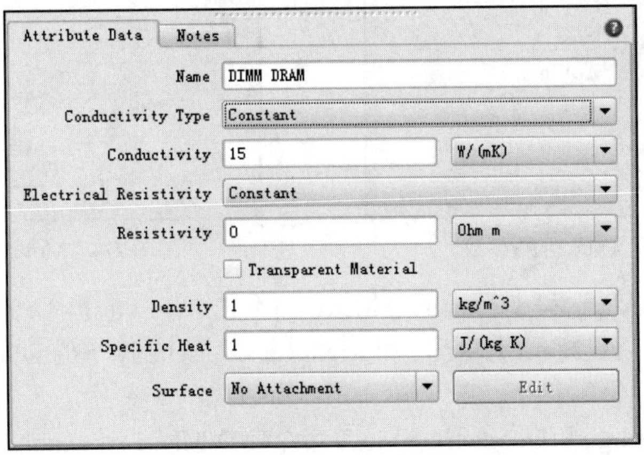

图 16-50 DIMM DRAM 材料特性

通过 Geometry→Align 和 Geometry→Move 命令使 DRAM:1 的 Low X 和 DIMM PCB 的 Low X 相距-1.8mm，DRAM:1 的 Low Y 和 DIMM PCB 的 Low Y 相距 7.5mm，DRAM:1 的 Low Z 和 DIMM PCB 的 Low Z 相距 5mm。

选中 DRAM:1，通过 Edit→Pattern 命令使其在 Z 轴正方向进行阵列，如图 16-51 所示设置阵列参数，创建 DRAM:2~DRAM:5。

通过 Edit→Copy 和 Edit→Paste 命令复制 DRAM:5 并粘贴到 Left Case Assembly 下，修改 Name 为 DRAM:6，通过 Geometry→Move 命令使 Heater:6 沿 Z 轴正方向移动 19.6mm，如图 16-52 所示。

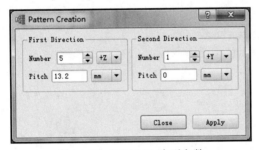

图 16-51 DRAM:1 阵列参数

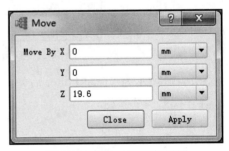

图 16-52 Move 对话框设置

选中 DRAM:6，通过 Edit→Pattern 命令使其在 Z 轴正方向进行阵列，如图 16-53 所示设置阵列参数，创建 DRAM:7~DRAM:9。

通过 Edit→Copy 和 Edit→Paste 命令复制 Left Case Assembly 并粘贴到 Case Assembly 下，修改 Name 为 Right Case。通过 Geometry→Move 命令使 Right Case Assembly 沿 X 轴正方向移动 3.6mm，如图 16-54 所示。

选中 Left Case Assembly 下的 DRAM:9，单击智能元件栏中的 Monitor Point 图标，建立 Name 为 Tc Left 的 Monitor Point。

选中 Right Case Assembly 下的 DRAM:9，单击智能元件栏中的 Monitor Point 图标，建立 Name 为 Tc Right 的 Monitor Point。

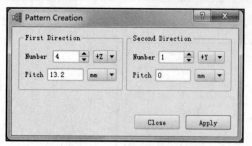
图 16-53 DRAM:6 阵列参数

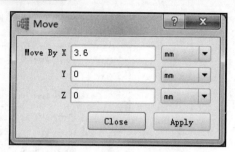
图 16-54 Move 对话框设置

通过 Geometry→Align 和 Geometry→Move 命令使 Tc Left 和 Left Case Assembly 下的 DRAM:9 的 Low X 相距 0.2mm，Tc Right 和 Right Case Assembly 下的 DRAM:9 的 High X 相距 -0.2mm。

通过 Geometry→Align 和 Geometry→Move 命令使 DIMM:1 Assembly 的 Low X 和 Enclosure 的 Low X 相距 139mm，DIMM:1 Assembly 的 Low Y 和 Enclosure 的 Low Y 相距 3.6mm，DIMM:1 Assembly 的 Low Z 和 Enclosure 的 Low Z 相距 371mm。

选中 DRAM:1 Assembly，通过 Edit→Pattern 命令使其在 X 轴正方向进行阵列，如图 16-55 所示设置阵列参数，创建 DRAM:2 Assembly～DRAM:4 Assembly。

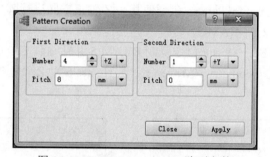
图 16-55 DIMM:1 Assembly 阵列参数

如图 16-56 所示为 Visual Editor 后处理模块中的几何模型。

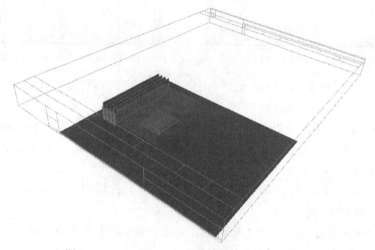
图 16-56 Visual Editor 后处理模块中的几何模型

在 PCB Assembly 下建立 Name 为 Card 的 Assembly，在 Card Assembly 下建立 Name 为 Slot and Riser 的 Assembly。

在 Slot and Riser Assembly 下建立 Name 为 Slot、Riser1 和 Riser2 的 3 个 Cuboid 元件，如图 16-57 至图 16-59 所示设置其特性参数。

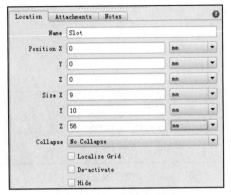

图 16-57　Slot 特性参数

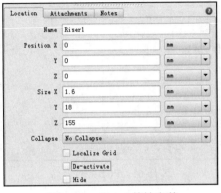

图 16-58　Riser1 特性参数

通过 Geometry→Align 和 Geometry→Move 命令使 Riser1 和 Slot 在 Z 向正视图中沿 X 轴对齐，Rise1 的 Low Y 和 Slot 的 Low Y 相距 16.5mm，Rise1 的 Low Z 和 Slot 的 Low Z 相距-63mm。

通过 Geometry→Align 和 Geometry→Move 命令使 Rise2 和 Slot 在 Y 向正视图中心对齐，Rise2 的 Low Y 和 Slot 的 Low Y 相距 4.5mm。

在 Card Assembly 下建立 Name 为 Slot2 的 Cuboid 元件，如图 16-60 所示设置其特性参数。

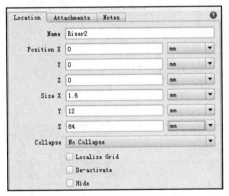

图 16-59　Riser2 特性参数

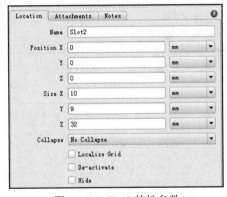

图 16-60　Slot2 特性参数

通过 Geometry→Align 和 Geometry→Move 命令使 Slot2 的 Low X 和 Riser1 的 High X 重合，Slot2 的 High Y 和 Riser1 的 High Y 对齐，Slot2 的 Low Z 和 Riser1 的 Low Z 相距 98mm。

在 Card Assembly 下建立 Name 为 PCB 的 PCB 智能元件，如图 16-61 所示设置其特性参数。

通过 Viewer→Positive Y View 命令（快捷键 Y）切换到 Y 向正视图，通过 Geometry→Rotate Clockwise 命令使 PCB 顺时针旋转 90°。

通过 Viewer→Positive Z View 命令（快捷键 Z）切换到 Z 向正视图，通过 Geometry→Rotate Clockwise 命令使 PCB 顺时针旋转 90°。

通过 Geometry→Align 和 Geometry→Move 命令使 PCB 和 Slot2 在 Z 向正视图中沿 Y 轴中

心对齐，PCB 的 Low X 和 Slot2 的 Low Z 相距-98mm，PCB 的 Low Y 和 Slot2 的 Low X 相距 5.5mm。

选中 PCB，建立尺寸和位置与 PCB 相同且 Name 为 PCB Source 的 Source 元件，如图 16-62 所示设置其特性参数。

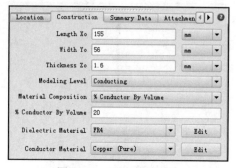

图 16-61　PCB 特性参数

图 16-62　PCB Source 特性参数

如图 16-63 所示为 PCB Source 特性。

在 Card Assembly 下建立 Name 为 Chip 的 Compact Component 智能元件，如图 16-64 至图 16-66 所示设置其特性参数。

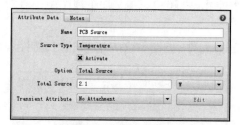

图 16-63　PCB Source 特性

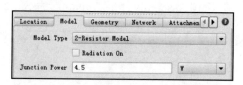

图 16-64　Chip 的 Model 特性参数

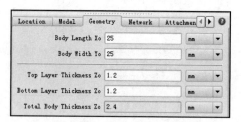

图 16-65　Chip 的 Geometry 特性参数

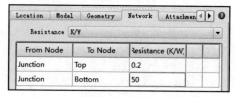

图 16-66　Chip 的 Network 特性参数

通过 Viewer→Positive X View 命令（快捷键 X）切换到 X 向正视图，通过 Geometry→Rotate Counterclockwise 命令使 Chip 逆时针旋转 90°。

通过 Geometry→Align 和 Geometry→Move 命令使 Chip 的 Low Z 和 PCB 的 Low Z 重合，Chip 的 Low Y 和 PCB 的 Low X 相距 49mm，Chip 的 Low X 和 PCB 的 Low Y 相距 16mm。

在 Card Assembly 下建立 Name 为 Chip Heat Sink 的 Heat Sink 智能元件，如图 16-67 至图 16-70 所示设置其特性参数。

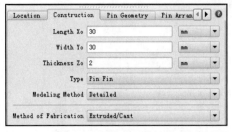

图 16-67　Heat Sink 的 Construction 特性参数 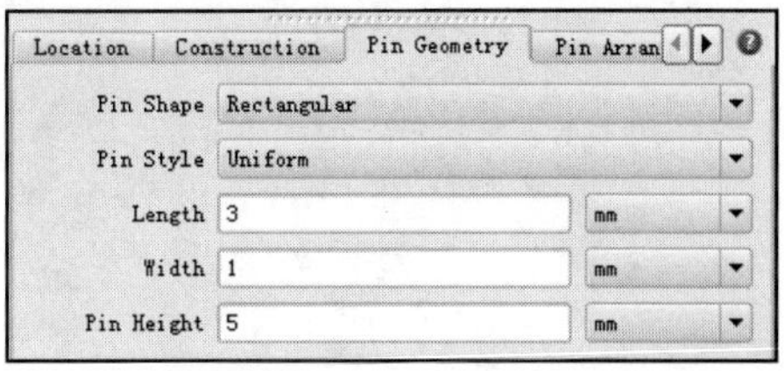　　　图 16-68　Heat Sink 的 Pin Geometry 特性参数

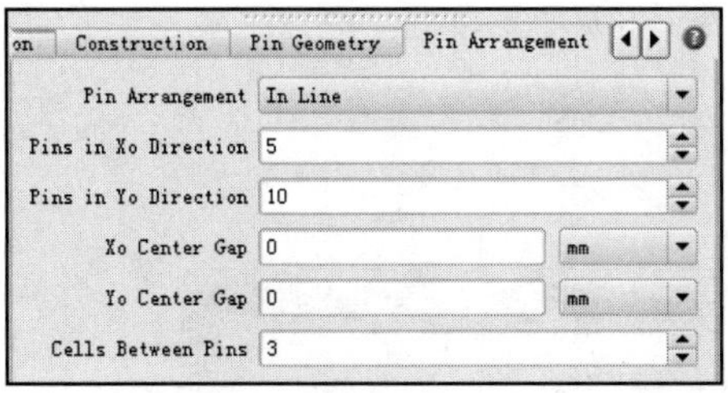

图 16-69　Heat Sink 的 Pin Arrangement 特性参数 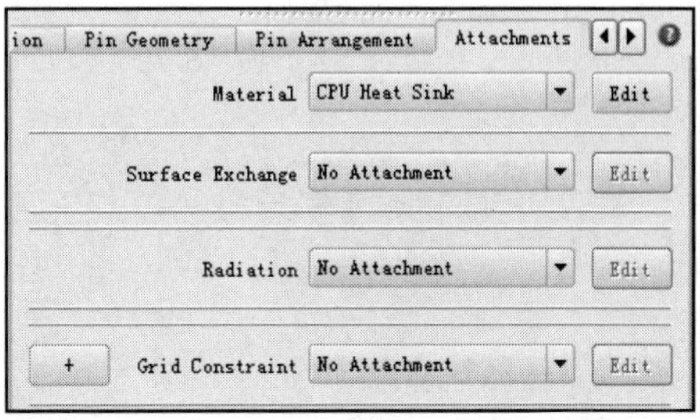　　图 16-70　Heat Sink 的 Attachment 特性参数

通过 Viewer→Positive X View 命令（快捷键 X）切换到 X 向正视图，通过 Geometry→Rotate Counterclockwise 命令使 Chip Heat Sink 逆时针旋转 90°。

通过 Viewer→Positive Y View 命令（快捷键 Y）切换到 Y 向正视图，通过 Geometry→Rotate Clockwise 命令使 Chip Heat Sink 顺时针旋转 90°。

通过 Geometry→Align 命令使 Chip Heat Sink 和 Chip 在 Y 向正视图中心对齐，Chip Heat Sink 的 Low Z 和 Chip 的 High Z 重合。

通过 Geometry→Move 命令使 Card Assembly 的 Low X 和 Enclosure 的 Low X 相距 307mm，Card Assembly 的 Low Y 和 Enclosure 的 Low Y 相距 3.6mm，Card Assembly 的 High Z 和 Enclosure 的 High Z 重合。

在 PCB Assembly 下建立 Name 为 Connector 的 Assembly。

在 Connector Assembly 下建立 Name 为 Connector:1～Connector:7 的 7 个 Cuboid 元件，如图 16-71 至图 16-77 所示分别设置其特性参数和移动参数。

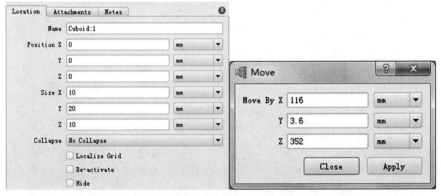

图 16-71　Connector:1 特性参数和移动参数

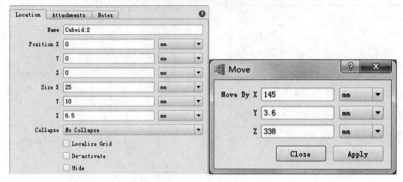

图 16-72　Connector:2 特性参数和移动参数

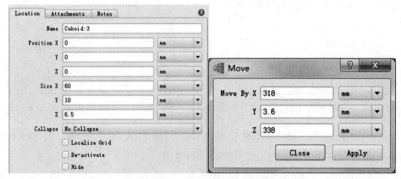

图 16-73　Connector:3 特性参数和移动参数

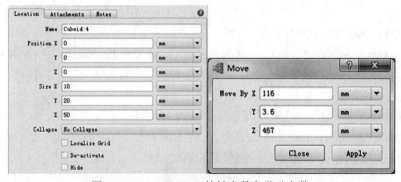

图 16-74　Connector:4 特性参数和移动参数

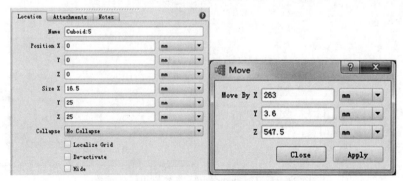

图 16-75　Connector:5 特性参数和移动参数

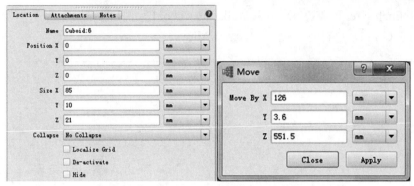

图 16-76　Connector:6 特性参数和移动参数

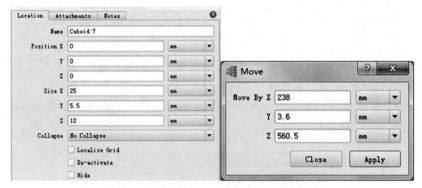

图 16-77　Connector:7 特性参数和移动参数

如图 16-78 所示为 Visual Editor 后处理模块中的几何模型。

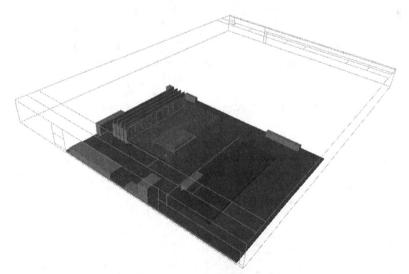

图 16-78　Visual Editor 后处理模块中的几何模型

3. 硬盘建模

在 Root Assembly 下建立 Name 为 HDD 的 Assembly，在 HDD Assembly 下建立 Name 为 HDD Enclosure 的 Assembly。

在 HDD Enclosure 下建立 Name 为 Wall:1 的 Cuboid 元件，如图 16-79 所示设置其特性参数，其中 Steel（Mild）材料特性位于 Material-Alloys。

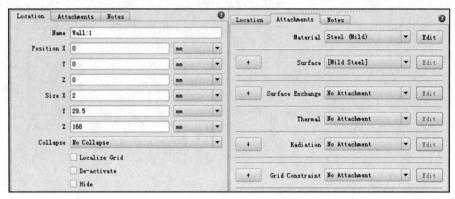

图 16-79　Wall:1 特性参数

通过 Geometry→Align 命令使 Wall:1 的 High X 和 Enclosure 的 High X 对齐，Wall:1 的 Low Z 和 Enclosure 的 Low Z 对齐，Wall:1 的 Low Y 和 Enclosure 的 Low Y 对齐。

选中 Wall:1，通过 Edit→Pattern 命令使其在 X 轴负方向进行阵列，如图 16-80 所示设置阵列参数，创建 Wall:2～Wall:4。

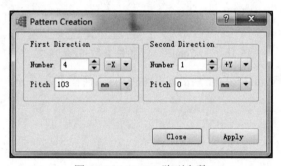

图 16-80　Wall:1 阵列参数

在 HDD Enclosure Assembly 下建立 Name 为 HDD Cover 的 Cuboid 元件，如图 16-81 所示设置其特性参数。

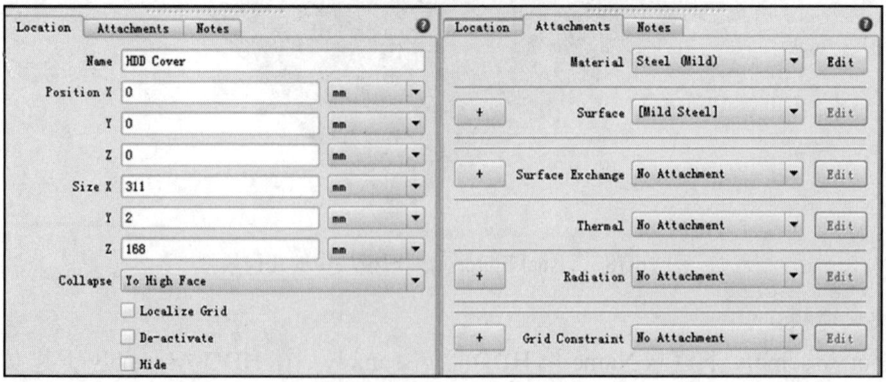

图 16-81　HDD Cover 特性参数

通过 Geometry→Align 命令使 HDD Cover 的 High X 和 Enclosure 的 High X 对齐，HDD Cover 的 Low Z 和 Enclosure 的 Low Z 对齐，HDD Cover 的 High Y 和 Wall:1 的 High Y 对齐。

在 HDD Assembly 下建立 Name 为 PCB 的 PCB 智能元件，如图 16-82 所示设置其特性参数。

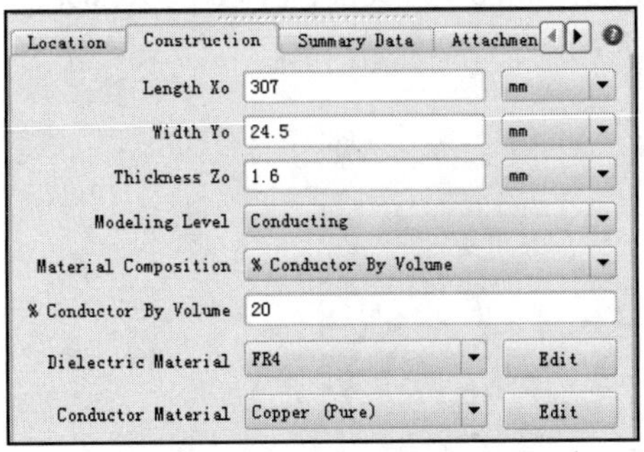

图 16-82 PCB 特性参数

通过 Geometry→Align 和 Geometry→Move 命令使 PCB 和 HDD Cover 在 Y 向正视图中沿 X 轴中心对齐，PCB 的 High Z 和 HDD Cover 的 High Z 对齐，PCB 的 High Y 和 HDD Cover 的 High Y 相距 -2.5mm。

在 HDD Assembly 下建立 Name 为 HDD:1 的 Assembly。

在 HDD:1 Assembly 下建立 Name 为 Hard Drive 的 Cuboid 元件，如图 16-83 所示设置其特性参数及 HDD 材料特性。

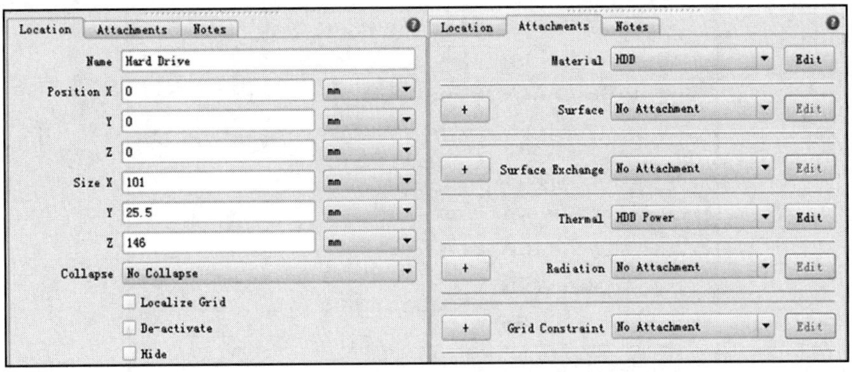

图 16-83 HDD Drive 特性参数及 HDD 材料特性

如图 16-84 所示为 HDD 特性和 HDD Power 特性。

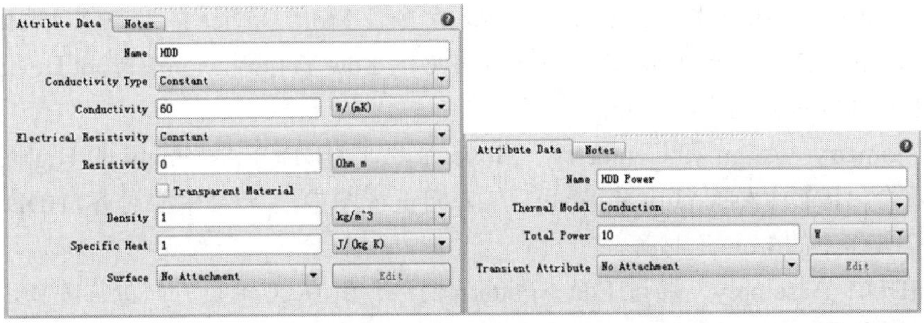

图 16-84 HDD 特性和 HDD Power 特性

选中 Hard Drive，在其上建立 Name 为 HDD Tc 的 Monitor Point 智能元件。

通过 Geometry→Align 和 Geometry→Move 命令使 HDD Tc 和 Hard Drive 的 High Z 相距 -0.2mm。

在 HDD:1 Assembly 下建立 Name 为 Front Device 的 Resistance 智能元件，如图 16-85 所示设置其特性参数。

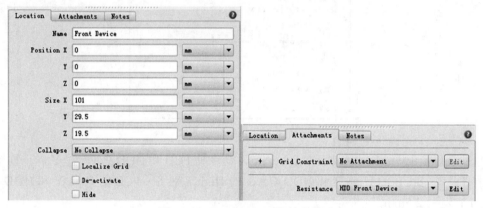

图 16-85　Front Device 特性参数

其中 HDD Front Device 属性参数如图 16-86 所示，具体方法参考 4.8.3 节。

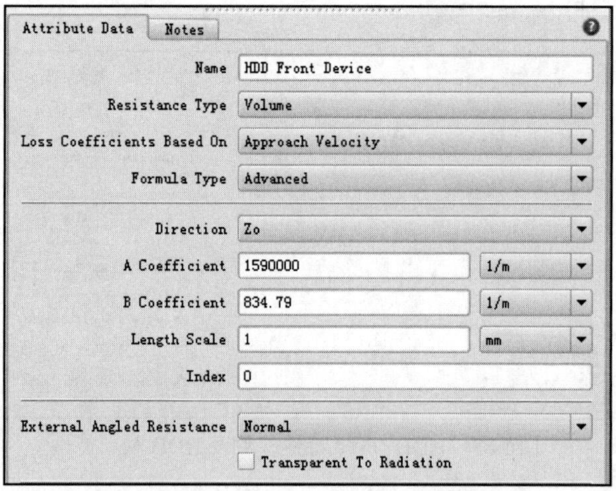

图 16-86　HDD Front Device 属性参数

通过 Geometry→Align 和 Geometry→Move 命令使 Front Device 的 Low X 和 Hard Drive 的 Low X 对齐，Front Device 的 Low Y 和 Hard Drive 的 Low Y 相距-2mm，Front Device 的 Low Z 和 Hard Drive 的 Low Z 相距-21mm。

通过 Geometry→Align 和 Geometry→Move 命令使 HDD:1 Assembly 的 High X 和 Wall:1 的 Low X 重合，HDD:1 Assembly 和 Wall:1 在 Z 向正视图中沿 Y 轴中心对齐，HDD:1 Assembly 的 Low Z 和 Wall:1 的 Low Z 对齐。

选中 HDD:1 Assembly，通过 Edit→Pattern 命令使其在 X 轴负方向进行阵列，如图 16-87 所示设置阵列参数，创建 HDD:2 Assembly 和 HDD:3 Assembly。

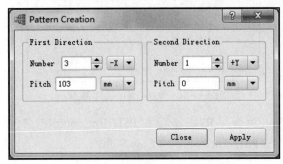

图 16-87 HDD:1 Assembly 阵列参数

如图 16-88 所示为 Visual Editor 后处理模块中的几何模型。

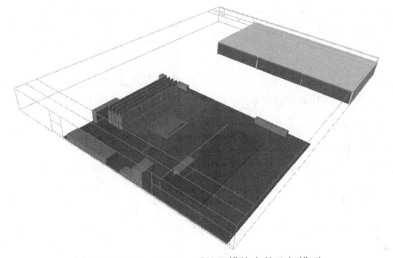

图 16-88 Visual Editor 后处理模块中的几何模型

4. PSU 建模

在 Root Assembly 下建立 Name 为 PSU 的 Assembly。

在 PSU Assembly 下建立 Name 为 PSU Enclosure 的 Enclosure 智能元件，如图 16-89 所示设置其特性参数。

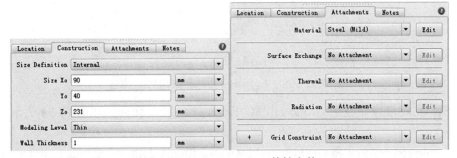

图 16-89 PSU Enclosure 特性参数

选中 PSU Enclosure 的 Wall（Low Z），在其上建立 Name 为 PSU Hole 的 Hole 元件，如图 16-90 所示设置其特性参数。

图 16-90　PSU Hole 特性参数

通过 Geometry→Align 命令使 PSU Hole 和 PSU Enclosure 在 Z 向正视图中沿 X 轴中心对齐，PSU Hole 的 Low Y 与 PSU Enclosure 的 Low Y 重合。

选中 PSU Enclosure 的 Wall（High Z），在其上建立 Name 为 PSU Fan Hole 和 Cable Hole 的 Hole 元件，如图 16-91 所示设置 PSU Fan Hole 特性参数，如图 16-92 所示设置 Cable Hole 特性参数。

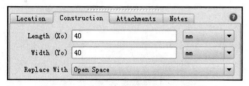

图 16-91　PSU Fan Hole 特性参数

图 16-92　Cable Hole 特性参数

通过 Geometry→Align 和 Geometry→Move 命令使 PSU Fan Hole 的 High X 和 PSU Enclosure 的 High X 相距-5mm。

通过 Geometry→Align 和 Geometry→Move 命令使 Cable Hole 的 Low X 和 PSU Enclosure 的 Low X 重合，Cable Hole 的 Low Y 和 PSU Enclosure 的 Low Y 重合。

选中 PSU Enclosure，单击智能元件栏中的 Resistance 图标，建立尺寸、位置和 PSU Enclosure 相同，Name 为 PSU Resistance 的 Resistance 智能元件，如图 16-93 所示设置其特性参数和 PSU 特性。

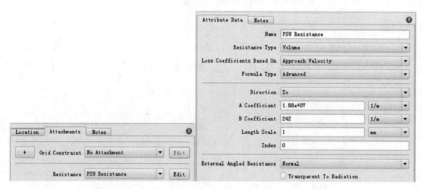

图 16-93　PSU Resistance 特性参数和 PSU 特性

在 PSU Assembly 下建立 Name 为 PSU Fan 的 Fan 智能元件，如图 16-94 所示设置其特性参数。

通过 Geometry→Align 和 Geometry→Move 命令使 PSU Fan 和 PSU Enclosure 的 High Z 重合，PSU Fan 和 PSU Fan Hole 在 Z 向正视图中中心对齐。

选中 PSU Resistance，单击智能元件栏中的 Monitor Point 图标，建立 Name 为 PSU Inlet 的 Monitor Point 元件。

通过 Geometry→Align 和 Geometry→Move 命令使 PSU Inlet 和 PSU Resistance 的 Low Z 相距-2mm。

通过 Geometry→Align 和 Geometry→Move 命令使 PSU Assembly 的 High Z 和 Enclosure 的 High Z 对齐，PSU Assembly 的 Low X 和 Enclosure 的 Low X 重合，PSU Assembly 的 Low Y 和 Enclosure 的 Low Y 对齐。

5. Fan 建模

在 Root Assembly 下建立 Name 为 Fan 的 Assembly，在 Fan Assembly 下建立 Name 为 Fan Wall 的 Assembly。

在 Fan Wall Assembly 下建立 Name 为 Fan Wall:1 的 Cuboid 元件，如图 16-95 所示设置其特性参数。

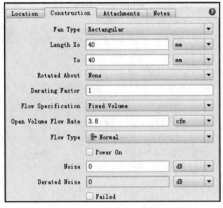

图 16-94　PSU Fan 特性参数

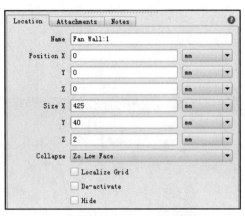

图 16-95　Fan Wall:1 特性参数

通过 Geometry→Move 命令使 Fan Wall:1 的 Low Z 和 Enclosure 的 Low Z 相距 221mm，Fan Wall:1 与 Enclosure 在 Z 向正视图中心对齐。

在 Fan Wall:1 上建立 Name 为 Fan Hole 的 Hole 元件，如图 16-96 所示设置其特性参数。

通过 Geometry→Move 命令使 Fan Hole 与 Fan Wall:1 在 Z 向正视图中心对齐。

在 Fan Wall Assembly 下建立 Name 为 Fan Wall:2 的 Cuboid 元件，如图 16-97 所示设置其特性参数。

图 16-96　Fan Hole 特性参数

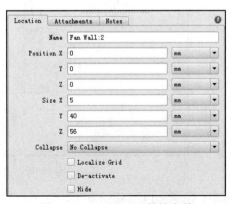

图 16-97　Fan Wall:2 特性参数

通过 Geometry→Move 命令使 Fan Wall:2 的 Low X 和 Enclosure 的 Low X 相距 185mm，Fan Wall:2 的 Low Z 和 Enclosure 的 Low Z 相距 221mm，Fan Wall:2 的 Low Y 与 Enclosure 的 Low Y 重合。

选中 Fan Wall:2，通过 Edit→Pattern 命令使其在 X 轴正方向进行阵列，如图 16-98 所示设置阵列参数，创建 Fan Wall:3。

在 Fan Assembly 下建立 Name 为 Fan:1 的 Fan 智能元件，如图 16-99 所示设置其特性参数。

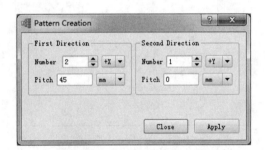

图 16-98　Fan Wall:2 阵列参数

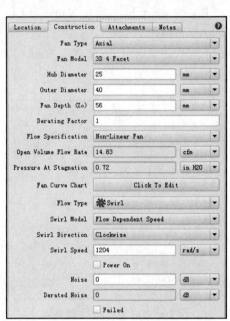

图 16-99　Fan:1 特性参数

如图 16-100 所示为 Fan Curve Chart 对话框。

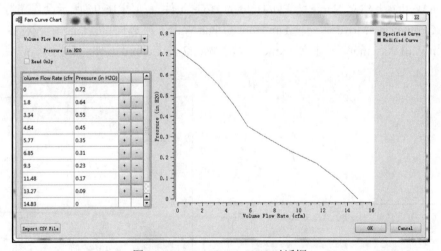

图 16-100　Fan Curve Chart 对话框

通过 Geometry→Align 和 Geometry→Move 命令使 Fan:1 的 High X 和 Fan Wall:2 的 Low X 重合，Fan:1 的 Low Z 和 Fan Wall:2 的 Low Z 对齐，Fan:1 的 Low Y 和 Fan Wall:2 的 Low Y 对齐。

选中 Fan:1，通过 Edit→Pattern 命令使其在 X 轴正方向进行阵列，如图 16-101 所示设置阵列参数，创建 Fan:2 和 Fan:3。

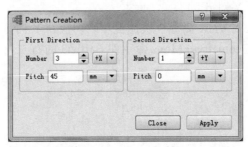

图 16-101　Fan:1 阵列参数

在 Fan Assembly 下建立 Name 为 Fan Baffle 的 Assembly。

在 Fan Baffle Assembly 下建立 Name 为 Baffle:1 和 Baffle:2 的 Cuboid 元件，如图 16-102 所示设置 Baffle:1 和 Baffle:2 特性参数。

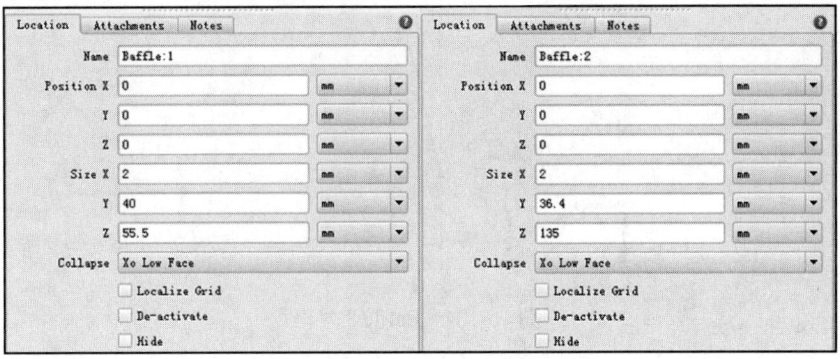

图 16-102　Baffle:1 和 Baffle:2 特性参数

通过 Geometry→Align 和 Geometry→Move 命令使 Baffle:1 的 Low X 和 Fan:1 的 Low X 对齐，Baffle:1 的 Low Z 和 Fan:1 的 High Z 重合，Baffle:1 的 Low Y 和 Enclosure 的 Low Y 重合。

通过 Geometry→Align 和 Geometry→Move 命令使 Baffle:2 的 Low X 和 DIMM Assembly 的 Low X 相距-2mm，Baffle:2 的 Low Y 和 DIMM Assembly 的 Low Y 对齐，Baffle:2 的 Low Z 和 DIMM Assembly 的 Low Z 相距-5.8mm。

在 Fan Baffle Assembly 下建立 Name 为 Baffle:3 的 Sloping Block 智能元件，如图 16-103 所示设置其特性参数。

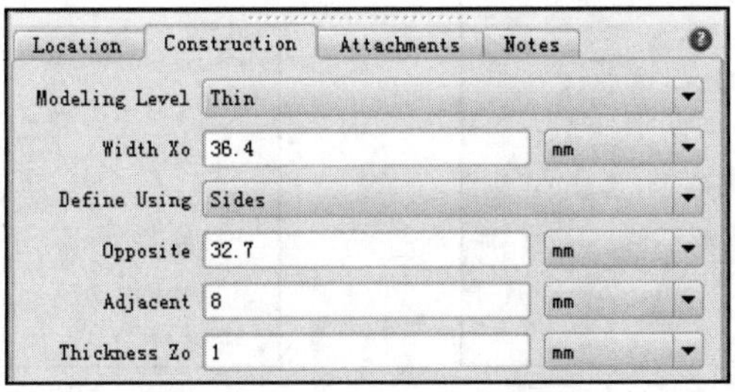

图 16-103　Baffle:3 特性参数

通过 Viewer→Positive Z View 命令（快捷键 Z）切换到 Z 向正视图，通过 Geometry→Rotate Counterclockwise 命令使 Baffle:3 逆时针旋转 90°，通过 Geometry→Align 命令使 Baffle:3 的 High X 和 Baffle:1 的 High Y 对齐。

通过 Viewer→Positive Y View 命令（快捷键 Y）切换到 Y 向正视图。如图 16-104 所示，通过 Geometry→Align 和 Geometry→Move 命令使 Baffle:3 的右上角和 Baffle:1 的 High Z 重合。

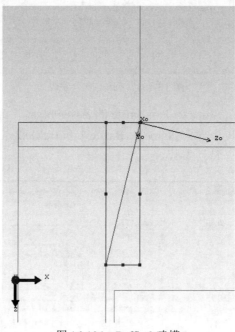

图 16-104　Baffle:3 建模

通过 Edit→Copy 和 Edit→Paste 命令复制 Baffle:1 并粘贴在 Fan Baffle Assembly 下，修改 Name 为 Baffle:4，如图 16-105 所示修改其特性参数。

通过 Geometry→Align 和 Geometry→Move 命令使 Baffle:4 的 Low X 和 CPU Assembly 的 High X 相距 2mm。

在 Fan Baffle Assembly 下建立 Name 为 Baffle:5 的 Sloping Block 元件，如图 16-106 所示设置其特性参数。

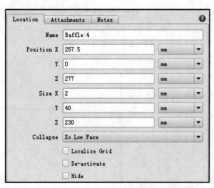

图 16-105　Baffle:4 特性参数

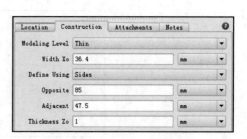

图 16-106　Baffle:5 特性参数

通过 Viewer→Positive Z View 命令（快捷键 Z）切换到 Z 向正视图，通过 Geometry→Rotate Clockwise 命令使 Baffle:5 顺时针旋转 90°，通过 Geometry→Move 命令使 Baffle:5 的 Low X 和 Baffle:4 的 HighY 对齐。

通过 Viewer→Positive Y View 命令（快捷键 Y）切换到 Y 向正视图。如图 16-107 所示，通过 Geometry→Move 命令使 Baffle:5 的 Low Y 和 PCB 的 High Y 重合，Baffle:5 的 Low Z 和 Baffle:4 的 Low X 重合。

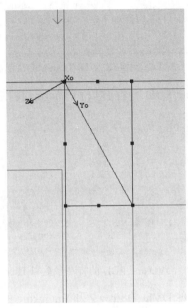

图 16-107　Baffle:5 建模

6. DVD and FDD 建模

在 Root Assembly 下建立 Name 为 DVD and FDD 的 Assembly。

在 DVD and FDD Assembly 下建立 Name 为 DVD 的 Cuboid 元件，如图 16-108 所示设置其特性参数。

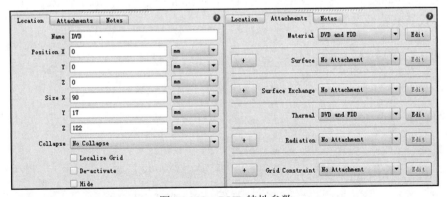

图 16-108　DVD 特性参数

在 DVD and FDD Assembly 下建立 Name 为 FDD 的 Cuboid 元件，如图 16-109 所示设置其特性参数及 DVD and FDD 的材料特性。

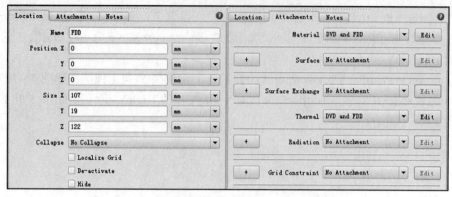

图 16-109　FDD 特性参数及 DVD and FDD 的材料特性

如图 16-110 所示为 DVD and FDD 特性参数和 Thermal 特性。

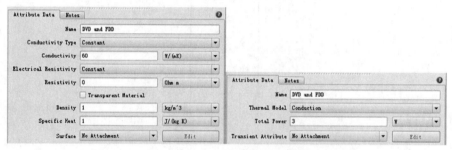

图 16-110　DVD and FDD 的特性参数和 Thermal 特性

通过 Geometry→Align 命令使 DVD 的 Low Z 和 Enclosure 的 Low Z 对齐，DVD 和 Enclosure 上的 DVD Hole 在 Z 向正视图中中心对齐。

通过 Geometry→Align 命令使 FDD 的 Low Z 和 Enclosure 的 Low Z 对齐，FDD 和 Enclosure 上的 FDD Hole 在 Z 向正视图中中心对齐。

7. 创建 Region

在 Root Assembly 下建立 Name 为 Region 的 Assembly。

在 Region Assembly 下建立 Name 为 CPU Heat Sink Region 的 Volume Region 元件，如图 16-111 所示设置其特性参数。

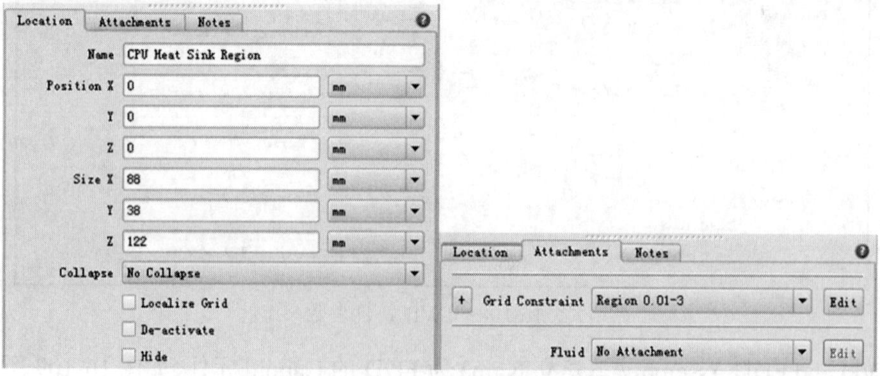

图 16-111　CPU Heat Sink Region 特性参数

如图 16-112 所示设置 Region 0.01-3 特性参数。

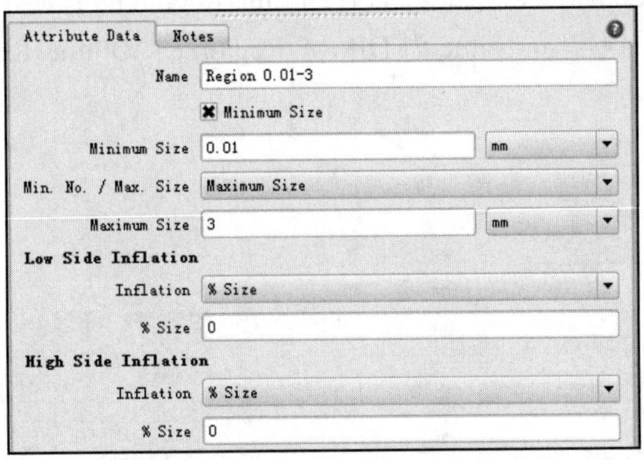

图 16-112 Region 0.01-3 特性参数

通过 Geometry→Align 命令使 CPU Heat Sink Region 的 High X 和 Baffle:4 的 High X 对齐，CPU Heat Sink Region 的 High Y 和 Enclosure 的 High Y 对齐，CPU Heat Sink Region 和 CPU Heat Sink Assembly 在 Y 向正视图中沿 Z 轴中心对齐。

在 Region Assembly 下建立 Name 为 CPU Region 的 Volume Region 元件，如图 16-113 所示设置其特性参数。

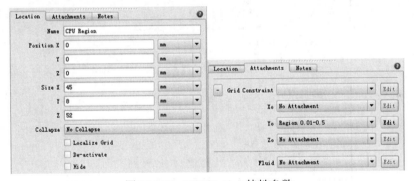

图 16-113 CPU Region 特性参数

如图 16-114 所示为 Region 0.01-0.5 特性参数。

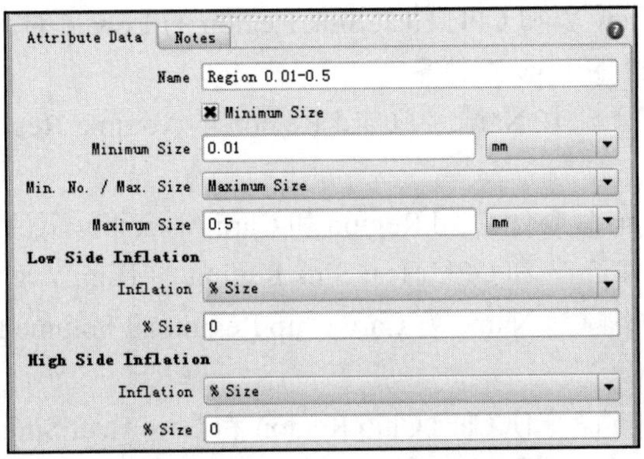

图 16-114 Region 0.01-0.5 特性参数

通过 Geometry→Align 命令使 CPU Region 和 CPU Assembly 下的 Substrate 在 Y 向正视图中中心对齐，CPU Region 的 Low Y 和 CPU Heat Sink Region 的 Low Y 对齐。

在 Region Assembly 下建立 Name 为 DIMM Region 的 Volume Region 元件，如图 16-115 所示设置其特性参数。

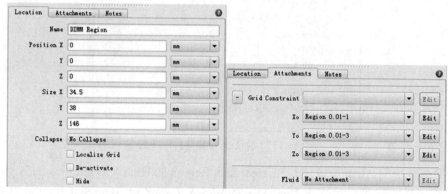

图 16-115　DIMM Region 特性参数

如图 16-116 所示设置 Region 0.01-1 特性参数。

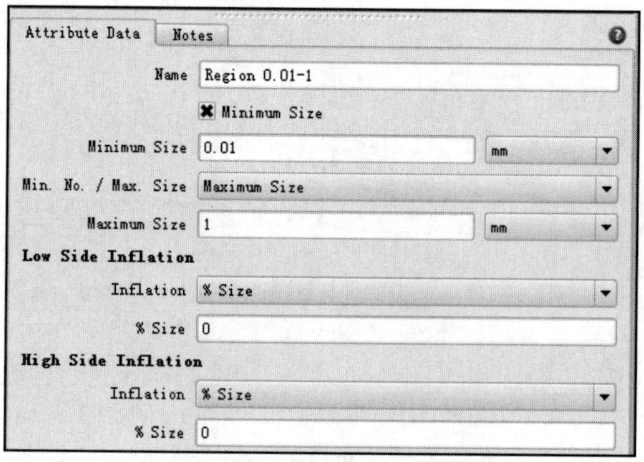

图 16-116　Region 0.01-1 特性参数

通过 Geometry→Align 命令使 DIMM Region 的 Low X 和 Fan Baffle 下 Baffle:2 的 Low X 对齐，DIMM Region 的 Low Y 和 CPU Heat Sink Region 的 Low Y 对齐，DIMM Region 的 Low Z 和 Fan Baffle 下 Baffle:2 的 Low Z 对齐。

在 Region Assembly 下建立 Name 为 Card Region 的 Volume Region 元件，如图 16-117 所示设置其特性参数。

通过 Geometry→Align 命令使 Card Region 和 Card Assembly 下的 PCB 在 Y 向正视图中中心对齐，Card Region 的 High Y 和 CPU Heat Sink Region 的 High Y 对齐。

在 Region Assembly 下建立 Name 为 Card Chip Region 的 Volume Region 元件，如图 16-118 所示设置其特性参数。

通过 Geometry→Align 命令使 Card Chip Region 和 Chip Heat Sink 在 Y 向正视图中中心对齐，Card Chip Region 的 High Z 和 Card Assembly 下 PCB 的 High Z 对齐。

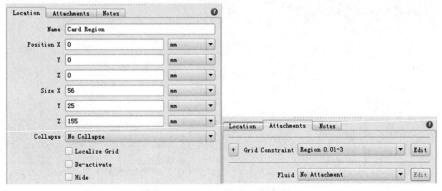

图 16-117　Card Region 特性参数

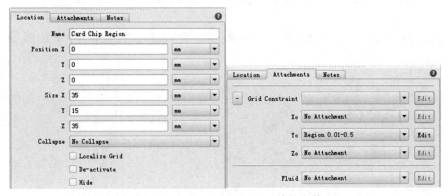

图 16-118　Card Chip Region 特性参数

在 Region Assembly 下建立 Name 为 HDD Region 的 Volume Region 元件，如图 16-119 所示设置其特性参数。

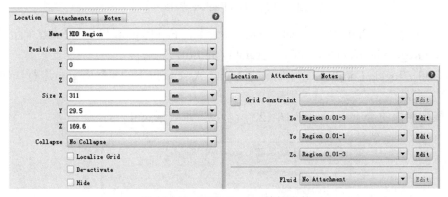

图 16-119　HDD Region 特性参数

通过 Geometry→Align 命令使 HDD Region 的 High X 和 Enclosure 的 High X 对齐，HDD Region 的 Low Z 和 Enclosure 的 Low Z 对齐，HDD 的 High Y 和 HDD Enclosure Assembly 的 High Y 重合。

在 Region Assembly 下建立 Name 为 PSU Region 的 Volume Region 元件，如图 16-120 所示设置其特性参数。

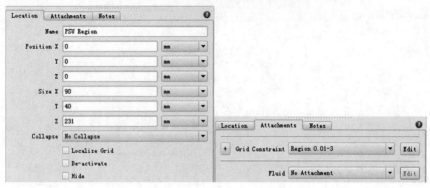

图 16-120　PSU Region 特性参数

通过 Geometry→Align 命令使 PSU Region 和 PSU Enclosure 在 X 向正视图和 Y 向正视图中中心对齐。

在 Region Assembly 下建立 Name 为 Fan Region 的 Volume Region 元件，如图 16-121 所示设置其特性参数。

图 16-121　Fan Region 特性参数

通过 Geometry→Align 和 Geometry→Move 命令使 Fan Region 和 Fan:2 在 Z 向正视图中中心对齐，Fan Region 的 High Z 和 PCB Assembly 的 Low Z 重合。

通过 Grid→Toggle Localize Grid 命令将 Region Assembly 下的 8 个 Region 进行局域化操作。

8. 设置求解域

选中模型树中的 System，如图 16-122 所示设置求解域尺寸。

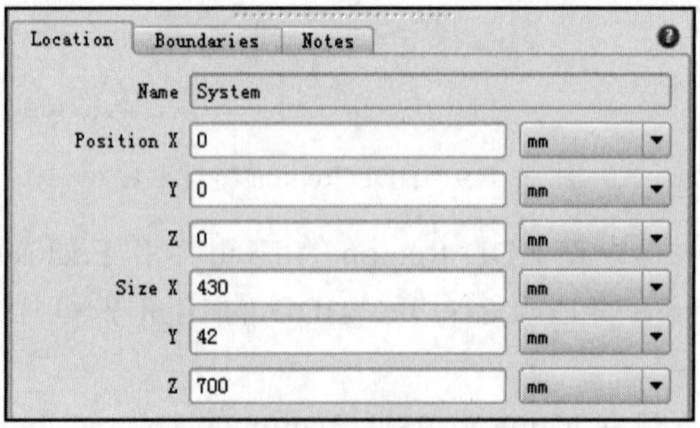

图 16-122　求解域尺寸设置

通过 Geometry→Align 命令使 Root Assembly 和 System 求解域在 X 向正视图和 Y 向正视图中心对齐。

9. Model Setup

单击软件主界面中的 Model Setup 特性页，进行如图 16-123 所示的设置。

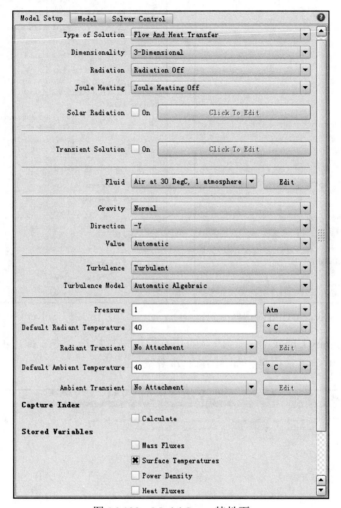

图 16-123　Model Setup 特性页

16.6.2　网格划分

单击 System Grid，如图 16-124 所示，在 System Grid 对话框中单击 None 按钮，并将 Maximum Size 设置为 5mm。

本仿真项目的 Maximum Aspect Ratio 为 120，可以参考 12.6.2 节进行网格调整，此处不做进一步调整。

16.6.3　求解计算

在软件主界面中单击 Solver Control 特性页，进行如图 16-125 所示的设置。

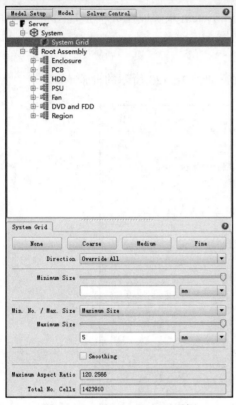

图 16-124　System Grid 对话框

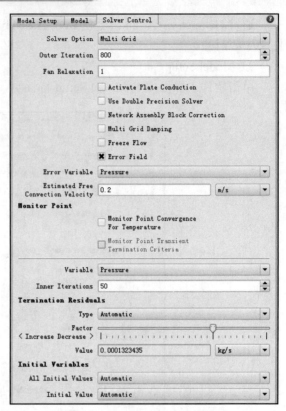

图 16-125　Solver Control 特性页

通过 Solve→Sanity Check 命令对建立的仿真模型进行检查，查看弹出的 Message Window 对话框，其中出现 1 个提示信息，如图 16-126 所示。

图 16-126　Message Window 对话框

提示信息：Open External Boundary surface without Ambient Property System->Domain 表明求解域存在边界状态为 Open 的面，但未赋予 Ambient 特性。此时，软件采用 Model Setup 特性页中的 Pressure、Default Ambient Temperature 作为 Open 面的边界条件。对于此仿真分析，该提示信息可以忽略。

通过 Solve→Initialize Solve 命令对服务器仿真项目进行求解计算。如图 16-127 所示为参数残差监控曲线和监控值，其中温度、压力和速度残差值小于 5，温度监控点稳定。本实例中不再进行残差值调整，后面再进一步解释。

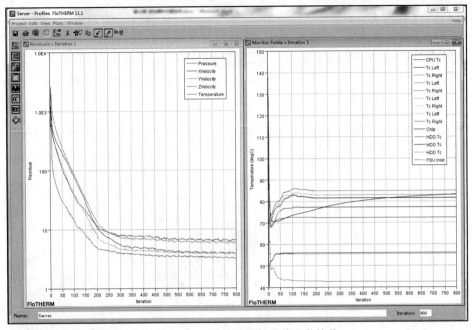

图 16-127　参数残差监控曲线和监控值

16.6.4　结果分析

通过 Window→Launch Visual Editor 命令打开 Visual Editor 后处理模块。由于在图 16-125 中勾选了 Error Field 选项，而且 Error Variable 设置为 Pressure，所以可以查看仿真项目中压力残差值最值所在的区域，其可能造成了图 16-127 中压力残差曲线无法下降到 1。如图 16-128 所示，单击 Results 和 Scalar Fields 下的 Field Error，在下方的 Fields Error 设置区域中勾选 Show Range，并将 Range 设置为 Total Range。在 Visual Editor 后处理模块的图形显示区域中出现红色和绿色标记，其为压力残差最值所在的区域。

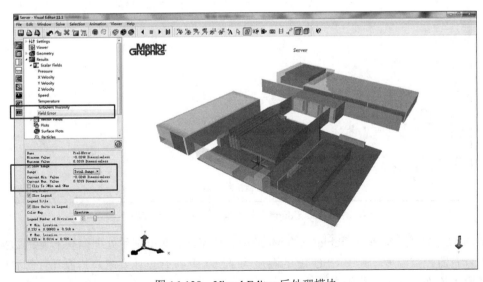

图 16-128　Visual Editor 后处理模块

单击 Edit→Create Plane 命令，如图 16-129 所示，单击 Plots 下的 Plane1，将 Axis 设置为 Y，Location 设置为 0.0114m，并勾选 Show Scalar，将 Scalar Field 设置为 Field Error。在 Visual Editor 后处理模块中创建压力残差切面云图。在 Visual Editor 后处理模块的图形显示区域中可以看到散热器后部区域存在较大的压力残差值区域。由于其位于服务器系统的后端，所以本仿真实例中不做进一步的残差调整。

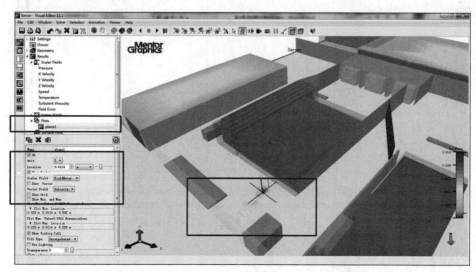

图 16-129 Visual Editor 后处理模块中的压力残差切面云图

单击 Window→Tables 命令，如图 16-130 所示，单击 Table 下的 Geometry，勾选下方 Results 下的 Fans，在 Visual Editor 后处理模块右侧的数据显示区域中查看风扇的工作特性参数。

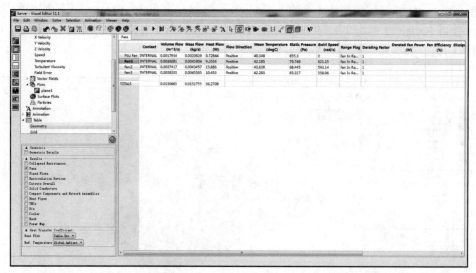

图 16-130 Visual Editor 后处理模块中风扇的工作特性参数

如图 16-131 所示，单击 Table 下的 Monitor，在 Visual Editor 后处理模块右侧的数据显示区域中查看监控点温度。其中 CPU Tc 的温度为 72.5℃，符合设计要求。其他元件的温度或监控点温度也均在设计要求范围之内。

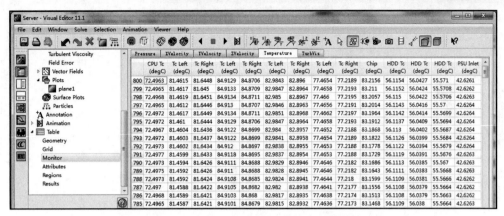

图 16-131　Visual Editor 后处理模块中的监控点温度

16.7　小结

对于服务器的热设计而言，如何进行风扇的选择和布置、重要元件的布置和风道的设计是服务器散热性能优劣的关键。本实例中采用挡风板来控制空气流动的走向，兼顾了 CPU 和主板的散热。此外，对于热仿真而言，准确的输入参数是得到准确仿真结果的基石。参数残差曲线是否到达 1 只是当前仿真项目是否计算达到收敛的参考。

17 机房气流组织优化实例

17.1 机房背景

如图 17-1 所示为机房的主要组成部分,其中 6 台精密空调对整个机房进行制冷。整个机房的冷却架构为下送上回,精密空调送出的冷空气通过地板下方空间,之后经由通风地板进入到地板上方区域,机柜内部的风扇将通风地板送出的冷空气吸入,最终机柜排出的热空气返回到精密空调。

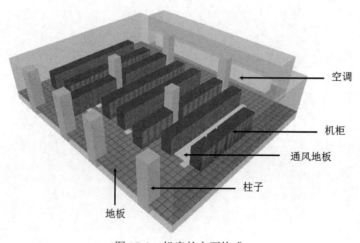

图 17-1 机房的主要构成

17.2 机房热环境测试

17.2.1 移动测量平台介绍

如图 17-2 所示,移动测量平台为框架结构,尺寸为 600mm×600mm×2000mm(长×宽×高)。

移动测量平台在高度方向上分为 8 层，每一层上布置若干数量的温度传感器。由于移动测量平台的占地面积与机房内部地板尺寸相同，所以移动测量平台可以快速地测量地板上方空间内不同位置的温度。当完成一块地板上方空间的测试之后，可以将移动测量平台移动到下一块地板，重复之前的测试过程，直至完成整个机房空间的温度测量。

图 17-2　移动测量平台

移动测量平台将整个机房的温度测量数据保存到存储器中，数据分析软件对测量的数据进行处理和分析。如图 17-3 所示为经过处理之后机房空间在 1.75m 高度处的切面温度云图。通过移动测量平台可以探识机房内部不同区域的温度。

17.2.2　机房热环境测试结果分析

如图 17-4 所示为机房空间在 0.75m 高度处的切面温度云图，可以看到在机柜的下部区域冷热通道的温度差异较为明显，在送风地板的位置空气温度普遍较低。

如图 17-5 所示为机房空间在 1m 高度处的切面温度云图，可以看到在机柜的中部区域冷通道内部的温度有所上升，说明在机柜中部区域已经出现了一定的冷热气流混合。

如图 17-6 所示为机房空间在 1.75m 高度处的切面温度云图，可以看到在机柜的上部区域冷通道内部的温度进一步上升，说明在机柜的上部区域冷热气流混合的程度更加剧烈。

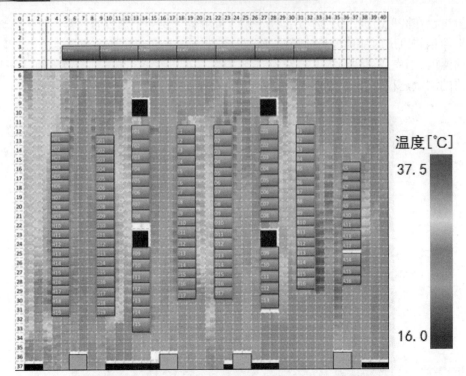

图 17-3 机房切面温度云图

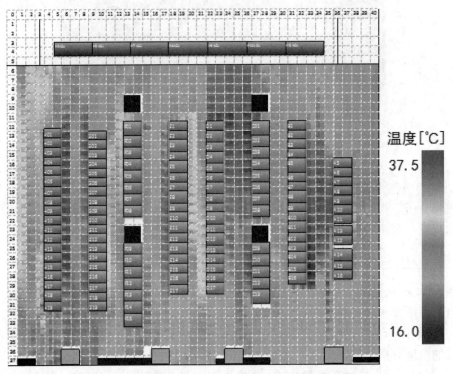

图 17-4 机房空间在 0.75m 高度处的切面温度云图

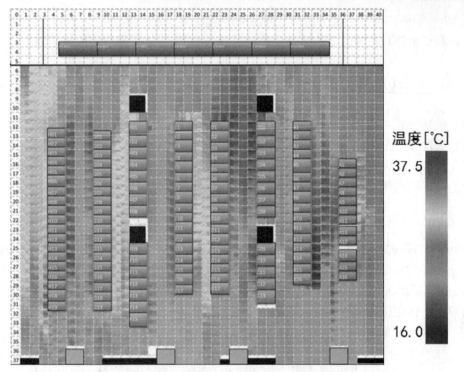

图 17-5 机房空间在 1m 高度处的切面温度云图

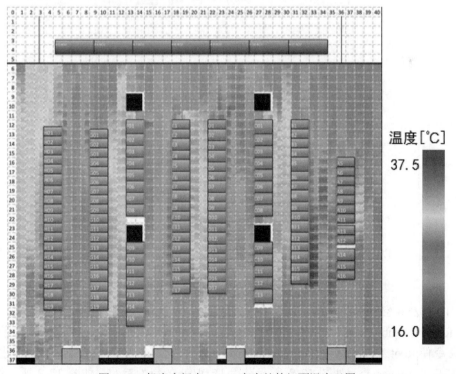

图 17-6 机房空间在 1.75m 高度处的切面温度云图

图 17-4 至图 17-6 基于机房内部空间温度测试数据,是空调、机房结构、送风地板布置、机柜布置和机柜热功耗等因素的综合反映,可以作为 CFD 仿真模型的校核基础。

17.3 机房热仿真模型校核

由于机房热仿真结果受空调、机房结构、送风地板布置、机柜布置和机柜热功耗等因素的影响较大,而且机房内部的机柜和设备数量众多,所以从仿真效率的角度出发需要做一定的模型简化。在保证结果精度的前提下,如何简化机房热仿真模型存在很大的挑战性。本节的主要工作是根据移动测量平台的详细测试结果对机房热仿真模型进行校核。

17.3.1 建立仿真模型

启动 FloTHERM 软件,建立 Project Name 为 DC_1 的项目文件。通过 Edit→Preferences 命令打开 User Preferences 对话框,如图 17-7 所示,将 Display Position in 设置为 Absolute Coordinates。采用 Absolute Coordinates 选项的优点是模型物体在不同的 Assembly 之间移动不会改变模型物体在仿真模型中的位置。

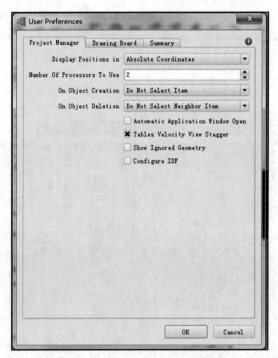

图 17-7 Display Position in 设置

1. IT 机房和空调机房建模

在 Root Assembly 下建立 Name 为 IT Room 的 Assembly。选中 Root Assembly,通过 View →Top 命令使 Root Assembly 在 Drawing Board 中单独显示。在 IT Room Assembly 下建立 Name 为 IT_Wall 的 Enclosure,如图 17-8 所示设置 IT_Wall 的特性参数,如图 17-9 所示设置 Wall Material 特性参数。

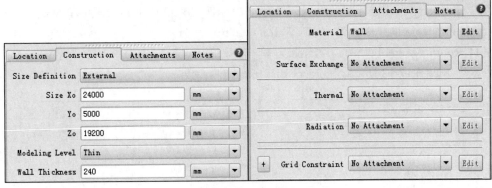

图 17-8　IT_Wall 特性参数

将智能元件栏设置为 Project Manager Create 状态，激活 Drawing Board 中的 Z 向正视图。选择 IT_Wall（Low Z），单击 Hole 图标，创建 Name 为 Hole:1 的 Hole，如图 17-10 所示设置其特性参数。

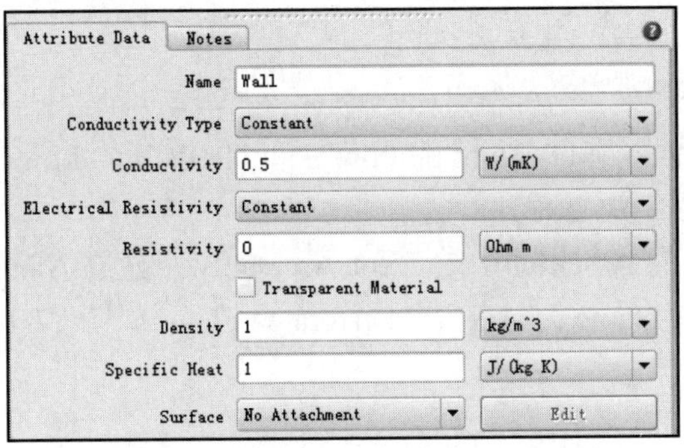

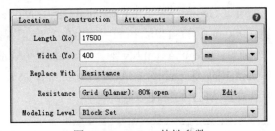

图 17-9　Wall Material 特性参数　　　　图 17-10　Hole:1 特性参数

通过 Geometry→Align 和 Geometry→Move 命令使 Hole:1 的 Low X 和 IT_Wall 的 Low X 相距 2400mm，Hole:1 的 Low Y 和 IT_Wall 的 Low Y 相距 500mm。

说明：使 A 的 Low X 与 B 的 Low X 相距 N mm，其中 N 为正值，表示 A 的 Low X 位于 B 的 Low X 的 X 正方向，如果 N 为负值，则 A 的 Low X 位于 B 的 Low X 的 X 负方向，后面类同。

选择 IT_Wall（Low Z），单击 Hole 图标，创建 Name 为 Hole:2 的 Hole，如图 17-11 所示设置其特性参数。

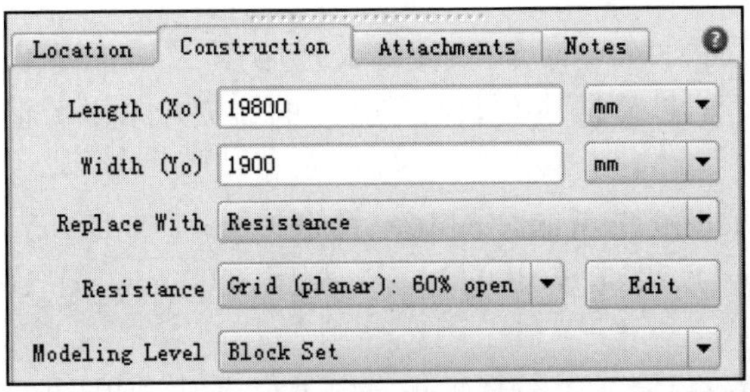

图 17-11　Hole:2 特性参数

通过 Geometry→Align 和 Geometry→Move 命令使 Hole:2 的 Low X 和 IT_Wall 的 Low X 相距 1500mm，Hole:1 的 High Y 和 IT_Wall 的 High Y 重合。

在 IT Room Assembly 下建立 Name 为 IT_Floor 的 Cuboid，如图 17-12 所示设置 IT_Floor 的特性参数，如图 17-13 所示设置 Floor Material 特性参数。

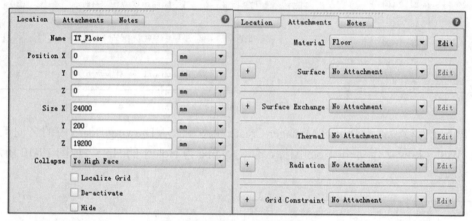

图 17-12　IT_Floor 特性参数

通过 Geometry→Align 和 Geometry→Move 命令使 IT_Floor 的 Low Y 和 IT_Wall 的 Low Y 相距 900mm，IT_Floor 和 IT_Wall 在 Y 向正视图中中心对齐。

在 IT Room Assembly 下建立 Name 为 Vent 的 Assembly，在 Vent Assembly 下建立 Name 为 Vent:1 的 Assembly，在 Vent:1 Assembly 下建立 Name 为 AF:1 的 Perforated Plate，如图 17-14 所示设置 AF:1 的特性参数。

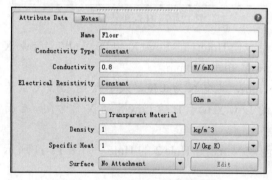

图 17-13　Floor Material 特性参数

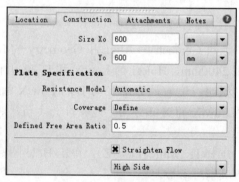

图 17-14　AF:1 特性参数

通过 Viewer→Positive X View 命令(快捷键 X)切换到 X 向正视图，通过 Geometry→Rotate Clockwise 命令使 AF:1 顺时针旋转 90°，保证 AF:1 的箭头方向和 Y 轴正方向相同，如图 17-15 所示。

通过 Geometry→Align 和 Geometry→Move 命令使 AF:1 的 HighY 和 IT_Wall 的 Low Z 相距 4200mm，AF:1 的 Low X 和 IT_Wall 的 Low X 相距 3000mm，AF:1 和 IT_Floor 在 Z 向正视图中重合。

通过 Edit→Pattern 命令使 AF:1 在 Z 轴正方向进行阵列，如图 17-16 所示设置阵列参数。

图 17-15 AF:1 箭头方向

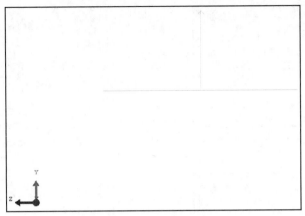

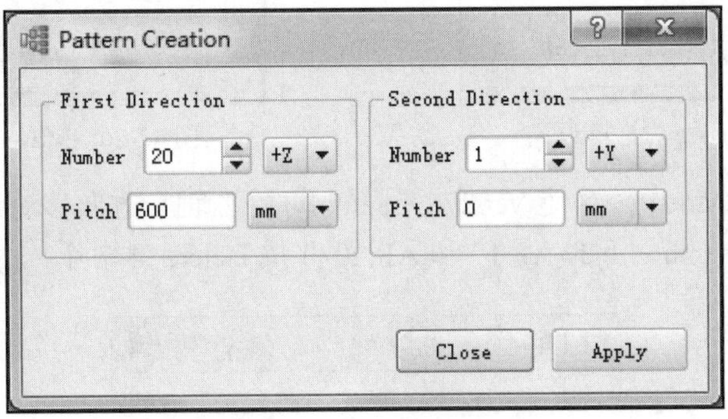

图 17-16 AF:1 阵列参数

通过 Edit→Pattern 命令将 Vent:1 Assembly 在 X 轴正方向进行阵列,共进行 8 次阵列,阵列距离分别为 1200mm、5400mm、6600mm、10800mm、12000mm、16200mm、16800mm、17400mm。

选中 Vent:1 Assembly 下的 AF:2、AF:4、AF:6、AF:8、AF:11、AF:13、AF:17、AF:19、AF:20 并按 Delete 键删除。

选中 Vent:2 Assembly 下的 AF:2、AF:4、AF:6、AF:8、AF:11～AF:13、AF:15～AF:17、AF:19、AF:20 并按 Delete 键删除。

通过 Geometry→Move 命令使 Vent:3 Assembly 在 Z 轴负方向移动 600mm,如图 17-17 所示。选中 Vent:3 Assembly 下的 AF:2、AF:4、AF:6、AF:8、AF:9～AF:13、AF:15、AF:17、AF:19 并按 Delete 键删除。

通过 Geometry→Move 命令使 Vent:4 Assembly 在 Z 轴负方向移动 1200mm,如图 17-18 所示。选中 Vent:4 Assembly 下的 AF:2、AF:4、AF:20 并按 Delete 键删除。

通过 Geometry→Move 命令使 Vent:5 Assembly 在 Z 轴负方向移动 600mm,如图 17-19 所示。选中 Vent:5 Assembly 下的 AF:2、AF:12、AF:16、AF:18、AF:20 并按 Delete 键删除。

通过 Geometry→Move 命令使 Vent:6 Assembly 在 Z 轴负方向移动 1200mm,如图 17-20 所示。选中 Vent:6 Assembly 下的 AF:2、AF:4、AF:6、AF:8、AF:10、AF:11、AF:13～AF:17、AF:19 并按 Delete 键删除。

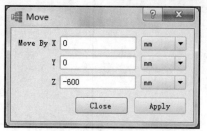

图 17-17　Move 对话框设置

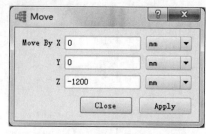

图 17-18　Move 对话框设置

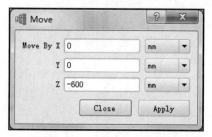

图 17-19　Move 对话框设置

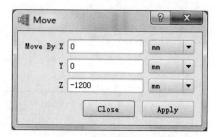

图 17-20　Move 对话框设置

通过 Geometry→Move 命令使 Vent:7 Assembly 在 Z 轴负方向移动 1200mm，如图 17-21 所示。选中 Vent:7 Assembly 下的 AF:19 和 AF:20 并按 Delete 键删除。

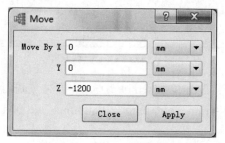

图 17-21　Move 对话框设置

选中 Vent:8 Assembly 下的 AF:1~AF:12 和 AF:17~AF:20 并按 Delete 键删除。

选中 Vent:9 Assembly 下的 AF:1：AF:2、AF:14、AF:18~AF:20 并按 Delete 键删除。

如图 17-22 所示为 Drawing Board 中通风地板的布置。

在 IT Room Assembly 下建立 Name 为 Pillar 的 Assembly，在 Pillar Assembly 下建立 Name 为 Pillar:1 的 Cuboid，如图 17-23 所示设置其特性参数。

通过 Geometry→Align 和 Geometry→Move 命令使 Pillar:1 的 Low X 和 IT_Wall 的 Low X 相距 3000mm，Pillar:1 的 low Y 和 IT_Wall 的 Low Y 重合，Pillar:1 的 High Z 和 IT_Wall 的 High Z 重合。

通过 Edit→Pattern 命令将 Pillar:1 在 X 轴正方向进行阵列，共进行 3 次阵列，阵列距离分别为 6000mm、10800mm、17400mm。

在 Pillar Assembly 下建立 Name 为 Pillar:5 的 Cuboid，如图 17-24 所示设置其特性参数。

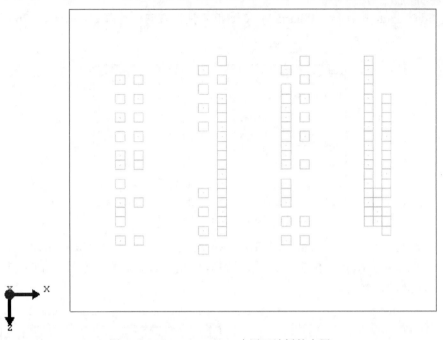

图 17-22　Drawing Board 中通风地板的布置

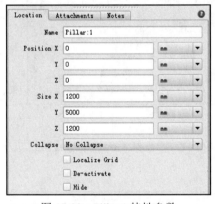

图 17-23　Pillar:1 特性参数

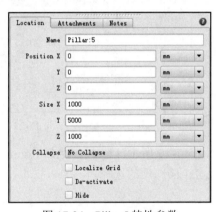

图 17-24　Pillar:5 特性参数

通过 Geometry→Align 和 Geometry→Move 命令使 Pillar:5 的 Low X 和 IT_Wall 的 Low X 相距 7200mm，Pillar:5 的 low Y 和 IT_Wall 的 Low Y 重合，Pillar:5 的 Low Z 和 IT_Wall 的 Low Z 相距 2000mm，如图 17-25 所示。

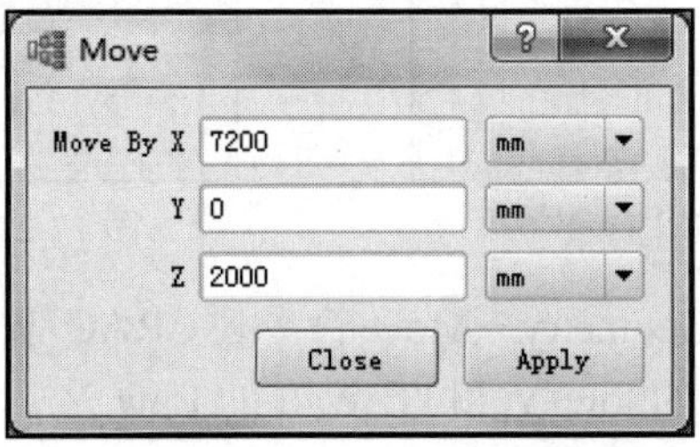

图 17-25　Move 对话框设置

通过 Edit→Pattern 命令将 Pillar:5 在 X 轴和 Z 轴正方向进行阵列，如图 17-26 所示设置阵列参数。

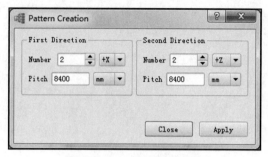

图 17-26　Pillar:5 阵列参数

在 Root Assembly 下建立 Name 为 CRAC Room 的 Assembly。在 CRAC Room Assembly 下建立 Name 为 CRAC_Wall 的 Enclosure，如图 17-27 所示设置其特性参数，如图 17-28 所示设置 Wall Material 特性参数。

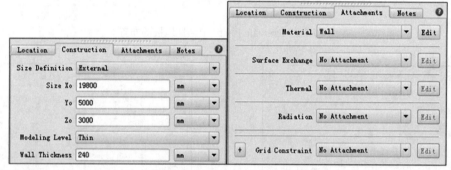

图 17-27　CRAC_Wall 特性参数

如图 17-29 所示，选中 CRAC_Room 的 Wall（High Z），在其 Construction 特性页中取消对 Side Exists 选项的选择。

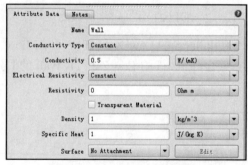

图 17-28　Wall Material 特性参数

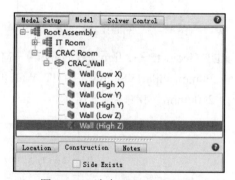

图 17-29　选中 Wall（High Z）

通过 Geometry→Align 和 Geometry→Move 命令使 CRAC_Wall 的 Low X 和 IT_Wall 的 Low X 相距 1500mm，CRAC_Wall 的 low Y 和 IT_Wall 的 Low Y 重合，CRAC_Wall 的 High Z 和 IT_Wall 的 Low Z 重合。

在 CRAC Room Assembly 下建立 Name 为 CRAC_Floor 的 Cuboid，如图 17-30 所示设置其特性参数，如图 17-31 所示设置 Floor Material 特性参数。

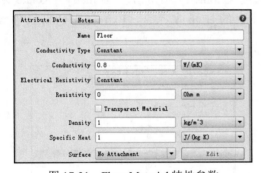

图 17-30　CRAC_Floor 特性参数

通过 Geometry→Align 和 Geometry→Move 命令使 CRAC_Floor 的 Low Y 和 CRAC_Wall 的 Low Y 相距 900mm，CRAC_Floor 和 CRAC_Wall 在 Y 向正视图中心对齐。

选择 CRAC_Floor，单击 Hole 图标，创建 Name 为 Hole:1 的 Hole，如图 17-32 所示设置其特性参数。

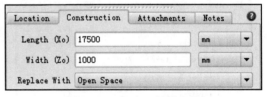

图 17-31　Floor Material 特性参数　　　　　图 17-32　Hole:1 特性参数

通过 Geometry→Align 和 Geometry→Move 命令使 Hole:1 的 Low X 和 CRAC_Wall 的 Low X 相距 900mm，Hole:1 的 Low Z 和 CRAC_Wall 的 Low Z 相距 1400mm。

如图 17-33 所示设置 IT Room 和 CRAC Room 特性参数及 Concrete Block 特性参数。

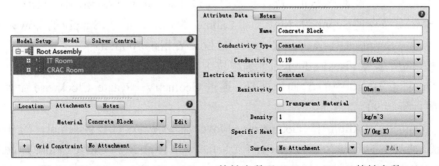

图 17-33　IT Room 和 CRAC Room 特性参数及 Concrete Block 特性参数

2. 空调建模

在 Root Assembly 下建立 Name 为 CRAC 的 Assembly，在 CRAC Assembly 下建立 Name 为 ACU:1 的 Assembly。在 ACU:1 Assembly 下建立 Name 为 Cabinet 的 Cuboid，如图 17-34 所示设置其特性参数。

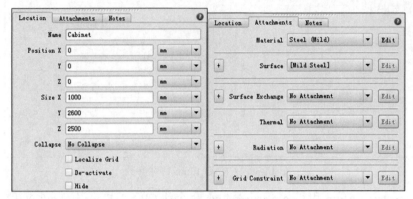

图 17-34　Cabinet 特性参数

在 ACU:1 Assembly 下建立 Cooler 智能元件，如图 17-35 所示设置其特性参数，其中特性参数来自实际空调运行参数。

如图 17-36 所示设置 Extract 特性参数。通过 Geometry→Align、Geometry→Rotate 和 Geometry→Move 命令使 Extract 的 Low Z 和 Cabinet 的 High Y 重合，Extract 和 Cabinet 在 Y 向正视图中心对齐。

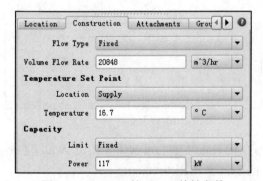

图 17-35　ACU:1 的 Cooler 特性参数

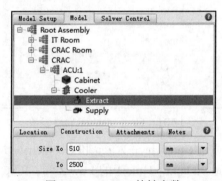

图 17-36　Extract 特性参数

如图 17-37 所示设置 Supply 特性参数。通过 Geometry→Align、Geometry→Rotate 和 Geometry→Move 命令使 Supply 的 Low X 和 Cabinet 的 Low Z 重合，Supply 的 Low Z 和 Cabinet 的 High X 重合，Supply 的 Low Y 和 Cabinet 的 Low Y 相距 100mm。

如图 17-38 所示为 Visual Editor 后处理模块中的 ACU:1 模型。

激活 Drawing Board 中的 Y 向正视图，通过 Geometry→Rotate Clockwise 命令使 ACU:1 沿 Y 轴顺时针旋转 90°。

通过 Geometry→Align 和 Geometry→Move 命令使 ACU:1 Assembly 的 High Z 和 CRAC_Floor Hole:1 的 Low X 重合，ACU:1 Assembly 的 High X 和 CRAC_Floor Hole:1 的 High Z 重合，ACU:1 Assembly 的 Low Y 和 CRAC_Floor Hole:1 的 Low Y 相距-500mm。

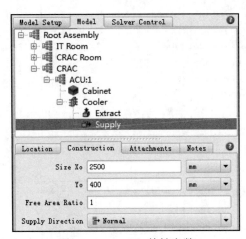

图 17-37　Supply 特性参数

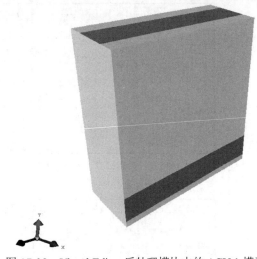

图 17-38　Visual Editor 后处理模块中的 ACU:1 模型

通过 Edit→Pattern 命令将 ACU:1 在 X 轴正方向进行阵列，如图 17-39 所示设置阵列参数。

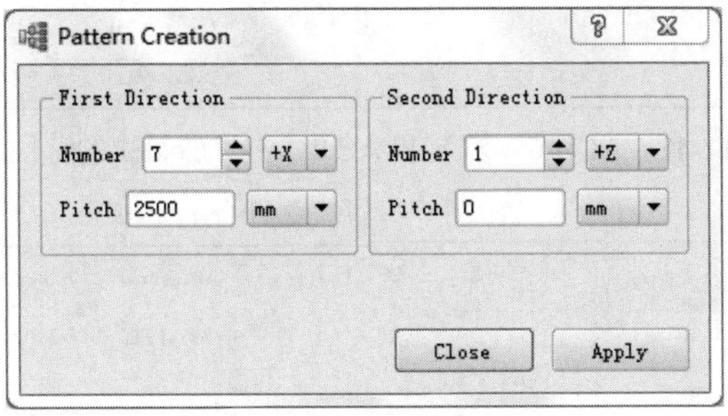

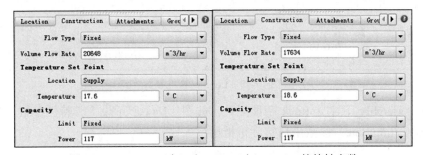

图 17-39　ACU:1 阵列参数

如图 17-40 所示分别设置 ACU:2 和 AC:3 Cooler 的特性参数，如图 17-41 所示分别设置 ACU:4 和 AC:5 Cooler 的特性参数，如图 17-42 所示分别设置 ACU:6 和 AC:7 Cooler 的特性参数。

图 17-40　ACU:2（左）和 AC:3（右）Cooler 的特性参数

3．机柜建模

在 Root Assembly 下建立 Name 为 IT 的 Assembly，在 IT Assembly 下建立 Name 为 RACK A 的 Assembly，在 RACK A Assembly 下建立 A:1 Assembly，在 A:1 Assembly 下建立 Name 为 Cabinet 的 Cuboid，如图 17-43 所示设置其特性参数。

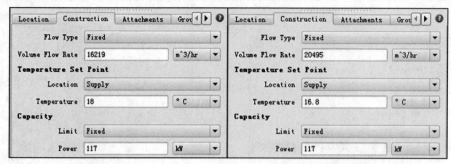

图 17-41　ACU:4（左）和 AC:5（右）Cooler 的特性参数

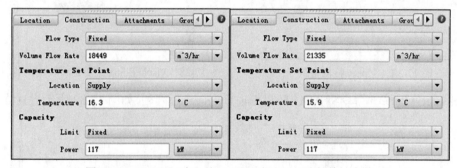

图 17-42　ACU:6（左）和 AC:7（右）Cooler 的特性参数

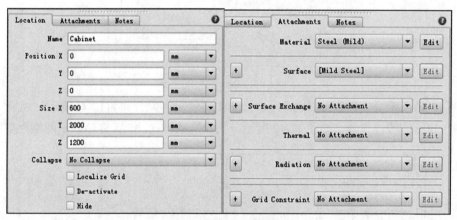

图 17-43　Cabinet 特性参数

在 A:1 Assembly 下建立 Rack 智能元件，如图 17-44 所示设置其特性参数，其中热功耗（Power Dissipation Rate）参数来自实际机柜运行参数。

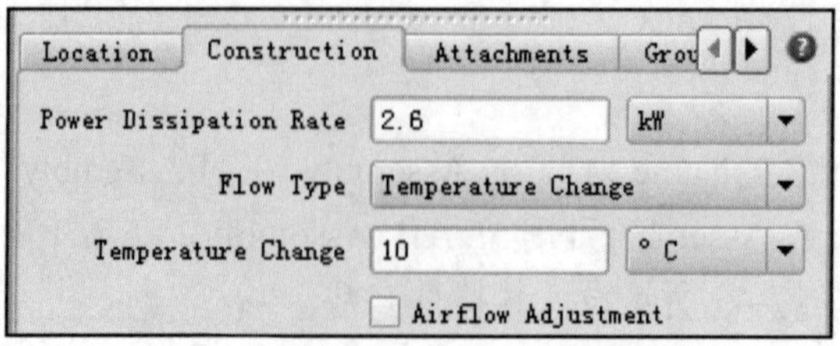

图 17-44　A:1 的 Rack 特性参数

如图 17-45 所示设置 Extract 特性参数。通过 Geometry→Align 和 Geometry→Move 命令使 Extract 的 Low Z 和 Cabinet 的 High Z 重合，Extract 和 Cabinet 在 Z 向正视图中中心对齐。

如图 17-46 所示设置 Supply 特性参数。通过 Geometry→Align 和 Geometry→Move 命令使 Supply 的 Low Z 和 Cabinet 的 Low Z 重合，Supply 和 Cabinet 在 Z 向正视图中中心对齐。

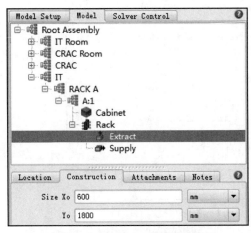

图 17-45　Extract 特性参数

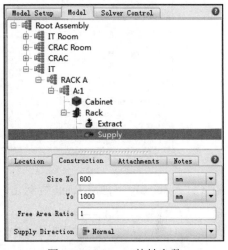

图 17-46　Supply 特性参数

通过 Viewer→Positive YView 命令（快捷键 Y）切换到 Y 向正视图，通过 Geometry→Rotate Clockwise 命令使 A:1 顺时针旋转 90°。

通过 Geometry→Align 和 Geometry→Move 命令使 A:1 的 Low Y 和 IT Floor 的 Low Y 重合，A:1 的 High Z 和 IT Floor 的 Low X 相距 21000mm，A:1 的 Low X 和 IT Floor 的 Low Z 相距 6000mm。

通过 Edit→Pattern 命令将 A:1 在 Z 轴正方向进行阵列，如图 17-47 所示设置阵列参数。

通过 Geometry→Move 命令使 A:8 和 A:9 在 Z 轴正方向移动 300mm，通过 Geometry→Move 命令使 A:10～A:12 在 Z 轴正方向移动 600mm。

在 IT Assembly 下建立 Name 为 RACK B 的 Assembly，通过 Edit→Copy 和 Edit→Paste 命令复制 A:12 并粘贴在 RACK B Assembly 下，将 Name 修改为 B:17。

通过 Geometry→Rotate 命令使 B:17 在 Y 向正视图中顺时针旋转 180°，通过 Geometry→Move 命令使 B:17 在 X 轴负方向移动 3000mm。

通过 Edit→Pattern 命令将 B:17 在 Z 轴负方向进行阵列，如图 17-48 所示设置阵列参数。

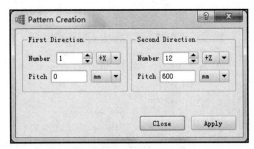

图 17-47　A:1 阵列参数

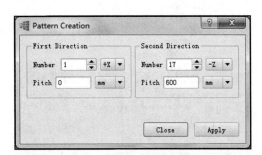

图 17-48　B:17 阵列参数

在 IT Assembly 下建立 Name 为 RACK C 的 Assembly，在 RACK CAssembly 下建立 C:1 Assembly，在 C:1 Assembly 下建立 Name 为 Cabinet 的 Cuboid，如图 17-49 所示设置其特性参数。

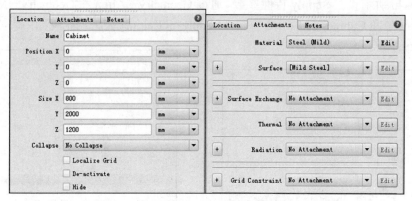

图 17-49 Cabient 特性参数

在 C:1 Assembly 下建立 Rack 智能元件，如图 17-50 所示设置其特性参数。

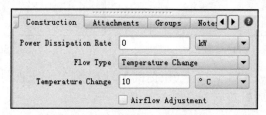

图 17-50 C:1 的 Rack 特性参数

如图 17-51 所示设置 Extract 特性参数。通过 Geometry→Align 和 Geometry→Move 命令使 Extract 的 Low Z 和 Cabinet 的 High Z 重合，Extract 和 Cabinet 在 Z 向正视图中心对齐。

如图 17-52 所示设置 Supply 特性参数。通过 Geometry→Align 和 Geometry→Move 命令使 Supply 的 Low Z 和 Cabinet 的 Low Z 重合，Extract 和 Cabinet 在 Z 向正视图中心对齐。

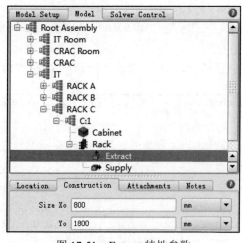

图 17-51 Extract 特性参数

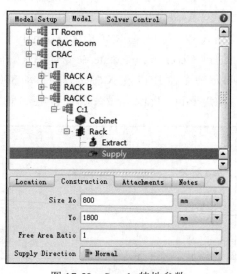

图 17-52 Supply 特性参数

通过 Viewer→Positive YView 命令（快捷键 Y）切换到 Y 向正视图，通过 Geometry→Rotate Clockwise 命令使 C:1 顺时针旋转 90°。

通过 Geometry→Align 和 Geometry→Move 命令使 C:1 的 Low Y 和 IT Floor 的 Low Y 重合，C:1 的 High Z 和 IT Floor 的 Low X 相距 15600mm，C:1 的 Low X 和 IT Floor 的 Low Z 相距 3600mm。

通过 Edit→Pattern 命令将 C:1 在 Z 轴正方向进行阵列，如图 17-53 所示设置阵列参数。

通过 Geometry→Move 命令使 C:9~C:13 在 Z 轴正方向移动 1400mm。

通过 Edit→Pattern 命令将 RACK B 在 X 轴负方向进行阵列，如图 17-54 所示设置阵列参数。

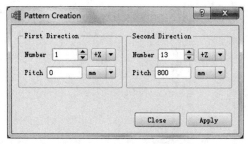

图 17-53　C:1 阵列参数

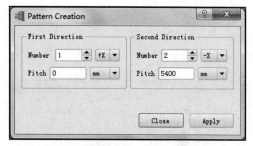

图 17-54　RACK B 阵列参数

如图 17-55 所示，将阵列得到的 RACK B:1 更改为 RACK D，并将 RACK D 下的 B:1~B:17 更改为 D:1~D:17。

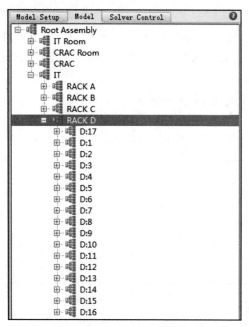

图 17-55　RACK D 模型树

通过 Edit→Pattern 命令将 D:17 在 Z 轴正方向进行阵列，如图 17-56 所示设置阵列参数。

通过 Viewer→Positive X View 命令（快捷键 X）切换到 X 向正视图，选中 RACK B Assembly，通过 Geometry-Mirror 命令使 RACK B 沿 YZ 平面进行镜像，通过 Viewer→Positive

Y View 命令（快捷键 Y）切换到 Y 向正视图。

如图 17-57 所示，将阵列得到的 RACK B:1 更改为 RACK E，并将 RACK E 下的 B:1~B:17 更改为 E:1~E:17。

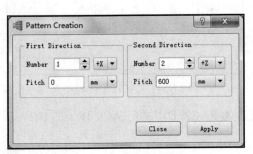

图 17-56 D:17 阵列参数

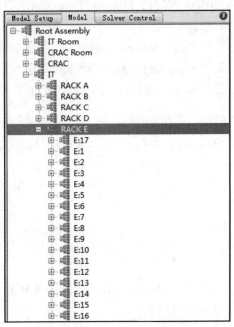

图 17-57 RACK E 模型树

通过 Geometry→Align 和 Geometry→Move 命令使 RACK E 的 High X 和 IT Wall 的 Low X 相距 10200mm，RACK E 的 Low Z 和 IT Wall 的 Low Z 相距 3600mm，RACK E 的 Low Y 和 IT Floor 的 Low Y 重合。

通过 Edit→Pattern 命令将 E:17 在 Z 轴正方向进行阵列，如图 17-58 所示设置阵列参数。

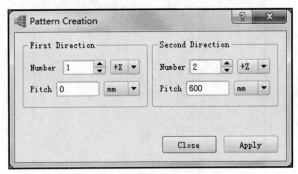

图 17-58 E:17 阵列参数

通过 Viewer→Positive X View 命令（快捷键 X）切换到 X 向正视图，选中 RACK C Assembly，通过 Geometry-Mirror 命令使 RACK C 沿 YZ 平面进行镜像，通过 Viewer→Positive Y View 命令（快捷键 Y）切换到 Y 向正视图。

如图 17-59 所示，将阵列得到的 RACK C:1 更改为 RACK F，并将 RACK F 下的 C:1~C:13 更改为 F:1~F:13。

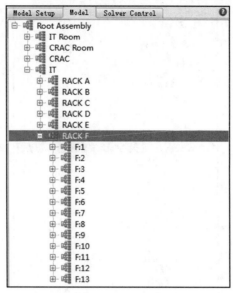

图 17-59　RACK F 模型树

通过 Geometry→Align 和 Geometry→Move 命令使 RACK F 的 High X 和 IT Wall 的 Low X 相距 7200mm，RACK F 的 Low Z 和 IT Wall 的 Low Z 相距 3600mm，RACK F 的 Low Y 和 IT Floor 的 Low Y 重合。

通过 Edit→Pattern 命令将 F:13 在 Z 轴正方向进行阵列，如图 17-60 所示设置阵列参数。

通过 Edit→Copy 和 Edit→Paste 命令复制 RACK E 并粘贴在 IT Assembly 下，修改 Name 为 RACK G，并将 RACK G 下的 E:1～E:18 更改为 G:1～G:18。

通过 Edit→Pattern 命令将 G:18 在 Z 轴正方向进行阵列，如图 17-61 所示设置阵列参数。

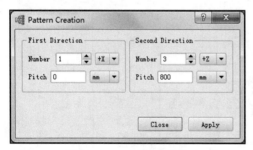

图 17-60　F:13 阵列参数

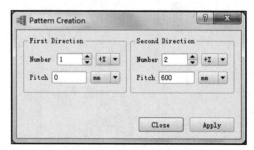

图 17-61　G:18 阵列参数

通过 Geometry→Align 和 Geometry→Move 命令使 RACK G 的 High X 和 IT Wall 的 Low X 相距 4800mm，RACK G 的 Low Z 和 IT Wall 的 Low Z 相距 4000mm，RACK G 的 Low Y 和 IT Floor 的 Low Y 重合。

通过 Viewer→Positive X View 命令（快捷键 X）切换到 X 向正视图，选中 RACK G Assembly，通过 Geometry-Mirror 命令使 RACK G 沿 YZ 平面进行镜像，通过 Viewer→Positive Y View 命令（快捷键 Y）切换到 Y 向正视图。

如图 17-62 所示，将阵列得到的 RACK G:1 更改为 RACK H，并将 RACK H 下的 G:1～G:19 更改为 H:1～H:19。

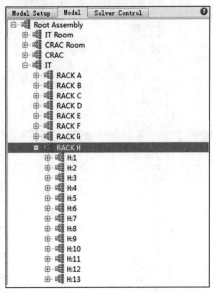

图 17-62　RACK H 模型树

通过 Geometry→Align 和 Geometry→Move 命令使 RACK H 的 High X 和 IT Wall 的 Low X 相距 1800mm，RACK H 的 Low Z 和 IT Wall 的 Low Z 相距 4000mm，RACK G 的 Low Y 和 IT Floor 的 Low Y 重合。

如图 17-63 所示为 Visual Editor 后处理模块 Y 向正视图中的几何模型。

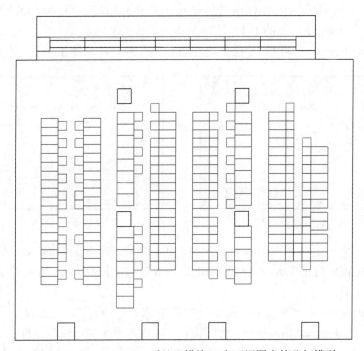

图 17-63　Visual Editor 后处理模块 Y 向正视图中的几何模型

保证 RACK A～RACK H 每一列机柜序号沿 Z 轴正方向排列，如图 17-64 所示，红色高亮为 A:1。

机房气流组织优化实例 第 17 章

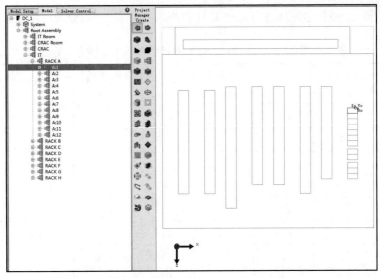

图 17-64 RACK A～RACK H 机柜排列示意图

如表 17-1 所示，设置 RACK A～RACK D 机柜的热功耗值（Power Dissipation Rate）。

表 17-1 RACK A～RACK D 机柜的热功耗值

机柜	热功耗（kW）	机柜	热功耗（kW）	机柜	热功耗（kW）	机柜	热功耗（kW）
A:1	2.6	B:1	2.2	C:1	0	D:1	2.2
A:2	3.6	B:2	2.2	C:2	3.2	D:2	2.2
A:3	0.8	B:3	3.3	C:3	0	D:3	3.3
A:4	0.9	B:4	3.6	C:4	3.2	D:4	3.5
A:5	3.5	B:5	2.3	C:5	0	D:5	4.4
A:6	2.6	B:6	2.1	C:6	2	D:6	4.3
A:7	2.4	B:7	3.3	C:7	2.1	D:7	3.1
A:8	3.6	B:8	3.2	C:8	0	D:8	3.2
A:9	1.6	B:9	4.2	C:9	4.2	D:9	4.3
A:10	2.2	B:10	2.3	C:10	0	D:10	2.2
A:11	2.2	B:11	3.2	C:11	0	D:11	3.2
A:12	3.1	B:12	3.2	C:12	4.1	D:12	2.9
A:13		B:13	2.2	C:13	0	D:13	2.1
A:14		B:14	3.4	C:14		D:14	3.4
A:15		B:15	1.1	C:15		D:15	3.1
A:16		B:16	3.1	C:16		D:16	3.2
A:17		B:17	1.2	C:17		D:17	3.1
A:18		B:18		C:18		D:18	0
A:19		B:19		C:19		D:19	

523

如表 17-2 所示，设置 RACK E～RACK H 机柜的热功耗值（Power Dissipation Rate）。

表 17-2 RACK E～RACK H 机柜的热功耗值

机柜	热功耗（kW）	机柜	热功耗（kW）	机柜	热功耗（kW）	机柜	热功耗（kW）
E:1	3.4	F:1	0	G:1	2	H:1	2.3
E:2	0	F:2	3.4	G:2	2.2	H:2	1.6
E:3	2.8	F:3	0	G:3	2.2	H:3	3.2
E:4	1.1	F:4	3.2	G:4	2.2	H:4	3.2
E:5	1.6	F:5	0	G:5	0.5	H:5	3.2
E:6	1.5	F:6	2.1	G:6	0.6	H:6	3.2
E:7	2.1	F:7	2.2	G:7	0.4	H:7	3.3
E:8	2.3	F:8	0	G:8	0.5	H:8	3.2
E:9	0	F:9	0	G:9	2.1	H:9	3.2
E:10	0	F:10	3.5	G:10	1.9	H:10	3.2
E:11	2.3	F:11	0	G:11	1.6	H:11	3.2
E:12	2.1	F:12	3.4	G:12	1.5	H:12	3.2
E:13	0	F:13	2.6	G:13	2.3	H:13	3.8
E:14	2.2	F:14	2.7	G:14	2.6	H:14	3.7
E:15	0	F:15	0	G:15	2.5	H:15	3.6
E:16	2.6	F:16		G:16	2.8	H:16	3.6
E:17	3	F:17		G:17	2.5	H:17	3.4
E:18	0	F:18		G:18	0	H:18	3.6
E:19		F:19		G:19	0	H:19	0

4. 监控点建模

在软件主界面的模型树中选择 IT Room Assembly 下的 IT_Wall，单击 Monitor 图标，在 IT_Wall 几何中心创建监控点。

5. 设置求解域

如图 17-65 所示设置求解域的 Location 特性参数，通过 Geometry→Align 命令使 Root Assembly 和求解域在 X、Y 和 Z 三个方向中心对齐。

6. Model Setup

单击软件主界面中的 Model Setup 特性页，设置 Model Setup 特性参数。其中 Turbulence Model 建议采用 LVEL K-Epsilon。由于空气在 30℃和 35℃时的特性参数非常接近，所以直接采用默认的 Fluid 设置。其他 Model Setup 参数设置如图 17-66 所示。

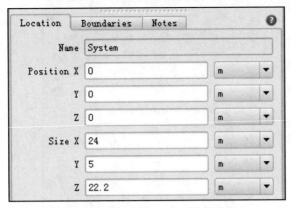

图 17-65　求解域 Location 特性参数

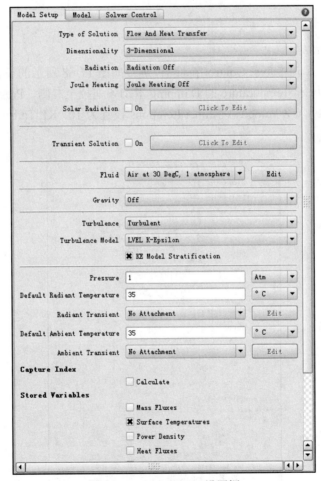

图 17-66　Model Setup 设置框

17.3.2　网格划分

通过 Grid→System Grid 命令打开 System Grid 对话框，进行如图 17-67 所示的设置。

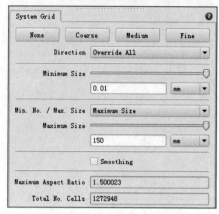

图 17-67　System Grid 对话框

17.3.3　求解计算

1. Solver Control

在软件主界面中单击 Solver Control 特性页，进行如图 17-68 所示的设置，其中 X Velocity、Y Velocity、Z Velocity 和 Temperature 的 Damping 滑动条拖拉至右侧，Pressure、Temperature、X Velocity、Y Velocity 和 Z Velocity 的 Inner Iterations 设置为 10，KE Turb 和 Diss Turb 的 Inner Iterations 设置为 50。

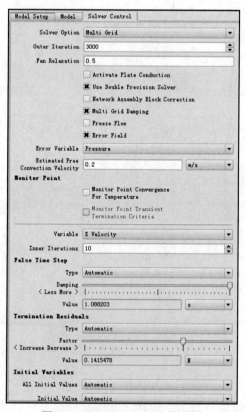

图 17-68　Solver Control 设置框

2. Sanity Check

通过 Solve→Sanity Check 命令对建立的仿真模型进行检查，如图 17-69 所示查看弹出的 Message Window 对话框，其中出现 1 个提示信息。

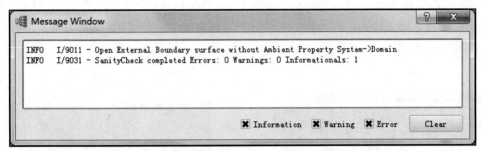

图 17-69 Message Window 对话框

提示信息：Open External Boundary surface without Ambient Property System->Domain 表明求解域存在边界状态为 Open 的面，但未赋予 Ambient 特性。此时，软件采用 Model Setup 特性页中的 Pressure、Default Ambient Temperature 作为 Open 面的边界条件。对于此机房分析，该提示信息可以忽略。

3. Solve

通过 Solve→Solve 命令对项目 DC_1 进行求解计算。如图 17-70 所示为参数残差监控曲线和监控值，其中温度和压力残差值到达 1，速度残差值小于 10，Diss Turb 残差值小于 100。其中 Diss Turb 是湍流的耗散率，本实例中在空调的出口处的流速较大，相应的湍流耗散率较大。由于温度、压力和速度等重要参数趋于稳定收敛，所以本实例中不再进行残差值调整。

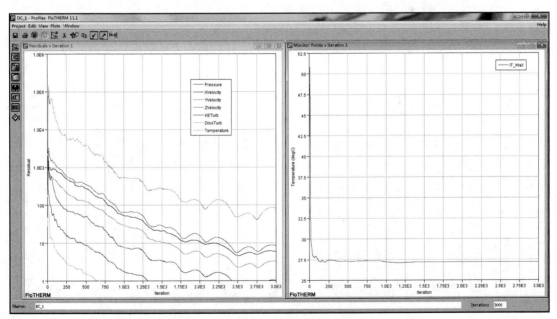

图 17-70 参数残差监控曲线和监控值

17.3.4 仿真模型校核

如图 17-71 所示为地板上方 750mm 处的测试温度云图（左）和仿真温度云图（右）。由于仿真模型中的空调运行数据来自测试结果，所以仿真结果与移动测量平台测试结果的一致性较好。但无论是测试结果还是仿真结果，在机房中间柱子处（图 17-71 中的虚线框）都有一定的热空气泄漏到冷通道中。在后续机房气流组织优化中，可以封闭机柜与柱子之间的间隙。

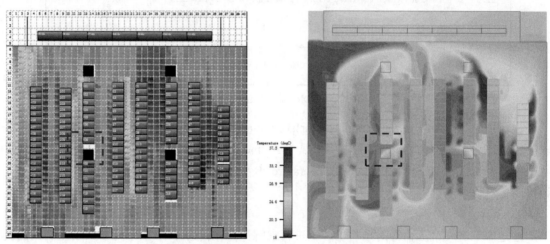

图 17-71　地板上方 750mm 处的测试温度云图（左）和仿真温度云图（右）

如图 17-72 所示为地板上方 1750mm 处的测试温度云图（左）和仿真温度云图（右）。两者的温度分布较为相似，但无论是测试结果还是仿真结果，机房中 G 列机柜和 H 列机柜之间冷通道空气的温度都较高（图 17-72 中的虚线框）。其中一个主要原因是冷通道内的通风地板数量不够，并且 G 列机柜和 H 列机柜的热功耗较大，出现了热通道中的热空气回流到冷通道中。在后续机房气流组织优化中可以增加 G 列机柜和 H 列机柜之间通风地板的数量。

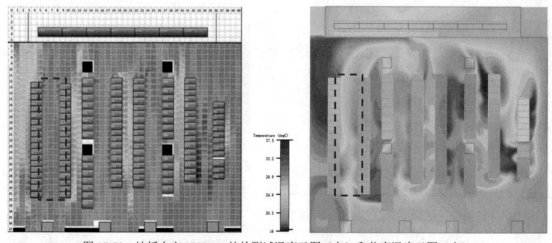

图 17-72　地板上方 1750mm 处的测试温度云图（左）和仿真温度云图（右）

17.4 机房气流组织优化

17.4.1 冷热通道封闭（优化方案一）

通过 Project→Save as 命令将 DC_1 另存为 DC_2。如图 17-73 所示，在虚线框处增加 6 个 Cuboid（高度为 2000mm）进行冷热通道的封闭，之后进行求解计算。

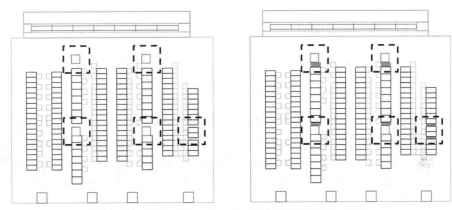

图 17-73　原始方案（左）和冷热通道封闭方案（右）

如图 17-74 所示为地板上方 1750mm 处的原始仿真温度云图（左）和优化方案一仿真温度云图（右）。图中的虚线框显示，由于冷热通道的封闭，冷通道中的空气温度得到明显下降。原始方案中机柜 D:11 的入口最高温度为 18.5℃，而优化方案一中机柜 D:11 的入口最高温度为 17.6℃。可见冷热通道封闭对机房机柜的入口温度有着重要的影响。

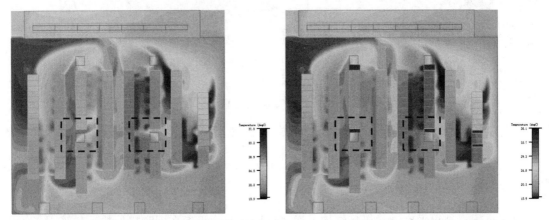

图 17-74　地板上方 1750mm 处的原始仿真温度云图（左）和优化方案一仿真温度云图（右）

17.4.2 送风地板调整（优化方案二）

通过 Project→Save as 命令将 DC_2 另存为 DC_3。如图 17-75 所示，在虚线框处增加 8 个 Free Area Ratio 为 0.5 的 Perforated Plate（通风地板），之后进行求解计算。

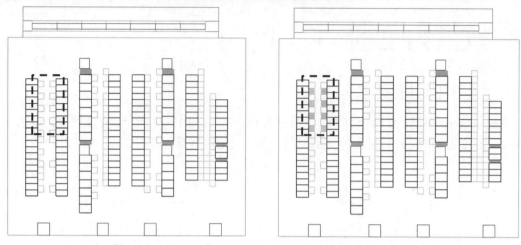

图 17-75 冷热通道封闭（左）和送风地板调整方案（右）

如图 17-76 所示为地板上方 1750mm 处的原始仿真温度云图（左）和优化方案二仿真温度云图（右）。图中的虚线框显示，由于冷通道中通风地板数量的增加，冷通道中的空气温度得到明显下降。原始方案中机柜 G:3 的入口最高温度为 20.7℃，而优化方案二中机柜 G:3 的入口最高温度为 18.6℃。可见冷热通道通风地板的数量对机房机柜的入口温度有着重要的影响。

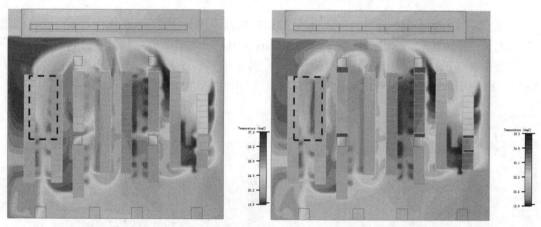

图 17-76 地板上方 1750mm 处的原始仿真温度云图（左）和优化方案二仿真温度云图（右）

17.5 小结

机房热仿真结果受空调、机房结构、送风地板布置、机柜布置和机柜热功耗等因素的影响较大。行业内对如何提升机房热仿真结果的精度做过很多探索。基于热领（上海）科技有限公司的移动测量平台对机房热仿真分析模型进行校核可以大幅提升热仿真分析模型的精确度，为精确优化机房气流组织提供可能。此外，本实例中通过封闭冷热通道和增加通风地板数量的方法都可以明显降低相应区域的机柜最高入口温度。

参考文献

[1] H.K. Versteeg, W.Malalasekera,An Introduction to Computational Fluid Dynamics: The Finite Volume Method. Wiley, NewYork, 1995.

[2] 王福军. 计算流体动力学分析——CFD 软件原理与应用. 北京：清华大学出版社，2004.

[3] 章熙民，任泽霈，梅飞鸣. 传热学（第四版）. 北京：中国建筑工业出版社，2001.

[4] FloTHERM User Guide-Software Version 10.0[EB/OL]. http://supportnet.mentor.com/docs/201308038/docs/htmldocs/mgchelp.htm#context=ft_user.

[5] D. Agonafer, L. Gan-Li and D.B. Spalding. The LVEL Turbulence Model for Conjugate Heat Transfer at Low Reynolds Numbers. EEP-Vol.18, Application of CAE/CAD Electronic Systems, ASME 1996.

[6] Ashok Kumar. S. Estimating the Effect of Moist Air on Natural Convection Heat Transfer in Electronics Cooling, Qpedia Thermal Management-Electronics Cooling Book, volume 2, Massachusetts, 2008.

[7] ASTM D-5470. Standard Test Method for Thermal Transmission Properties of Thermally Conductive Electrical Insulation Materials, Conshohocken, PA, ASTM International, 2006.

[8] Modeling Thermoelecric Coolers in FloTHERM[EB/OL]. http://webparts. mentor.com/flotherm/support/supp/webparts/tec/tec_theory.pdf.

[9] 庄骏，张红. 热管技术及其工程应用. 北京：化学工业出版社，2000.

[10] T.Kordyban. Fan swirl and planar resistances don't mix [EB/OL]. http://youboer.com/uploadfile/Other/2011030615062754387201.pdf.

[11] 李波. 流动阻尼元件在 FloTHERM 中的应用[EB/OL]. http://www.mentor.com/products/mechanical/cn/techpubs/?selected=78111.

[12] EIA/JESD51-2. Integrated Circuits Thermal Test Method Environmental Conditions-Natural Convection (Still Air).Arlington, VA, Electronic industries association, 1997.

[13] ASHRAE TC 9.9, 2011 Thermal Guidelines for Data Processing Environments-Expanded Data Center Classes and Usage Guidance. American Society of Heating, Refrigerating and Air-Conditioning Engineers, Inc, 2011.

[14] Neil Rasmussen. 用于 IT 环境的各种气流分配方案[EB/OL]. http://www.apcmedia.com/salestools/NRAN-5TN9QM/NRAN-5TN9QM_R3_CH.pdf.